技术／玻璃绿色生产

王昱 主编

宋少荣 红歌 副主编

化学工业出版社

·北京·

内容简介

本书以玻璃包装材料为载体，玻璃生产过程为主线，系统地介绍了玻璃绿色生产工艺设计、配合料的制备、玻璃的熔制、玻璃的成型、玻璃的退火及后加工、成品检测与贮存六个方面的要点以及对环境的影响和防治措施。

本书可作为普通高等院校材料工程技术专业玻璃方向师生的教学用书，也可作为玻璃企业技术人员的参考书。

图书在版编目（CIP）数据

玻璃绿色生产技术 / 王昱主编 . —北京：化学工业出版社，2021.5（2024.1重印）
ISBN 978-7-122-38611-3

Ⅰ.①玻… Ⅱ.①王… Ⅲ.①玻璃-生产工艺-无污染技术 Ⅳ.①TQ171.6

中国版本图书馆 CIP 数据核字（2021）第 035573 号

责任编辑：李彦玲　　　　　　　　　　　文字编辑：苗　敏　师明远
责任校对：宋　夏　　　　　　　　　　　装帧设计：李子姮

出版发行：化学工业出版社（北京市东城区青年湖南街 13 号　邮政编码 100011）
印　　装：北京天宇星印刷厂
787mm×1092mm　1/16　印张 18½　字数 459 千字　2024 年 1 月北京第 1 版第 2 次印刷

购书咨询：010-64518888　　　　　　　售后服务：010-64518899
网　　址：http://www.cip.com.cn
凡购买本书，如有缺损质量问题，本社销售中心负责调换。

定　　价：54.00 元

▶ 前 言

玻璃作为传统的包装材料沿用至今，仍是现代包装的主要材料之一。玻璃以其本身的优良特性以及玻璃制造技术的不断改进，仍能适应现代包装的需要。

玻璃工业中粉尘、废气、废水、固体废弃物以及噪声对环境的污染还是比较严重的，传统的玻璃工业是以增加环境污染为代价进行发展的，这种经济和环境不协调的发展模式，是不能持久的，因此玻璃工业必须大力推行绿色生产，走经济和环境相互协调的、可持续发展的道路。

根据国家有关法律、法规和产业政策，为进一步加强日用玻璃行业管理，规范日用玻璃行业生产经营和投资行为，引导日用玻璃行业向资源节约、环境友好型产业发展，中华人民共和国工业和信息化部对 2010 年发布的《日用玻璃行业准入条件》进行了修订，形成《日用玻璃行业规范条件（2017 年本）》。

玻璃工业中绿色生产是发展方向，绿色产品将成为世界市场上的主导产品，不采用绿色设计和绿色生产的产品，将不能进入国际市场。玻璃工业从业人员要认识到绿色生产不是对企业的限制，而是企业适应将来生存的必要选择。要努力在绿色生产中得到发展，必须改变观念，树立绿色意识。

本书以玻璃包装材料为载体、玻璃生产过程为主线，系统介绍了玻璃绿色生产方方面面的内容，适合于普通高校相关专业师生和玻璃企业技术人员参考使用。

本教材由四川工商职业技术学院材料工程技术专业教师编写，由王昱主编并统稿，宋少荣、红歌为副主编，郭海燕、孙智、邱春丽参编。编写分工：模块 1 由郭海燕编写，模块 2 由宋少荣编写，模块 3 由王昱编写，模块 4 由红歌编写，模块 5 由孙智编写，模块 6 由邱春丽编写。教材在编写过程中得到了在四川省和重庆市玻璃企业工作的我校校友的大力支持，在此表示衷心感谢。

本教材试图在传统教材体系的基础上做一定的改革和创新，欲使教材内容贴近生产实际、重点突出，但有一定的编写难度，加之编者水平所限，书中不妥之处在所难免，敬请行业专家和读者批评指正。

编者
2021. 1

▶ 目 录

模块 1

玻璃绿色生产工艺设计

　　玻璃生产工艺设计是玻璃企业基本建设和技术改造过程中最为重要的环节。玻璃生产工艺设计的任务是按照国家或客户要求的产量和质量标准，在可能的情况下，综合国内外已经成熟的玻璃生产工艺设计和专业设计的最优方案进行设计，达到完成既定产量及质量的要求，并尽可能降低造价、节约能源、防止污染，同时应考虑企业未来的产量及改、扩建，按期提供质量优良的设计文件，使得企业建设或技术改造得以顺利地进行，并为企业建设及建成后投入生产创造有利条件。玻璃生产工艺设计是政策性、技术性和经济性很强的综合技术工作，设计内容是否先进、可靠直接影响企业开工后的产量、质量和生产成本。

　　玻璃生产工艺设计必须贯彻国家经济和工业政策，设计时力求做到技术先进、经济合理、安全适用，使企业建成后能获得预期的经济效益和社会效益。企业发展依靠技术进步，因此要尽量吸取国内外先进技术，使得企业在建成或改造后不但产品质量优异、产量满足要求，而且原材料、燃料消耗少，安全环保，劳动生产率高，成本低，投资回收期短，投资效益高。

　　玻璃企业是由各种专业人员共同组成的，包括工艺、总图、运输、电气、动力、土建、技术经济等专业人员，是各种专业人员共同劳动和集体智慧的结晶。其中玻璃生产工艺设计是主体，它的主要任务是确定工艺流程、设备选型、工艺设备布置，并向其他专业提供设计依据和要求。在一般情况下，首先由工艺设计人员确定生产方法、已定生产方法的工艺流程、工艺计算、专业设备和车间布置，然后依据工艺特点及车间布置向有关专业人员提出要求，各专业人员在保证生产情况下协同工作。因而玻璃企业工艺设计专业人员不仅要精通工艺知识，还必须掌握与工艺有关的其他专业知识，并与其他专业人员互相配合、共同研究、达成共识，才能提出正确的、系统的工艺设计方案，为其他专业工作创造必要的基础条件，共同完成企业的整个设计。作为玻璃工程师和工艺设计人员，应对工程设计工作有如下的基本认识：

　　① 工程设计是一项针对性和目的性较强的工作，其基本目的就是使企业达产达标，使企业的各种元素有机协调地运作，使人力、物力和财力消耗最少，对环境的破坏最小。

　　② 工程设计是一项重经验和依据的工作，需把可靠性和安全性放在首要的位置，所采用的大量数据、工艺路线及其设备均要成熟和可靠，任何创新性的设计工作均要有可靠的理

论或实验数据予以支撑。

③ 工程设计追求整体的最优效果。一个工程受多因素（如市场状况、投资额、生产管理水平、人员素质、资源供给等）的影响和制约，每一项子工程并非均可以达到最理想的设计，设计者往往需要从全局和整体利益出发，简化或淡化某些局部利益。

④ 工程设计主要问题的解决往往要进行方案比选，这是工程设计区别于科学研究的一大特点。科学研究一般只有唯一解，而工程设计者不能满足于求得一两个解，一个工程师要善于听取各方面的意见，在众多方案中筛选出最佳方案。

⑤ 工程设计过程从总体来说一般是比较复杂的。一方面是因为影响设计方案的因素很多；另一方面是因为设计是由许多学科的专业人员配合完成的，而且这些学科（包括理论、经验及设备等）均处在不断发展和完善之中。

⑥ 工程设计过程有其自身的一般规律。尽管设计过程复杂，但设计的一般程序和方法是有规律可循的。

随着科学技术的快速发展，新工艺、新设备和新技术不断涌现。面对新技术革命的挑战，玻璃工艺设计人员应该不断学习、不断进取，在新的科学技术基础上不断开拓。

项目1　建厂可行性调研

为了防止和减少投资失误、保证投资效益，企业在进行自主决策时，应编制可行性研究报告，其目的是通过进一步调查、分析和计算，对项目的客观需求、市场前景、经济效益、资金来源、建设条件、技术方案等方面内容进行分析论证，以此作为投资决策的重要依据。因此，可行性研究是建厂前期工作的重要环节，其内容主要有以下方面。

1.1　概述

作为可行性研究报告的首要部分，要综合叙述研究报告中各部分的主要问题和研究结论，并对项目可行与否提出最终建议，包括：①项目名称、项目的主办单位及负责人。②可行性研究工作的主要技术负责人和经济负责人。③项目建议书的审批文件。④项目背景与发展概况、投资的必要性和经济意义。主要应说明项目的发起过程、提出的理由、前期工作的发展过程、投资者的意向、投资的必要性等可行性研究的工作基础，为此需将项目的提出背景与发展概况做系统叙述，说明项目提出的背景、投资理由，在可行性研究前已经进行的工作情况及其成果、重要问题的决策和决策过程等情况，在叙述项目发展概况的同时，应能清楚地提示出本项目可行性研究的重点和问题。⑤可行性研究工作的依据和范围、结论和建议。

1.2　企业的基本情况

企业一般是指以盈利为目的，运用各种生产要素（土地、劳动力、资本、技术和企业家才能等），向市场提供商品或服务，实行自主经营、自负盈亏、独立核算的法人或其他社会经济组织。在商品经济范畴内，作为组织单元的多种模式之一，按照一定的组织规律，有机地构成经济实体，一般以营利为目的，以实现投资人、客户、员工、社会大众的利益最大化为使命，通过提供产品或服务换取收入。

企业类型包括企业性质、经营范围、成立时间、注册资金、员工人数、占地面积等；经营状况包括年营业额、平均毛利、税负率、库存回转天数、应收账款天数、坏账率及企业资金负债表；企业前景包括所生产或经营产品所属行业、本行业相关国家规定及政策、未来5～10年内本行业发展预期、业内最大竞争对手有哪些、该企业在业内处于什么位置、有何不足与优势。

1.3 需求预测和产品规划

任何一个项目，其生产规模的确定、技术的选择、投资估算甚至厂址的选择，都必须在对市场需求情况有了充分了解以后才能决定。而且市场分析的结果还可以决定产品的价格、销售收入，最终影响项目的赢利性和可行性。在可行性研究报告中，要详细阐述市场需求预测、价格分析，并确定建设规模，包括：①产品的名称、规格、技术性能与用途；②国内（外）需求情况的调查、研究与分析；③国内（外）销售市场、销售价格的调查、研究与分析；④产品生产能力的选定，进行几个可供选择方案的比较与论证，说明选定的理由；⑤分年的产品产量与国内（外）销售量规划。

1.4 资源、原材料、燃料及基础设施情况

主要指经过正式批准的资源储量、品位、成分、开采、利用的评述和原料、材料、燃料的种类、数量、来源的供应性；对公用设施的数量、供应方式及供应条件的允许性等；其他协作配套条件。

1.5 厂址方案和建厂条件

主要指建厂的地理位置、气象、水文、地质、地形、地貌及社会经济状况；交通运输；水、电、气的现状与发展前景；厂址比较及选择意见等。

根据产品方案与建设规模的论证与建议，按建议的产品方案和规模来研究资源、原料、燃料、动力等需求和供应的可靠性，并对可供选择的厂址做进一步技术和经济分析，确定新厂址方案。

1.6 技术方案

主要研究项目应采用的生产方法、工艺和工艺流程，重要设备及其相应的总平面布置，主要车间组成及建筑物形式等技术方案。在此基础上，估算土建工程量和其他工程量，进行公用辅助设施和厂内外交通运输方式的比较、选择。除使用文字叙述外，还应将一些重要数据和指标列表说明，并绘制总平面布置图、工艺流程示意图等。包括：①项目的构成范围（指主要的单项工程）、技术来源和生产方法、主要技术工艺和设备选型方案的比较。引进技术、设备的来源国别和厂商，设备的国内外分交或与外商合作制造等设想。②改、扩建项目

原有固定资产的利用情况。③全厂布置方案的初步选择和土建工程量估算。④公用辅助设施和厂内外交通运输方式的比较和初步选择。

1.7 环境保护与劳动安全

在项目建设中，必须贯彻执行国家有关环境保护和职业健康安全方面的法律和法规，在项目可行性研究阶段就要充分预测和分析项目可能对环境造成的近期和远期影响及影响劳动者健康和安全的因素，提出环境保护、污染防治、"三废"治理和回收的措施，并对其进行评价，推荐技术可行、经济，且布局合理，对环境有害影响较小的最佳初步方案。按照国家现行规定，凡从事对环境有影响的建设项目都必须执行环境影响报告书的审批制度，同时，在可行性研究报告中，对环境保护和劳动安全要有专门论述。

1.8 企业组织、劳动定员估算和人员培训计划

根据项目规模、项目组成和工艺流程，研究提出相应的企业组织机构、劳动定员总数和劳动力来源及相应的人员培训计划。

1.9 项目实施进度建议

所谓项目实施时期亦可称为投资时间，是指从正式确定建设项目到项目达到正常生产的这段时间。这一时期包括项目实施准备、资金筹集安排、勘察设计和设备订货、施工准备、施工和生产准备、试运转直到竣工验收和交付使用等各工作阶段。这些阶段的各项投资活动和各个工作环节，有些是相互影响、前后紧密衔接的，也有些是同时开展、相互交叉进行的。因此，在可行性研究阶段，需对项目实施时期各个阶段的各个工作环节进行统一规划，综合平衡，做出合理又切实可行的安排。

1.10 投资估算和资金筹措

包括：①主体工程和协作配套工程所需的投资和使用计划；②生产流动资金的估算；③建设资金总计；④资金来源、筹措方式和贷款的偿付方式。

1.11 产品成本估算及社会、经济效益评价

对可行性研究报告中财务、经济与社会效益评价的主要内容做概要说明，并进行项目财务与敏感性分析。在建设项目的技术路线确定以后，必须对不同的方案进行财务、经济效益评价，判断项目在经济上是否可行，并对比选出优秀方案。评价结论是方案取舍的主要依据之一，也是对建设项目进行投资决策的重要依据，包括：①生产成本与销售收益的估算；②分年的现金流量；③分年的获益计算表和资金平衡表；④投资回收年限和投资收益率；⑤项目的敏感性分析和盈亏分析；⑥社会经济效益分析；⑦对本项目的技术经济评价。

1.12 项目可行性研究结论与建议

对推荐的拟建方案的结论性意见、主要的对比方案进行说明；对可行性研究中尚未解决的主要问题提出解决办法和建议；对应修改的主要问题进行说明，提出修改意见；对不可行的项目，提出不可行的主要问题及处理意见、可行性研究中主要争议问题的结论。

项目 2　生产工艺的选择

玻璃企业设计包括很多方面的内容，其核心内容是工艺设计，它决定了整个设计的概貌。工艺设计在企业设计的各个阶段都占据主导地位，其他专业的设计均要服从和服务于工艺设计，所以在设计过程中通常称工艺设计是"龙头"，设计的质量往往起决定性作用。

2.1 工艺设计主要任务和基本原则

2.1.1 工艺设计主要任务

工艺设计是企业设计的主要环节，是决定全局的关键。工艺设计的主要任务是：

① 根据市场信息和当地条件，确定产品方案；

② 根据国内外生产该产品的现状、发展趋势以及在当地实现的可能性，选择合理的生产方法和生产工艺流程；

③ 根据所选取的工艺及物料平衡计算的结果，确定生产设备的类型、规格、数量；

④ 选取各项工艺参数及定额指标；

⑤ 确定劳动定员及生产班制；

⑥ 进行合理的车间工艺布置，包括工艺设备和工艺管路布置等；

⑦ 指导或参与协调其他各专业的设计工作，包括向其他专业提供设计资料等；

⑧ 保证项目建成后能达产达标的其他协调和协助工作，包括现场技术指导、竣工验收组织等，从工艺技术、生产设备、劳动组织上保证设计企业投产后能正常生产，在产品的数量和质量上达到设计要求。

2.1.2 工艺设计指导思想

贯彻和执行有关方针政策，积极采用合理、可靠的先进技术，提高产品质量，增加产量，降低成本。在高温、粉尘、重体力诸方面，尽量改善操作条件。设计中应留有适当发展余地。在广泛收集国内外有关详尽资料基础上，做出合理的、可靠的、正确的、先进的设计。

在工艺设计时应始终遵循"安全可靠、技术先进、经济合理、留有余地"的方针。

① 安全可靠。安全可靠对充分发挥投资效果有很重要的意义。如果设计的企业不能做

到安全可靠，必然会影响生产甚至可能发生伤亡事故，所以坚固耐用、安全可靠是对设计的起码要求。

② 技术先进。设计应充分采用国内外最新科学技术成就。在经济条件、物质资源和技术力量许可条件下，都应采用最新的装备、技术、工艺。因为设计所采用的技术、装备、工艺先进与否，直接决定着企业的技术水平和以后的发展。

③ 经济合理。工艺设计的合理性是指工艺设计者用最简捷方便和最有效的手段实现工艺设计的目的，比如工艺流程最短、劳动强度尽可能低、资源消耗最少等。

④ 留有余地。由于技术不断向前发展，市场竞争日益激烈，要求企业在建设时必须考虑今后不断更换产品品种、扩大生产规模的可能性，为生产挖潜和企业发展留有余地。

以上四个方面是一个统一的不可分割的有机体，不应把它们对立起来。

2.1.3　工艺设计基本原则

① 根据设计计划任务书规定的产品品种、质量、产量要求进行设计。设计任务书规定产品规模往往有一定的范围，设计规模在该范围之内或略超出该范围，都认为是合适的。在企业建成后的较短时期内，主机能达到标定的产量，即达到设计要求。

② 主要设备的能力应与企业规模相适应。大型企业应配套与之相应的大型设备，否则将造成工艺线过多的现象。

③ 合理选择工艺流程和设计指标。工艺流程和主要设备的确定至关重要，工艺流程和主要设备确定以后，整个企业设计大局已定，因此工艺流程的确定和主体设备的选择应慎重，必须通过方案对比后确定，并应尽可能考虑节省能源。

工艺设计中各项指标的选取应切合实际，指标定得太高，投产后达不到设计能力；指标过于保守，造成人力、物力的浪费，经济上不合理。因此设计指标和工艺参数的选取也应力求先进、合理。

④ 全面解决企业生产、厂外运输和各处物料储备的关系。由于玻璃企业生产设备要求长期连续运转，而混料机、熔炉和成型机等设备则需一定的时间进行检修，同时受各处复杂条件如厂外运输等因素的制约，所以各种物料都应有适当的储备。

⑤ 合理考虑机械化、自动化装备水平。机械化水平应与企业规模和装备水平相适应。连续生产过程中大宗物料的装卸、运输，高温、粉尘浓度高的操作环节，重大设备的检修、起重以及需要减轻繁重体力劳动的场合，应尽可能实现机械化。

生产控制自动化具有反应灵敏、控制及时、调整精确的特点，是保证现代化连续性大生产安全稳定进行必不可少的手段。

⑥ 重视环境保护，注意消声除尘，减少污染。设计应严格执行国家环境保护、工业卫生等方面的有关规定，对可能产生的污染应采取相应的防治措施，确保工人在良好的环境下从事生产，保障广大职工的身体健康，延长设备的使用寿命。

为减少环境污染，应广泛采用新型高效除尘设备，与此同时，也应重视噪声防治、污水治理、绿化环境，使玻璃企业实现绿色生产。

⑦ 方便施工安装和生产维修。工艺布置应做到生产流程顺畅、紧凑、简捷，力求缩短物料的运输距离，并充分考虑设备安装、操作、检修和通行的方便，同时还要考虑土建、公用等设计对工艺布置的要求，并为土建及公用设计提供可靠依据。

2.2 工艺设计程序和步骤

2.2.1 工艺设计程序

按照基本建设程序，在厂址已获批准并将厂区的各项技术条件落实后，即可全面展开设计工作。工艺设计一般分初步设计和施工图设计两个阶段，设计程序可用图 1-1 表示。

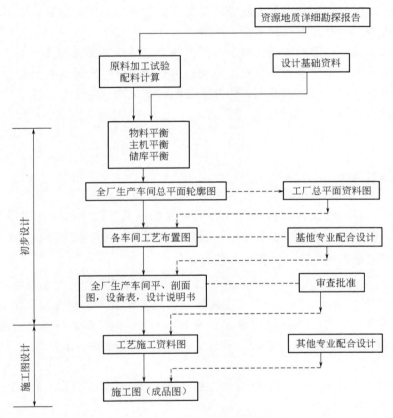

图 1-1　设计程序示意图

原料加工试验（对于玻璃厂，还有配料熔制试验）是设计前的准备工作之一，应在开展设计以前的资源勘探和建厂可行性研究时进行。原料加工试验由原料专业完成，玻璃配料熔制试验由工艺专业完成，不需要进行原料加工试验，只需要对原料进行分析检验即可。

在初步设计阶段，工艺设计计算与工艺布置常交错进行。先从工艺设计计算开始，从全厂总工艺计算着手，确定各项工艺的技术经济指标，进行配料计算。配料计算的目的是确定原料种类和配合比，因此它是确定各种原料需要量和进行物料平衡及储库计算的主要依据之一。然后进行物料平衡计算，列出全厂各种产品的产量、每天平均和最大耗料量以及各种消耗量，再列出各种原料的时、日和年需要量，从而确定各种物料、燃料、材料的储存量以及所需堆场、储库、仓库的主要规格尺寸。然后才能初步考虑各个车间的轮廓尺寸，绘制生产车间总平面轮廓图，初步解决各个生产车间的平面位置关系，为进行各车间设计做好准备。各车间设计时，先从车间内部的主、辅机设备选型计算着手，通过计算选定主、辅机设备，然后进行车间布置设计，绘制车间工艺布置图。

玻璃企业的所有工艺计算都是以窑炉的生产能力为基准的，玻璃熔制车间生产能力基本上决定了企业的生产能力。全厂生产车间总平面轮廓图（方块图）主要表示各车间的相对位置，水平位置间距必须考虑立面布置的要求。

各车间工艺布置图分别绘制，应表示该车间的主要平、剖面，供土建等有关专业配合设计用，然后再汇总成全厂生产车间平、剖面图。

全厂生产车间平、剖面图表示全厂生产工艺流程，主机和主要附属设备台数及定位尺寸、厂房楼层、地面的标高和检修设施等，是初步设计文件的图纸部分，它与设备表和设计说明书（包括概算）一起，组成初步设计文件。

施工图设计分为资料图和成品图两个方面，每个车间分别进行设计。工艺专业人员根据初步设计的各车间工艺布置图和审批意见，绘制工艺施工资料图供各专业配合设计之用，待各专业设计后进行查对、修改和补充，绘制成品图。施工图包括工艺布置图（平面图、剖面图）、局部放大图、设备基础图和非标准图等，是施工图设计的文件，作为工艺设备安装的依据。

2.2.2 工艺设计步骤

在建设前期的规划性设计和初步设计等不同阶段，工艺设计的设计深度是有明显区别的，要求的全面性、准确性程度也有不同。因此工艺设计的步骤和方法也有所差异。

2.2.2.1 建设前期规划性设计阶段工艺设计步骤

① 分析研究各种市场信息和当地条件，协助建设单位确定产品方案及生产规模。

② 围绕产品方案确定生产方法和工艺路线，参观考察类似企业的生产现状。

③ 通过各种渠道，结合当地情况确定各项工艺参数和指标，进行物料平衡计算。

④ 根据物料平衡计算结果，进行设备计算，选择关键设备，必要时进行调研并进行技术经济比较。

⑤ 进行车间工艺布置。引进工程由外方提供布置图。规划性设计仅需工艺平面布置简图，必要时要进行方案比较。

⑥ 根据工艺计算设备的电力安装容量以及蒸汽、压缩空气、煤气等动力需要量和水消耗量，计算人员数量和运输量等，向其他相关专业提供资料。如根据设备的装机容量和其他电力要求向供电专业提供资料；根据布置设备需要的面积、高度及其他建筑要求向土建和总图运输专业提供资料；根据工艺设备和工艺材料的消耗向预算专业提供资料。

⑦ 主持编制正式的项目建议书或可行性研究报告，按要求编写工艺设计部分说明书并根据各专业所提供的各部分材料进行汇总，使之形成一个协调完整的整体。

2.2.2.2 初步设计阶段工艺设计步骤

① 根据可行性研究报告及其批示所确定的产品方案和生产规模进行详细准确的物料平衡计算，必要时需要再次收集更加全面和准确的工艺设计参数和指标。

② 根据生产工艺流程划分各主要生产车间、辅助生产车间和设施，确定各车间的生产任务和设备。

③ 根据原有和补充的设计资料重新进行物料平衡计算。

④ 验证所选择的关键设备的合理性和数量的准确性，补选所需的次要设备和生产工（器）具。

⑤ 土建专业根据可行性研究及其审批意见提供符合初步设计深度的建筑平面、立面图给工艺专业。

⑥ 根据土建设计，进行较准确的工艺平面、立面布置和管道系统图设计等。

⑦ 重新向其他专业提供较准确的经核算的资料和设计要求。

⑧ 确定车间工作制度、生产定额和生产组织等，进行主要技术经济指标计算。

⑨ 编写初步设计工艺部分说明书，主持或协调汇总其他专业说明书及图纸，使之符合初步设计深度规定。

⑩ 负责或协助项目工程师准备初步设计审批所需的各项材料。

2.3 生产方法选择和工艺流程设计

许多玻璃企业在长期的生产实践中形成了多种多样和各具特色的生产方法。往往不同产品有不同的生产方法，同一种产品也可能有多种生产方法。因此确定了产品方案和生产规模之后，要反复调查和研究国内外的生产现状，比较各种生产方法的优缺点，再确定自己要设计的工艺流程。

2.3.1 生产方法选择

选择生产方法也就是选择工艺路线。如果某种产品的生产在当前只有一种方法，就谈不上选择。如有多种生产方法，就有个择优问题。要逐个进行分析研究，既有定性分析，又有定量计算，通过多方面比较，或以系统工程的方法，从中找出最理想的方法，作为工艺流程设计的依据。

2.3.1.1 收集并筛选资料

① 了解国内外文献报道的该产品的各种生产方法及其工艺流程，它们的运行情况，以及技术要求和经济技术特点。

② 原材料来源、规格、中间产品、产品和副产品的规格及性质，成品的应用情况。

③ 已建成的工艺流程的基建投资情况，生产过程的自动化水平和机械化水平。

④ 原材料的消耗，水、电、气和燃料的消耗水平。

⑤ 综合利用和"三废"治理，安全技术和劳动保护措施等情况，车间环境与周围情况。

⑥ 新开发的技术工艺、试验研究报告等。

2.3.1.2 生产方法选择原则

在掌握了各种生产方法的资料后，即可着手进行分析。依据设计任务提出的各项原则要求，对收集到的资料进行加工、比较、筛选，选出能反映本质的、突出主要优缺点的数据材料作为比较的依据。一般具体考虑以下几个方面：

① 要满足产品性能规格的要求。要逐个分析几种不同方法、不同生产工艺最后产品的性能，并进行比较。保证产品性能规格的关键是保证设计的产品性能符合要求。

② 技术经济指标要先进、合理。主要从基建投资、产品成本、消耗定额和劳动生产率

等方面进行比较，而这些指标是多处因素综合的结果。应该选用物料损耗少、循环量少、能量消耗少和回报利用率高的生产过程。

③ 新开发项目必须具备工业化生产条件。所选用的方法如为新工艺、新技术，必须具备工业化生产的条件，要有中试结果。对于新开发的工业过程的关键性技术难点，在工业中如何解决，有何措施。

④ 应尽量采用连续化生产。生产操作方式分为连续与间歇两类。一般大规模生产应尽量采用连续化生产，因其所需设备紧凑，费用低，可降低基建投资、固定资产和维修费用。同时连续化生产操作稳定，易于自动控制，可使操作高度机械化和自动化，提高生产能力和劳动生产率。另外，也可使产品质量稳定、均匀。

⑤ 必须重视生产安全与环保问题。任何基建项目必须严格执行国家环境保护的有关法规。在选择工艺路线时，应该做到：a. 充分利用最新的科研成果，选择不产生或少产生"三废"的先进工艺路线以保证安全生产。b. 选用无毒或低毒的原料，包括无毒或低毒的催化剂、溶剂、添加剂等。c. 应大力开拓利用闭路循环工艺，生产过程中所用原料或辅助原料如果具有一定毒性，但成品无毒，此种原料在系统中应该完全封闭循环，不能泄漏或排出。d. 对于不能避免产生"三废"与排放的工艺过程，一方面要大力加强综合利用，在设计中考虑副产物的回收装置；另一方面要尽量减少排放量，而且在排放之前必须经过处理，使"三废"排放时符合国家规定的排放标准。

2.3.2　工艺流程设计

生产方法确定后，即可进行工艺流程设计。工艺流程设计与依此而确定的车间布置是决定整个企业和各个生产车间基本面貌的关键步骤。它体现了所选定的生产方法。

2.3.2.1　工艺流程设计任务

① 确定生产过程中各个生产环节的具体内容，过程需要的单元操作的组合方式。将原料、中间产物、成品以及排出物等物料的来去走向和顺序完全确定下来，以达到据此流程将原料变成产品的目的。

② 绘制工艺流程图。以图解的形式表示出生产流程，即从原料到成品的流程中物料和能量的变化、走向以及生产中采用哪些过程和设备（包括物理过程、化学过程和物理化学过程的设备）。

2.3.2.2　工艺流程设计原则

① 在投资允许的情况下，应充分体现技术上的先进性和可靠性，以生产出稳定的高质量产品。要注意吸收类似企业在实践中所积累的丰富经验，选用新设备、新技术、新工艺时要充分调查，反复论证，认真落实。

② 生产过程的机械化与自动化是现代玻璃企业发展的方向。选择流程时应从企业规模、当地实际情况出发，尽可能提高机械化程度，降低劳动强度。

③ 在保证产品质量的前提下，应尽可能缩短工艺流程，缩短生产周期。因为流程越长就意味着中间环节越多，今后的管理也就越困难。

④ 选择工艺流程时，必须进行经济分析，使建厂后各项技术经济指标经济、合理。工艺流程的最后确定需要经过不同方案的分析对比，使选用的流程可靠、适用、先进、合理。

⑤ 考虑改产和扩大规模的可能性，为发展留有余地。对于改、扩建厂，在工艺流程设计时应尽可能接近原有生产方法，以使工人能很快适应生产要求。

2.3.2.3　工艺流程设计依据

① 原料的组成和性质。它们直接影响着原料加工处理的方法。如进厂原料中含块状硬质原料，就应加强破碎并注意对其粒度的控制；块度过大的原料，一次破碎达不到要求就要采用多级破碎；对于原料中的杂质，应根据其对产品质量的影响程度采用相应的处理方法。

② 产品品种及质量要求。产品的品种和质量要求直接关系到原料加工程度、玻璃配合料的配方及生产方法。例如，绿色玻璃的生产可采用含铁量高的石英砂，原料不需要洗选除铁，而高白料要求制品洁白、透明度高，生产流程中一般均设原料精选、除铁、除杂等工序。

③ 企业的规模及技术装备水平。企业的投资、规模、品种和技术装备情况也会影响流程的选择。投资较多的大型企业应尽可能采用机械化、自动化水平高的工艺技术和大型、高效的设备，但需进行经济核算。对于投资少、生产规模较小的中、小型企业，应注意因地制宜，适当地照顾到机械化程度，并为今后发展留有余地。对于产量小而品种多的企业，为灵活更换产品品种往往不得不采用一些间歇作业的设备；对于产量大、品种较单一的企业，或同一企业中批量大的产品，应考虑生产过程的机械化和自动化。

④ 建厂地区气候条件。建厂地区的气候特点也会对流程有所影响，如在气候温暖的地区可采用自然阴干，而在寒冷地区则采用人工干燥。

⑤ 半工业加工试验。半工业加工试验是在资源勘探工作及实验室配方试验的基础上进行的，它是确定工艺流程和设备选型的主要依据。由于资源情况各地不一，原料性能千差万别，单从化学、物理性能分析还不能得到完全肯定的依据，特别是对新建厂或新使用的原料，更应通过半工业加工试验来肯定它的质量，制定配方，确定生产工艺过程并获得各项设计数据。

2.3.2.4　玻璃生产工艺流程确定方法

玻璃生产工艺流程的选择和确定是对工艺设计原则的具体运用。工艺流程的选择必须结合工艺计算、联系设计布置全面考虑。

① 力求使所选的流程先进、可靠，能满足生产要求，能生产质量合格、数量保证的产品，设备来源有保证，管理维修方便，而且能尽量满足节约能源和经济合理的要求。为此，在选择生产工艺流程时，一般应进行方案对比，从技术上和经济上全面分析各种方案的利弊，如技术特征、设备性能、动力、燃料和材料消耗、建筑面积和体积、设备购置和设备维护费用、劳动生产率及产品成本等，从而选出最合适的方案。

② 由于工艺流程的选择必须结合主生产线一并解决，所以，须按先后顺序来确定玻璃厂各车间的工艺流程。熔制工艺流程必须先选定，然后选定其他车间。现代玻璃企业由配料、熔窑、成型、退火组成一个生产线，玻璃液的熔制和成型结合成一个联合流程，彼此联结紧密，设备配套、不容易改动，工艺流程的确定比较简单。对于自动配料和熔制工艺流程，除了考虑平面流程布置外，还要考虑立面布置，会有更多的相互牵制和影响。老厂改建、扩建工程的工艺流程选择受到原有厂房、设备、工艺流程以及投资的限制，工艺布置的矛盾显得比较突出，方案形成、对比和确定甚至可能比新建厂还要复杂。

③ 根据具体情况确定局部流程。例如，向熔窑窑头料仓输送配合料有两种方式：一种采用单元料罐或料斗输送；另一种采用皮带传输或气力输送。对于这两种工艺方式的选择，应考虑项目的具体情况，大窑宜用后者，中小型窑用前者为宜。

④ 在客观现实条件下选择技术经济效果相对较好的工艺流程。由于实际条件的制约，理论上最好、最先进的工艺流程未被选用也是常有的事，特别在老厂的改建、扩建中更是如此。故在选择工艺流程时，应注意结合实际，不可片面地追求先进性，而且先进性必须在可靠性作保证的前提下才能采用。

⑤ 车间工艺流程的选择与车间的工艺布置密切相关。一方面，车间工艺布置直接取决于所选用的工艺流程和设备；另一方面，工艺布置对工艺流程和设备的选择又有很大的影响。工艺布置要保证所选定的流程畅通并满足设备安装、操作和检修的需要，而工艺流程和设备的选择又要考虑到布置简便和合理。某些附属设备的规格（如提升机的高度、胶带输送机的长度）等往往要与布置相配合，才能确保工艺设计的顺利进行和设计的质量。此外，在制定工艺流程时最易忽视衔接部位的细节，造成投产后再弥补或返修，应予注意。

⑥ 综合考虑各种因素，诸如物料性质和数量，产品数量和质量要求，车间布置、场地限制或要求以及供电、供水、供风、供气、照明采光、通风排热等条件，切忌顾此失彼。

2.3.2.5 玻璃生产工艺流程论证

在选择和确定玻璃生产工艺流程时必须分析不同方案的优缺点，确定瓶罐玻璃的生产工艺流程（用图 1-2 表示），并对工艺方案的合理性进行论证。其内容主要有：

① 对有多种方案的生产系统、工序（如原料的储存、原料的加工系统、粉料库的形式、配合料的输送系统等）均要进行方案比较、论证，确定最适合的方案。

② 对重点设备如称量设备、混合设备、熔窑、成型设备等进行选择并论证其合理性。

③ 阐述生产工艺流程中对产品质量的保证情况。

④ 阐述回收利用生产过程中产生的废料、废渣情况，改善工人劳动条件，防止厂区内外环境污染。

⑤ 阐述综合利用资源和节约电能、热能等情况。

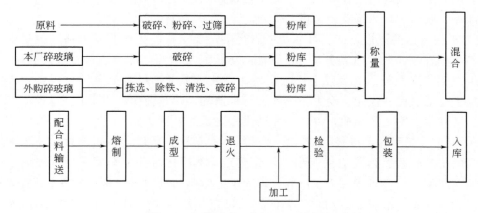

图 1-2 瓶罐玻璃生产的工艺流程图

2.4　设备选型和计算

设备选型与计算是在确定生产工艺流程并完成物料平衡计算后进行的。根据生产要求和各工序处理量的大小，确定车间内工艺设备形式、规格和台数，保证生产过程持续和稳定地进行，并为施工图设计提供条件。

工艺流程设计是设计的核心，而设备选型及计算则是工艺流程设计的主体，因为工艺流程先进与否往往取决于所用设备是否先进。设备直接影响生产能力、产品质量、原料及公用工程的单耗等。在建设投资及生产成本中，设备费用占有相当比重。设备选型和配备台数计算一般与选择生产方法和确定工艺流程同时进行。在工艺设计中对有关设备，特别是主机设备必须逐一落实。

瓶罐玻璃生产所需的设备，从设计和制造来说一般分为定型设备和非定型设备两类。设计工作者的任务就是对定型设备进行选型，对非定型设备进行设备设计。

（1）定型设备

这类设备已经标准化和系列化，已有生产设备厂按标准图纸成批或成系列生产，具有通用性质。它有产品说明书，有多种规格和型号，适用于各种不同的场合。工艺设计者只需根据工艺要求，选择适当的型号即可。

（2）非定型设备

生产工艺过程中专用的特殊设备需要根据工艺的特殊要求、按工艺条件设计并加工制作。一些新开发的新型设备或进行重大改造的原有设备，都属于非定型设备。这类设备需设备制造厂按图纸要求单独进行制造。

2.4.1　设备选型原则和计算步骤

2.4.1.1　设备选型原则

设备的选型原则与确定技术路线和工艺流程一样，也应从技术、经济和我国的具体情况方面考虑，遵循"先进、经济、可靠、节能"的原则。

（1）技术上先进、经济上合理

技术上先进、经济上合理是设备选型的总原则，具体体现在下列几方面：①与生产规模相适应，在允许的条件下，获得最大的单位产量；②适应产品品种的要求，确保产品质量；③满足设备所在工序处理量的要求；④考虑一定的备用台数，以避免因设备损坏或出故障时生产能力下降；⑤考虑工艺的连贯性和设备所在车间的空间限制；⑥在保证生产的情况下力求减少设备台数，以避免挤占资金过多；⑦降低原材料、水、电、气单耗，注意环境保护；⑧设备操作及维护保养方便；⑨提高连续化、大型化程度，降低劳动强度，提高劳动生产率。

（2）设备可靠性

设计中所选用的设备一定要可靠，特别是主要设备，应坚持经过生产实践考验的原则。不允许将不成熟或未经生产考验的设备用于设计，只有设备和材质可靠，才能保证建成后一次试车投产成功。

2.4.1.2 设备计算步骤

设备计算是在企业设计中不可缺少的工作，主要是根据选型设备的生产能力计算所需设备的台数。由于玻璃企业生产所用的设备大多是定型设备，在设计工作中无须对逐台设备进行单机计算，只要根据总的生产任务和设备单机生产能力计算总的台数即可。但在配备台数时，必须考虑实际开工天数及生产效率，从长远发展规划着眼，要留有余地。对于非定型设备，一般计算出容积、生产能力、台数等。设备计算的步骤：确定计算任务→画出工艺流程示意图→物料平衡计算→设备选型及台数计算→设备生产能力标定和利用率校核→设备汇总。

2.4.2 玻璃企业设备选型与计算

玻璃厂生产工艺设备包括称量、混合、熔窑、成型、退火、包装、检验等主要设备，以及给料机、皮带输送机、斗式提升机、包装机、除尘器、空压机、风机等辅助设备。

车间主机选型计算的步骤：根据所选择的车间工艺流程、主机的型式及规格，先计算主机的生产能力，然后根据主机的小时产量要求计算主机的台数。

标定主机产量的原则，除了根据设备说明书和公式推算以外，还应根据具体技术条件和有关试验，以及参考同类型同规格或近似规格的主机实际生产数据加以调整。只有这样，才不会产生由于主机产量标定不当而带来的不良后果。例如，主机产量标定过高，企业投产后，长期达不到设计产量，完不成生产任务，造成生产紧张的被动局面；主机产量标定过低时，则会造成设备利用率过低的浪费现象。

主机的数量可按式(1-1) 计算：

$$n = \frac{G_{\mathrm{H}}}{G_{台时}} \times 1.2 \tag{1-1}$$

式中　n——主机台数；

　　1.2——储备系数；

　　G_{H}——要求主机小时产量，由总工艺计算可得，h；

　　$G_{台时}$——主机标定台时产量，h。

上式算出的 n 等于或略小于整数时，均应取整数值。算出的 n 不接近整数时，则应采取相应措施，或者另行选择主机规格，标定主机产量，进行重新计算。

主机设备台数不宜过多，否则将会使工艺布置和生产管理复杂化，亦将影响各项技术经济指标。

生产流程中与主机配套的设备统称为附属设备。附属设备选型的基本原则：要保证主机生产连续、均衡，不能因附属设备选型不当影响主机的正常、连续生产。因此，除了选择适当的型号以外，在确定具体规格和台数时，一般应考虑附属设备对于主机具有一定的储备能力，即附属设备的小时生产能力应适当地大于主机所要求的小时生产能力。

附属设备的选型方法与主机大体相同，需要选择设备的型号和规格，确定设备的台数。在一般情况下，应力求减少附属设备的台数。但对于某些需要经常维修或平时易出故障的设备，必要时可以设置备用设备，以保证主机生产连续进行。

项目 3 厂址选择及厂内规划设计

3.1 厂址选择

厂址选择是否合理直接影响建厂速度、建设投资、产品成本、生产发展和经营管理等各个方面，所以厂址选择是一项政策性和科学性很强的综合性工作，也是可行性研究工作中的重要环节。

厂址选择一般分两个阶段进行，即选择建厂的地区位置和选择建厂的具体厂址。建厂的地区位置根据国民经济的远景规划和技术经济论证，确定企业的所在地区或几个大概的地点，并且要在可行性研究报告和项目申请报告中加以注明。企业的具体厂址则由设计单位会同该企业所属的工业部门和主管机关的代表或建设单位共同选定。

3.1.1 建厂地区选择

玻璃产品附加值低，不适宜远销，且根据对原料、燃料及动力等有较高要求的特点，企业最好尽可能靠近主要原料基地，并应考虑到有良好的燃料供应和电力来源。生产玻璃的主要原料是石英质原料，这些原料基地可作为玻璃厂建厂地区选择。

对于体积较大、运输过程中易于损坏的玻璃，应以靠近销售地区为宜。玻璃产品密度大、性脆、易碎，产品销售半径要尽量小，不适合中间倒运（如车、船倒运或火车、汽车倒运）。玻璃长距离运输的破损率高达 30％以上，可见破损率是相当高的。玻璃企业的生产运输量中，玻璃成品的运输量占全部货物运输量的 1/3 左右，占货运量的第一位。在各种货物的运输费用中，玻璃成品的运输费用最高。

在确定建厂地区时，还应考虑整体的工业布局，以满足各个地区的需要。在规划地区进行工业布局时，应考虑建厂的规模，并保证规模效益。玻璃企业的规模除考虑地区的需要外，还要考虑当地交通运输和资源。大型玻璃企业对机械化、自动化程度，技术条件和建设资金等提出了较高的要求。由于不同的玻璃产品生产特点各异，因此一个大型玻璃厂只能生产几个品种，不宜包括多种产品的生产流水线。所以没有适量的中小型企业配合，是不能完成该地区玻璃工业发展任务的。中小型企业的特点：生产灵活性较高，建厂条件要求较低，投资少、建设快，比较适于地方工业建设，但是机械化程度较低，技术经济指标较差。正确选择建厂的地区位置、建厂规模和合理的规划布局，对玻璃工业的发展至关重要。

3.1.2 建厂厂址选择

3.1.2.1 厂址选择基本原则

厂址选择是基本建设前期工作的重要组成部分，是根据国民经济建设计划和工业布局的要求，选择和确定企业的建设位置。一个企业的厂址选择是否合理，将对建厂速度、建设投资，项目建成后的经济效益、社会效益和环境效益的发挥，材料企业的合理布局和地区经济、文化的发展具有深远意义，所以厂址选择是一项政策性和科学性很强的综合性工作。

厂址选择必须遵守国家法律、法规，贯彻执行国家方针、政策，坚持基本建设程序，符合国家长远规划及行政布局、国土开发整治规划、城镇发展规划。从全局出发，正确处理工业与农业、城市与乡村、远期与近期以及协作配套等各种关系，并因地制宜、节约用地、不占或少占耕地及林地；注意资源合理开发和综合利用，节约能源、节约劳动力，注意环境保护和生态平衡，保护风景和名胜古迹。同时，还要做到有利生产、方便生活、便于施工，并提供多个可供选择的方案进行比较和评价。

3.1.2.2 厂址选择基本方法

厂址选择工作一般是由负责编制可行性研究报告的单位按厂址选择不同阶段的要求，提出工程水文地质初勘，地形测量（1∶1000 或 1∶2000），环境影响初评，厂外交通，供电、供水、供气、供油方案以及资源勘探报告（或详细的地质资料）等。具备以上条件后，由筹建单位（或省、市、自治区建材主管部门）组织各有关部门进行厂址预选工作。可行性报告编制单位应根据项目建设和生产的各项要求进行技术、经济与社会诸因素的全面分析论证，经多方案比较后，推荐最佳厂址方案和后备厂址方案以及生活区位置，提出厂址选择报告，报主管部门。主管部门在审批可行性报告时最终审定厂址。

厂址选择工作是一项综合性工作，需要有关专业有经验的技术人员参加，一般有技术经济专业、总图运输专业、原料专业、采矿专业、工艺专业、水道专业、环保专业、电气专业等，根据工作需要还可能有其他专业参加，如工程地质专业等。此外还应有上级主管部门会同地方有关部门人员参加。厂址选择工作组到达现场之前，应对所拟定建厂地址的地理位置、气象、水文、地质、地形和社会经济现状以及交通运输、水、电、燃气等的现状和发展趋势加以研究。根据项目建议书的内容，按照类似企业的建设资料、概略指标和设计文件，拟定数种企业总平面布置草图并概略地确定下列指标：①企业和生活区占地面积；②用水及用电量；③生产用的基本原料、燃料数量；④运入及运出的物料周转量；⑤建厂用的主要建筑材料数量；⑥企业及工人村的基建投资以及必要的各项扩大技术经济指标等。

选厂工作人员到达现场后，首先复查、落实建厂条件及踏勘可能建厂的厂址，从所踏勘的厂址中选出两到三个厂址加以详细技术分析，并做出技术经济综合比较，选出最好的厂址作为推荐厂址，较好的厂址作为预备厂址。

3.1.2.3 厂址选择基本要求

（1）厂地面积和地形

厂地面积和地形要使建筑物和构筑物的布置能满足生产工艺流程和运输的要求，避免多余的备用场地和过大的建筑间距，要使企业的区域范围经济合理，并留有适当发展余地。

（2）水文地质

玻璃企业一般有较深的地坑和地下工程，如水文地质条件不佳，将使施工及生产管理困难，故地下水位应低于地下结构深度，在地表以下 5m 为好，且地下水对混凝土等建筑材料无腐蚀性。

（3）土壤条件和工程地质

厂址土壤条件良好，不需修建昂贵的地基即可建造建筑物、构筑物，安装机械设备。尽量避免因工程地质、工程水文地质问题而使地基基础工程复杂化。

（4）气象条件

必须考虑日照方向、方位对建筑物的排列影响，高温、高湿、高寒、云雾、雷暴、风沙等对生产造成的不良影响，冰冻线对地下工程的影响。

（5）原料、燃料及产品销售

要求原料、燃料来源可靠，质量符合要求，并力求厂址靠近原料基地、燃料产地或产品销售地区。

（6）交通运输

要求厂址有良好的交通运输条件，交通运输畅通、快捷，并与厂外公路、铁路、码头连接方便。

（7）给水、排水和动力供应

玻璃企业用水量较大，厂址必须靠近水源，保证供水的可靠性并满足对水质、水量、水温的要求。

厂址应有动力供应的便利条件，要求工业电源及其他动力来源可靠，邻近电源和其他动力源中心。高温设备的突然停机会造成极大的破坏，因此必须有备用电源。

（8）生活区

一般将居住区设置在企业与附近城镇之间。在不占良田、少占农田、免受企业烟尘污染和设备噪声干扰的前提下，居住区应尽量靠近企业。

（9）协作

应考虑生产过程与维修及给水、排水、动力，交通运输、生活区建设和福利设施等方向与所在城市或邻近企业有协作的可能性及当地商业、服务、教育、公安部门有可能提供协作的设施。

（10）安全防护

要符合城市及区域规划，并满足卫生、防火、防震和人防的要求。配置在同一工业区内的工业、企业，相互间不应有危害卫生的不良影响。

（11）施工条件

应尽可能利用当地供应的建筑材料。施工场地应具备水、电、劳动力的供应条件，并有一定的施工能力（施工组织、机械设备等）以及部件的组装场地。

（12）其他

禁止在下列区域选择厂址：有严重放射性物质或大量有害气体影响的范围内、矿山或其他作业爆破危险区域、国家规定的风景区或名胜古迹区、自然保护区、水土保持区、生活饮用水水源的卫生防护地及国防军事区城。

3.1.2.4 环境影响评价

依据《环境影响评价法》，环境影响评价是指对规划和建设项目实施后可能对环境造成的近期和远期影响进行分析、预测和评估，提出预防或者减轻不良环境影响的对策和措施，进行跟踪监测的方法与制度，选择和论证技术上可行、经济上合理、对环境有害影响较小的最佳方案，为决策提供科学依据。环境影响评价在项目的可行性研究阶段进行，所提交的环境影响评价报告书（表）是项目申请、设计工作和审批设计文件的重要参考依据之一。

建设对环境有影响的项目，不论投资主体、资金来源、项目性质和投资规模，应当依照《环境影响评价法》和《建设项目环境保护管理条例》的规定，进行环境影响评价，并向有审批权的环境保护行政主管部门报批环境影响评价文件。

对于实行审批制的建设项目，建设单位应当在报送可行性研究报告前完成环境影响评价文件报批手续；对于实行核准制的建设项目，建设单位应当在提交项目申请报告前完成环境影响评价文件报批手续；对于实行备案制的建设项目，建设单位应当在办理备案手续后和项目开工前完成环境影响评价文件报批手续。

3.2 厂内规划设计

3.2.1 玻璃企业总平面布置原则

玻璃厂总平面布置是玻璃厂设计的主要组成部分之一。在设计中必须全面贯彻国家各方面的方针政策，全面地、辩证地对待企业中各项设施的要求，力求使企业布置合理，力争创造符合该企业生产工艺特性的统一建筑群体，使企业多快好省地建成投产，并创造良好的生产经营管理条件。设计中除遵循一般企业总平面布置原则外，还必须结合玻璃企业的特点。

① 玻璃企业总平面布置必须遵循一般企业设计的原则，满足生产工艺流程的合理性。建筑物、构筑物布置要符合卫生、防火、安全、通风及采光的要求。厂区布置要紧凑，符合城市规划的要求；正确选择运输方式，使运输过程简捷，避免交叉往复；要结合地形地质、水文地质等自然条件，妥善处理主要生产车间与辅助车间，地上设施与地下设施，供电、供气、供排水，近期建设和远景发展的关系等，使企业各个组成部分形成一个有机的整体。

② 玻璃企业多位于城市或近郊地区，建筑物、构筑物布置一般采用区带形式，竖向布置一般采用连续式系统（对于山区建的玻璃厂，结合地形选择布置系统）。因此，厂区布置必须紧凑，切实注意节约用地，少占或不占良田，采取合并建筑、集中布置等各种措施，既避免过多占用土地，又能满足企业施工、生产和发展的要求。厂区布置必须符合城市规划的要求。在可能的条件下注意企业建筑群体的整齐美观，一般将熔制联合车间沿城市主干道一侧布置。

③ 玻璃企业是连续不间断的生产企业，玻璃又是易碎产品，应将原料车间、熔制联合车间、成品库紧接布置，使生产作业连续、顺直及短捷，以改善熔化质量、减少玻璃半成品搬运距离，应使玻璃成品能直接装车外运，以减少装卸环节，减少玻璃破损。辅助设施要合理配置，保证不间断输送，达到简化生产、运输、装卸过程，节省劳动力，提高机械化水平，节省动力，减少设备损耗，降低生产成本的目的。

④ 玻璃企业熔制车间属于高温生产车间，应布置在较为开阔、通风的地段。为了保证正常的成型作业并避免高温对成型作业工人的影响，应使熔化工段位于成型工段的下风侧。原料车间散发一定量的硅尘及碱尘，一般应布置在厂区边线及下风地带，避免企业绝大部分设施受到影响。

⑤ 玻璃企业原料车间、熔制车间载荷较大，地下构筑物多而深，要求沉陷量小而均匀，应在满足生产情况下，结合自然条件，将其布置在土质均匀、土壤承载力较大、地下水位较低的地段。

⑥ 应力争将近期建设和远期发展相结合，要有利于挖潜改造。玻璃企业生产规模发展时，一般在熔制车间内部进行改造，改建熔制车间或发展玻璃加工品种。前者要考虑动力设施、仓库及堆场是否有扩大的可能；后者应注意在成品库附近是否有新建加工车间的可能。

3.2.2 玻璃企业总平面布置特点及要求

按照生产工艺流程、卫生、防火、安全、运输作业管理的要求，全厂可以划分成：厂前区、原料准备区、熔制区、成品及加工区、动力及辅助生产区、堆场及贮罐区。由于企业规模及生产工艺方法不同，各区的组成部分有一定的变化，可根据实际情况，从有利于组织生产、改善经营管理条件方面决定。

3.2.2.1 厂前区

主要组成为办公室、化验室、警卫传达室、汽车库、食堂、哺乳室、出入大门等，其主要特点及布置要求如下：

① 厂前区是住宿区和企业联系的枢纽，其布置要有利于企业生产管理，便于为工人生活服务，既要照顾到企业的整体，又要符合城市规划要求。厂前区的规模应根据企业规模决定。

② 厂前区一般与人流出入口结合，应使厂前区位于整个企业的上风向。玻璃厂的货运量大（特别是以汽车运输为主的），一般应将人流出入口与货物出入口分开设置。

3.2.2.2 原料准备区

主要组成为原料车间（包括破碎、配料、混合）、原料仓库、原料堆场等，其主要特点及布置要求如下：

① 原料车间是为熔制车间制备和输送合格配合料的，要求尽量靠近熔制车间，以缩短配合料的输送距离，避免产生分层影响熔化质量。

② 原料准备区货物运输量大，需要大面积的堆场及库房储存各种原料，要求能方便地引入铁路线，并尽可能布置在铁路、公路出入口处或专用码头附近，创造方便的装卸运输条件。

③ 原料准备区粉尘大，要求布置在全厂的下风向，同时应远离产生污染物料的车间或堆场（如煤气站、煤堆场、耐火材料废料堆积处），以免影响配合料的质量。

④ 原料车间耗电量大，厂区变电所设施应尽量靠近本车间。

⑤ 原料车间厂房高，荷载大，重心高。车间内部地坑多而深，且有振动基础，要求布置在工程地质良好、地下水位较低的地段以降低基建费用。

⑥ 原料准备区工人劳动强度大，布置时应创造机械化装卸运输的条件，减少交叉往复运输，并加强绿化，改善环境。

3.2.2.3 熔制区

主要组成为熔制车间、耐火工段、废热锅炉房、玻璃水池等，其主要特点及布置要求：

① 熔制车间是玻璃企业的中心，与各车间关系密切。生产方法不同，燃料不同，有不同的辅助生产设施，如浮法生产要配属氮氢站，用压缩空气作雾化介质应配属空气压缩机站等。要合理布置，满足生产、防火及卫生等要求，组成有机的整体。

② 熔制车间是高温生产车间，宜设在较为开阔、通风良好的地段。应注意车间的方位，

使切裁制板工段位于夏季主导风向的上风方向，熔化工段位于下风侧，以避免熔化工段大量热空气流向制板工段。

③ 熔制车间的熔窑经一定生产周期就须进行冷修，要求在车间两侧留有一定的空旷场地，以备修窑时堆放材料、修建临时通道等各种工作需要，以及消防车回转之用。

④ 熔制车间高大，熔窑基础要求沉陷小而均匀，应布置在工程地质良好、地下水位较低的地段，以避免烟道浸水，影响熔化质量，避免用煤气作燃料时可能引起的爆炸。

⑤ 熔制车间用电量及用水量均较大，要求连续不间断供给，因此动力设施及公用工程设施应尽量靠近本车间。

3.2.2.4 成品及加工区

主要组成为检验室、成品库、玻璃加工车间等，其主要特点及布置要求如下：

① 成品及加工区内部运输繁忙。根据玻璃易碎的特点，要求加工车间紧接成型车间检验工段，以缩短玻璃运输距离。

② 成品及加工区是进行成品包装外运及加工的区域，货运量大，要有良好的厂内外运输条件，尽量布置在公路出入口处，并尽量创造装卸运输机械化条件。

③ 成品库应紧接成型车间布置，考虑成品库附近发展成玻璃加工车间的可能。为了节约用地，应尽力将本区各建筑物组成联合厂房。

④ 加工车间需要大量包装材料，应使包装材料仓库及堆场在满足防火安全的要求下，尽量靠近加工车间。

⑤ 本区的工人较多，应尽量靠近企业总出入口处或厂前区。

3.2.2.5 动力及辅助生产区

主要组成为机电修理车间、动力设施、公用工程设施等，其主要特点及布置要求如下：

① 动力及辅助生产区担负不间断地向生产车间供应电、气及燃料的任务，应在满足防火安全的条件下，靠近主要生产区，使动力管线、公用工程管线的布置短捷，以减少损耗，并应有良好的通风条件。

② 用油作燃料的玻璃企业，应使油站或液化石油气站、天然气调压站位于全厂的下风侧，卸车用的铁路专用线一般应采用尽头式，并位于厂区边缘，避免发生火灾时其他建筑物遭受威胁。

③ 用煤作燃料的玻璃企业，煤气站的耗煤量及出渣量均较大，应为之创造方便的运输条件，并应位于厂区生产车间的下风侧，以减少烟、尘、有害气体的影响。

3.2.2.6 堆场及贮罐区

主要组成为包装材料堆场、油罐区（或煤堆场）等，其主要特点及布置要求如下：

① 包装材料及其他类燃料均为易燃、可燃物，布置应满足防火安全要求，位于厂区边缘及下风方向。

② 堆场及贮罐区货运量大，应有方便的运输条件，并尽量靠近所要供应的生产车间。

③ 堆场及贮罐区应布置环形消防通道，并考虑消防车的扑救距离。

3.3 玻璃企业总平面布置发展趋势

现代玻璃企业具有连续性、联动性、高效能、自动控制的特点。随着生产工艺的革新、生产组织和管理体制的改革、生产规模的不断扩大，无论在功能上和技术上或在改善环境和建筑艺术的质量上，与传统的企业建筑群体规划布置和方法相比，工业建筑的平面空间组合和总平面布置都在发生深刻的变化。其特点如下：

（1）强调企业的区域性规划和环境质量

从人类环境结构出发，考虑城市、工业和建筑的综合要求，以提高环境质量。即从整个城市或大的区域未来发展规划出发，来考虑企业的位置选择和合理布局，使之符合社会经济效益和美学要求。我国许多城市和地区都规划出"玻璃工业园区"，要求区内的企业在建筑物的形式、布局、绿化、道路等方面协调统一。

（2）重视企业的长远发展

总平面布置要适应企业规模不断扩大的需要。大多数玻璃企业的主要生产流程有封闭式、连续性的特征，扩建比较灵活。根据经验，规划一个企业的发展时间不宜超过 20 年，当预计扩充规模为 100％时，厂区用地应为现有厂房设施占地的 3 倍。当厂房建筑面积增加 1 倍时，还可以有旧的场地供停车、道路等使用。另外还要考虑最初投资额与企业积累的合理平衡。

（3）发展联合厂房

伴随工业现代化而产生的"联合厂房"在实践中不断发展完善，并得到广泛采用，逐步打破了过去工业厂房传统的设计原则和特征。只有连成一片的联合厂房最能适应内部调整和向外部扩充的灵活性要求。联合厂房要注意保持良好的通风和照明条件，大面积联合厂房大多数采用混合式（人工与天然相结合）的通风和照明方式。

（4）有效开拓空间，建设多层厂房和仓库

多层厂房可以充分发挥垂直空间效应，布局较灵活。它可以有不同体型的空间，适应多种生产功能和场地变化的需要。我国许多现代化的玻璃企业都采用多层厂房，虽然层数增加，建筑造价会提高一些，但从节约用地、提高生产效率、减少内部运输及空间费用等方面考虑，总的经济效益还是很好的。

（5）重视物料储运

世界各国均重视企业物料储运的研究，并且采取多种生产运输方式，以实现物料搬运及仓库作业的机械化和自动化。物料储运是科学组织生产、调节生产的手段，也是降低成本的重要对象。此外，物料储运还直接影响产品质量。

项目 4　车间工艺布置

车间工艺布置是指确定车间的厂房布置和设备布置。车间工艺布置的合理与否涉及企业建成后能否正常生产并完成车间各项技术经济指标，工人操作是否方便、安全以及设备维护、检修是否方便，并对环保、施工、安装、扩建、建设投资和经济效益等都有着极大的影响。因此，要全面统筹考虑，合理设计。要求车间工艺布置做到生产流程顺畅、简捷、紧凑，尽量缩短物料的运输距离，充分考虑设备施工、安装、操作、维护和检修方便，并满足总图及其他专业对布置的要求。车间工艺布置设计是以工艺专业为主导，并在其他专业如总图、土建、电气等的密切配合下进行的。

车间工艺布置设计的主要任务是对车间场地与建筑物大小、结构，内部的生产设施、生产辅助设施、生活行政设施和其他特殊用室，如机房、劳动保健室、培训教室及通道、管廊等在平面和立面按要求进行组合、安排，首先在图纸上各就各位。整个布局既要满足工艺生产操作的要求，又要体现出整齐、经济、安全、环保。

车间布置设计的内容可分成两大部分：一部分是包括车间各工段、各种设施在内厂房的整体布置和轮廓设计；另一部分是工艺设备、辅助生产车间设备的排列和布置。从施工顺序来说，先布置厂房建筑，后进行设备安装。从设计来说，应该是工艺设备的布置决定厂房的布置设计，然而也不是截然分开的。

车间工艺布置设计内容通常包括以下几个部分：①生产设施，包括生产工艺设备、原料和产品的仓储设施、露天堆放场、框架构筑物等；②生产辅助设施，包括控制室、化验室、配电室、机房、机修间、变电所等；③生产管理设施，包括车间办公室、更衣室、休息室、卫生间等；④其他特殊用房，包括劳动保健室、培训教室等。上述各种设施根据各自的占地面积和分配方位，进行合理组合，以确定车间厂房的长度、宽度、跨度。如为楼房则需确定楼层、层高和总高度。还要确定露天占用面积、道路的位置和大小。

车间工艺布置基本原则如下：①最大限度地满足工艺生产的要求，使工艺流程流畅、简捷。车间的所有设备和管路都是为生产服务的，布置这些设备和管路时应尽可能使其紧凑连贯，避免工序交叉。②留足人员通道，运输通道，成品、半成品贮存面积，安装检修通道等，在立面布置时还要考虑吊装和检修的空间，最大限度地满足设备维修的要求。③充分有效地利用本车间的建筑面积和建筑体积，并为本车间将来的发展和厂房的扩建留有余地。④尽可能采用联合厂房集中布置设备，这种方式既有利于充分利用面积，使生产工序紧凑连贯，又有利于建筑结构的简捷统一处理，加快厂房建设进度，对今后的生产管理也十分有利。⑤生产区域划分清晰，设备归类合理。这种划分既有利于厂房面积和高度的统一安排，又有利于粉尘、噪声与主要关键设备的相互隔离。⑥与总体设计相配合，力求做到与相关车间的连接方便、布置紧凑、运输距离短，并避免人流和物流平面交叉。⑦劳动安全与工业卫生设计符合有关的规范和规定，充分注意建厂地区的气象、地质、水文等条件对车间工艺布置的特殊要求，并征求和了解其他专业对车间工艺布置的特殊要求。

在进行玻璃厂车间工艺布置时，一般根据该车间在企业总平面布置中的相对位置，车间生产工艺流程、进出料方向和运输方式、主要设备和附属设备的型式和尺寸等，来确定车间的工艺布置和对厂房的尺寸要求。其基本原则是要做到经济、合理、实用，生产流程顺畅、紧凑，力争缩短物料和半成品、成品的运输距离，充分考虑设备安装、操作和检修方便以及其他专业对布置的要求。玻璃厂一般土建、公用工程所占的投资比例往往在50%以上，而玻璃生产无大的震动，除地震地区外，厂房应尽量做到结构轻巧，以降低造价；玻璃厂又是连续高温生产，熔制车间设计需尽量做到可自动调节气流变换，以降低车间温度。

4.1 原料车间工艺布置

4.1.1 原料车间的组成

玻璃厂原料车间一般由以下几个部分组成：①堆场、堆棚、吊车库、砂库、预均比堆场

（根据具体情况选用）；②纯碱芒硝库；③破碎筛分加工部分；④粉库及称量部分；⑤混合机房；⑥配合料输送。

4.1.2 原料车间的布置方式

原料车间的布置方式与粉库的排列方式有关。粉库的排列可分为塔库和排库两种方式。

（1）塔库

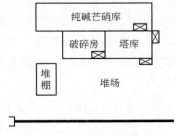

图 1-3 采用塔库的
原料车间布置形式

粉库集中在一高层方形建筑物中，按原料的种类及需要分成若干格，每种原料占据其中一至二格，在粉库下面有称量部分，在称量部分下面有混合房。破碎房、纯碱芒硝库和堆场围绕塔库的四周布置。一般布置形式如图 1-3 所示。

塔库布置的优点是紧凑、占地面积小，适合于山区或厂区面积小的企业采用。其流程短，设备少。当然，塔库厂房建筑高度较高，对地基的地耐力要求比较高。

（2）排库

由粉库成一横排而得名，几种布置方案如图 1-4 所示。

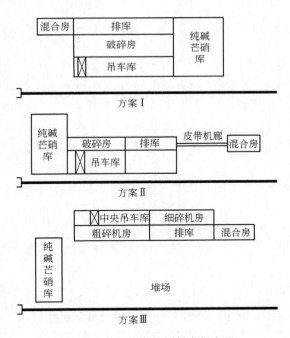

图 1-4 采用排库的原料车间布置

方案 I 是破碎房夹在排库与吊车库之间，其特点是工艺流程简短、紧凑、流畅、设备少，但破碎机房的采光、通风条件差。

方案 II 是破碎房布置在排库一端，与排库成一字形排布，采用空气气力输送或采用长胶带输送机输送物料，其特点是破碎房和称量房的通风、采光好，但设备多、工艺流程长、动力消耗大。

方案Ⅲ是采用堆场和中央吊车库的布置方式，其特点是粗、细碎分开独立作业，粗碎和细碎设备的维护、检修及作业时间可以灵活把握，对生产有保证。中央吊车库对物料水分的稳定有保证，能发挥吊车抓斗的效率，各操作场所通风、采光良好。但生产环节多、占地面积大、投资较高。

以上各种布置方案可以灵活选择，根据各厂的具体条件做不同的布置。例如，当地水运条件好，或原料供应点近，可直接进厂，就可以不采用铁路运输，改用水运和公路运输；又如，吊车库和堆场的选用可根据企业规模、机械化程度以及厂区地面的大小等因素决定。一般大中型厂、机械化程度要求较高的厂或厂区面积较小的厂，可以考虑采用吊车库方案。一般情况可采用堆场的方案，因为堆场比较容易上马，投资少，原料省，可缩短建设周期。在条件许可的情况下，可以逐步实现堆场机械化。

4.1.3 破碎工段厂房尺寸的确定

大部分玻璃厂一般都采用粉料进厂，便于社会分工，合理利用资源，减少企业造价，便于经营管理。因此，国内也应逐步建立各种原料基地，粉料包装或罐装进厂。

目前有些玻璃厂还设置原料破碎、粉碎工段，厂房尺寸的确定要求如下。

4.1.3.1 破碎工段厂房的跨度

跨度取决于自粗碎起至粉料入库整个加工系统设备之间的距离，以及必要的通道和操作检修的面积，并考虑建筑模数。

玻璃企业的破碎工段分砂岩系统，白云石、石灰石系统，长石系统，纯碱、芒硝系统。目前国内破碎系统的设计大多采用"一直线"布置（即粗碎至粉料入库均在一直线上），也有采用"L"形布置的（即粗碎、中碎和细碎成$90°$布置）。"一直线"布置必须在系统之间留有足够的通道，以便于操作、维护、检修及通行，要求车间的跨度大。"L"形布置要求车间的长度大，对车间通道和操作条件（如采光、通风等）的要求比较容易解决。下面介绍具体的布置尺寸。

① 颚式破碎机的布置。为了缩短大块仓下喂料设备的长度，可以将部分颚式破碎机布置在吊车库内或破碎厂房外部。但必须考虑喂料口上留有一定的空间，以满足更换颚板时吊装的要求，一般距离颚式破碎机顶高度至少应有2m。

对于颚式破碎机两侧，主要考虑能拆卸飞轮、更换主轴，一般应保持2m以上的净空间间距。

大块仓和颚式破碎机中心间距与喂料设备的长度有关，一般情况如表1-1所示。

表1-1 大块仓与颚式破碎机中心间距

喂料设备名称	大块仓与颚式破碎机中心间距/mm
抽板喂料机	1500～2500
电磁振动给料器	1000～4000
裙式喂料机（根据喂料长度定）	900

颚式破碎机与粗碎提升机之间的距离，在保证下料溜管便于更换的条件下，以靠近为好，这样可以在保持要求的溜角情况下，降低提升机地坑的深度。

② 粗碎提升机中心线与中块中间仓的中心间距和中块仓的大小有关，中碎机与提升机间应保持一定的距离以便检修和通行。

提升机的下料溜管尽量布置在仓的中心点，以免块料集中撞击中块仓的对边，同时也可以增加中块仓的储量。一般采用 2000～2500mm 中心间距。

③ 中块中间仓中心与中碎机的中心距离应根据中间仓下的喂料设备而定，必须保证锤式破碎机、对辊破碎机或笼形碾检修时有放置机壳、转子等部件的位置以及检修操作的位置，一般采用 1500mm 的间距。

④ 对于中碎机与中碎提升机间的中心距离，一方面要考虑中碎检修以及通道位置；另一方面还要考虑出料口尽可能靠近提升机进料口，以保证在足够的溜角情况下，减低地坑的深度，同时还要考虑六角筛筛余返回中碎机的溜管角度。中心距一般采用 1500～1800mm。

在布置中碎机时，应考虑其上都要有起重设备或装设吊耳，以便检修时吊挂手动葫芦，并必须留有足够的空间，以能起吊大的设备部件。中心距离一般应在 2000mm 以上。

⑤ 中碎提升机与六角筛的中心距主要取决于进六角筛、出六角筛的溜管以及返料溜管的角度，即需保证溜角在 50°以上，一般采用 1800～2000mm 的间距。

⑥ 对于六角筛与粉料提升机间的中心距离，主要保证二层楼面上六角筛附近有足够的检修位置，以及一定的溜管角度，一般采用 1800～2000mm 的间距。

⑦ 粉库提升机中心与粉库柱子中心的距离愈靠近愈好，可以降低提升机的高度，但是必须考虑提升机地坑基础对粉库基础的影响，一般采用 1000～1200mm 的间距。

⑧ 无论是"一字线"布置或是"L"形布置，整个车间应保持有一条不小于 2000mm 的通道，以满足手推车运送最大部件的需要。

设备间尺寸及整个跨度的布置尺寸，应根据具体情况决定。

4.1.3.2　破碎工段厂房的长度

破碎工段厂房的长度由下列因素确定：

① 破碎加工系统的数目；

② 破碎加工系统成"一直线"布置或采用"L"形布置的不同；

③ 维护、检修时合适的通道；

④ 收尘室、电气控制室、工人休息室的位置；

⑤ 建筑模数的要求。

4.1.3.3　中间仓的设置

在破碎工段设计中应考虑是否在粗碎与中、细碎之间设立中间仓。设置中间仓的优点在于能保证下面装设的喂料机对粉碎设备的喂料均匀，生产能力可以得到充分发挥。当中间仓前的粗碎机或提升机有故障而需要检修时，由于中间仓存有一定量的物料（一般以 10t 左右考虑），可以维持中、细碎机继续运转而不必停产。中间仓的设置可发挥粗碎设备最大的生产能力，缩短运行时间，节省电力，调整前后粗碎和中、细碎设备生产能力的不平衡。

设置中间仓也有缺点，即增加土建投资，如果不设中间仓可以取消二层楼面。设立中间仓也增加了设备，要三段提升，在可以考虑二段提升的情况下，多使用一台提升机。另外中间仓下要增加喂料设备。因此，设立中间仓生产环节增多，工艺流程变复杂，且粉尘大。尤其在没有仓满指示器的情况下，工人需要到二楼去检查仓满情况，由于中间仓不能密闭，导致粉尘外逸，增加了操作工人接触粉尘的机会。

设计中是否设置中间仓应权衡利弊，根据具体情况而定。

4.1.3.4 破碎加工系统设计中应注意的问题

① 在破碎工段布置时，纯碱、芒硝系统与其他矿石加工系统之间应有隔断设施，以防止纯碱对其他系统设备的腐蚀。

② 为了防止建筑物、设备上的积灰形成二次粉尘飞扬，冲水清洗是较好的办法，因此厂房地面墙壁等均须考虑做防水措施，如做防水台、散水坡、排水沟等。

③ 溜管的设计合理与否往往影响正常生产。溜管本身负担着设备与设备之间，设备与料仓之间物料的输送、传递作用，并控制物料在输送过程中不使粉尘飞扬污染环境。因此它对生产起着直接或间接的保证作用。

溜管设计是非标准设备设计的一部分，为此，设计溜管时必须考虑以下几个方面：

① 倾角。由于溜管输送物料是靠物料本身的重力作用进行的，因此在工艺布置时，就必须考虑进出料口的水平距离和高差，以保证溜管的倾角比物料的安息角大（一般考虑比安息角大 10°以上），玻璃厂原料溜管的倾角应保证不小于 50°。同时还需考虑在进出料口的直线距离上不应有其他设备或梁柱、管子、溜管等障碍物，溜管不能转折拐弯，否则，必须做特殊处理或重新调整设备的相对位置，以确保物料能顺利通过溜管。

② 管径。溜管管径大小可以从溜管通过能力、输送物料的块度、设备的进出料口大小、制作上的难易程度、整个车间的统一等因素来综合考虑。当然，首先必须满足溜管的通过能力和输送物料的块度所要求的起码的溜管断面尺寸。

③ 壁厚。确定溜管的壁厚主要考虑耐磨、使用年限、刚性及焊接要求。一般管径断面在 500mm×500mm 以下者，宜采用壁厚 4mm 钢板。

④ 长度。为了便于拆装、检修，一般溜管每节长度以不超过 2m 为宜，较长的溜管顶部最好安上吊环，便于起吊。

⑤ 其他要注意的是，在预留孔和溜管接头处，最好设一直线短节，便于拆卸更换。物料水分含量较大，对容易堵塞的溜管应考虑装设电磁振动设备。溜管应根据现场具体情况来制作。

4.2 熔制车间工艺布置

熔制车间的生产特点是高温、连续不停地生产，厂房的特点是高空间和多层建筑。玻璃的成型方法虽然不同，但池窑结构和要求有许多相似之处。因此，熔制车间工艺布置实质上就是以玻璃厂的主机熔窑为核心来考虑的。

4.2.1 熔制车间的平面布置

熔制车间从区域上划分，首先要考虑窑头和投料平台、窑底、熔化二层三部分组成的熔化工段的布置，然后考虑成型部分的布置。影响熔制车间平面布置的主要因素为熔窑热修操作、熔窑冷修操作、工艺设备布置及检修、生产操作的需要，并适当考虑熔窑有扩大生产、改造的可能，以及满足建筑模数的要求。

4.2.1.1　熔化工段宽度布置

（1）熔窑热修操作的需要

熔窑在生产周期内长时期受高温、配合料粉尘及玻璃液的侵蚀，各部分会有不同程度的损坏，因此必须在不影响或极小影响正常生产的情况下，进行熔窑的热修和维护工作。

影响熔化部两侧布置的热修操作如下：

① 底层空气蓄热室热修操作。这一操作和布置面积必须满足拆蓄热室门和格子体时所用各种工具的操作距离，布置冷却风机、堆放新砖所需的运输通道，以便新砖的及时供应和废砖的不断运出。对于大中型熔窑空气蓄热室的热修操作，不论是分隔式蓄热室，还是连通式蓄热室，其操作宽度以 4000mm（即空气蓄热室外墙面至车间房屋内墙间距）为宜。

② 小炉热修操作。熔化二层熔窑两侧的小炉热修最频繁。主要是热修胸墙、小炉舌头、小炉后平碹、小炉斜坡墙、小炉后墙、小炉隔墙。综合看来，这些热修操作的宽度应距小炉后墙 5500mm，距蓄热室后墙 3500mm。

③ 熔化二层在沿小炉两侧的厂房布置凉台。热修操作一般都是在 100℃ 以上、经受强烈的热辐射情况下进行的，工人操作 5～10min 后即需要休息，因此设置凉台可以解决工人休息和纳凉问题。

（2）熔窑冷修操作的需要

在熔窑停火冷修时，为了争取时间，缩短冷修期，熔窑的拆修工作必须安排紧凑。一般拆窑、运输、修建等工作常常交错进行，故要求在熔窑的两侧有一定的操作宽度。

① 空气蓄热室的拆除。空气蓄热室门的拆除和扒格子砖，要求操作宽度为 3500～4000mm（空气蓄热室外墙面至厂房内墙面间距）。

② 小炉的拆除及运输。小炉拆除工作和运输工作同时进行，要求小炉后墙操作宽度为 4100～5000mm。

（3）正常操作的需要

在正常生产时，熔化工段小炉两侧主要的操作是测温工作。这里必须保持一条通道，以便熔化能和后面成型的生产联系，并保证砖材和设备零件等的运输。该通道宽度不应小于 2500mm。

测温的操作宽度包括测温距离、测温工人操作距离，再加上通道宽度，一般为 4500～4600mm。

（4）蓄热室的类型

采用分隔式蓄热室时，除考虑空气蓄热室所需操作宽度外，还要考虑空气烟道的布置，也就是分隔式蓄热室空气烟道外墙距厂房外墙内侧净宽应有 300～400mm。

综上所述，大中型熔窑的空气蓄热室两侧宽度为 4000mm 合适；小炉两侧宽度距小炉后墙不得小于 5400～5600mm，距空气蓄热室外墙不得小于 3300～3500mm。

在进行熔制车间平面布置时，厂房中心线应与熔窑中心线一致。在主机熔窑宽度已知的情况下，考虑了工艺要求后，就可以得到熔制车间的宽度，再结合建筑模数，一般熔制车间厂房宽度以 3000mm 的倍数为宜，这样最后就可确定熔制车间的宽度。

4.2.1.2　熔化工段长度布置

确定熔化工段的长度，应结合熔化二层、底层的工艺要求。

（1）影响熔化二层布置的因素

① 前脸墙热修操作。在一个生产周期中，前脸墙的吊墙、托墙均需热修。考虑冷却风机布置、通道、安全距离及热修工人操作活动范围，所需要的操作长度距离投料池为 9800～10000mm。

② 投料机检修操作。以垄式投料机为例，生产中投料机每隔 1～1.5 个月需小修一次，每隔 3 个月需大修一次。检修投料机时，将投料机拉出放在窑头，把备用投料机推进去。换投料机所需的操作长度距投料池为 9500mm。

③ 熔窑加料操作。熔窑经冷修后重新投入生产时，在过"大火"后，窑内要先加熟粉（碎玻璃）。此项工作要求投料池前的操作长度为 8000mm。

④ 冷修操作。窑头的冷修项目较多，根据冷修项目不同，其布置和操作情况也有所不同，但一般来讲为加快冷修进度，拆窑、筑窑、输送等工作是交错进行的。因此在窑头除了工人操作所需要的活动范围外，还要堆放部分预备外运的废砖，在小炉两侧和窑头也需堆放一些新砖。在冷修时，人流量及运输频率很大，故必须留一条畅通的运输和交通通道。

⑤ 交换器传动装置布置。交换器传动装置与交换设备通常采用钢丝绳传动，应尽量使传动设备接近主机，以减少传动钢丝绳的长度及导向装置，同时应便于工人操作，故传动装置应布置在二层窑头中间，靠近厂房外墙处。传动装置和构筑物或其他设备之间的净空距离，在主要通行一面应不小于 1000mm，另一面应不小于 500mm。

综合以上分析，投料池前长度布置以 12500mm 为宜，当有其他设备或构筑物布置在投料池直线位置时，还需另加其操作和布置长度。

（2）影响熔化工段底层长度布置的因素

熔化工段底层布置与主机造型和烟道布置有密切关系。

① 热室端墙前的操作要求。冷修拆除蓄热室端墙时，要求操作长度为 3500～4000mm；正常生产时，煤气蓄热室端底有清扫烟尘操作，要求操作长度为 4500～5000mm。

② 煤气交换器的要求。煤气交换器清扫烟尘操作需要宽度 3800～4400mm，煤气交换器水封底盘掏灰操作要求宽度 1500mm。除了传动部分需要在正常生产情况下进行检修外，其他部件一般能在冷修停产时进行检修，但当发生突然事故时，也应尽可能在继续生产情况下进行检修，因此在安装或检修煤气交换器底盘时，要求操作面积每边比交换器大出 1500mm。

③ 中间烟道闸板检修安装要求。中间烟道闸板一般很少检修、更换，但为了便于安装及检修时操作，与其他设备或构筑物之间亦应有不小于 1000mm 的净空。

④ 空气交换器安装检修要求。由于无特殊操作要求，仅需满足设备一般性的维护、检修、安装操作要求，故设备与设备之间留有不小于 1000mm 净空即可。如没有备用闸板，其要求同上。

⑤ 烟道结构要求和助燃风机、冷却风机布置要求。在决定底层的布置时，还必须考虑烟道布置，以及烟道扒出灰坑的位置等。助燃风机和冷却风机安装、检修、维护要求不小于 1000mm 的净空宽度，其布置位置通常在底层端部两侧。

⑥ 总烟道闸板的位置。总烟道闸板的位置涉及是否利用废热。当不采用废热锅炉时，若底层布置要求的长度和二层布置长度相接近，则可把总烟道闸板布置在车间内部，这样可使闸板接近控制地点，减少液压传动的管路，也便于管理及维护，但这种布置不考虑节能，

是不行的。当采用废热锅炉时，总烟道闸板布置在靠近烟囱处，如要布置在厂房内部，则底层和二层布置在长度上要求悬殊，故为了避免造成浪费，就不宜将闸板布置在车间内部，可以在车间外面，并加设保护设备用的建筑物。

⑦ 交通运输要求。在底层必须考虑一条横穿车间的主要通道，以供冷、热修时运输砖材和设备，该通道宽应有 2500～3000mm，其局部有柱子处可考虑单行通道，但不得小于1500mm，布置在蓄热室端墙前较合适。另在窑头厂房尽头，应考虑一条不小于 1000mm 的通道，以便生产人员通行。

综合以上各种操作和布置，熔制车间厂房底层布置具体考虑的尺寸如下：

① 蓄热室端墙与煤气交换器外侧距离要求。两者间的距离除需满足上述操作外，尚需在窑底立柱和煤气烟道扒灰坑之间有一条 1500mm 左右的通道，此时要求熔窑底部立柱距蓄热室端墙约 1300mm，扒灰坑的宽度为 1800mm，通道宽度为 1500mm。故蓄热室端墙距煤气交换器水封底盘的边缘不得小于 4600mm。

② 煤气交换器宽度为 3135mm。

③ 煤气交换器与中间烟道闸门之间净空不得小于 1000mm。

④ 中间烟道闸板架子宽度约 900mm。

⑤ 中间烟道闸板中心线距空气烟道中心线和总烟道中心线交点的距离约为 4000mm，此距离必须满足空气烟道布置。烟道上各设备之间的净空间距不得小于 1000mm。

⑥ 空气烟道中心线和总烟道中心线交点之外需有 2000～2500mm 的净空距离，以满足风机布置且在窑头留有一条人行通道。

⑦ 如总烟道闸板布置在厂房内，则应在总烟道闸板之外留有 1000～1500mm 的净空，以便设备安装、维护及生产人员通行。

所以，大型熔窑底层布置（总烟道闸板不布置在厂房内）距蓄热室端墙 15000～15500mm，距投料池外侧约 14000mm。

以上考虑的是熔化底层投料池前的长度，后面长度可根据熔窑长度来确定。熔制车间厂房长度方向的柱子间距以 6000mm 为宜。

熔制车间的宽度、长度应根据熔化底层、二层工艺布置的要求综合考虑，最后结合建筑模数来具体确定。

窑体周围建筑宜采用钢结构，有利于局部拆建和车间改造。

4.2.2 熔制车间立面布置

4.2.2.1 熔化二层标高的确定

熔化二层标高主要由玻璃液面与投料机的安装关系决定。以 LT80（BD200）型垄式投料机为例，投料机下料台和投料池玻璃液面之间需留有适当的间距。间距太大，配合料落差就大，不但易引起粉尘飞扬，而且使推料板插入料堆的深度减小，推料量也就相应地减少。如间距太小就不能满足投料机下料台顺利地前后往复运动。这个间距从生产操作来看以15mm 为宜。

假设玻璃液面标高为 6800mm，投料机轨道高出二层楼面 15mm，那么，熔化二层楼标高＝玻璃液面标高＋下料台下缘距玻璃液面高度－下料台距轨道面高度－轨道高度＝6800＋15－600－15＝6200（mm）。

决定熔化二层标高时，除考虑上述关系外，还必须看底层净空高度是否能满足设备安装及操作的要求，如有富余，则二层标高可确定；如净空高度不够，则必须从设备选型和梁板布置及高度等方面想办法调节。若还不行则要通过增加熔窑蓄热室高度、提高玻璃液面标高来解决。

4.2.2.2 熔化底层空间的高度确定

熔制车间底层平面的基准线（即+0.000）在通常设计中以熔窑的蓄热室炉条碹找平砖或烟道顶面为依据。

底层空间的高度要满足底层最高设备安装高度要求，一般满足空气交换器、煤气交换器及其传动滑轮的安装高度要求。空气交换器、煤气交换器设备大小的选择又与熔窑烟道断面有关，因此，要把熔窑大小、交换器大小、厂房高度三者紧密结合起来考虑。

4.2.2.3 投料平台到熔化二层楼面之间的高度确定

投料平台高＝投料机轨道高＋投料机高度＋投料机与IZ0.16型（BD210）单扇闸门间的间隙＋IZ0.16型（BD210）单扇闸门高度＋料仓高度。

其中，料仓高度与窑头配合料输送形式有密切关系。从配合料质量要求来看，窑头料仓不宜过大，只要能起中间缓冲作用即可。如采用电动葫芦料罐时，可以储存配合料，故窑头料仓一般有40～60min的存量即可，料仓的高度为850～1250mm。如采用胶带输送机输送配合料，考虑到胶带输送机出事故时，需要较长时间排除，因此窑头料仓应有1～2h的存量，料仓的高度为2000～2500mm。

采用电动葫芦料罐时，投料平台高度＝投料机轨高（0～15mm）＋投料机高度（1852mm）＋投料机与单扇闸门间的间隙（100mm）＋单扇闸门高度（655～755mm）＋料仓高度（850～1250mm）＝3500～4000mm。

当采用胶带输送机时，投料平台高度＝投料机轨高（0～15mm）＋投料机高度（1852mm）＋投料机与单扇闸门间的间隙（100mm）＋单扇闸门高度（655～755mm）＋料仓高度（2000～2500mm）＝4600～5200m。

4.2.2.4 熔化工段屋架下弦高度的确定

屋架下弦的高度与配合料输送方式有直接关系。当用电动葫芦料罐时，熔化工段屋架下弦空间高度＝料罐高度＋跨越料罐时的安全距离＋另一个料罐高度＋安全距离＋电动葫芦使用时的极限高度＋轨道高度＝5600～6000mm。

料罐高度由料罐容积、直径决定，如单元料罐的高度是1290mm时，跨越料罐时的安全距离一般为300～500mm。电动葫芦使用时的极限高度根据电动葫芦型号查产品样本得到。电动葫芦在极限高度时使用安全距离，一般为300～500mm，轨道高度也可根据电动葫芦型号查产品样本得到。

当采用胶带输送机时，屋架下弦空间高度可以大大降低，但要满足设备安装高度、人员站在平台或胶带输送机架子上进行检修的高度：移动胶带机和配合料输送胶带机的总高度（2000mm）＋检修人员的高度（1800mm）＋富余的空间高度（300～500mm）＝4100～4300mm。

此外，屋架温度不超过100℃（超过100℃使屋架材料强度大大降低），一般以80℃来考虑，熔制屋架下弦到熔窑大碹顶面间距为6000～7000mm，可不必与窑头平台屋架下弦拉齐。

熔制各层立面关系如图1-5所示。

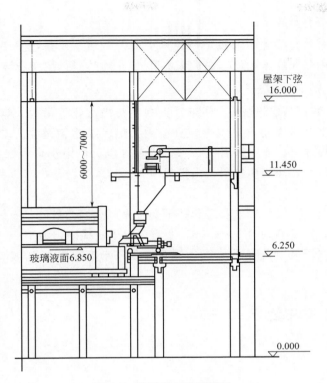

图 1-5 熔制各层立面关系

4.2.3 熔制车间柱网布置要求

熔制车间的柱网布置必须满足生产工艺的要求，具体内容如下。

4.2.3.1 空气蓄热室两侧的柱子

空气蓄热室两侧的柱子布置必须不妨碍空气蓄热室的冷、热修操作及烟道扒灰操作，因此在蓄热室门及掏灰坑范围内不能设立柱子，同时该柱子不能伸至二层楼面，以免妨碍小炉之间的热修操作。

4.2.3.2 蓄热室端墙的柱子

蓄热室端墙的柱子不要立在空煤气蓄热室端门附近，最好与风火墙并列。如不得已要在蓄热室端墙前立柱子时，则须满足煤气蓄热室清扫烟尘及空煤气蓄热室拆除的要求。因此蓄热室端墙的柱子须远离端墙 4000～5000mm。

4.2.3.3 煤气交换器四周的柱子

煤气交换器四周的柱子必须满足煤气交换器一侧能清扫烟尘和检修设备，两端能清扫烟尘，四周能进行掏烟尘工作的要求。

4.2.3.4 闸板及空气交换器附近的柱子

各种闸板及空气交换器附近的柱子与设备之间都必须有 1000mm 的净空间距，便于设备的安装及检修。

4.2.3.5 扒灰坑中柱子

当蓄热室热修时，有些碎砖通过炉条掉入下面的烟道。故蓄热室热修后一般要清扫烟道。清扫时，工人用耙子伸入烟道，在扒灰坑里进行操作，所以在扒灰坑中尽量不立柱子。

4.2.3.6 窑头看火口前的柱子

布置看火口前的柱子时应考虑：便于工人观察窑内熔化等情况，熔窑近 20min 换火一次，每次换火时，工人需在看火口附近观察窑内火焰、熔化和料堆的走向及窑体的损坏情况。当小炉瓦口砖损坏时，有时由看火口进行修补（也可以由小炉预燃室下进行修补）。成型部所挖出的玻璃釉子，经过挑选后，由投料池人工加入熔窑，投料机所漏的料也是由投料池的两端加入。

考虑到上述三项主要操作要求及避免柱子受看火口火焰的喷射，看火口前的柱子最好布置在看火口的外侧，距窑墙约为 1000mm，距看火口中心线净空为 700~800mm。

熔制车间厂房柱子间距应尽可能符合建筑模数要求，宽度为 3000mm 的倍数，长度为 6000mm 的倍数。

4.3 制瓶车间工艺布置

4.3.1 厂房条件

随着玻璃窑炉的大型化发展，世界上现代瓶罐玻璃的工业厂房绝大部分是双层结构，即行列式制瓶机都是在二层楼板上顺向安装。这种立体的生产工艺布置格局，对厂房结构提出了一些特殊要求。

4.3.1.1 对厂房柱距的要求

一般工业厂房的柱距设计采用标准的建筑模数。玻璃企业钢混结构的厂房标准柱距大多数采用 6m。

8 组行列式制瓶机的安装尺寸为 5797mm，这样模数 6m 的柱子间距尺寸刚好能把 8 组机安装进去，对于长度为 6864mm 的 10 组机来说就有问题了。因此从发展的角度来看，拟安装 10 组以上大型行列式制瓶机的工业厂房，每根柱子之间的距离最好不小于 7.5m。

从建筑工业经济学来评价，现在工业化厂房柱间距 7.5m 也是较为经济合理的，即单位工程造价是最低的。

4.3.1.2 安装行列式制瓶机的这一跨间距的特殊要求

① 12 组行列式制瓶机底盘的最大尺寸：EMHART 的标准机型是 7931mm，这样柱子之间 7.5m 开间尺寸就无法满足 12 组行列式制瓶机的安装。

② 对于两台串联的行列式制瓶机而言，要求开间尺寸就更大了。

以一般规模的两台 8 组串联成 16 组机而言，总长度为 11594mm；以较大规模的两台 12 组串联成 24 组机而言，总长度为 15862mm。

③ 现代瓶罐玻璃工业厂房的工艺设计和厂房建筑结构设计必须从企业发展生产线规模扩大的视角，充分考虑安装行列式制瓶机的这些特殊要求。

在工业厂房二层楼板的建筑结构设计时，为了日后行列式制瓶机的段（组）增加，给今后技术改造留有充分余地，对安装行列式制瓶机的这一跨间不能有横向建筑结构梁。整个楼板结构的荷载设计要考虑这一特殊要求。国外在处理此类结构厂房时，采用了类似窑炉基础的结构方式，即行列式制瓶机安装部位不预制楼板，而是根据行列式制瓶机的选型情况进行灵活设计和施工。

4.3.2　工艺布置图

4.3.2.1　工艺布置图的意义和作用

工艺布置图和设备安装图的设计看似是一纸上谈兵的过程，实际上是把设备在图纸上进行反复模拟演练、逐步细化成熟的过程。只有在图纸上反复演练才能使安装更加贴近实际，也防止出现那种安装现场反复返工甚至无法处置的窘境。

工艺布置图设计也是集思广益和集中智慧的过程，只有工程工艺布置图的设计更加贴近安装工程的实际才具有可操作性和监理依据，并以此规避安装实施的随意性和重大误差。

瓶罐玻璃企业对行列式制瓶机系统设备的安装，作为一个系统工程，必有设计完善、成熟和经过论证、审批的布置工艺图，并以此作为编制系统中各设备安装的有关文书和文件。

例如典型一窑多线行列式制瓶机顺向工艺布置案例。这种一窑多线的工艺布置涉及复杂的行列式制瓶机、供料机操作平台的结构设计，不仅要满足供料道、供料机、钢平台等大重量设备在横向和垂直方向受力支撑的工艺、土建设计要求，更要具备各种方便操作者安全作业的人性化设计。对行列式制瓶机、供料机操作平台有专门的论述。

4.3.2.2　工艺布置图设计的几个留意点

行列式制瓶机延伸架的长度与制瓶机组、段的增加成正比关系。这是由于在行列式制瓶机延伸架上部要安装热端的工艺设备，即行列式制瓶机一侧至退火炉之间一般要安装废品剔除装置、灯光目测检查装置、热端喷涂机、热端趋势分析仪等设备，还要综合考虑所选用的推瓶机结构所必需的维修操作空间，因此不能为了提高制品入炉温度而随意缩减。8组行列式制瓶机的中心线至退火炉前横向输瓶机中心线距离经验数据一般为 7.5～8.0m。

当采用串联组合时，要适当考虑行列式制瓶机延伸架的长度，其跟退火炉之间的距离以及其他辅机设备安装的合理空间。

4.3.3　主机安装的工艺布局定位

行列式制瓶机系统设备的安装主要围绕着行列式制瓶机的主机安装定位而展开。

4.3.3.1　工艺布置的设计基本原则

一般都是行列式制瓶机的横向中心（即设备中心）尽可能地安装在工业厂房立柱的一个间跨内（尤其是底部单组下进风结构行列式制瓶机），以此再向左右两端延伸，进行其他工艺设备的布置。

4.3.3.2　工艺布局定位基准线的确定原则

行列式制瓶机主机安装的定位基准线：①一般以工业厂房纵向中心线（通常也是窑炉的中心线）和安装主机这一跨厂房立柱间的中心线作为基准轴线；②将行列式制瓶机主机滴料中心（即制瓶机设备中心）与立柱中心线对应（垂直线）的尺寸关系，标定为安装主机的永久轴线；③供料道、供料机中心线所对应的就是行列式制瓶机主机滴料中心线。

4.3.3.3 系统中设备的定位尺寸

系统设备的定位基准是以行列式制瓶机主机定位线为参考的。主机定位后，其他所有的系统内设备都必须服从主机定位线，这也是工艺布置图设计定位基准线的唯一原则。依据工艺布置详图所标定各种设备之间的水平衔接尺寸、垂直衔接尺寸等相关安装数据，确定行列式制瓶机系统中各台设备的安装定位。

4.3.3.4 吊装与就位尺寸精确性的重要性

鉴于行列式制瓶主机的自身重量较大，尤其是双滴以上多模腔的行列式制瓶机，一旦主机使用重型拖拉工具定位以后，一般就无法再进行大的调整，即使进行微量调整也是难度很大的操作，而且也只能在承油盘范围内与供料机滴料中心的相对位置差之间进行微调。

主机就位尺寸精确性要求极为重要，因此，要求主机的初始定位尺寸必须保证最大的精准性。

4.3.4 要重视工艺定位设计过程

现代瓶罐玻璃企业必须重视制瓶成型工艺的合理布置。这是因为行列式制瓶机的安装是一个立体系统的概念，不仅仅是某一种设备的定位问题，而是涉及若干相关辅机、配套装置以及配套的电、气、水、油管线的一个复杂的立体空间关系，因此，各种设备安装所要求的精度和复杂程度也极高，相互间各种管道、各种电气线槽的上下层左右相搭接等都必须做到统筹考虑和安排。这种立体安装要求的完整性对相互之间的良好安装衔接提出了极高的精度要求，必须给予足够的重视，否则不仅会造成操作不便、安装错位，还会造成重大的消防安全隐患。这就给系统安装工程设计提出了极为严格的要求。

4.3.5 退火窑设备现场贮存、运输、安装要求

对刚成型的玻璃制品进行退火处理，以消除不均匀内应力的热工设备具备退火工艺所需加热、恒温均热、徐冷、冷却的功能。加热方式有燃料加热式和电热式，后者能更严格控制且灵活调节所要求的退火制度。燃料加热方式又分明焰式和隔焰式两种，明焰式用于大型厚壁制品退火。

按操作方式将退火窑分为间歇式、半连续式、连续式。间歇式又称室式退火窑，制品入窑后不移动，窑温按玻璃退火制度要求而变，退火过程在同一室内完成。间歇式退火窑生产能力小，热效率低，窑温分布不易均匀，劳动强度大，但退火制度可随制品种类不同而灵活调节，适用于形状复杂、大型、壁厚不同，或对退火制度有特殊要求的玻璃制品的退火。连续式退火窑主要结构包括隧道式窑体、运载制品的小车、辊道或金属网传送带、电热或燃烧装置等，制品沿窑长方向完成退火过程。与间歇式退火窑相比，连续式退火窑生产能力大，热效率高，易实现自动调节控制，退火质量均匀，适于大规模连续生产。

4.3.5.1 退火窑现场贮存必要条件

现场所有设备应贮存在靠近安装区的库房内，以防日晒雨淋及洪水冲刷。

4.3.5.2 吊装、运输要求

① 为防止退火窑保温区外框架在吊装、运输时变形，外框架的两侧面、两横断面应加

临时支撑，临时支撑在设备安装就位后拆除。

②　为防止退火窑保温区内框架在吊装、运输时移位，应把内框架临时固定在外框架上，设备安装就位后拆除。

③　保温区所有塞子在运输时，为防止其因碰撞而变形，应将其固定在窑体上。

④　强制对流热风循环区、直接冷风冷却区的上、下风嘴在吊装、运输时应采取适当措施防止其变形。

⑤　所有可摆动的挡帘在运输时应固定。

4.3.5.3　退火窑安装必要条件和一般规定

①　退火窑安装工程施工前，其厂房屋面、外墙、门窗、地面和内部粉刷等工程应基本完工，退火窑基础已完工；其混凝土强度不应低于设计强度的 75%；安装现场及附近的建筑材料、泥土、杂物等应清除干净；车间内道路平整，便于设备部件的运输。

②　安装的退火窑轨道、窑体、辊道、传动部件等必须符合设计和产品标准的规定，并应有合格证明。

③　退火窑安装中采用的各种计量和检测器具、仪器、仪表等设备应符合国家现行计量法规的规定，其精度等级不应低于被检对象的精度等级。

④　退火窑设备的开箱检查应由建设单位、监理单位、安装单位和设备制造单位共同进行，并应做记录；设备及其零、部件和专用工具均应妥善保管，不得使其变形、损坏、锈蚀、错乱或丢失。

⑤　退火窑风机的安装及验收应符合《机械设备安装工程施工及验收通用规范》（GB 50231—2009）和《压缩机、风机、泵安装工程施工及验收规范》（GB 50275—2010）的有关规定。

思考题

1. 建厂厂址选择的基本要求有哪些？
2. 何谓环境影响评价？其工作程序如何？
3. 简述玻璃企业总平面图设计的主要任务和基本原则。
4. 玻璃企业总平面设计的主要内容有哪些？
5. 玻璃企业竖向布置有哪几种方式？怎样根据工艺布置要求确定竖向布置形式？
6. 简述玻璃企业工艺设计的主要任务和基本原则。
7. 玻璃企业工艺设计的依据有哪些？如何选择生产工艺流程？
8. 为什么在工艺设计中要进行物料平衡计算？物料平衡计算的内容有哪些？
9. 怎样编制玻璃企业物料衡算表？
10. 玻璃生产总工艺计算所需确定的各项工艺技术指标有哪些？如何确定玻璃配料工艺参数？
11. 怎样进行玻璃企业主机选型计算？附属设备选型原则和方法是什么？
12. 玻璃熔窑的主要技术经济指标有哪些？其发展趋势如何？
13. 玻璃配合料的输送设备有哪些？各有何优缺点？
14. 如何确定玻璃厂各种原料的储存期？
15. 玻璃企业厂房布置有哪几种形式？
16. 比较玻璃企业排库和塔库两种粉库排列形式的优缺点。

模块 2

配合料的制备

玻璃的组成（成分）是决定玻璃物理、化学性质的主要因素，也是计算玻璃配合料的主要依据。改变玻璃的组成即可以改变玻璃的结构状态，从而使玻璃在性质上发生变化。在生产中，往往通过改变玻璃的组成来调整性能和控制生产。对于新品种玻璃的研制或现有玻璃性质的改进，都必须先从设计和确定它们的组成开始。

设计合适的玻璃化学组成是投资者与企业首要考虑的问题之一，它涉及企业的经济效益、产品结构、质量等诸多因素。

玻璃的化学组成不仅决定了玻璃制品的性能，而且很大程度上还决定了成本。如特种玻璃化学组成中按照性质要求，需引入稀土元素成分，价格昂贵，在设计成分时选用性质相近的其他成分代替稀土元素，则可降低成本。所以成分设计不当，会造成产品质量下降，废品增加，成本提高。

玻璃的化学组成通常用组成玻璃的化合物或元素的质量比（质量分数/％）、摩尔比（摩尔分数/％）、原子比来表示，一般采用质量分数和摩尔分数，实用玻璃以质量分数最为常用。但对于特种玻璃如硫系玻璃，用原子比更为合适。在工业玻璃中，玻璃化学组成以质量分数表示，使用方便，可直接进行配方计算。使用中摩尔分数不如质量分数简便，但由于玻璃的许多性质与化学组成的摩尔分数往往呈直线关系，而与质量分数呈复杂的曲线关系，因此许多学者在研究化学组成与性能计算体系中常常采用摩尔分数。

玻璃的科学研究，特别是性质和组成依从关系的研究，为玻璃组成的设计提供了重要的理论基础。但是理论只能定性地指出设计的方向，要得到合乎预定要求的玻璃，还必须通过实践，对拟定的玻璃组成进行反复的试验调整，最后才能够把组成确定下来。

在设计玻璃组成时，应当注意以下原则：

① 根据组成、结构和性质的关系，使设计的玻璃能满足预定的性能要求。

② 根据玻璃形成图和相图，使设计的组成能够形成玻璃，析晶倾向小（微晶玻璃除外）。

③ 根据生产条件使设计的玻璃能适应熔制、成型、加工等工序的实际要求。

④ 玻璃化学组成设计必须满足绿色、环保的要求。

⑤ 所设计的玻璃应当价格低廉，原料易获得。

据此，在设计玻璃组成时，应从以下几个方面考虑：

首先，要依据玻璃所要求的性能选择适宜的氧化物系统，以确定玻璃的主要组成。通常玻璃的主要组成氧化物有 3~4 种，它们的总量往往达到 90%。在此基础上再引入其他改善玻璃性质的必要氧化物，拟定出玻璃的组成设计。例如设计耐热和耐蚀性要求较高的化工设备用玻璃时，先考虑采用热膨胀系数小、化学稳定性好、机械强度高的 R_2O-B_2O_3-SiO_2 或 RO-Al_2O_3-SiO_2 系统的玻璃等。

其次，为了使设计的玻璃析晶倾向小，可以参考有关相图，在接近共熔点或相界线处选择组成点。这些组成点在析晶时会形成 2 种以上不同的晶体，引起相互干扰，成核的概率减小，不易析晶。同时这些组成点熔制温度也低。应用玻璃形成图时，应当远离析晶区选择组成点，设计的组成应当是多组分的，这也有利于减小析晶倾向。一般工业玻璃组成氧化物在 5~6 种以上。

再次，主要考虑其他氧化物及其含量对玻璃性能的影响。例如引入离子半径小的氧化物有利于减小膨胀系数和改善化学稳定性，也可以利用双碱效应来改善玻璃的化学稳定性和电性能等，有时可应用性能计算公式进行预算。也要考虑其对 [BO_3] 与 [BO_4] 和 [AlO_4] 与 [AlO_6] 转变的影响。

最后，为了使设计的组成能付诸工艺实践，即工业能进行熔制、成型等工艺，还要添加适当的辅助原料。如添加助熔剂和澄清剂，以使玻璃易于熔制；添加氧化剂或还原剂，以调节玻璃熔制气氛；添加着色剂或脱色剂，以使玻璃得到所需的颜色。它们的用量通常不大，但从工艺上考虑是必不可少的。

实际上，在设计玻璃组成时，一般要通过多次熔制实践和性能测定，对成分进行多次校正。在实际的操作中，可采用现代的实验、设计方法，如正交实验、多因素优化设计等，并借助计算机等手段进行优化，可以减少工作量。

玻璃组成设计的工作通常分为两大类。一类是人们试图在玻璃的物理、化学性能上有较大突破，如为了研制新型玻璃，根据要求设计新的组成；另一类是在工业生产实践中，一般并不抛弃原有的基础玻璃，为了改善某些性能和某些工艺操作条件，仅仅需要对成分做局部调整。

项目 1 玻璃组成设计与配方计算

1.1 玻璃成分设计

玻璃的成分是决定玻璃性质的主要因素之一，因此，瓶罐玻璃的化学组成首先应满足瓶罐玻璃的物理、化学性能要求，同时要结合熔化、成型和加工工艺等综合考虑，另外，还要考虑节约成本和减少污染。

1.1.1 瓶罐玻璃的成分类型

按照瓶罐玻璃氧化物含量不同，可将其分为钠钙玻璃成分、高钙玻璃成分、高铝玻璃成分，但这种分类并不严谨，如 CaO 含量多少为高钙成分，Al_2O_3 含量多少为高铝成分，很难定出一个明确的界限，这里仅仅是为了研究和阐述方便进行划分的。

按照瓶罐玻璃用途不同，还可将瓶罐玻璃成分分为啤酒瓶玻璃成分、白酒瓶玻璃成分、罐头瓶玻璃成分、医药瓶玻璃成分以及试剂和化工原料瓶玻璃成分。应根据不同用途对玻璃性能方面的要求，有针对性地设计玻璃成分，以降低成本。

国内比较通用的是按照色调来划分玻璃成分类型，习惯上分为高白料（Fe_2O_3 < 0.06%）、明料（普白料）、半白料（淡青料，Fe_2O_3 < 0.5%）、色料、乳白料。常见的高白料一般用于高级酒瓶和化妆品瓶，半白料则用于罐头瓶，其中含一定量的 Fe_2O_3，主要用于吸收紫外线，紫外线界限在 320nm 以下，啤酒瓶采用绿色或琥珀色，吸收界限在 450nm 左右。

1.1.2 瓶罐玻璃成分

瓶罐玻璃成分属于钠钙硅玻璃成分，是在 SiO_2-CaO-Na_2O 三元系统的基础上添加 Al_2O_3 和 MgO，玻璃中 Al_2O_3 含量比较高，CaO 含量也比较高，而 MgO 含量较低。不论何种类型的成型设备，也不论是白酒瓶、啤酒瓶、罐头瓶，均可用此类型成分，只需根据实际情况做一些微调即可。其组成为 SiO_2 70%～73%、Al_2O_3 2%～5%、CaO 7.5%～9.5%、MgO 1.5%～3%、R_2O 13.5%～14.5%。此类型成分的特点是铝含量适中，可利用含 Al_2O_3 的硅砂，或采用长石引入碱金属氧化物，以节约成本。CaO 和 MgO 含量比较高，硬化速度比较快，以适应较高的机速，用部分 MgO 代替 CaO，防止玻璃在流液洞、料道和供料机处析晶。适量的 Al_2O_3 可提高玻璃的机械强度与化学稳定性。部分钠钙硅瓶罐玻璃的具体成分见表 2-1。

表 2-1 部分钠钙硅瓶罐玻璃的成分 　　　　　　　　　质量分数/%

编号	SiO_2	Al_2O_3	Fe_2O_3	CaO	MgO	Na_2O	K_2O	BaO	SO_3	Cr_2O_3	TiO_2
1	73	1.6	0.1	8.5	2.3	14.6					
2	71.48	2.5	0.3	8.25	2	14.6				0.12	
3	70.17	3.5	0.97	8.27	2.36	12.73	1.33			0.18	
4	70	3.76	0.16	7.53	2	15.4			0.4		
5	67.45	4.24	0.53	8.95	2.66	13.41	1.55				
6	72.5	1.5	0.04	8.5	2	14.5		0.5			
7	72.2	1.5	0.12	9.5	1.5	14	0.6	0.2			
8	72.21	1.3	0.25	9.38	0.79	15.07					
9	72.13	1.74	0.2	8.98	2.2	12.5	0.5				
10	71.7	3	0.5	7	3	14.5			0.3	0.3	
11	72.5	1.59	0.03～0.09	8.36	3.49	13.74	0.01	0.18			
12	70.6	3.06	0.16	9.31	0.41	13.4	1.56		0.22		
13	71.87	1.99	0.43	9.1	2.46	13.49	0.43		0.43	0.09	
14	72	2.36	0.28	7.88	2.92	13.55	0.56		0.45		
15	72.45	0.34	0.06	8.92	3.23	14.33	0.9		0.26		
16	69.04	3.21	1.8	6.08	2.29	16.68					0.13

钠钙硅玻璃成分中 MgO、CaO 含量的比例对玻璃熔化速率、析晶性能有很大影响。研究发现，当 MgO/CaO 比值为 $0.49\sim0.50$ 时，位于 $MgO\text{-}CaO$ 系统相图低共熔点处，玻璃熔化速率最快，玻璃的析晶上限温度最低，析晶倾向最小。

1.1.2.1　高钙瓶罐玻璃成分

高钙成分是传统的瓶罐玻璃成分，20 世纪 70 年代，日本将钠钙系统成分改进为高钙成分，以适应高速成型的需要。目前高钙玻璃成分是瓶罐玻璃的主要成分系统，其成分（质量分数）：SiO_2 $70\%\sim73\%$、CaO $8.5\%\sim11.6\%$、R_2O $13.5\%\sim15\%$。

高钙玻璃的主要特点如下：

① 减少原料品种，简化原料处理和配料程序。

② 引入较多的 CaO，并以粒径 $1.5mm$ 左右的颗粒石灰石为原料。在较低温度下 CaO 即与硅砂发生反应，有利于熔化；高温时 CaO 可降低黏度，有利于澄清。

③ 玻璃硬化速度提高，有利于增加机速，减少成型过程的各种缺陷。

④ 不用 MgO，可防止玻璃脱片。

高钙玻璃易析晶，主要晶相为硅灰石，如料道、供料机的温度产生波动，很容易接近析晶温度而析晶，严重时阻塞料碗，所以要严格控制温度。

1.1.2.2　高铝瓶罐玻璃成分

高铝成分也是瓶罐玻璃的一种传统成分，很难制定出一个明确的高铝玻璃成分范围，一般认为含 Al_2O_3 6% 以上，也有人认为 Al_2O_3 含量应在 9% 以上。相对钠钙、高钙玻璃，用 6% 的 Al_2O_3 来区分高铝玻璃可能更合理些。如果要划分得更细，高铝玻璃还可分为高铝高钙低钠类型和高铝钠钙类型。

高铝玻璃的特点是可以利用含铝、碱的岩石、尾矿、矿渣，如霞石、响岩、珍珠岩、花岗岩尾砂、钽铌矿尾砂等，特别是锂和氟使玻璃易于熔化和澄清。一般高铝原料会给玻璃成分中带来较多的 Fe_2O_3、TiO_2 等杂质，所以只能用于半白料和绿料。

高铝成分对玻璃性质的最大影响是使玻璃黏度增加，在相同黏度时，使对应的温度提高。用 1% 的 Al_2O_3 代替 SiO_2 时玻璃黏度所对应的温度变化见表2-2。某些企业采用提高高铝玻璃中 CaO、MgO 含量的办法来降低玻璃液的高温黏度和熔制温度，同时有利于玻璃的澄清，提高出料量，也利于提高机速。

表 2-2　用 1% 的 Al_2O_3 代替 SiO_2 时玻璃黏度所对应的温度变化

黏度/Pa·s	10^2	10^3	10^4	10^5	10^6	10^7
温度变化/℃	6.5	5.9	5.0	4.58	4.35	4.24

高铝玻璃的熔化温度、成型温度、软化温度、退火温度均有所提高，硬化速度增加，玻璃表面容易产生波筋和条纹，瓶壁的均匀性不易控制，环切均匀性变差，因此，最好在高铝玻璃中加入表面活性成分，以降低玻璃的表面张力，使高铝玻璃中的条纹易于扩散均化，以获得质量较好的玻璃液。高铝玻璃容易析晶，特别是 CaO 含量高、R_2O 含量低的高铝玻璃，有些工厂曾发生流液洞析晶阻塞而停产。在采用高铝配方时，料道也容易析晶，因此，料道应有较好的保温措施和完善的加热手段。另外，高铝玻璃的化学稳定性，如耐水性、耐碱性略有降低，抗压强度稍有提高。

高铝玻璃强度高，耐水侵蚀性强。但高铝配方的玻璃液黏度较高，不利于澄清均化，特别是在澄清剂使用不当时会出现不良后果。由于高铝玻璃在生产控制和质量上存在一些问题，国内一些以代碱为目的而采用高铝成分的工厂，随着市场纯碱供应量的充足，已改用钠钙或高钙玻璃成分，但个别工厂仍采用高铝成分。

1.1.3 安瓿玻璃成分

安瓿玻璃组成既要保证玻璃具有良好的化学稳定性、热稳定性，也要保证玻璃具有良好的拉管成型及制瓶加工性能。

安瓿曾经在较长时间使用中性玻璃进行生产，但随着医药业的不断发展，出现了许多高pH值的药液，而中性玻璃满足不了盛装高 pH 值药液的要求，所以安瓿玻璃的成分又进一步改进和提高，发展出更加耐碱的玻璃。另外，安瓿是由玻璃管加工而成的，玻璃管是拉制成型的，需要长料性，所以除了要考虑不同医药用玻璃品种对玻璃成分物理、化学性能的要求外，还要考虑不同产品生产的工艺特点和要求，这就形成了具有独特成分的安瓿玻璃，常见玻璃系统及成分如下。

1.1.3.1 钙硼硅酸盐系统安瓿玻璃

最早制造安瓿玻璃用的是普通钠钙硅玻璃成分，但熔封药液后，玻璃的化学稳定性不好。前期改进的办法就是在成分中引入一定量的 B_2O_3，大大地改善了玻璃的化学稳定性。在改善安瓿玻璃化学稳定性的同时，也可改善玻璃成型和加工的操作性能，降低熔化温度，防止分相和析晶。

这类成分曾经被广泛使用，但由于引入 B_2O_3 的量较低，化学稳定性、加工操作性能虽比钠钙硅玻璃有所提高和改善，然而在盛装 pH 高的磺胺类或氨茶碱等药液时，脱片现象明显，也就是说 SiO_2-Al_2O_3-B_2O_3-CaO-R_2O 系统制作的安瓿玻璃仅适用于盛装 pH 值不高的药液。B_2O_3 价格昂贵，盛装 pH 值不高的药液时，这种安瓿的安全性还是可以的，所以至今还有应用，该系统的安瓿玻璃成分见表 2-3。

表 2-3　钙硼硅酸盐系统安瓿玻璃成分　　　　　　　　　　　　质量分数/%

序号	SiO_2	B_2O_3	Al_2O_3	CaO	MgO	Na_2O	K_2O
1	67.0	5.3	3.7	6.2		10.4	7.4
2	73.0	4.5	4.0	7.0	1.0	10.5	10.5
3	66.0	6.0	10.0	8.1		8.1	8.1
4	66.5	6.0	11.0	8.0		8.5	8.5
5	74.0	3.0	3.0	6.0	4.0	10.0	
6	72.2	3.3	5.5	5.5	0.7	8.2	4.6
7	68.4	2.7	3.9	8.5		9.4	7.1
8	74.0		7.5	0.8	0.3	12.5	12.5
9	73.7	7.0	5.1	1.3		12.7	12.7
10	74.3	6.3	5.0	1.1	0.2	12.8	12.8
11	73.0	5.0	4.6	1.5	0.5	11.5	11.5

这类玻璃成分中 B_2O_3 含量在 3%～7%，属于低硼安瓿玻璃。

1.1.3.2 钡硼硅酸盐系统安瓿玻璃

该系统的安瓿玻璃成分基本上是 20 世纪 50 年代或更早时候各国安瓿玻璃经典牌号的成分，由于是传统成分，有的沿用至今。这是在钠钙硅玻璃中引入 B_2O_3 的基础上，再引入 BaO 来进行改进的，BaO 可以重晶石矿物为原料，比较便宜。硼硅酸盐玻璃是易分相的，由于 Ba^{2+} 的半径大，极性强，易熔化，特别是对抑制玻璃分相起很大作用。但 BaO 含量过多，容易产生二次气泡，同时 BaO 对耐火材料的侵蚀比较大，所以安瓿玻璃中 BaO 含量不高，基本在 3% 左右。该系统的安瓿玻璃成分见表 2-4。

表 2-4　钡硼硅酸盐系统安瓿玻璃成分　　　　　　　　　　　　质量分数/%

编号	SiO_2	B_2O_3	Al_2O_3	BaO	CaO	MgO	Na_2O	K_2O	Fe_2O_3
1	71.00	11.00	6.60	2.20	0.50		6.30	2.20	
2	74.54	9.46	5.52	2.30	0.80	0.14	6.42	0.58	
3	71.71	6.77	5.27	3.54	0.35		10.94	0.92	
4	69.85	8.12	9.18	2.75	3.71		6.30		
5	73.50	9.50	5.20	2.90	0.80		6.80	1.10	
6	74.43	7.79	6.10	3.93	1.23		5.59	0.88	
7	71.41	5.57	6.36	3.34	0.78	0.24	8.47	3.25	0.14
8	74.30	7.50	5.90	4.40	1.10		6.40		0.30
9	71.12	6.65	5.84	2.29	0.70		9.77		0.25
10	72.20	10.30	6.80	2.10	0.80		6.40	1.30	
11	74.00	2.00	7.00	1.00	3.00	0.50	12.50		

表 2-4 中 1、2 是美国 Kimble 和 Owens-Illinois 公司牌号为 N-15-A 的安瓿玻璃成分，其中 B_2O_3 的含量达 9%～11%，这是由于美国有丰富的硼资源。在 SiO_2、Al_2O_3 含量大致相同情况下，玻璃中的碱金属氧化物含量较低，在 7%～8% 之间，这样的安瓿玻璃膨胀系数也较低，在 $45×10^{-7}～55×10^{-7}℃^{-1}$ 之间，所以化学稳定性、热稳定性和机械强度都比较好，工艺性能也较好。3 是法国中性玻璃成分，4 是意大利 Tenax 安瓿玻璃成分，5、6 是德国 Schott 公司的 Mainz 安瓿玻璃成分，7 是匈牙利安瓿玻璃成分，8、9 是捷克安瓿玻璃成分，10 是日本电气硝子公司牌号为 BS 的安瓿玻璃成分，由此可见欧洲及日本的安瓿玻璃成分中 B_2O_3 含量也比较高，大致为 8%～10%，碱金属氧化物含量较低，大致为 7%～9%，因而安瓿玻璃性能优良，如日本安瓿玻璃的膨胀系数为 $52×10^{-7}℃^{-1}$、德国 Mainz 安瓿玻璃的膨胀系数为 $51×10^{-7}℃^{-1}$，这两种安瓿玻璃不论化学稳定性、热稳定性、机械强度或热加工性能都比较好。11 是我国在生产中曾经用过的钡硼硅酸盐系统安瓿玻璃成分，由于 B_2O_3 原料比其他成分的原料价格昂贵，玻璃成分中的 B_2O_3 含量较低，为了便于熔化，碱金属氧化物含量增加到 12.50%，这种安瓿的化学稳定性、热稳定性、机械强度或热加工性能都较差，因此实际使用时间不长。

1.1.3.3 锌硼硅酸盐系统安瓿玻璃

锌硼硅酸盐系统是我国在 20 世纪 50～60 年代开始研究和使用的安瓿玻璃成分，在成分中引入 ZnO 是为了易于熔化，但在使用时发现用含 ZnO 玻璃成分制成的安瓿，内表面光滑程度提高，不会使针剂的药液集滴。这类安瓿玻璃的成分见表 2-5。

表 2-5　锌硼硅酸盐系统安瓿玻璃成分　　　　　　　　　质量分数/%

编号	SiO$_2$	B$_2$O$_3$	Al$_2$O$_3$	CaO	MgO	ZnO	Na$_2$O+K$_2$O
1	71.4	3.4	8.4	2.9	0.6	2.5	10.7
2	70.2	1.4	8.1	3.9	1.1	2.3	12.8
3	70.5	6.7	5.0	3.3		2.0	12.5
4	71.5	5.0	4.5	2.5	1.0	3.0	11.5

　　这类玻璃硼含量低，氧化铝含量相对较高，因此熔化温度高，耐酸性较好，但用于盛装 pH 值高的药液并不理想，因此我国在此类玻璃成分基础上再加入 ZrO$_2$，以提高玻璃的耐碱性。

1.1.3.4　锆硼硅酸盐系统安瓿玻璃

　　考虑到我国硼资源及价格因素，盛装 pH 值高药液的安瓿玻璃，是在低硼玻璃成分基础上引入 ZrO$_2$ 来提高安瓿玻璃耐碱性的，同时还引入多种二价氧化物，尽量降低高 pH 值药液对玻璃的侵蚀。ZrO$_2$ 的耐水性、耐碱性和耐酸性与二价、三价氧化物相比均居于首位，赋予玻璃很好的化学稳定性，但 ZrO$_2$ 比较难熔化，因而引入量不宜过多，一般为 2%～3%。这类玻璃成分及线膨胀系数见表 2-6。

表 2-6　锆硼硅酸盐系统安瓿玻璃成分及线膨胀系数　　　　　质量分数/%

编号	SiO$_2$	B$_2$O$_3$	Al$_2$O$_3$	CaO	MgO	ZnO	BaO	Na$_2$O	K$_2$O	Li$_2$O	ZrO$_2$	$\alpha/(\times 10^{-7}℃^{-1})$
1	71.5	4.3	3.7	3.5	1.5	3.0			11.5		1.0	
2	73.0	5.0	5.0	1.5	0.5	2.5	0.5		11.0		1.0	
3	74.3	8.0	5.0		0.5		1.0		9.0		2.0	55
4	74.0	6.0	4.8	1.0	0.2		2.4		11.0		0.6	65
5	77.8	8.9	4.4	0.3			0.2	6.4		0.5	1.5	67
6	80.0	5.3	4.7	0.3			0.2	2.6	4.0	1.3	1.6	65
7	65.0	9.0	6.0		3.0	2.0	5.0	1.0			2.0	46.7
8	77.5	5.1	3.5	3.0	2.1		2.0	5.3			1.5	46.7
9	74.3	9.3	5.5	1.1				4.0	3.0	1.0	1.8	49
10	73.0	9.0	6.9	0.5	0.5			7.0	0.6	0.7	0.2	58.4

　　表 2-6 中 1、2 为国内玻璃成分，既满足盛装高 pH 值药液的需要，又能在当时的燃料及窑炉条件下熔化。3～10 是德国 Jena 和 Schott 两家公司的专利成分，ZrO$_2$ 含量在 2% 以下，B$_2$O$_3$ 大多在 8%～9%，加入 ZrO$_2$ 是为了提高安瓿玻璃的耐碱性，大部分成分中碱性氧化物为 2～3 种，双碱或多碱效应进一步提高了化学稳定性。

1.1.3.5　棕色安瓿玻璃

　　有些药液需要避光保存以免变质，这就需要采用能避光的棕色（或黄色）玻璃制成的安瓿瓶。棕色安瓿玻璃的主要特点是能吸收紫外线。

棕色安瓿玻璃的着色可以分为铁-锰着色、硫-炭着色和铁-钛-炭着色三种。

① 铁-锰着色。过渡金属铁和锰在玻璃中以离子态存在，并对可见光有选择性吸收而使玻璃着色。当引入这两种着色剂 Fe_2O_3（2%～5%）、MnO（3%～10%），就可以使医药用玻璃呈棕色。

玻璃的化学组成对着色离子的价态有着重要的影响，对碱硅酸盐玻璃而言，玻璃的酸碱性对离子的氧化还原状态有直接的影响。药用玻璃主要是以中性的硼硅酸盐玻璃为主，游离氧比较少，Mn^{3+} 比例相应下降，这就不利于玻璃着色成棕色。为了使玻璃着色成棕色，一般要在比较强的氧化气氛下进行玻璃熔制。

铁和锰混合产生的棕色主要取决于 Mn^{3+}、Mn^{2+} 和 Fe^{3+}、Fe^{2+} 之间的价态及含量，关系较复杂，主要随着色剂的含量、熔制气氛、熔制时间和熔制温度以及基础玻璃的化学组成等而变化，使得这种棕色的色调比较难控制。

另外，这种玻璃的化学稳定性比较差，抗药液侵蚀性也不够理想。例如着色剂 MnO 在药液中是容易溶出的组分，在容器中产生沉淀，污染药液。在基础玻璃中引入着色剂 Fe_2O_3 和 MnO 后，玻璃熔制的热吸收量增大、熔化难度加大，使玻璃产生结石和条纹等缺陷。

② 硫-炭着色。硫-炭着色玻璃的颜色为棕红，色似琥珀。在硫-炭着色玻璃中，炭仅起还原作用，并不参加着色，炭能保证 Fe^{2+} 存在且防止硫的氧化。关于硫-炭着色玻璃的着色机理过去曾有过不同的争论。一般认为硫-炭着色主要是 S^{2-} 和 Fe^{3+} 共存而产生的。玻璃中 Fe^{2+}/Fe^{3+} 和 S^{2-}/SO_4^{2-} 的比值，对玻璃的着色有重要的作用。一般情况下，Fe^{3+} 和 S^{2-} 含量越高，着色越深。因此 Fe^{3+} 与 S^{2-} 浓度之积是衡量色心浓度的标志。

制造硫-炭着色的琥珀色玻璃，常见的问题是气泡和色调不够稳定。尤其在 SiO_2 含量高的中性硼硅酸盐玻璃中，气泡更是常见的缺陷之一。一般情况下，抗侵蚀性能要求不高的药用玻璃瓶多采用钠钙硅玻璃，也可采用硫-炭着色，同时采用氯化钠作澄清剂。氯化钠是一种很好的用于硫-炭着色玻璃的高温澄清剂，适合于熔化温度高于 1500℃ 的玻璃。氯化钠一般用量为 1%～1.5%，最高不能超过 3%，用量多时制品乳浊。同时氯化钠对黏土质耐火材料侵蚀作用大，在 500～600℃ 时又会凝聚而堵塞格子孔或烟道。

③ 铁-钛-炭着色。用铁、锰着色的棕色玻璃在抗化学侵蚀性方面比较差，一般用来制造口服药剂和药片的容器。使用铁-钛-炭着色的玻璃具有稳定的光吸收性，而且铁和其他重金属的溶出量也很少，这种玻璃容器可用于盛装注射用药液。

在制备铁-钛-炭着色棕色玻璃时，一般要求 Fe_2O_3、TiO_2 和 C 必须配合使用，缺少任何一种都不能制成符合要求的棕色玻璃。着色剂的比例也很重要，一般为 0.5%～2% 的 Fe_2O_3、1%～5% 的 TiO_2、0.05%～3% 的 C。

当 Fe_2O_3 的含量小于 0.5% 时，光吸收性能不能满足要求；当 Fe_2O_3 的含量大于 2% 时，玻璃的热吸收过大，从而使玻璃熔化发生困难，并且制造的安瓿使用时，会增加铁在药液中的溶出量。所以，Fe_2O_3 含量一般控制在 0.5%～2%，TiO_2 的含量控制在 1%～5%。

在铁-钛着色时，向配合料中添加炭，能使 $Ti^{4+} \approx Ti^{3+}$ 平衡反应向右移动，有利于棕色玻璃的形成。炭的含量对玻璃着色有重要的影响。如果在氧化物总量中添加 0.05% 以下的炭时，着色比较困难，而添加量在 3% 以上时，玻璃极易产生细小的气泡，所以炭的含量一般要控制在 0.05%～3%。

与其他种类的琥珀色玻璃相比，铁-钛-炭着色的玻璃热线吸收能力较低，适合于池窑熔化，熔制温度和窑内气氛的变化对着色影响较小。抗侵蚀性能高的中性硼硅酸盐玻璃一般多采用铁-钛-炭着色，铁和其他重金属的溶出量等均较少，表2-7是棕色安瓿玻璃的化学组成。

表 2-7　棕色安瓿玻璃的化学组成　　　　　　　　　　　质量分数/%

序号	SiO_2	Al_2O_3	B_2O_3	CaO	ZnO	BaO	K_2O	Na_2O	Fe_2O_3	MnO_2	TiO_2
1	66~71	2~5	10~16			0~4	0~4	5~10	2~5	3~10	
2	68.5	4	4.5	2.5	1.5		2.5	9	2.5	5	
3	71.5	5.3	9.2	0.9		2.1	0.8	6.4	0.6		2.7
4	70.3	4.9	6.7	0.5		3.1	1.3	6.4	1.4		5
5	71.4	3.4	3.5	5.6	1.9	0.54	13	0.2			

表2-7中序号5的组成采用硫-炭着色，其配方见表2-8。

表 2-8　硫-炭着色安瓿玻璃配方　　　　　　　　　　kg

石英砂	长石	方解石	白云石	纯碱	萤石	硫酸钡	碳粉	铁红	硼砂	碎玻璃
114.3	26.5	6.2	15.0	36.4	4.1	1.1	0.5	0.18	10.8	185

配方特点：由于这种玻璃熔化温度高，难于澄清，传统的澄清剂 As_2O_3 与氟化物有一定的作用，但效果并不明显，加上使用这种澄清剂后会给药液带来不利的影响，目前不再使用。琥珀色玻璃更不能使用氧化型澄清剂，因此，该玻璃的澄清效果并不理想。

此外，医药用玻璃在配方中已不再使用 As_2O_3 或 Sb_2O_3 作澄清剂，以免玻璃浸出物中存在有害健康的 As_2O_3 或 Sb_2O_3，已改用 NaCl 或 CeO_2。

在铁-钛-炭着色玻璃中，钛一般以 Ti^{3+}、Ti^{4+} 两种离子价态存在，Ti^{3+} 呈紫色，Ti^{4+} 则是无色的。Ti^{4+} 能强烈地吸收紫外线，吸收带常进入可见光区的紫光部分，使玻璃产生棕黄色。由于对棕色玻璃的光吸收性要求不同，一般着色剂的使用量也不相同。一般棕色玻璃多采用铁-钛-炭着色。

1.1.3.6　色环易折安瓿

在安瓿颈部有一圈色环，因色环与安瓿玻璃本身的膨胀系数不同，可产生局部应力，达到易折断的目的，称为色环易折安瓿。色环所用的材料是一种特殊的硅酸盐——色釉。

釉是利用天然原料及化工原料制成、在高温作用下熔融并黏结在安瓿表面上的玻璃质薄层，是两种复杂的硅酸盐混合物。一般来说，釉就是玻璃，它具有玻璃所固有的一切性质。釉与玻璃的相似之处：它们都是在相当高的温度下熔融，没有一定的熔点，只有熔融范围；没有固定的化学组成，光学性质都具有各向同性。但是实际上釉和一般玻璃还是有区别的。玻璃组分均匀，而釉的组分不均匀；釉层除玻璃相外，还有许多微小的晶体和气泡，因此釉是不均质的玻璃体。

色环是用薄片转轮在瓶曲颈处旋转涂上一圈约1mm宽的低熔点色釉而成的。由于色釉玻璃体与安瓿瓶玻璃膨胀系数不同，通过烧结，两种玻璃体结合在一起，在瓶颈部产生一定的张应力，加上曲颈瓶本身曲颈处与瓶身的厚薄差异，以及曲颈的几何形状，可使应力集中，从而产生易折效果。

色釉通常采用低熔点玻璃（基釉）加上适量的无机矿物颜料（色素）和黏合剂（溶剂）调匀而成。但也可预先将无机矿物颜料和低熔点玻璃基釉原料一起熔制成所需颜色的釉料，然后再加溶剂配制而成，但此法缺点颇多。

（1）对玻璃基釉的要求

① 基釉玻璃的熔点要低于制品玻璃的退火温度，这样才能在制品退火（包括釉烧结）时，在不影响退火质量的同时，色釉熔化，与制品本身融合在一起，牢固地结合在玻璃表面而不被擦洗掉。色釉的熔融温度一般为 $560\sim600℃$。

② 基釉玻璃的膨胀系数要比制品玻璃的膨胀系数大一些，这样才能在两者接触处制品玻璃形成张应力而易折。基釉玻璃的膨胀系数过大或过小都直接影响折断力的大小，因此应特别注意。基釉玻璃的膨胀系数一般比制品玻璃大 $15\times10^{-7}℃^{-1}$ 左右。

③ 基釉应有一定的化学稳定性，铅溶出量越少越好。从化学组成上玻璃基釉可分为两个不同系统。

铅质釉料：这是目前市面上使用多年的通用釉料，PbO 含量在 60% 左右，其性能基本符合易折安瓿对基釉的要求。例如某安瓿玻璃的线膨胀系数为 $67\times10^{-7}℃^{-1}$，其基釉玻璃采用 $PbO-B_2O_3-ZnO-SiO_2$ 系统，组成如下：PbO $60\%\sim70\%$、SiO_2 $5\%\sim10\%$、B_2O_3 $5\%\sim15\%$、TiO_2 $0\sim5\%$、ZnO $0\sim10\%$、BaO $0\sim10\%$、K_2O $0\sim10\%$。

该基釉玻璃的线膨胀系数为 $92\times10^{-7}℃^{-1}$，基釉玻璃粉通过 280 目筛网，颗粒度为 $5\sim30\mu m$。

虽然铅质釉料沿用了多年，但因其含铅量过高，不可避免地存在有毒、成本高等缺点。

硼质釉料：针对铅质釉料的缺点而研制的一种新釉料，B_2O_3 含量在 50% 左右。例如某硼质釉料的组成如下：SiO_2 5%、B_2O_3 50%、Al_2O_3 2%、ZnO $17\%\sim18\%$、BaO 15%、Na_2O $10\%\sim11\%$。通过干福熹法计算出该釉料的热膨胀系数为 $(94\sim97)\times10^{-7}℃^{-1}$，用于制热膨胀系数为 $67\times10^{-7}℃^{-1}$ 的 2mL、5mL、10mL 易折安瓿，折断力合格率均达 100%。通过近几年的使用证明，该硼质釉熔化温度低、折断力稳定、制造工艺简单、釉料密度小、不易沉淀、安全无毒。另外，可以通过调节 ZnO、BaO、Na_2O 的含量来改变釉料的膨胀系数，以满足不同安瓿的要求。

（2）对颜料（色素）的要求

颜料可用来区别不同针剂和色釉种类、美化外观等，因此，颜料应具有较强的着色力、耐光性和耐热性。另外，颜料不应与基釉（包括溶剂）起化学反应，基釉和颜料之间只能是一种物理混溶过程。否则，就会使控制的条件更加复杂，甚至使颜色受到破坏或产生气泡和使表面粗糙。

（3）对溶剂（黏结剂）的要求

要有一定的黏度，以使色釉很好地黏附在制品表面。

挥发要快。色釉黏附在制品表面后，溶剂要快干，以不至于使色釉龟裂，并在色釉刚烧结时全部烧尽，不留气泡、渣滓和炭渣。如留炭渣时，可使色釉中的铅等被还原，使色釉层变成灰色或黑色，并产生裂纹、气泡等缺陷。

溶剂不应与颜料、基釉起化学反应。黏结剂应无毒，不吸水，无严重异味，并应具有一定的黏结力和韧性。

1.1.4 玻璃成分的设计方法

玻璃成分设计主要分为经验设计和计算机辅助设计，后者又分为计算机模拟设计和计算机优化设计。

1.1.4.1 玻璃成分的经验设计

玻璃成分经验设计是多年来沿用的方法，比较简单，使用方便。首先根据设计任务书所提出的玻璃品种及其物理、化学性质指标，生产方法，原料产地及其成分，成本核算等要求，进行调研和查阅文献资料，找出国内外同一生产方法、玻璃性质也相近的玻璃成分作为参考，然后根据原料、成本等因素，对国内外资料上的成分做一些局部修改和调整，设计出新的成分，再对新成分的物理和化学性质、工艺性能、原料用量以及成本进行计算，看是否符合设计任务书要求，如某一方面的指标与要求有差距，则进一步调整，直至完全满足任务书的要求为止。其设计流程如下：

设计依据（产品品种、色泽、形状、尺寸等）→选择生产方法→选择成型机与生产参数（机速、作业时间等）→查找文献上或实际工厂同类型成型机所用成分→根据产品性质、成本、环保要求等选出几个初选成分→根据选用的初选成分计算玻璃物理、化学性质，工艺性能，配料与成本→优选出玻璃性质最佳、成本最低者为设计成分。

由于产品大都采用工业化生产，每种生产方法均有对应的不同类型的成型机械，每类成型机械要求玻璃具有与其配合的黏度-温度曲线、硬化速度、析晶的温度范围、析晶的速度等工艺性能。例如设计薄壁轻量大口玻璃瓶成分时，合理的成型方法应为压-吹法，而适合该瓶型的成型机为海叶式制瓶机，在成型方法和设备确定之后，即可查找海叶式制瓶机成型时所要求玻璃的黏度-温度曲线、硬化速度等工艺指标，或从国内外工厂应用海叶式制瓶机实际生产轻瓶时的玻璃成分作为设计的重要参考。

对同一种生产方法，同一类型成型机，当制造不同色泽、不同形状、不同大小玻璃时，采用的成型机速是各异的，从而也对玻璃的硬化速度提出了不同的要求。实际情况常常很复杂，不单是对玻璃硬化速度提出了不同要求，而且玻璃的热容、热导率、热辐射率等均对玻璃成型机速有影响，因此不能将黏度-温度曲线、硬化速度作为影响机速的唯一因素。

采用各种不同类型成型方法和成型机时，成型时玻璃液的温度是各不相同的，瓶罐成型时的供料温度（$\lg\eta = 3.0\mathrm{dPa \cdot s}$）一般都在 1100℃ 以上，此时玻璃不易析晶，一般该类玻璃的析晶上限温度要低于 1100℃，或者说在此温度下玻璃的析晶速度很小。常用 Na_2O-CaO-MgO-Al_2O_3-SiO_2 系统玻璃的析晶温度在 $980\sim1080$℃，很少达到 1100℃。在设计玻璃成分时，析晶性能可不必作为主要问题考虑，但对以瓷石、霞石、珍珠岩、钽铌矿尾砂、高炉矿渣等为主要原料的高铝、高钙瓶罐玻璃，很容易析晶，玻璃的析晶性能要作为重要问题来考虑。这类玻璃在生产中常因温度波动，在料道中发生析晶，甚至在流液洞、池窑炉底发生析晶，造成流液洞冻结而停止生产。

玻璃成分中的铁含量不仅影响玻璃的色泽，而且影响玻璃的黏度、透热性、硬化速度等性能。不同品种、不同色泽的玻璃产品对透明度的要求是不相同的。玻璃成分中铁含量与透明度之间的关系如式（2-1）所示。

$$w = \frac{D}{\alpha d} \tag{2-1}$$

式中　w——玻璃中铁质量分数,%；

　　　α——系数，对 Fe_2O_3 为 0.007，对 FeO 为 0.079；

　　　D——光学密度，以 10mm 厚玻璃为基准；

　　　d——玻璃厚度，mm。

光学密度 D 与透明度 T 之间的关系如式(2-2) 所示。

$$D = -\lg T \tag{2-2}$$

吸收系数与透明度的关系式如式(2-3) 所示

$$\delta = \frac{1}{d}\ln\frac{1}{T} \tag{2-3}$$

式中　δ——吸收系数，cm^{-1}。

根据要求的透明度或吸收系数以及玻璃制品的厚度，用式(2-1) 和式(2-2) 即可计算出玻璃中允许的铁含量。由于玻璃成分中着色的杂质不仅有铁，还有钛、钒、锰、铜、镍等，以 Fe 的着色强度为 1，V 则为 2，Mn 为 5，Cu 为 20，Ni 为 100，Co 为 500，这些成分着色强度均超过 Fe，也会造成玻璃透明度降低，所以计算出的允许铁含量往往比实际上的允许值偏高，故式(2-1) 仅起参考作用。通常明料瓶罐玻璃中最高含 Fe_2O_3 不超过 0.2%。

1.1.4.2　玻璃成分的计算机辅助设计

传统的玻璃成分设计基本是靠经验进行筛选，即运用大量原始资料找出基本符合要求的成分，然后再通过计算或试验来进行比较，直到选择出符合要求性质的成分为止。随着材料科学的发展，已经对材料微观结构进行了深入研究，逐步找出了成分、结构、性质之间的规律，同时由于计算机的速度、内存和操作性提高，过去烦琐和较难的数学计算和数据分析，现在用计算机可以很快且更好地解决，这就为计算机进行玻璃成分设计提供了有利条件。

计算机模拟又称计算机实验，是指利用计算机对真实玻璃成分系统进行模拟实验，提供实验结果，以指导成分设计。计算机模拟设计可分为全面试验法和正交试验法。

(1) 全面试验法

按照玻璃用途提出性能指标后，根据已有的经验，选择玻璃的组成数目及成分的大致范围，然后根据玻璃成分与性质之间的数学模型进行性质计算，从中选出符合要求性质的玻璃成分。此方法随玻璃成分数目和成分范围扩大，计算工作量增加很多。

(2) 正交试验法

按照正交试验表，选择玻璃成分与性质的计算次数，既可减少计算工作量，还可取得较合适的结果。这种方法比全面试验法合理，计算量也减少，得到了广泛应用，此处重点介绍此方法。

在计算机辅助设计前，首先要确定设计玻璃组分数目及成分范围，以及交互作用组分的数目，这些数据可通过查阅文献及工厂调研获得，然后确定设计时要求的玻璃性质指标。

1.2　配合料的计算

1.2.1　配合料的计算方法（一）

配合料的计算以玻璃的质量分数和原料的化学成分为基础，计算出熔化 100kg 玻璃所需各种原料的用量，然后再算出每副配合料中，即 500kg 或 1000kg 玻璃配合料中各种原料的用量。如果玻璃是以分子分数或分子式表示，则应将分子分数或分子式换算为质量分数。

在精确计算时，应补足各组成氧化物的挥发损失、原料在加料时的飞扬损失，以及调整熔入玻璃中的耐火材料对玻璃成分的改变等。

计算配合料方法通常有预算法和联立方程式法，但比较实用的是联立方程式法和比例计算相结合的方法。列联立方程式时，先以适当的未知数表示各种原料的用量，再按照各种原料所引入玻璃中的氧化物与玻璃组成中氧化物的含量关系，列出方程式，求解未知数。

[计算示例] 根据瓶罐玻璃的物理、化学性能要求和某厂的生产条件，确定玻璃组成：SiO_2 73.0%、Al_2O_3 1.6%、CaO 8.5%、MgO 2.3%、R_2O（Na_2O+K_2O）14.6%。计算其配合料的配方，选用石英砂引入 SiO_2，长石引入 Al_2O_3，方解石引入 CaO，白云石引入 MgO，纯碱引入 R_2O（Na_2O+K_2O）。以白砒与硝酸钠为澄清剂，萤石为助熔剂。原料的化学成分见表 2-9。

表 2-9 原料的化学成分　　　　　　　　　　　　　　　　　质量分数/%

原料	SiO_2	Al_2O_3	Fe_2O_3	CaO	MgO	R_2O	As_2O_3
石英砂	98.32	0.96	0.03				
长石	63.41	19.18	0.17			16.15	
方解石				55.48			
白云石				28.41	20.10		
纯碱						58.14	
萤石				65.74			
硝酸钠						35.80	
白砒							99.50

设原料均处于干燥状态，计算时不考虑水分问题。

（1）计算石英砂和长石的用量

石英砂的化学成分：SiO_2 98.32%、Al_2O_3 0.96%、Fe_2O_3 0.03%，即一份石英砂引入 SiO_2 0.9832 份、Al_2O_3 0.0096 份、Fe_2O_3 0.0003 份。同样一份长石可引入 SiO_2 0.6341 份、Al_2O_3 0.1918 份、Fe_2O_3 0.0017 份、R_2O 0.1615 份。

设石英砂的用量为 x，长石粉的用量为 y，按照玻璃组成中 SiO_2 与 Al_2O_3 的含量，列联立方程式如下：

SiO_2　$0.9832x+0.6341y=73.0$

Al_2O_3　$0.0096x+0.1918y=1.6$

解方程　$x=71.16$　$y=4.78$

即熔制 100kg 玻璃，需要石英砂 71.16kg（同时引入 Fe_2O_3 0.021kg）、长石粉 4.78kg（同时引入 Fe_2O_3 0.008kg、R_2O 0.772kg）。

（2）计算纯碱用量

玻璃组成中含 R_2O（Na_2O+K_2O）14.6%，由长石粉引入的 R_2O 为 0.772kg，尚须引入的 R_2O 为 $14.6-0.772=13.828$（kg），纯碱的化学成分中 R_2O 含量为 58.14%，即纯碱

的用量为 (13.828×100)/58.14=23.78 (kg)。

(3) 计算白云石用量

玻璃组成中含 MgO 2.3%，白云石的化学成分中 MgO 含量为 20.10%，即白云石的用量为 (2.3×100)/20.10=11.44 (kg)（同时引入 CaO 3.25kg）。

(4) 计算方解石用量

玻璃组成中含 CaO 8.5%，由白云石引入的 CaO 为 3.25kg，尚须引入的 CaO 为 8.5－3.25=5.25 (kg)，方解石的化学成分中 CaO 含量为 55.48%，即方解石的用量为 (5.25×100)/55.48=9.46 (kg)。

根据以上计算，熔制 100kg 玻璃各原料用量为：石英砂 71.16kg，长石粉 4.78kg，纯碱 23.78kg，白云石 11.44kg，方解石 9.46kg；合计 120.62kg。

(5) 计算辅助原料及挥发损失的补充

用白砒作澄清剂，含量为配合料的 0.2%，则白砒用量为 120.62×0.002=0.24 (kg)；因白砒与硝酸钠共用，设硝酸钠的用量为白砒的 6 倍，则硝酸钠的用量为 0.24×6=1.44 (kg)。

硝酸钠的化学成分中 R_2O 含量为 35.80%，由硝酸钠引入的 R_2O 为 1.44×0.3580=0.52 (kg)，减去纯碱的用量 (0.52×100)/58.14=0.89 (kg)，即纯碱的用量为 23.78－0.89=22.89 (kg)。

以萤石为助熔剂，以引入配合料 0.5% 的氟计，则萤石含量大致为配合料的 1.03%，即萤石的用量为 120.62×0.0103=1.24 (kg)。

萤石的化学成分中含 CaO 65.74%，由萤石引入的 CaO 为 1.24×0.6574=0.82 (kg)，减去方解石的用量 (0.82×100)/55.48=1.48 (kg)，即方解石的用量为 9.46－1.48=7.98 (kg)。

根据一般情况 R_2O 的挥发损失为本身重量的 3.2%，则补足量为 14.6×0.032=0.467 (kg)，故纯碱的补足量为 (0.467×100)/58.14=0.80 (kg)，即纯碱的实际用量为 22.89＋0.80=23.69 (kg)。

熔制 100kg 玻璃实际原料用量：石英砂 71.16kg，长石粉 4.78kg，纯碱 23.69kg，白云石 11.44kg，方解石 7.98kg，萤石 1.24kg，硝酸钠 1.44kg，白砒 0.24kg；合计 121.97kg。

(6) 计算配合料的气体率

配合料的气体率为 $\frac{121.97-100}{121.97}×100\%=18.01\%$

玻璃的产率为 $\frac{100-18.01}{100}×100\%=81.99\%$

如果每次配料为 500kg，碎玻璃用量为 30%，则碎玻璃用量为 500×30%=150 (kg)，粉料用量为 500－150=350 (kg)，原料用量的增大倍数=350/121.97=2.870。

500kg 配合料中各原料的粉料用量=熔制 100kg 玻璃中各原料用量×增大倍数。

每副配合料中：石英砂的用量为 71.16×2.870=204.23 (kg)，长石粉的用量为 4.78×2.870=13.72 (kg)，纯碱的用量为 23.69×2.870=67.99 (kg)，白云石的用量为 11.44×2.870=32.83 (kg)，方解石的用量为 7.98×2.870=22.90 (kg)，萤石的用量为 1.24×2.870=3.56 (kg)，硝酸钠的用量为 1.44×2.870=4.13 (kg)，白砒的用量为 0.24×

2.870＝0.69（kg）；合计 349.97kg。

原料中如含水分，按式(2-4) 计算其湿基用量，计算结果见表 2-10。

$$湿基用量＝\frac{干基用量}{1－含水率}$$ (2-4)

表 2-10 玻璃配合料的湿基计算

原料	熔制 100kg 玻璃原料用量/kg	原料的含水率/%	每次制备 500kg 配合料减去碎玻璃后各种原料用量/kg	
			干基	湿基
石英砂	71.16	5	204.23	214.98
长石粉	4.78	3	13.72	14.14
纯碱	23.69	0.5	67.99	68.33
白云石	11.44	1	32.83	33.16
方解石	7.98	1	22.90	23.13
萤石	1.24	1	3.56	3.60
硝酸钠	1.44	1	4.13	4.17
白砒	0.24	0	0.69	0.69
			350.05(总计)	362.20(总计)

拟定配合料中含水率为 5%，按式(2-5) 计算加水量：

$$加水量＝\frac{粉料干基}{1－含水率}－粉料湿基$$ (2-5)

加水量＝$\frac{350.05}{1－0.05}$－362.20＝368.47－362.20＝6.27（kg），即在制备配合料时，需要加湿润水的量为 6.25kg。

1.2.2 配合料的计算方法（二）

配合料的计算是根据玻璃的设计成分和所选用原料的化学成分进行的。在进行配合料计算时，应认为原料中的气体物质在加热中全部分解逸出，而其分解后的氧化物全部转入玻璃成分中。在配合料计算时应考虑各种因素对玻璃成分的影响，例如氧化物的挥发、耐火材料的熔解、原料的飞损、碎玻璃的成分等，因此，在进行配合料计算时，对某些组成作适当的增减，从而达到玻璃制品内在质量的技术要求。

1.2.2.1 配合料计算中的几个工艺参数

（1）纯碱挥发率

纯碱挥发率指纯碱中未参与化学反应挥发的量与总用量之比值。即

纯碱挥发率＝(纯碱挥发量/纯碱用量)×100%

纯碱挥发率与加料方式、熔化方法、熔制温度、纯碱的本性（重碱或轻碱）等有关，一般选用的挥发率经验值在 0.2%～3.5% 之间。

（2）芒硝含率

芒硝含率指由芒硝引入的 Na_2O 与芒硝和纯碱引入的 Na_2O 的总质量之比值。即

芒硝含率＝[芒硝引入的 Na_2O 量／（芒硝引入的 Na_2O 量＋纯碱引入的 Na_2O 量）]×100%

芒硝含率随原料供应和熔化情况而改变，一般控制在5%～8%之间。

（3）炭粉含率

炭粉含率指由炭粉引入的固定碳与芒硝引入的 Na_2SO_4 量之比。即

炭粉含率＝[炭粉量×C含量／（芒硝量× Na_2SO_4 含量）]×100%

理论上炭粉含率为4.2%，实际生产中根据火焰性质、熔化方法来调节炭粉含量，其范围一般控制在3%～5%之间。

（4）萤石含率

萤石含率指由萤石引入的 CaF_2 含量与原料总量之比值。即

萤石含率＝（萤石量× CaF_2 含量／原料总量）×100%

萤石含率与熔化条件有关，一般选用1%以下。

（5）碎玻璃掺入率

碎玻璃掺入率指配合料中碎玻璃用量与配合料总量之比值。即

碎玻璃掺入率＝[碎玻璃量／（生料量＋碎玻璃量）]×100%

碎玻璃掺入率可因熔化条件和碎玻璃的储存量而增减。正常情况下一般为18%～26%。

1.2.2.2　计算的步骤

（1）粗算

在进行粗算时可选择含氧化物种类最少或用量最多的原料开始计算。如假定玻璃中的 SiO_2 和 Al_2O_3 全部由石英砂和长石引入；CaO 和 MgO 均由白云石和方解石引入； Na_2O 由纯碱、芒硝及长石引入。

（2）进行校正

由于进行粗算时没有考虑其他原料所引入的 SiO_2 和 Al_2O_3，所以硅砂和砂岩用量必须校正。

（3）把计算的结果换算成配料单

在玻璃工厂里通常用一张特制的料方计算单集中所有计算数据，然后由专人校对并签字以示负责。

1.2.2.3　配料计算实例

（1）玻璃的成分设计

玻璃成分设计如表2-11。

表 2-11　玻璃的成分设计　　　　质量分数/%

SiO_2	Al_2O_3	Fe_2O_3	CaO	MgO	R_2O	总计
73.0	2.5	0.3	6.7	2.0	15.5	100.0

（2）各种原料的成分化验

各种原料的成分化验见表 2-12。

（3）配料的工艺参数及所设数据

纯碱挥发率：3%　　　玻璃获得率：84%

芒硝含率：15%　　　碎玻璃掺入率：20%

炭粉含率：4.5%　　　计算基础：100kg 玻璃液

萤石含率：1%　　　计算精度：0.01

表 2-12　各种原料的成分化验　　　　　　　　　　　质量分数/%

原料	含水量	SiO_2	Al_2O_3	Fe_2O_3	CaO	MgO	R_2O	Na_2SO_4	CaF_2	C
石英粉	8.60	98.96	0.38	0.16		0.12				
长石		67.98	16.88	0.21	0.58	0.21	13.49			
白云石		2.25		0.15	30.54	20.73				
方解石		0.62		0.10	55.13					
纯碱	4.59						58.18			
芒硝	4.20	1.10	0.29	0.12	0.50	0.37	41.47	95.03		
炭粉										85.00
萤石		17.81		0.04	65.74				80.66	

（4）具体计算步骤

① 萤石用量的计算：

根据玻璃获得率可算得原料的总质量为 $100 \div 84\% = 119.05$（kg），设萤石粉用量为 X。根据萤石含率得：$1\% = (X \times 0.8066/119.05)$，则 $X = 1.48$kg

引入 1.48kg 萤石带入的氧化物量：

$[-SiO_2]$：-0.138

SiO_2：$1.48 \times 17.81\% - 0.138 = 0.13$

Fe_2O_3：$1.48 \times 0.04\% = 0.0006$

CaO：$1.48 \times 65.74\% = 0.97$

上式中的 $[-SiO_2]$ 是 SiO_2 的挥发量。设有 30% 的 CaF_2 与 SiO_2 反应生成 SiF_4 而挥发。SiO_2 的挥发量可按下式计算：

$$SiO_2 + 2CaF_2 \xrightarrow{\quad\quad} SiF_4 + 2CaO$$

式中 CaF_2 物质的量为 $1.48 \times 30\% \times 80.66\% \div 78.08$

则 SiO_2 的挥发量为 $1.48 \times 30\% \times 80.66\% \div 78.08 \div 2 \times 60.09 = 0.138$(kg)

② 石英粉与长石用量的计算：

设石英粉用量为 $x$kg，长石用量为 $y$kg，则

$$0.9896x + 0.6798y = 73.0 - 0.13 = 72.87$$

$$0.0038x + 0.1688y = 2.5$$

$$x = (72.87 \times 0.1688 - 2.5 \times 0.6798)/(0.9896 \times 0.1688 - 0.0038 \times 0.6798)$$

$$= 10.60/0.1645 = 64.44$$

$y = (2.5 \times 0.9896 - 72.87 \times 0.0038)/(0.1688 \times 0.9896 - 0.6798 \times 0.0038)$

$= 2.1971/0.1645 = 13.36$

由石英和长石引入的各氧化物量见表 2-13。

表 2-13　由石英和长石引入的各氧化物量　　　　　　　　　　　　　　kg

原料	SiO_2	Al_2O_3	Fe_2O_3	CaO	MgO	R_2O
石英	63.77	0.25	0.10		0.08	
长石	9.08	2.26	0.03	0.08	0.03	1.80

③ 白云石和方解石用量的计算：

设白云石用量为 x，方解石用量为 y，则

$$0.2073x = 2.0 - 0.08 - 0.03 = 1.89$$

$$x = 9.12 \text{（kg）}$$

引入 9.12kg 白云石带入的氧化物含量：

SiO_2：$9.12 \times 0.0225 = 0.21$

CaO：$9.12 \times 0.3054 = 2.79$

Fe_2O_3：$9.12 \times 0.0015 = 0.01$

$0.5513y = 6.7 - 0.97 - 0.08 - 2.79 = 2.86$

$y = 5.19 \text{（kg）}$

引入 5.19kg 方解石带入的氧化物含量：

SiO_2：$5.19 \times 0.0062 = 0.03$

Fe_2O_3：$5.19 \times 0.0010 = 0.01$

④ 纯碱和芒硝用量的计算：

设芒硝引入量为 x，根据芒硝含率得下式：

$0.4147x = (15.5 - 1.8) \times 15\%$，则 $x = 4.96 \text{（kg）}$

由芒硝引入的各氧化物量见表 2-14。

表 2-14　芒硝引入的各氧化物含量　　　　　　　　　　　　　　　　kg

原料	SiO_2	Al_2O_3	Fe_2O_3	CaO	MgO	R_2O
芒硝	0.05	0.01	0.01	0.02	0.02	2.06

纯碱用量 $= (15.5 - 1.80 - 2.06) \div 0.5818 = 11.64 \div 0.5818 = 20.01 \text{（kg）}$

设纯碱挥发量为 x，根据纯碱挥发率得：

$x/20.01 = 3\%$，$x = 0.60 \text{（kg）}$

⑤ 煤粉用量的计算：

设煤粉用量为 x，根据碳粉含率得：

$0.85x/(4.96 \times 0.9503) = 4.5\%$，$x = 0.25 \text{（kg）}$

⑥ 校正石英和长石的用量：

设石英用量为 x，长石用量为 y，则

$$0.9896x + 0.6798y = 73.0 - 0.13 - 0.21 - 0.03 - 0.05 = 72.58$$

$$0.0038x + 0.1688y = 2.5 - 0.01 = 2.49$$

$x=(72.58\times0.1688-2.49\times0.6798)/(0.9896\times0.1688-0.0038\times0.6798)=64.21$（kg）

$y=(2.49\times0.9896-72.58\times0.0038)/(0.1688\times0.9896-0.0038\times0.6798)=13.30$（kg）

⑦ 每副粉料重1000kg（干基），原料用量放大倍数＝1000/119.05＝8.4，把上述计算结果汇总成原料用量表（见表2-15）。

表 2-15　原料用量表　　　　　　　　　　　　　　　　　　　　kg

原料	用量	SiO_2	Al_2O_3	Fe_2O_3	CaO	MgO	R_2O	含水量	干基	湿基
石英粉	64.21	63.54	0.24	0.10		0.08		8.60	539.36	590.11
长石	13.30	9.04	2.25	0.03	0.08	0.03	1.79		111.72	111.72
白云石	9.12	0.21		0.01	2.79	1.89			76.61	76.61
方解石	5.19	0.03		0.01	2.84				43.26	43.26
纯碱	20.01						11.64	4.59	168.08	176.17
挥散	0.60									
芒硝	4.96	0.05	0.01	0.01	0.02	0.02	2.06	4.20	41.66	43.49
煤粉	0.25								2.10	2.10
萤石	1.48	0.26			0.97				12.43	12.43
合计	119.12	73.13	2.5	0.16	6.7	2.02	15.49		995.22	1055.71
碎玻璃										250
总计										1365.71

⑧ 玻璃获得率的计算：

玻璃获得率＝100/119.12＝83.95%

⑨ 换成配料单的计算：

已知条件：碎玻璃掺入率20%，配合料的含水率为4%，每副粉料重1000kg（干基）。

计算如下：

设碎玻璃用量为 x，$x/(1000+x)=20\%$，$x=250$（kg）

配料系数＝1000/119.12＝8.4

将各种原料用量扩大8.4倍即为干基用量。

石英砂的湿基用量＝539.36/(1－8.6%)＝590.11（kg）

同理算出纯碱和芒硝的用量填入表2-15中。

1.2.2.4　工厂常用的计算实例

在工厂的实际工作中按上述步骤进行全面调换系统计算的情况是不多的，而经常碰到和需要迅速、准确计算的一般是原料的水分变动或调换部分原料批号需待调整原料的用量。碰到这类问题我们可参照以上计算中的某项针对性内容，单独进行局部项目的计算，既简便快速，又可满足生产需要。

例1： 如上例中石英粉含水率从8.6%增高到10.5%，问配料时石英粉应称多少？

解： 已知干基用量为539.36kg

湿基用量＝干基用量/(1－水分)＝539.36/(1－10.5%)＝539.36/89.5%＝602.64（kg）

例2： 如果上例中的白云石调换批号，待用的白云石化验结果为 CaO 30.11%、MgO 21.03%、SiO_2 2.35%、Fe_2O_3 0.14%，问原料用量应如何调整？

解：从上例计算中可知白云石引入 MgO 的量为 1.89，则

白云石用量＝引入玻璃中 MgO 的量/白云石中 MgO 含量＝1.89/21.03％＝8.99（kg）

引入 8.99kg 白云石同时带入 CaO 2.71kg、SiO_2 0.21kg、Fe_2O_3 0.01kg。

对比此数字发现带入的 SiO_2 量不变，因此石英粉量亦可不变，带入的 CaO 量减少，因而必须调整方解石的用量。

由方解石引入的 CaO 量＝2.84＋（2.79－2.71）＝2.84＋0.08＝2.92

方解石用量＝2.92/55.13％＝5.30（kg）

引入 5.30kg 方解石带入的 SiO_2 量＝5.30×0.62％＝0.03，该数字与上例计算的数字相同，故石英砂量可不变动。

1.2.3　配合料的计算方法（三）

利用 Excel 软件中单元格地址引用、公式、函数及"规划求解"工具等方面的知识，将每一计算步骤通过单元格地址引用及公式自动计算出结果，当原料变更、成分变化、水分波动，玻璃成分即调整，无需进行复杂的计算过程，只需要在表中更改相应原始数据，即可得到配合料的配方（或料单），此法简便易行，快速准确。

例如某厂生产安瓿玻璃，玻璃组成及原料组成见表 2-16，计算配合料的配方。

表 2-16　原料组成及玻璃组成单位　　　　　　　　　　质量分数/％

原料成分	名称											
	石英砂	钾长石	五水硼砂	方解石	纯碱	碳酸钡	氢氧化铝	锂云母	硝酸钠	氟硅酸钠	澄清剂	玻璃成分
SiO_2	99.50	66.82						56.90			6.90	71.00
Al_2O_3	0.22	18.20					65.14	22.94			6.00	5.60
B_2O_3			49.21									7.30
CaO		0.91		56.48							29.70	3.30
BaO						77.32						2.00
Na_2O		4.05	21.70		58.07			3.08	36.22	32.76	15.20	8.15
K_2O		9.42						7.33				2.50
Li_2O								3.55				0.05
Fe_2O_3	0.02	0.25		0.06				0.18				0.10
F^-										60.21		

配方计算过程及结果参见表 2-17，表中规划求解公式写法：以平衡 SiO_2 为例，在 K4 单元格中写入公式 "＝（B\$3*B4＋C\$3*C4＋D\$3*D4＋E\$3*E4＋F\$3*F4＋G\$3*G4＋H\$3*H4＋I\$3*I4）/100"，拖动填充柄填充公式至 K11 单元格，然后在系统中加载"规划求解"工具，计算出"B3：I3"待求区域数值，即为 100kg 玻璃各主要原料用量。其余计算过程参照前面估算法依次在单元格中写入公式进行，当玻璃成分、原料成分等数据发生变化，只需改变相应单元格数值，其结果会进行自动调整，从而快速、准确得到玻璃配方。

表 2-17　某厂安瓿瓶玻璃配方计算表

原料成分＼原料名称	主要原料计算（以100kg玻璃为准）								玻璃成分	规划求解公式	辅助原料计算（以100kg玻璃为准）			挥发损失补充及引入辅助原料后的用量调整（以100kg玻璃为准）	100kg玻璃干基粉料用量		每副料湿基粉料用量
	石英砂	钾长石	五水硼砂	方解石	纯碱	碳酸钡	氢氧化铝	锂云母			硝酸钠	氟硅酸钠	澄清剂				
待求原料用量	53.46	25.44	14.83	5.43	6.64	2.59	0.81	1.41	主要原料总计	110.62	1.66	0.92	1.77		石英砂	53.46	751.52
SiO_2	99.50	66.82						56.90	71.00	71.00				澄清剂带入Al_2O_3 0.11；相应减去氢氧化铝量 0.16	钾长石	25.44	349.54
Al_2O_3	0.22	18.20					65.14	22.94	5.60	5.60				澄清剂带入CaO 0.53；相应减去方解石量 0.93	五水硼砂	15.21	203.04
B_2O_3			49.21						7.30	7.30				澄清剂带入Na_2O 0.27；相应减去纯碱量 0.46	方解石	4.50	60.12
CaO	0.91			56.48					3.30	3.30				氟硅酸钠带入Na_2O量 0.30；相应减去纯碱量 0.52	纯碱	4.72	63.84
BaO						77.32			2.00	2.00				硝酸钠带入Na_2O量 0.60；相应减纯碱量 1.03	碳酸钡	2.59	34.54
														硼挥发补充硼砂量 0.37	氢氧化铝	0.65	8.66
Na_2O	4.05	21.70			58.07			3.08	8.15	8.15	36.22	32.76	15.20	补充硼砂带入Na_2O量 0.08；相应去纯碱量 0.14；补充纯碱挥散的量 0.24	锂云母	1.41	18.81

续表

主要原料计算（以100kg玻璃为准）

原料成分	石英砂	钾长石	五水硼砂	方解石	纯碱	碳酸钡	氢氧化铝	锂云母	玻璃成分	规划求解公式	硝酸钠	氟硅酸钠	澄清剂	澄清剂带入Al₂O₃	相应减去氢氧化铝量	100kg玻璃干基粉料用量	每副料湿基粉料用量
K_2O		9.42						7.33	2.50	2.50				0.16	0.11	石英砂　53.46	751.52
Li_2O								3.55	0.05	0.05						硝酸钠　1.66	22.16
Fe_2O_3	0.02	0.25		0.06				0.18	0.10	0.08						氟硅酸钠　0.92	12.27
F^-												60.21				澄清剂　1.77	23.64
									100.00	99.98						总计　112.33	1548.13
																加水量	30.82
																碎玻璃量	1000.00
																一副料量	2578.95

辅助原料计算（以100kg玻璃为准）：硝酸钠、氟硅酸钠、澄清剂

挥发损失补充及引入辅助原料后的用量调整（以100kg玻璃为准）

工艺参数：

- 纯碱挥发率　5.0%
- B_2O_3挥发率　2.5%
- 硝酸钠占配合料量　1.6%
- 助熔剂F^-占配合料量　0.5%
- 澄清剂占配合料量　5%
- 配合料气体率　1.50%
- 混料机干基混料量（kg）　1500
- 碎玻璃　0.11
- 玻璃产率　0.89
- 碎玻璃　40%
- 碎玻璃水分　2%
- 石英砂水分　40%
- 纯碱水分　5%
- 钾长石石英砂水分　2.8%
- 配合料含水率　1.2%
- 碎玻璃　5.0%
- 放大倍数　13.35
- 加水量　30.82

项目2　原料的选择与质量控制

采用什么原料来引入玻璃中的氧化物是玻璃生产中的一个主要问题，原料的选择应根据已确定的玻璃组成、玻璃的性质要求、原料的来源、价格与供应的可靠性、制备工艺等全面地加以考虑。原料的选择是否恰当，对原料的加工工艺，玻璃熔制过程，玻璃的质量、产量、生产成本均有影响。

工厂生产玻璃制品，首先要考虑原料对制品质量、生产能力、成品率和成本等方面的影响。在需要引入某种成分时，对于天然矿物原料和人工合成的原料，应当进行适当的选择，既要从矿物学、结晶学角度去研究，还要考虑所选的原料对制品质量和制品使用条件具有什么影响。

目前，在欧美和日本等工业先进的国家，制造玻璃所用的各种原料已不需要由玻璃工厂自己加工精制，而是由专门加工精制原料的企业来供应。这样，既可取得质量优良的原料，又可避免因原料加工所造成的粉尘污染。这种原料供应方式应引起国内重视，改变当前玻璃厂自己加工原料的状况，实行原料供应专业化。即使在实验室制造玻璃时，也往往会由于用错原料而使制得的玻璃在性质上产生意想不到的差别，所以必须预先明确使用哪些原料。

2.1　原料的选择

2.1.1　选择原料的方法

（1）原料的质量必须符合要求，而且稳定

原料的质量要求包括原料的化学成分、原料的结晶状态（矿物组成）及原料的颗粒组成等指标。要求这些指标要符合质量要求。首先，原料的主要成分（对简单组成或矿物也可称为纯度）、杂质应符合要求，有害杂质特别是铁的含量一定要在规定的范围内。其次，原料的矿物组成、颗粒度也要符合要求。再次，原料的质量要稳定，尤其是化学成分要稳定，其波动范围是根据玻璃化学成分所允许的偏差值进行确定的。在不调整玻璃配合料配方的情况下，原料化学成分所允许的偏差见表2-18。

表 2-18　原料化学成分所允许的偏差

原料	化学成分（质量分数）/%						
	SiO_2	Al_2O_3	CaO	MgO	Na_2SO_4	$MgSO_4$	$CaSO_4$
硅砂	0.35~0.45	0.3~0.4	—	—	—	—	—
石灰石	0.2	—	0.6~1	0.2	—	—	—
白云石	0.2~0.3	0.2~0.3	0.4~0.5	0.6~1	—	—	—
硫酸钠	—	—	—	—	2~3	0.8~1.2	0.6~0.9

如原料的化学成分变动较大，则要调整配方，以保证玻璃的化学组成。原料的颗粒组

成、含水和吸湿性原料对水分也应稳定。

（2）易于加工处理

选取易于加工处理的原料，不但可以降低设备投资，而且可以减少生产费用。如石英砂和砂岩，若石英砂的质量合乎要求就不用砂岩。因为石英砂一般只要经过筛分和精选处理就可以应用，而砂岩要经过煅烧、破碎过筛等加工过程。采用砂岩时，加工处理设备的投资以及生产费用都比较高，所以在条件允许时，应尽量采用石英砂。

有的石灰石和白云石含 SiO_2 多，硬度大，增加了加工处理的费用，应尽量采用硬度较小的石灰石和白云石。白垩质地松软，易于粉碎，如能采用白垩，就可以不用石灰石。

（3）成本低，能大量供应

在不影响玻璃质量的情况下，应尽量采用成本低、离场区近的原料。如瓶罐玻璃厂制造深色瓶时，就可以采用就近的含铁量较高的石英砂等。作为大工业化生产，要考虑原料供应的可靠性，有一定的储量保证。

（4）少用过轻和对人体健康、环境有害的原料

轻质原料易飞扬，容易分层，如能采用重质纯碱，就不用轻质纯碱。再如尽量不用沉淀的轻质碳酸镁、碳酸钙等。

对人体有害的白砒等应尽量少用，或与三氧化二锑共用，使用铅化合物等有害原料时要注意劳动保护并定期检查身体。

随着人们对环境保护认识的提高以及可持续发展政策的深入，尽量不用或少使用对环境有害的原料，如含氟或含铅的原料。

（5）对耐火材料的侵蚀要小

氟化物如萤石、氟硅酸钠等是有效的助熔剂，但它对耐火材料的侵蚀较大，在熔制条件允许不使用时，最好不用。硝酸钠对耐火材料的侵蚀也较大，而且价格较贵，除了作为澄清剂、脱色剂以及有时为了调节配合料气体率而少量使用外，一般不作为引入 Na_2O 的原料。

2.1.2　原料的使用和选择上的要点

在选择玻璃原料时，应该从以下几方面认真考虑。

（1）成分的稳定性

在大量生产玻璃制品时，要求玻璃的物理、化学性质和机械成型性能保持稳定。因此玻璃组成中各成分的波动范围一般必须在 0.05% 以内。为了达到这个要求，原料的化学组成分析成为十分重要的管理项目。由于矿物资源一般都是多成分的，化学组成不稳定，因此就要寻找一个能够长期保持组成稳定的或组成变动较小的原料来源。

像白云石或长石这样一些原料能够向玻璃中引入两种以上的成分，如果成分有了变动，其中一种成分就需要用其他原料来加以调整。例如，氧化钙与氧化镁的比例，单从白云石一种原料来确定是不可能的。当氧化钙不足时，就需要从石灰石等原料中引入。

含水分的原料和吸湿性的原料应该注意保管，在使用时必须测定水分含量。如几种原料都能向玻璃中引入某一成分时，应尽量避免使用吸湿性原料，因为原料中含有水分，不但玻璃的成分不稳定，而且对原料的混合、运输、熔化都有影响。

（2）原料的化学组成和结晶状态

各种原料在形成玻璃的过程中，应当有较快的化学反应和熔化速度，一般说来，各种成分都是以氧化物形式参与玻璃组成。氧化钙一般是从碳酸钙（石灰石）引入，而不是直接使用生石灰。因为生石灰在熔化过程中不产生气体，不能起搅拌作用，而且易吸取空气中的水分，不便称量，对人体也有害，会侵蚀黏膜。但是，在小容量的坩埚窑中熔制玻璃时，则可采用生石灰，因为碳酸钙分解产生的二氧化碳会造成玻璃料液溢出。当一种原料可以引入一种成分或数种成分时，就要根据生产上对玻璃组成的要求进行选用。例如氧化铝可以通过钾长石、钠长石、黏土、含水氧化铝、煅烧氧化铝等引入。同时还应根据原料的熔化性能、纯度、价格等来确定使用哪一种原料。

原料化学反应性能的好坏在小规模的实验室中虽然能够作出某种程度的评价，但根据工厂大规模生产的实际使用效果作出正确的判断还是十分重要的。

（3）原料中的杂质

应根据制品所要求的玻璃性质来限定杂质存在量。大多数原料中都含有 Fe_2O_3，尤其在矿物原料中更多。原料的纯度决定着玻璃的透明度和色泽。Fe_2O_3 也常常在原料的加工、运输过程中混入，因此制造高级玻璃制品时，需要特别注意。在玻璃制品中，铁以外的过渡金属等杂质也会使玻璃着色，故限定这种杂质的含量也是极为重要的。

矿物原料中往往混有铬铁矿，在熔化过程中它不能熔化掉，残留在玻璃中易使制品产生裂纹。在某些原料中含有微量的氟，熔化过程中会随烟气排出而造成环境污染。此外，原料造成的玻璃制品缺陷也有很多。这个问题必须加以注意。

（4）颗粒度

原料的颗粒度与玻璃熔制速度有很重要的关系。各种原料混合时的颗粒度最好是一致的。玻璃组成和熔化条件不同，最合适的粒度值也不一样。颗粒细小的原料熔化速度虽快，但容易产生气泡，从整个熔制过程来说，反而减慢了熔化速度，并会使玻璃中残存气泡。另外，颗粒过细的原料，在燃烧气氛中容易飞扬，从而导致玻璃组成变化且使熔窑耐火材料受到腐蚀。颗粒过细的原料在配料操作和搬运过程中，也易造成粉尘飞扬，恶化作业环境。

（5）供应上的稳定性

为了保证原料供应稳定，要经常注意社会状况的变化、原料资源的减少以至枯竭、化学工业中工艺的变化所引起的化工原料的变化等。如需要改变原料的时候，必须注意原料中杂质含量和熔化性能的变化。

（6）安全性

玻璃原料中有许多是危险品和毒品、剧毒品。生产瓶罐玻璃时，经常使用的危险品原料有硝酸盐，毒品原料有 As_2O_3 等。为了保证安全，必须按照有关的法规妥善保管，并要采取劳动防护措施。

（7）价格

在制造一般玻璃制品时，要注意采用最经济的原料。在制造高级玻璃制品时，要保证制品质量，选用最好的原料。

2.2 原料的质量控制

2.2.1 原料外观质量控制

外观质量控制是原料控制的第一道程序，是最直接、快速、简单的原料控制方法。各种原料进厂时都必须进行外观质量检查。原料外观质量的控制内容主要包括原矿构成、包装质量、原料的色泽、杂物混入及污染、粒度初检等。

控制方法有肉眼观察、人手感觉、初步筛分、机械铁的抽检。

主要控制环节：加工厂家原矿外观控制→厂家成品原料外观控制→包装质量外观控制→进厂原料商检样外观控制→上料过程原料外观控制。每一个控制环节和步骤都必须制定严格的标准规范。

（1）加工厂家（加工车间）原矿外观控制

严格控制原矿山皮、泥土及其他异物等的混入；严格控制伴生矿及杂矿等的混入，如硅质矿石必须严格控制云母、磁铁矿、长石、变质岩等的混入。

（2）厂家成品（加工车间）原料外观控制

成品原料外观颜色是否一致；初步判断样品的均化程度、杂质矿混入情况，由控制上限的筛网监控大颗粒是否超标；用肉眼观察检查杂物的混入情况。外观不合格的原料不能入厂。高档玻璃原料进厂前还需检查其他项目，具体的原料质量评判指标由商检样进一步检查。

（3）包装质量外观控制

包装袋完好，运输过程不能淋雨，不能有污染物混入；袋子破损、污染严重、雨淋的样品不得使用。

（4）进厂原料商检样外观控制

根据商检样品的抽样方法对抽取的样品进行外观检查，抽点进行大颗粒及细粉的初检，外观不合格的商检样不再使用。

（5）上料过程原料外观控制

上料过程中带进杂物的或观察到杂物（砖块、水泥块、木块、铁器、塑料、废纸等）污染的原料不能使用。

2.2.2 原料化学成分控制

在熔化成型的整个生产过程中，玻璃化学成分都应处于稳定状态。从这一意义上来讲，各种原料在同批料中化学组成波动要小，在相邻的两批料间的化学组成波动更不能大。否则，就会影响玻璃的均匀性，即使玻璃液的温度相同，也会使玻璃的密度、黏度及颜色等发生变化。所以必须对原料中各种氧化物化学组成的波动提出要求，并加以严格控制。

进厂原料的化学成分首先应满足玻璃设计成分的要求。对玻璃原料的质量要求首先是化学组成稳定，每批料之间原料成分波动控制在工艺允许的范围之内。除此之外，原料成分中有效氧化物含量应高。在控制成分的同时，要严格把铁的氧化物含量控制在最低的允许限度，特别是生产白料玻璃时，氧化铁含量超出设计要求，会严重影响玻璃的颜色及可见光透过率等性能。另外，要加强对原料组分的分析，做到原料成分分析准确，及时调整料方，控制玻璃成分稳定。原料中含有铬铁矿、尖晶石等难熔重矿物时，会在玻璃制品上形成明显的外观缺陷如黑色砂粒等，在制定原料成分分析标准时应严格控制。表 2-19 是国内外对四种主要玻璃原料化学组成的要求，表 2-20 列出了主要玻璃原料中常见的难熔重矿物。

表 2-19　国内外四种主要玻璃原料化学组成要求

原料名称	化学组成	国内边界值/%	国际边界值/%
硅砂	SiO_2	>96	(96~99)+0.3
	Al_2O_3	<2	(0.5~2)+0.15
	Fe_2O_3	<0.02	(0.1~0.15)+0.005
长石	SiO_2	<70	(55~65)+0.5
	Al_2O_3	>15	(13~23)+0.5
	Fe_2O_3	<0.2	(0.1~0.2)+0.05
	R_2O	>12	(8~18)+0.5
白云石	酸不溶物	—	(0.5~3)+0.3
	CaO	>30	(30~35)+0.7
	MgO	>19	(18~21)+0.5
	Fe_2O_3	<0.2	(0.1~0.25)+0.02
石灰石	酸不溶物	—	(0.5~3)+0.3
	CaO	>47	>(54+0.5)
	MgO	—	<(2+0.5)
	Fe_2O_3	<0.2	<(0.2+0.05)

表 2-20　主要玻璃原料中常见的难熔重矿物

原料名称	硅砂	石灰石	白云石	长石
难熔重矿物名称	硅线石 蓝晶石 红柱石 锆英石 尖晶石 刚玉 铬铁矿 高岭土	刚玉 尖晶石 铬铁矿	刚玉 尖晶石 铬铁矿	硅线石 刚玉 锆英石 铬铁矿 尖晶石 锡石 绿柱石

2.2.3　原料颗粒组成控制

原料粒度控制是指控制各种原料的平均粒度和粒度分布，对配合料的均匀性和熔化效率有重要的影响。一方面，粒径过大的原料比表面积相对较小，需要较长的熔化时间和较高的熔化温度；过细的原料加水后容易结团，影响配合料的均化，也延长了熔化时间。另一方面，粒径较细的原料在熔窑内易飞散，造成蓄热室堵塞，也加速了对耐火材料的侵蚀。因此，要想得到均匀的配合料，各原料的粒度变化要小，几种原料之间的粒度要合理匹配，从粉体混合理论角度而言，各种原料的平均粒度越近，配合料的均匀性就越好，但在实际生产中却发现，有些原料粒度过细对硅酸盐反应不利，粗了反而好。例如，国外玻璃生产已经逐步选用小于 3mm 粒径的白云石、石灰石制备配合料。因为石灰石、白云石开始反应的温度比硅砂略低，所以颗粒可稍大些。当然在混合机中要先加入这些原料，否则也会降低配合料的均匀度。另外，某些量小的原料本来就难以混合均匀，如果不控制粒度，它们的作用就很难发挥出来，如炭粉，若粒度偏细，易导致混合不均匀。当然，原料的粒度调整后，相应工艺参数也要适当变化。

粒度的控制主要从以下几方面来考虑：①根据原料熔融温度、密度及其在配合料中的用量确定适宜的原料粒度；②为了保证配合料的均匀度，应缩小各原料粒径的比例，以减小原料粒度的分散性；③尽量控制原料的粒度分布，减少原料中细粒级物料的含量；④密度大的原料颗粒适当细些，密度小的原料颗粒可适当粗些，难熔的原料颗粒细些，易熔的原料颗粒可适当粗些。在进行原料粒度测定时，要用符合国家标准的标准筛和技术先进的检验分析筛，确保原料粒度的准确测量和严格控制。表 2-21 列出了常用玻璃原料颗粒组成的要求。

表 2-21　常用玻璃原料颗粒组成的要求

序号	名称	粒度	备注
1	硅砂	大于 0.84mm 的无，大于 0.59mm 的≤2％，0.59～0.105mm 的＞90％，小于 0.074mm 的无	适宜粒度范围为 0.15～0.42mm，利于澄清粒度范围 0.21～0.37mm
2	石灰石	大于 3.36mm 的无，大于 2mm 的≤5％，2～0.149mm 的＞90％	适宜粒度范围为 1～1.5mm
3	纯碱	优先采用重质碱	适宜粒度范围为 0.22～0.42mm
4	芒硝	大于或等于 0.7mm 的无，大于或等于 0.13mm 的≤25％	
5	硝酸钠	1.41～0.35mm 的＞60％，小于 0.177mm 的＜20％	
6	氢氧化铝	大于 0.25mm 的无，大于 0.141mm 的≤1％，小于 0.044mm 的＜40％	
7	二氧化铈	大于 0.044mm 的无，小于 0.044mm 的 100％	
8	硒粉	大于 0.149mm 的无，小于 0.074mm 的＞80％	
9	钴氧	大于 0.149mm 的无，小于 0.074mm 的＞99.9％	
10	硫黄	大于 0.149mm 的无，大于 0.105mm 的＜5％，大于 0.105mm 的＞95％	
11	重铬酸钾	大于 0.590mm 的无，小于 0.125mm 的＜40％	
12	硫化铁粉	大于 0.297mm 的无，大于 0.044mm 的＞90％，小于 0.044mm 的＜10％	
13	氧化铜	大于 0.125mm 的无，小于 0.044mm 的＞95％	
14	炭粉	大于 1.410mm 的无，小于 0.59mm 的＞65％，小于 0.105mm 的＜15％	
15	铬铁矿	大于 0.105mm 的无，小于 0.062mm 的＞90％	

2.2.4 原料水分控制

原料在开采、加工、运输、储存及使用过程中都会带来水分。水分的波动会影响原料质量以及配合料的称量精度。原料水分影响原料的使用品位，必须进行严格控制。

原料中含有一定的水分，有利于改善作业环境，降低粉尘。控制原料水分波动在混合料生产中是一个突出问题。玻璃原料中，石灰石、白云石以及纯碱和芒硝等含水率较高时会结块硬化，无法投入生产使用，而砂岩、硅砂和长石等原料国内多采用湿法加工工艺，含水率较高。特别是砂岩原料在混合料中占 60%的比例，一般进厂水分达 7%～10%，水分含量大，波动也大，对混合料的质量造成很大的影响。经验证明砂岩水分降到 5%以下，称量中水分波动已很小，生产稳定性大大提高，因此应针对不同的原料制定合适的含水率要求。

水分测定多为人工取样测定，为了使分析结果准确，在保证有效取样次数的前提下，要按规定及时取样，及时分析，及时发出配料单。同时在水分变化较大的时候，要适当增加水分的检测次数。主要原料含水率要求见表 2-22。

表 2-22　主要原料含水率要求

原料名称	硅砂	长石	白云石	石灰石	纯碱
含水率/%	≤(3.0±1.0)	≤(3.0±0.5)	≤0.5	≤0.5	≤0.5

2.2.5 原料的氧化还原势控制

玻璃原料的氧化还原势是 20 世纪 70 年代研究得比较成熟的一项成果，并且很快被国际玻璃界公认为对高效率熔化玻璃非常重要，以致把它与成分控制和粒度控制并列为高效率熔化玻璃的"关键因素"之一。

在优质玻璃生产中，不仅要注意玻璃原料成分的变化，还要密切关注玻璃原料 COD 值的波动。COD 值是化学氧需要量（chemical oxygen demand）的英文缩写，它的含义是各种玻璃原料中会有程度不同的含碳物质，这些物质在玻璃熔制过程中起到还原剂或氧化剂的作用，把这些含碳物质通过一定的方法进行测定并折合为碳的物质的量浓度，就称该测定值为 COD 值。氧化性的物质 COD 值为正，还原性的物质 COD 值为负。

在玻璃熔制过程中，原料中含有一些含碳物质，同加入的炭粉一样，影响着熔窑的熔制气氛。特别是在有色瓶罐玻璃生产中，原料氧化还原势的控制尤其重要，否则会影响色泽的稳定性。所以有必要对玻璃生产所需的各种原料进行 COD 值的测定，从而保证熔制工艺的稳定。

影响原料 COD 值的因素主要有原料的粒度及粒度级配、原料的水分含量以及水分的波动范围。相同产地的原料，不同的粒级，COD 值有较大差异，尤其是 0.105mm 以下的粒级，COD 值要高出许多，因此稳定原料的粒度级配，原料的 COD 值也就能保持稳定。此外要保持原料水含量稳定，水含量增大，将使玻璃配合料氧化性增强，影响玻璃产品的质量。

2.2.6 原料的储存

玻璃的熔制和成型是连续进行的。为了确保向熔窑投入质优量足的配合料，要求各种原料必须有足够的储量和良好的储运条件。为了避免外部采购和运输的不均衡、设备生产能力之间的不均衡、上下工序间生产班制的不同，以及其他原因造成物料的中断，以保证生产的正常进行，要求各种原材料、燃料、半成品、成品在厂内要有一定的储存量。

为防止储运过程中原料的混掺和污染，原料存放的堆场、库房应有混凝土构筑的垛底和隔墙。堆放前应将垛底清扫干净。凡是不同种类、不同产地、不同品位的原料必须单独存放，以免混掺。每个垛位应有醒目的标牌，注明原料的名称、产地、数量和进厂日期。

对于硅砂等含水较多的颗粒原料的垛底应考虑渗水设施，以防由于水的沥析作用造成上下层水含量波动过大而影响正常生产。细粒、粉状原料如石灰石粉料、白云石粉料、纯碱、芒硝等均应存放在库房内，若因条件所限只能露天堆放时，应具备良好的防风、防雨和防冻设施。

原料储备是保证生产连续稳定的重要条件。合理控制各种原料的储备量既要做到满足生产对原料的需要量，又要考虑各种原料的合理周转来降低库存成本，同时还要保证原料在库存中尽可能不发生成分变化。原料储存量要根据各厂的具体情况来确定。若储量不足，则影响生产；储量过多，又占用大量的库房和资金。合理的储量应根据各种原料的供应条件、运输环节、设备检修、仓库容量及质量要求（纯碱、芒硝等吸水性袋装原料的保存时间）等因素来确定。

各种原料经过上料系统送入粉料库储存，以备配料称量使用。粉料库储放经过粉碎和筛分后的合格粉料，能调节工艺环节的不平衡。现在许多玻璃制造企业直接购买合格粉料，送入粉料仓，粉料仓的容积也是根据使用周期来确定的，一般要有 2～5 天的使用量。

纯碱、芒硝库要求地面防潮，一般加木格地板或用防潮水泥地面；库内要有良好的通风条件。如果纯碱、芒硝等化工原料散装进厂，可人工卸车入库。

原料的储存和输送对玻璃生产有重要意义，如果储存和运输不当，会造成原料供应中断、积压资金、原料污染以至报废，直接影响正常生产。

原料进厂前要经过有关部门化验和鉴定，每批原料都应附带化验单。原料进厂时要进行抽检化验，合格的原料进厂后要分品种分批储存，严防混杂、相互污染。

原料的储存量要适当，一般应根据每种原料的日用量、原料供应情况、运输距离、运输方式、原料储存条件等来考虑储存数量，一般储存数日或数十日的量。

粉状原料应放在料仓或干燥密闭的料房内，应注意防潮、防风沙、防火、防爆、防污染等。对于有毒原料，必须由专人负责管理。

称量配料之前要把原料加入料仓内，料仓一般用钢板或钢筋混凝土制成。对于原料的水含量要特别注意，以防止原料在仓中结块和冬季冻结。对于纯碱、芒硝等易于吸收大气中水分的原料，也要防止它们吸水。

2.3　主要原料的质量控制

2.3.1　石英砂

石英砂又称硅砂，主要成分是石英，是石英岩、长石和其他岩石受水和碳酸酐以及温度变化等作用，逐渐分解风化生成。以长石风化为例，其反应式大致如下：

$$K_2O \cdot Al_2O_3 \cdot 6SiO_2 + 2H_2O + CO_2 \Longrightarrow Al_2O_3 \cdot 2SiO_2 \cdot 2H_2O + 4SiO_2 + K_2CO_3$$

其产物有高岭土、石英、碳酸盐。

石英砂中经常含有黏土、长石、白云石、海绿石等轻矿物和磁铁矿、钛铁矿、硅线石、蓝晶石、赤铁矿、褐铁矿、金红石、电气石、黑云母、蜡石、榍石等重矿物，也常常有氢氧化铁，有机物、锰、镍、铜、锌等金属化合物的包膜，以及铁和二氧化硅的固溶体。同一产地的石英砂化学组成往往波动很大，但就其颗粒度来说，常常是比较均一的。

石英砂的主要成分是 SiO_2，常含有 Al_2O_3、TiO_2、CaO、MgO、Fe_2O_3、Na_2O、K_2O 等杂质。高质量的石英砂含 SiO_2 应在 $99\%\sim99.8\%$。Al_2O_3、MgO、CaO、Na_2O、K_2O 是一般玻璃的组成氧化物，Na_2O、K_2O、CaO 和一定含量以下的 Al_2O_3、MgO 对玻璃的质量并无影响，是无害杂质，特别是 Na_2O、K_2O 还可以代替一部分价格较贵的纯碱，但它们的含量应当稳定。一级石英砂中 Al_2O_3 的含量不大于 0.3%。Fe_2O_3、Cr_2O_3、V_2O_5、TiO_2 能使玻璃着色，降低玻璃的透明度，是有害杂质。不同瓶罐玻璃制品对石英砂容许的有害杂质含量大致见表 2-23。

表 2-23　不同瓶罐玻璃制品对石英砂容许的有害杂质含量　　　　　质量分数/%

玻璃种类	允许 Fe_2O_3 含量	允许 Cr_2O_3 含量	允许 TiO_2 含量
高级晶质瓶罐玻璃	<0.015	—	—
半白色瓶罐玻璃	<0.30	—	—
暗绿色瓶罐玻璃	<0.5	—	—

石英砂的颗粒度与粒度组成是重要的质量指标。

首先，颗粒度要适中。颗粒大使熔化困难，并常常产生结石、条纹等缺陷。实践证明：硅砂的熔化时间与其粒径成正比。粒度粗熔化时间长，粒度细熔化时间短，熔化 0.4mm 粒径硅砂所需的时间要比熔化 0.8mm 粒径硅砂所需的时间少 3/4。但过细的砂容易飞扬、结块，使配合料不易混合均匀，同时过细的砂常含有较多的黏土，而且由于其比表面大，附着的有害杂质也较多。细砂熔制在玻璃的形成阶段可以较快，但在澄清阶段却多费很多时间。当往熔炉中投料时，细砂容易被燃烧气体带进蓄热室，堵塞格子体，同时也使玻璃成分发生变化。

其次，要求粒度组成合理。要达到粒度组成合理，仅控制粒级的上限是远远不够的，还要控制细级别（-120 目）含量。在同一种原料的不同粒级中，特别是细级别（-120 目）中，其化学成分含量差异显著。表 2-24 中的数据反映出某种硅质原料不同粒级化学成分的差异。

表 2-24　某种硅质原料不同粒级的化学成分　　　　　质量分数/%

筛分网目	百分含量	化学成分					
		SiO_2	Fe_2O_3	Al_2O_3	CaO	MgO	IL
+40	23.95	98.13	0.16	0.78	—	0.17	0.47
+60	20.20	98.46	0.16	0.78	—	0.11	0.38
+80	13.30	98.43	0.16	0.78	—	0.14	0.41
+100	10.75	98.07	0.17	0.97	—	0.14	0.49
-100	31.80	96.35	0.43	2.64	—	0.17	0.99

从表中数据可以看出，小于 100 目粒级中的化学成分波动严重，SiO_2 含量低，Fe_2O_3、

Al_2O_3 杂质含量高，偏离平均数值远。

细级别含量高，其表面能增大，表面吸附和凝聚效应增大。当原料混合时，发生成团现象。另外，细级别多，在储存、运输过程中，受振动和成锥作用的影响，与粗级别间产生强烈的离析。这种离析的结果使得进入熔窑的原料化学成分处于极不稳定状态。

一般来说，对于易于熔制的软质玻璃、铅玻璃，石英砂的颗粒可以粗些；对于硼硅酸盐、铝硅酸盐、低碱玻璃，石英砂的颗粒应当细一些；池炉用石英砂稍粗一些；坩埚炉用石英砂则稍细一些。生产实践认为池炉熔制的石英砂最适宜的颗粒尺寸一般为 $0.15\sim0.8mm$，$0.25\sim0.5mm$ 的颗粒不应少于 90%，$0.1mm$ 以下的颗粒不超过 5%。采用湿法配合料粒化或制块时，可以采用更细的石英砂。

矿物组成也是衡量石英砂质量的一项指标，与确定矿源和选择石英砂精选方法有关。石英砂中磁铁矿、褐铁矿、钛铁矿、铬铁矿是有害杂质。蓝晶石、硅线石等熔点高，化学性质稳定，难以熔化，在熔制时容易形成疙瘩、条纹和结石。

优质的石英砂不需要经过破碎、粉碎处理，成本较低，是理想的玻璃原料。含有害杂质较多的砂不经富选除铁，不宜采用。

2.3.2　长石

长石是往玻璃中引入 Al_2O_3 的主要原料之一，常用的是钾长石和钠长石，它们的化学组成波动较大，常含有 Fe_2O_3。因此，质量要求较高的玻璃不采用长石。长石除引入 Al_2O_3 外，还引入 Na_2O、K_2O、SiO_2 等。由于长石能引入碱金属氧化物，减少了纯碱的用量，在一般玻璃中应用甚广。长石的颜色多以白色、淡黄色或肉红色为佳，常具有明显的结晶解理面，硬度为 $6\sim6.5$，相对密度为 $2.4\sim2.8$，在 $1100\sim1200℃$ 之间熔融，含长石的玻璃配合料易于熔制。

对长石的质量要求：$Al_2O_3>16\%$，$Fe_2O_3<0.3\%$，R_2O（Na_2O+K_2O）$>12\%$。

几种长石原料的化学成分见表 2-25。

表 2-25　几种长石原料的化学成分　　　　质量分数/%

原料名称	SiO_2	Al_2O_3	CaO	MgO	K_2O	Na_2O	Fe_2O_3	灼减
湖南长石	63.41	19.18	0.36	痕量	13.79	2.36	0.17	0.46
唐山长石	65.95	19.58	0.28	0.06	13.05		0.40	0.66
秦皇岛长石	65.86	19.88	0.17	0.39	14.29		0.21	—
南京长石	62.84	21.40	0.31	—	12.30	2.31	0.21	—
忻州长石	65.66	18.38	—	—	13.37	2.64	0.17	0.33
北京长沟长石	66.09	18.04	0.83		13.50		0.22	—

2.3.3　方解石

方解石是自然界分布极广的一种沉积岩，外观呈白色、灰色、浅红色或淡黄色，主要化学成分是碳酸钙。纯粹的碳酸钙（$CaCO_3$）分子量为 100，含 CaO 56.08%、CO_2 43.92%。无色透明的菱面体方解石结晶称为冰洲石，应用于制造光学仪器，价值很高。用作玻璃原料的一般是不透明的方解石，硬度为 3，相对密度为 2.7。粗粒方解石的石灰岩称为石灰石。细粒疏松的方解石的质点与有孔虫软体动物类的方解石屑的白色沉积岩称为白垩（也有人认为白垩是无定形碳酸钙的沉积岩）。石灰石硬度为 3，相对密度为 2.7，常含有石英、黏土、碳酸镁、氧化铁等杂质。白垩一般比较纯，仅含有少量的石英、黏土、碳酸镁、氧化铁等杂质，质地软，易粉碎。

对方解石、石灰石和白垩的质量要求：$CaO > 50\%$，$Fe_2O_3 < 0.15\%$。

2.3.4 白云石

白云石又叫苦灰石，是碳酸钙和碳酸镁的复盐，分子式为 $CaCO_3 \cdot MgCO_3$，理论上含 MgO 21.9%、CaO 30.4%、CO_2 47.7%；一般为白色或淡灰色，含铁杂质多时，呈黄色或褐色，相对密度为 2.8～2.95，硬度为 3.5～4。白云石中常见的杂质是石英、方解石和黄铁矿。对白云石的质量要求：$MgO > 50\%$，$CaO < 32\%$，$Fe_2O_3 < 0.15\%$。白云石能吸水，应储存在干燥处。

2.3.5 纯碱

纯碱（碳酸钠，Na_2CO_3）是引入玻璃中 Na_2O 的主要原料，分为结晶纯碱（$Na_2CO_3 \cdot 10H_2O$）与煅烧纯碱（Na_2CO_3）两类，玻璃工业中采用煅烧纯碱。煅烧纯碱是白色粉末，易溶于水，极易吸收空气中的水分而潮解，产生结块，因此必须贮存于干燥仓库内。

纯碱的主要成分是 Na_2CO_3，分子量为 105.99，分解生成 Na_2O 与 CO_2。在熔制时 Na_2O 转入玻璃中，CO_2 则逸出进入炉气。纯碱中常含有硫酸钠、氧化铁等杂质。含氯化钠和硫酸钠杂质多的纯碱在熔制玻璃时会形成"硝水"。

煅烧纯碱可分为轻质和重质两种。轻质的容积密度为 $0.61g/cm^3$，是细粒的白色粉末，易飞扬、分层，不易与其他原料均匀混合；重质的容积密度为 $0.94g/cm^3$ 左右，也有报道中称重质碱的容积密度高达 $1.5g/cm^3$，是白色颗粒，不易飞扬，分层倾向也较小，有助于配合料的均匀混合。国外生产玻璃多采用重质碱，国内也已接受这一理念。

美国重质碱与我国轻质碱的粒度分布分别见表 2-26、表 2-27。

表 2-26 美国重质碱的粒度分布

筛网	网目/目	+20	+30	+50	+70	+100	+140	+200	−325
	粒度/mm	0.84	0.59	0.297	0.21	0.149	0.105	0.074	0.042
质量分数/%	个别	0.02	0.08	26.6	38.1	27	6.7	1.2	0.3
	累计	0.02	0.1	26.7	64.8	91.8	98.5	99.7	100

表 2-27 我国轻质碱的粒度分布

筛网	网目/目	+16	+20	+40	+80	+120	+160	+200	−200
	粒度/mm	1.19	0.84	0.42	0.177	0.125	0.097	0.074	0.074
质量分数/%	个别	0.15	0.36	0.95	6.38	32.06	4.37	24.77	30.96
	累计	0.15	0.51	1.46	7.84	39.9	44.27	69.04	100

从上面两组数据可看出：美国重质碱，$0.149 \sim 0.59$mm 粒级占 90.8%，小于 0.105mm 粒级占 1.5%；中国轻质碱，$0.125 \sim 0.42$mm 粒级占 39.44%，小于 0.097mm 粒级占 55.73%。放置较久的纯碱常含有 $9\% \sim 10\%$ 的水分，在使用时应进行水份测定。在熔制玻璃时 Na_2O 的挥发量约为本身质量的 $0.5\% \sim 3.2\%$，在计算配合料时应加以考虑。

对纯碱的质量要求：$Na_2CO_3 > 98\%$，$NaCl < 1\%$，$Na_2SO_4 < 0.1\%$，$Fe_2O_3 < 0.1\%$。

天然碱有时也作为纯碱的代用原料。天然碱是干涸碱湖的沉积盐，我国内蒙古、青海等地均有出产。它常含有黄土、氯化钠、硫酸钠和硫酸钙等杂质，而且还含有大量的结晶水。较纯的天然碱含碳酸钠大约 37%。天然碱对熔炉耐火材料侵蚀较快，而且其中的硫酸钙、硫酸钠分解困难，易形成硫酸盐气泡。天然碱还易产生"硝水"。脱水的天然碱可以直接使用。含结晶水的天然碱，一般先溶解于热水，待杂质沉淀后，再将溶液加入配合料中。在国外，天然碱都经过加工提纯后再用。

几种天然碱的化学成分见表 2-28。

表 2-28　几种天然碱的化学成分　　　　　　　　　　　　　　　　质量分数/%

天然碱名称	SiO_2	Na_2CO_3	Fe_2O_3	$NaCl$	Na_2SO_4	不溶物	水分
赛拉	—	33.8	—	0.3	—		
乌杜淖	2.3	68.5	0.3	0	17.4	1	$50 \sim 60$
哈马湖	8.4	60	0.3	4.5	24.5		
海勃湾	5.7	58	0.02	6.5	27.8		

2.3.6　芒硝

芒硝分为天然的、无水的、含水的多种。无水芒硝是白色或浅绿色结晶，主要成分是硫酸钠（Na_2SO_4），分子量为 142.02，相对密度为 2.7，理论上含 Na_2O 43.7%、SO_2 56.3%。直接使用含水芒硝（$Na_2SO_4 \cdot 10H_2O$）比较困难，要预先熬制，以除去其结晶水，再粉碎、过筛，然后使用。

无水芒硝或化学工业的副产品硫酸钠（盐饼）于 884℃熔融，热分解温度较高，在 $1120 \sim 1220$℃之间。但在还原剂的作用下，其分解温度可以降低到 $500 \sim 700$℃，反应速率也相应地加快。

还原剂一般使用煤粉，也可以使用焦炭粉、锯末等。为了促使 Na_2SO_4 充分分解，应当把芒硝与还原剂预先均匀混合，然后加入配合料内。还原剂的用量，按理论计算是 Na_2SO_4 质量的 4.22%，但考虑到还原剂在与 Na_2SO_4 反应前的燃烧损失以及熔炉气氛的不同性质，根据实际情况进行调整，实际上为 $4\% \sim 6\%$，有时甚至在 6.5% 以上。用量不足时 Na_2SO_4 不能充分分解，会产生过量的"硝水"，对熔炉耐火材料的侵蚀较大，并使玻璃制品产生白色的芒硝泡。用量过多时会使玻璃中的 Fe_2O_3 还原成 FeS 和 Fe_2S_3，与多硫化钠形成棕色的着色团——硫铁化钠，从而使玻璃成棕色。

$$2Fe_2O_3 + C = 4FeO + CO_2 \uparrow \quad Fe_2O_3 + 3Na_2S = Fe_2S_3 + 3Na_2O$$

$$Na_2SO_4 + 2C = Na_2S + 2CO_2 \uparrow \quad Na_2S + Fe_2S_3 = 2NaFeS_2$$

$$Na_2S + FeO = FeS + Na_2O$$

$$2Na_2S + 2FeS = 2Na_2FeS_2$$

硝水中除 Na_2SO_4 外，还有 NaCl 与 $CaSO_4$。为了防止硝水的产生，芒硝与还原剂的组成最好保持稳定，预先充分混合，并保持稳定的热工制度。

在熔制中如发现硝水，挖料时切勿带水进入玻璃液内，否则会发生爆炸。有经验的工人常将烧热的耐火砖或红砖放在玻璃液面上，吸收硝水，将其除去。

芒硝与纯碱比较有以下的缺点：

① 芒硝的分解温度高，二氧化硅与硫酸钠之间的反应要在较高的温度下进行，而且速度慢，熔制玻璃时需要提高温度，耗热量大，燃料消耗多。

② 芒硝蒸气对耐火材料有强烈的侵蚀作用，未分解的芒硝在玻璃液面上形成硝水，也加速对耐火材料的侵蚀，使玻璃产生缺陷。

③ 芒硝配合料中必须加入还原剂，并在还原气氛下进行熔制。

④ 芒硝较纯碱含 Na_2O 量低，往玻璃中引入同样质量的 Na_2O 时，所需芒硝的量比纯碱多 34%，相对增加了运输和加工储备等生产费用。

由纯碱引入 Na_2O 较芒硝为好。但在纯碱缺乏时，用芒硝引入 Na_2O 也是一个解决办法。由于芒硝除引入 Na_2O 外，还有澄清作用，因而在采用纯碱引入 Na_2O 的同时，也常使用部分芒硝（2%～3%）。芒硝能吸收水分而潮解，应储放在干燥有屋顶的堆场或库内，并且要经常测定其水分含量。

对芒硝的质量要求：$Na_2SO_4 > 85\%$，$NaCl < 2\%$，$CaSO_4 < 4\%$，$Fe_2O_3 < 0.3\%$，$H_2O < 5\%$。

2.3.7 硝酸钠

硝酸钠（$NaNO_3$）又称硝石，我国所用的都是化工产品，分子量为 85，相对密度为 2.25，含 Na_2O 36.5%。硝酸钠是无色或浅黄色六角形的结晶；在湿空气中能吸水潮解，能溶于水；熔点为 318℃，加热至 350℃则分解放出氧。

$$2NaNO_3 \xrightarrow{350℃} 2NaNO_2 + O_2 \uparrow$$

继续加热，生成的亚硝酸钠又分解放出氮和氧。

$$4NaNO_2 \xrightarrow{\triangle} 2Na_2O + 2N_2 \uparrow + 3O_2 \uparrow$$

在熔制铅玻璃等需要氧化气氛的玻璃时，必须用硝酸钠引入一部分 Na_2O。硝酸钠比纯碱的气体含量高，有时为了调节配合料的气体率，也常用硝酸钠来代替一部分纯碱。

硝酸钠也是澄清剂、脱色剂和氧化剂。硝酸钠一般纯度较高。对它的质量要求：$NaNO_3 > 98\%$，$Fe_2O_3 < 0.01\%$，$NaCl < 1\%$。

硝酸钠应储存在干燥的仓库或密闭箱中。

2.3.8 炭粉

化学成分：$C \geq 75.00\%$、$Fe_2O_3 \leq 1.0\%$、灰分 $\leq 15\%$。

粒度：大于 1.41mm 的无，小于 0.59mm 的 $>65\%$，小于 0.105mm 的 $<15\%$。

水分：含水率 $\leq 1.00\%$。

2.4　辅助原料的质量控制

2.4.1　脱色剂

无色玻璃应当有良好的透明度。玻璃原料中含有铁、铬、钛、钒等化合物和有机物等有害杂质，在玻璃熔制时，耐火材料、操作工具上也有熔于玻璃中的铁质，都可以使玻璃着出不希望的颜色。消除这种颜色最经济的办法是在配合料中加入脱色剂。

按作用脱色剂主要分为化学脱色剂和物理脱色剂两种。

2.4.1.1　化学脱色剂

化学脱色是借助脱色剂的氧化作用，使玻璃被有机物污染的黄色消除，以及使着色能力强的低价铁氧化物变成着色能力较弱的三价铁氧化物（一般认为 Fe_2O_3 着色能力是 FeO 的 1/10），以便使用物理脱色法进一步使颜色中和，接近于无色，使玻璃的透光度增加。

常用的化学脱色剂有硝酸钠、硝酸钾、硝酸钡、白砒、三氧化二锑、二氧化铈等。

（1）硝酸钠、硝酸钾

硝酸钠（分解温度 350℃）、硝酸钾（分解温度 400℃）的分解温度低，必须与白砒和三氧化二锑共用，脱色效果才好。

（2）白砒和三氧化二锑

白砒和三氧化二锑的脱色作用也是氧化作用。它们还能消除硒和氧化锰脱色时因用量过多而形成的淡红色。

$$As_2O_3+6FeO \Longrightarrow 3Fe_2O_3+2As$$
$$2As_2O_3+3Se \Longrightarrow 4As+3SeO_2$$
$$2Mn_2O_3+As_2O_3 \Longrightarrow 4MnO+As_2O_5$$

（3）二氧化铈

二氧化铈用作脱色剂能保证最好的脱色效果，在玻璃熔制的温度下分解放出氧，通常与硝酸盐共同使用。

（4）卤素化合物

如萤石、硅氟酸钠、冰晶粉以及氯化钠。它们的作用是形成挥发性的 FeF_3 或 $FeCl_3$ 或形成无色的氟铁化钠（Na_3FeF_6）。

化学脱色剂的用量与玻璃中铁的含量、玻璃的组成、熔制温度以及熔炉气氛等都有关系。通常硝酸钠的用量为配合料的 $1\%\sim1.5\%$，As_2O_3 为 $0.3\%\sim0.5\%$，Sb_2O_3 为 $0.3\%\sim0.4\%$。二氧化铈与硝酸盐共用时，CeO_2 为配合料的 $0.15\%\sim0.4\%$，硝酸钠为 $0.5\%\sim1.2\%$，氟化合物为 $0.5\%\sim1\%$。

2.4.1.2　物理脱色剂

物理脱色是往玻璃中加入一定数量的能产生互补色的着色剂，使玻璃由于 FeO、Fe_2O_3、Cr_2O_3、TiO_2 所产生的黄绿色到蓝绿色得到互补。物理脱色常常不是使用一种着色剂而是选择适当比例的两种着色剂。物理脱色法可能使玻璃的色调消除，但却使玻璃的光吸收增加，即使玻璃的透明度降低。物理脱色法，常与化学脱色法结合使用。

物理脱色剂有二氧化锰、硒、氧化钴、氧化镍、氧化钕等。

（1）二氧化锰

二氧化锰使玻璃着成紫色，与玻璃中的浅绿色互补，同时 MnO_2 能分解放出氧，也起化学脱色作用。

MnO_2 的脱色不够稳定，常会受到熔制温度及熔炉气氛的影响。由于 MnO_2 纯度一般不高，常采用高锰酸钾来代替，现在基本上已不使用。

用 MnO_2 脱色的玻璃，特别是与 As_2O_3 一起使用时，在长期的阳光照射下，会发生由无色变为紫红色的硒红现象。这是由于在紫外线的作用下，玻璃中残存的 MnO 被 As_2O_5 或 Fe_2O_3 氧化成为 Mn_2O_3。

$$4MnO + As_2O_5 == As_2O_3 + 2Mn_2O_3$$

（2）硒

硒使玻璃呈浅玫瑰色，与浅绿色中和，常受到温度及熔炉气氛的影响。

（3）氧化钴

氧化钴（CoO）将玻璃着成蓝色，与玻璃的浅黄色中和。CoO 的脱色作用比较稳定。

（4）氧化镍

氧化镍使钾钙玻璃着成灰紫红色，使钠钙玻璃着成灰紫色，与绿色中和后，玻璃呈灰色。铅玻璃因含铁极少，能着成纯净的紫色，故铅玻璃中用氧化镍作脱色剂较好。氧化镍受温度的作用及熔窑气氛的影响小。

（5）氧化钕

氧化钕（Nd_2O_3）着成的淡紫红色与铁着成的蓝绿色互补。

物理脱色剂的用量和化学脱色剂相同，与玻璃中的铁含量、玻璃的组成、玻璃的熔制温度以及熔炉气氛等都有关系，必须经常检验、调整。一般来说，当玻璃中含铁量为 0.02%～0.04% 时，如果没有引入三氧化二砷或三氧化二锑，硒的引入量为 0.5g（100kg 玻璃中）。当引入三氧化二砷时，硒的引入量应增加到 3～4g（100kg 玻璃中），钴的引入量应为 0.05～0.2g（100kg 玻璃中）。氧化亚镍在铅晶质玻璃中的用量大约为 0.3～0.7g（100kg 玻璃中），氧化钴的用量为 0.2～0.5g（100kg 砂中）。

硒用量过多的玻璃，在退火过程中，会出现玫瑰红色，这也是由于无色的氧化硒与玻璃中的 As_2O_3 或 Sb_2O_3 反应，又形成着色元素硒。

$$Sb_2O_3 + 2SeO == Sb_2O_5 + 2Se$$

如发现这种情况，应当减少硒的用量。

称量硒或氧化钴等物理脱色剂时，必须准确到 0.01g，为了便于称量，常将硒、氧化钴预先稀释，就是先与一定量的干燥、过筛的纯碱、石英砂或萤石等均匀混合，作为脱色剂混合物。例如 1:99 即 1g 脱色剂与 99g 稀释剂混合，即 10g 混合物需 0.1g 着色剂。也可以用 1:20、1:30 或 1:50 等比例来进行稀释。

玻璃中含铁量超过 0.1% 时，不能使用脱色方法制得无色玻璃。据某些玻璃厂的经验，如氧化铁含量超过 0.06% 时，则玻璃脱色后呈现灰色，脱色效果不好。

2.4.2　澄清剂

2.4.2.1　传统玻璃澄清剂

（1）变价氧化物澄清剂

属于这类澄清剂的有 As_2O_3、Sb_2O_3、CeO_2 等，这类澄清剂的特点是在一定温度下分解放出氧气，因此这类澄清剂往往又是氧化剂。

在玻璃熔制中 As_2O_3 的作用很大，能够非常明显地加速玻璃的无气泡过程。当玻璃中存在 As_2O_3 时，无论是低温熔化还是高温熔化，气泡的数量总是明显减少，而气泡直径总是增大。As_2O_3 在玻璃液中的浓度在 1.0% 以下时，澄清作用随浓度增大而增大。超出这一范围，继续增加 As_2O_3 的量对澄清无益，反使玻璃产生乳光现象。因此 As_2O_3 是一种最常用也最有效的澄清剂。

As_2O_3 的澄清机理：一般认为 As_2O_3 在低温时吸收硝酸盐放出 O_2 而形成 As_2O_5，As_2O_5 在高温时又分解放出 O_2，从而促进玻璃液澄清。其反应式为

$$As_2O_3 + O_2 \xrightarrow{400\sim1300\,℃} As_2O_5$$

$$As_2O_5 \xrightarrow{>1300\,℃} As_2O_3 + O_2 \uparrow$$

As_2O_3 一般需要与硝酸盐配合使用，才能充分发挥其澄清作用。当没有硝酸盐时，As_2O_3 本身汽化挥发，也有一定的澄清作用。另外，As_2O_3 在高温下能够生成砷酸盐或亚砷酸盐，能与石英颗粒反应放出氧气，从而促进硅酸盐形成，加快玻璃熔化速度，与其他澄清剂相比，具有更好的效果。

Sb_2O_3 的澄清机理类似于 As_2O_3，也是一种通用澄清剂。但是其毒性较小，密度较大，从高价转变为低价的温度也较低，在含氧化铅、氧化钡较多的玻璃中使用效果更好。在钠钙硅玻璃中，如果将 Sb_2O_3 和 As_2O_3 配合使用，澄清效果更好，并且没有二次气泡产生。

CeO_2 是一种高温澄清剂，能在高温下分解放出 O_2，促进气泡排除，作用机理为

$$CeO_2 \xrightarrow{>1400\,℃} Ce_2O_3 + O_2 \uparrow$$

需要指出的是，As_2O_3 和 Sb_2O_3 都是有毒有害物质，从保护人体健康和环境的角度出发，直接与人体接触的许多玻璃制品如瓶罐玻璃、安瓿玻璃等都对砷、锑、镉等有毒有害元素的含量有非常严格的限制，而且它们在熔制时都容易挥发，对工人健康和大气环境造成危害。因此，现代玻璃生产过程中，都尽量不用或少用 As_2O_3 和 Sb_2O_3 作为玻璃澄清剂，而采用 CeO_2 或含 CeO_2 的稀土盐类为澄清剂。

（2）硫酸盐澄清剂

在玻璃生产上常用硫酸盐作澄清剂，它在分解后产生 O_2 和 SO_2，对气泡的长大与溶解起着重要作用。

$$Na_2SO_4 \xrightarrow{>1400\,℃} Na_2O + SO_2 + O_2 \uparrow$$

硫酸钠是广泛用于制造瓶罐玻璃和其他钠钙硅玻璃制品的有效澄清剂。所有的硫酸盐如 Na_2SO_4、K_2SO_4、$ZnSO_4$、$SrSO_4$、$CaSO_4$、$BaSO_4$、$PbSO_4$、$Al_2(SO_4)_3$ 在钠钙硅玻璃中均有良好的澄清效果。

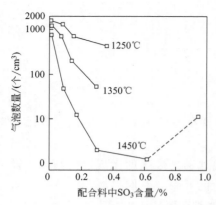

图 2-1　配合料中 SO_3 含量、熔制温度
与单位体积玻璃液中气泡数量的关系

硫酸盐的澄清作用与玻璃组成有关。硫酸盐中的阳离子对澄清过程不起作用。在钠钙硅玻璃中引入某种硫酸盐时，离子交换反应形成硫酸钠从而产生澄清效果。因此，硫酸盐用于钾玻璃或无碱玻璃时，所起的作用与用于钠玻璃时并不相同。

硫酸盐的作用与 As_2O_3、Sb_2O_3 不同，它是一种高温澄清剂，它的澄清作用与玻璃的熔化温度密切相关。在低温熔化时，SO_3 对玻璃液的澄清过程几乎没有影响。温度越高它的澄清作用就越明显。在 1400~1500℃ 时，就能充分显示出硫酸盐的澄清作用。图 2-1 是配合料中 SO_3 含量、熔制温度与单位体积玻璃液中气泡数量的关系。

硫酸盐作澄清剂一般需要与炭粉配合使用。炭粉的作用在于在澄清后期帮助多余的硫酸盐分解，防止形成"硝水"而影响玻璃质量。为了充分发挥澄清剂作用，提高玻璃质量，横火焰池窑熔制钠钙硅玻璃时一般分三个区域控制窑内气氛。第一、二对小炉保持还原性气氛，避免炭粉在高温下过早氧化；在"热点"附近的第三、四对小炉保持中性气氛，以利于提高温度；最后两对小炉保持氧化性气氛，烧掉多余的炭粉，并且使杂质铁氧化成高价铁，加强澄清，提高玻璃的透光率。

（3）卤化物澄清剂

属于这类澄清剂的主要是氟化物、氯化物、溴化物、碘化物。工业上常用的是氟化物和氯化物。与其说卤化物是澄清剂不如说是助熔剂。如氟化物在玻璃中形成 FeF_3 挥发或形成〔FeF_6〕无色基团，提高玻璃的透热性，或者与 SiO_2 生成挥发物 SiF_4，并且使玻璃结构网络断裂，大大降低玻璃黏度，促进澄清。

$$Si—O—Si + NaF \longrightarrow Si—O—Na + F—Si$$

氯化物在玻璃中形成 $FeCl_3$ 挥发物，能够降低玻璃黏度，并且由于自身的挥发而起澄清作用。氯化物是硼硅酸盐玻璃常用的澄清剂之一。

由于氟化物在玻璃熔制时大量挥发，会严重影响工人健康，破坏大气、环境质量，也应尽可能少用或不用。

2.4.2.2　新型玻璃澄清剂

（1）焦锑酸钠

焦锑酸钠（$Na_2H_2Sb_2O_7 \cdot 4H_2O$）中锑为 +5 价，分解温度较低，不必经过由低价到高价的转变，能直接分解放出氧气，是一种优良的玻璃澄清剂。实践证明，焦锑酸钠的澄清作用集中于 1400℃ 附近，在 1450℃ 保持 40~50min 后，玻璃液即能充分澄清。并且，引入适量的 CeO_2（0.18%~0.20%，质量分数）和硝酸盐（引入量为氧化锑的 4~6 倍），其澄清作用还能大大提高。对于密度较大的玻璃，其澄清效果更佳。

（2）硫锑酸钠

硫锑酸钠（$10Na_2O \cdot 4Sb_2O_5 \cdot 9SO_3 \cdot 10H_2O$）是一种氧化锑与硫酸盐组成的复盐，属

于复合澄清剂。它具有双重的澄清作用，在玻璃澄清阶段能够一直保持旺盛的澄清状态。在较低温度下主要是 Sb_2O_5 起澄清作用，高温 SO_3 发挥澄清作用。在 1400℃时，已经产生明显的澄清作用，至 1450℃时，澄清速率与效果急剧增大，气泡数量迅速减少，仅保持 20min，玻璃液已经充分澄清。

（3）砷锑酸钠

砷锑酸钠（Na_2AsSbO_7）是一种高价复合澄清剂，在玻璃熔制阶段，与硅砂反应形成 $NaAsO_2$、$NaSbO_2$ 与 $Na_2O \cdot 2SiO_2$，并释放出氧气，使气泡增大。澄清作用明显的温度区域也是 1400～1450℃。砷锑酸钠不仅可以节约硝酸盐、减少挥发损失，还可以缩短澄清时间，提高澄清效果，但是产生毒性较大的氧化砷。

焦锑酸钠、硫锑酸钠和砷锑酸钠的用量一般为配合料的 0.1%～0.4%（质量分数）。

（4）其他新型复合澄清剂

以金银熔炼渣、砷锑烟灰或稀土生产废渣为主要原料，通过活化反应，配合其他有效成分，得到一系列的新型复合澄清剂。主要特点是砷、锑含量较传统澄清剂低，甚至不含砷、锑，可以满足不同品种玻璃的澄清需求；具有澄清、脱色、助熔作用，具有用量少、微毒、无污染等优点，不仅澄清效果良好，而且能提高玻璃制品的透光度，防止砷、锑还原发黑，提高产品质量；能够综合利用工业废渣，对保护生态环境具有很好的作用。能够通过适当调整其组成，满足不同玻璃制品的澄清要求。

试验表明，当引入量和熔制条件相同时，新型复合澄清剂 1450℃、15min 的澄清效果相当于白砒 1450℃、60min 的效果。其用于输液瓶，用量为玻璃的 0.25%～0.3%，配合使用 3.5%～4.6% 的硝酸钠，效果更好。使用等量的复合澄清剂替代白砒，玻璃液中的砷、锑含量降为原来的 1/3，减小了白砒危害，改善了澄清效果。另外，复合澄清剂还可减少氧化剂硝酸钠和脱色剂硒粉的用量，在保证产品质量的前提下，降低生产成本。因此，使用复合澄清剂具有显著的经济效益和社会效益。

复合澄清剂的澄清效果优于传统澄清剂的原因主要有以下几点：第一，同时存在两种以上澄清剂，因此其分解温度范围广（1200～1450℃），熔制时逐级分解，接力澄清，澄清能力一直处于旺盛状态，澄清效果好；第二，复合澄清剂中 Sb_2O_5 和 As_2O_5 以锑酸钠和砷酸钠形式存在，这些盐分解产生的 Sb_2O_5 和 As_2O_5 比原来以盐形式存在的 Sb_2O_5 和 As_2O_5 的化学活性好，澄清效果好。并且，Sb_2O_5 和 As_2O_5 以锑酸钠和砷酸钠形式存在，减少了熔制过程中的挥发损失，提高了利用率。

2.5　碎玻璃

碎玻璃是指企业在生产、包装、储运等环节产生的破碎的和不合格的玻璃制品，以及社会上的玻璃废弃物。碎玻璃是玻璃生产可利用的重要原料。

碎玻璃不但可以实现废物利用，而且在合理使用下，还可以加速玻璃的熔制过程，降低玻璃熔制的热量消耗，从而降低玻璃的生产成本，增加产量。近年来，不少再生玻璃厂充分利用社会上的碎玻璃资源生产质量要求不高的产品，取得了较好的经济效益和社会效益。

碎玻璃使用中应注意以下事项。

（1）成分挥发和积累

碎玻璃在二次熔制过程中易挥发组分的挥发会使其含量减少，如钠钙硅酸盐玻璃中的 Na_2O、硼硅酸盐玻璃中的 B_2O_3、铅玻璃中的 PbO 等都有不同程度的减少。因此在配料计算中要充分考虑这些组分的损失。在上述组分挥发的同时，玻璃中的某些组分如 Fe_2O_3，会发生颜色积累或加深（部分转变成 FeO），从而使玻璃颜色变深。

（2）氧化物的补充和助熔剂的添加

由于挥发现象的存在，要及时补充碱以及其他挥发成分。对于颜色的积累与加深，常通过加入氧化剂、脱色剂的方法予以修正。同时还需适当添加澄清剂将夹杂气泡和二次气泡予以消除。

（3）除杂分类

使用外来碎玻璃时，要进行筛洗、挑选和除去杂质。筛洗主要是去除碎玻璃中的泥土、碎石屑等杂物；挑选是将碎玻璃中的有害杂物特别是金属杂物予以去除。同时与玻璃组成差距较大的玻璃也要清理、分类。碎玻璃要有一定的储量，并保证组成基本均匀、稳定。

（4）碎玻璃的粒度

对碎玻璃的粒度没有严格的规定，但应当均匀一致。一般来说，碎玻璃粒度在 2～20mm 之间熔制较快，但考虑到片状、块状、管状等碎玻璃加工处理因素，通常采用 20～40mm 的粒度。

（5）碎玻璃的用量

一般以配合料质量的 25％～30％较好。熔制钠钙硅酸盐玻璃时，碎玻璃用量超过 50％，会降低玻璃质量，使玻璃发脆，机械强度下降。但对于高硅和高硼玻璃，其碎玻璃的用量可以高达 70％～100％，即可以完全使用碎玻璃，在添加澄清剂、助熔剂和补充某些挥发损失的氧化物（B_2O_3、Na_2O）后进行二次重熔生产玻璃制品。有人认为如能补充挥发的氧化物，保持玻璃的成分不变，并使玻璃充分均化，则使用大量碎玻璃时，钠钙硅酸盐玻璃的机械强度也不降低。

使用碎玻璃时，要确定碎玻璃的粒度大小、用量、加入方法、合理的熔制制度，以保证玻璃的快速熔制与均化。当循环使用本厂碎玻璃时，只需补充氧化物的挥发损失（主要是碱金属氧化物、氧化硼、氧化铅等），调整配方，保持玻璃的成分不变。碎玻璃比例大时，还要补充澄清剂。同时，必须取样进行化学分析，根据其化学成分进行配料。

碎玻璃可预先与配合料中的其他原料均匀混合，也可以与配合料分别加入熔炉中。在熔炉冷修点火时，常用碎玻璃预先装填熔化池，或在烤炉后开始投料时，先投入碎玻璃，使池炉砖的表面先涂上一层玻璃液，以减少配合料对耐火材料的侵蚀。

2.6 进厂原料的存放与均化

玻璃液的化学成分是否均匀，与产品的产量和质量、外观缺陷和制品性能关系重大。一般来说，玻璃液的化学均匀性是由原料的主要成分和杂质成分是否稳定来决定的。但是，天然矿物原料往往成分波动很大，不能满足要求，因此，在原料的存放与使用过程中，必须促进原料的混合与均化。就原料的存放来讲，不仅是为生产需要储备一定数量，而且通过合理、有控制的堆放方式使原料的成分和水分更加均化。

对原料的存放和保管必须引起应有的重视，因为存放条件欠佳、保管方法不妥，不但会导致原料的污染或成分、水分的均匀性受到破坏，而且有可能使整批的合格原料报废。

原料应按规定的方法码垛，一般采用横码竖切法，即在水平方向和一定高度布满整个垛位，然后用同样的方法在该层上面继续堆垛，每层不能太厚，更不能堆积在一处。在取料时，以与码垛方向垂直或倾斜的断面将各料层均匀切取。这样，即便各个料层的化学成分有出入，但所得的混合物料的成分都是均匀的。垛位的大小和数量既要考虑原料的用量又要有利于成分的控制。垛位太大时，成分的波动也可能加大，化验分析取样时代表性不强，不利于成分控制；垛位太小时，又缩短了使用周期，造成垛位频繁更换。因此，根据各种原料的不同特点，用量大而成分稳定的，垛位可大些，用量小而成分波动较大的垛位可适当小些。一般每种原料不应少于两个垛位，以便码垛、化验和取样的循环周转，每个垛位要有该种原料 10～20 天的用量。石英砂不适于露天堆放，必须防风、防雨和防冻。风易造成原料损失并污染其他原料；石英砂被雨淋后，原料的含水率不稳定。因此，石英砂应放在仓库内。由于纯碱、硝酸钠和芒硝等化工原料容易吸湿潮解、结块，因此应存放在干燥通风的库房内。库房地面要用混凝土砌筑抹平，最好垛底要有方木垫底，以便防潮。码垛时要整齐，注明日期、数量、产地、状态等，以便在使用时做到"先来先用，后来后用"的原则。表 2-29 列出了日用玻璃制品原料的化学成分允许的波动范围，表 2-30 列出了原料的使用标准。

表 2-29　日用玻璃制品原料的化学成分允许的波动范围

化学成分(分析值)	允许波动值/%
SiO_2	±0.35
$CaO+MgO(RO)$	±0.20
$Na_2O+K_2O(R_2O)$	±0.20
$Al_2O_3+Fe_2O_3(R_2O_3)$	±0.10
BaO	±0.50
B_2O_3	±0.50
SO_3	±0.50
F_2	±0.50

表 2-30　原料的使用标准

名称	含水率	颜色	其他
硅砂	≤6	黄白色	无杂质、无结块
石灰石	≤1%	灰白色块状	无煤等杂质
纯碱	≤3%	白色粉末	无杂质、无结块
萤石	≤2%	黄白色粉末	无杂质、无结块
硝酸钠	≤3%	白色粉末	无杂质、无结块
铬矿粉	0.5%	灰黑色粉末	无杂质、无结块
芒硝	≤2	白色粉末	无杂质、无结块

2.7 原料管理

对于自身不进行原料精选和破碎处理的玻璃工厂，原料管理是十分重要的。其主要内容：①保证原料的成分；②控制含水量；③使颗粒度分布保持稳定；④防止杂质混入原料中。对于硅砂、石灰石等天然原料，每次进厂时，都要通过化学分析和颗粒度试验等来鉴定原料质量，原料的供应基地也应很好地管理。纯碱、生石灰和无水芒硝等容易结块的原料要注意贮存，使用时要检查有无结块现象。制备含氟的配合料时，硅砂原料应该进行干燥，但是通常使用未经干燥的硅砂。砂子的附着水分虽然能形成碱溶液将硅砂表面润湿而有助于熔化，但附着水分的变化也会给配合料组成造成很大变动，使玻璃料质不均匀。因此，要及时测定水含量，调整配料量。最近，研制出利用红外线、中子射线测定水含量的连续水分测定计和自动调节装置。附着水含量可以通过贮存时间的延长及翻挪等办法进行调整。添加微量阴离子表面活性剂，能缩短脱水时间，使水分分布均匀。

原料颗粒度的分布是非常重要的，分布不均会造成配合料分层、结石、缺陷。特别是天然原料更要注意这一点。

在玻璃熔制过程中，混入水洗硅砂中的粗大矿粒和黏土块、碎玻璃中的铁片以及运输过程中的铬矿等杂质都是很难熔化的，因此需要注意，尤其是铬矿，不宜使用装过铬矿的运输车来运送硅砂。

项目 3　配料操作与控制

3.1 原料的称量及控制要求

3.1.1 玻璃原料称量的基本要求

玻璃是一种有一定化学组成的均质材料。在连续化的生产过程中，为了达到这样的要求，计量准确、称量无误是十分关键的，这也是生产优质玻璃的一个基本保证。因此，在玻璃工业生产中，人们在原料的加工、化学成分的分析与调整以及配料计算方面都进行了大量的工作，以求尽可能地使玻璃的化学成分稳定或在允许的范围内波动，满足对原料称量的要求。

对玻璃原料称量的要求主要体现在对称量方法和称量秤的要求上。称量器要求有一定的灵敏度、准确度、耐用性及速度。通常使用带斗自动称量器，根据称量方式可以分为并排同时称量、单台累计称量、混合称量三种方式；根据配置方法可以分为并排式、塔式以及混合式三种。并排同时称量方式是横向排列的各种原料专用称量器同时进行称量的方式，如图 2-2 所示。采用这种方式，能够选择与各原料的称量量及物理性质相适应的称量器，称量精度和效率都很高，也可以避免原料在料仓内壁附着及拱料，但是，这种方式占地面积较大，而且建设费用也比较高。单台累计称量方式是用同一料斗称量器，将各种原料一次一次地计量送入，如图 2-3 所示。这种方式占地面积小，建设费用较低，但其精度较差，称量时间比较长，不适于自动配料。混合称量方式是吸取并排同时称量方式和单台累计称量方式的长处而设计的。

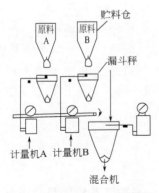

图 2-2　并排同时称量方式

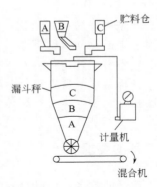

图 2-3　单台累计称量方式

带斗自动称量器由进料装置、称量料斗、下料装置和称具组成。进料装置普遍采用适用范围广的、耐磨损的、便于起动和停止的振动供料机。为了避免粉尘飞扬，称量料斗的结构做成密闭的。为了防止原料在内壁附着和拱料，料斗的倾斜角取 60°以上，内壁衬聚四氟乙烯或环氧树脂等涂层，以及装设振动器等。根据原料的性质，下料装置可采用扇形门、挡板门、螺旋供料机、振动供料机等。称具可使用杠杆式、摆式、弹簧式、电桥式等，杠杆式称具精度高（0.05%～0.1%），所以现在仍在使用，但由于遥控操作比较困难，不适于自动配料，为此，现在大都使用精度很高的摆式、弹簧式以及电气测力传感器式等称具（精度皆为0.1%～0.2%）。

3.1.2　玻璃原料的称量方法

玻璃工厂所用的原料一般有 5～7 种，有的还更多。在这些原料中，有的用量很大，有的用量较少。不可能使用一台秤来称量这些原料。因此，不同的原料应用不同的称量方法。目前，我国大多数玻璃厂都采用自动称量，其称量方法有分别称量法（一料一秤法）和累计称量法（多料一秤法）两种。

（1）分别称量法

分别称量法就是在每个粉料仓下面各设一秤，原料称量后分别卸到皮带输送机上送入混合机。这种方法多用于称量大料，如石英砂、纯碱等。对于不同的粉料，原料用量不同，可以选定不同称量范围的秤，称量误差较小，但这种方法设备投资较多。

分别称量法还可以分为两种称量方式：一次称量方式和减量称量方式。一次称量方式就是通过给料机将原料从料仓加到秤斗中，达到设定值后停止加料。秤斗有一闸门，开启闸门放出所有已称好的原料输送到混合机。这种方式要求原料不黏附在秤斗壁上，否则实际放出的原料量不等于称量值，会显著降低称量精度，甚至达不到允许的最低精度。减量称量的原理：设要称量 X kg 原料。先通过给料机向秤斗加料 A kg（$>X$），然后由秤斗出口处的卸料机往外排料，直到秤斗中还残留 B kg 料时停止排料，使 $X=A-B$。残留料的数量 B 一般为额定称量值的 1/5～1/4。这样，黏附在秤斗壁上的料被包括在残留料量内，就不会影响称量精度。这种称量方式比一次称量方式多用了一台给料机，但却能保证达到很高的称量精度。因此，在现代化玻璃生产中，减量称量方式得到了普遍的应用。

（2）累计称量法

累计称量法就是用一台秤，依次称量各种原料，每次累计计算质量。秤可以固定在一处，也可在轨道上来回移动（称量车），称量后直接送入混合机。这种方法多用于称量小料，如长石、芒硝、萤石等。还有一些作为澄清剂、着色剂或脱色剂使用的原料，如白砒、硒粉、钴粉等。累计称量法的特点是设备投资少，但对每一种原料来说，都不能称量至全量或接近全量，称量精度不高，而且它的误差是累积性的。

3.1.3 对称量秤的要求

秤既是用于称量的设备，也是自动化生产线上的一种重要控制手段。因此，它必须具备良好的技术性能，即准确性、灵敏性、重复性和稳定性。

通常用秤的"相对误差"或"精度"来表示秤的准确性，秤的精度又分为静态精度和动态精度两种。静态精度是指用最大偏差值除以该秤的额定称量值，是一个相对值。而动态精度是指实际称量误差除以该秤的额定称量值。物料的实际误差不完全取决于秤本身的静态精度。电气控制系统、给料机以及周围的环境也会引起一定的误差。因此，对动态精度的控制才是最重要的。现代化的玻璃生产对玻璃原料动态称量精度的要求是相当高的，要求主要原料的精度达到 1/500，小料的精度达到 1/300。

秤的读数装置对负载微量变化的反应能力叫灵敏性。在生产过程中，常用感量值鉴定秤的灵敏性。

重复性是指用同一台秤对一定质量的物料重复称量时，各次所得结果的一致程度。它是考核秤安装、调试、校验水平的一个重要性能指标。

在杠杆秤中，要正确读数必须正确地判断计量杠杆是否平衡。而平衡是计量杠杆稳定摆动的反映，所以稳定是正确示值的前提。

正确地选用计量衡器。首先要保证秤的上述基本性能，其次要根据物料的称量负荷确定秤的规格，做到大秤大用、小秤小用。规格过大，不但增加投资，而且称量精度也相应降低，一般称量负荷以秤最大称量值的 80% 左右为宜。

需要特别指出的是，在玻璃原料的称量过程中，光有好秤并不能保证称量的精度。称量过程中的电气控制系统、给料机等都可能对称量精度造成影响。保证原料的称量精度需要一个系统的协同工作。这个系统包括料仓-秤-控制系统以及把已称好的原料送到混合机的输送设备。

3.2 原料混合工艺

混合时，影响配合料均匀度的主要因素有：①原料的配比；②原料的颗粒度；③原料的相对密度；④混合的时间；⑤配合料的水分；⑥混合机的结构等。混合时间一般为 2～5min，时间过长反而使配合料产生分层现象。水分含量为 3%～5% 时，对防止配合料的分层现象很有效果。

几种主要的混合机如图 2-4 所示。

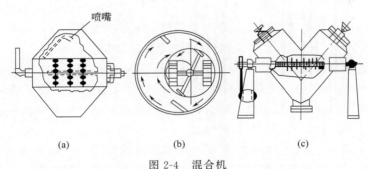

图 2-4　混合机

（a）双圆锥型混合机；（b）盘式混合机；（c）V 型混合机

3.2.1　混合方式

原料的混合方式分为干混和湿混。干混就是将原料直接送入混合机，按要求的时间进行混合。干混是使物料先基本混合均匀，防止因各种原因形成单一组分的料蛋。湿混就是原料粒子润湿后再继续混合 2min 左右，以使配合料的成分和水分进一步均匀。

3.2.2　混合机的装填量

装料比是指装入料的容积占据混合机容积的百分比，又称填充系数。设装入混合机的物料容积为 F，则混合机容积为 V 时的装料比为 F/V。在一定的转速下，随着装料量的增加，径向混合将会减少。因此，为增大产量而增大装料比的做法是不对的。这样会严重地影响混合的均匀度。一般情况下，装料比为 $30\%\sim50\%$。

3.2.3　加料次序

向混合机中加入原料有先后次序。应尽量使砂子与纯碱在配合料中充分地混合，不受其他原料的干扰。此外，要尽可能使粗粒度原料产生的分层作用不太明显。因此，加料时，一般先加入石英砂、纯碱、长石、石灰石、小原料等。如果碎玻璃参加混合，通常在加料后混合即将结束时加入，这样做既能降低加料量，又能减少碎玻璃对混合机的磨损。

3.2.4　加水温度及加水方式

混合料的加水温度应在 35℃ 以上，为了保证混合料的温度，需加热将水温提高或向混合机中通入蒸汽提高水温，因为在 32℃ 以下纯碱水化成含 10 个结晶水的 $Na_2CO_3 \cdot 10H_2O$，在 32℃ 时纯碱水化成含 7 个结晶水的 $Na_2CO_3 \cdot 7H_2O$，在 35.4℃ 时含 7 个结晶水的纯碱分解成单水碳酸钠（$Na_2CO_3 \cdot H_2O$）。在实际生产中，可先将水温加到 $60\sim80℃$。

向混合机中加水的方式要合理，应使水呈雾状分散形式加入，否则局部水流集中，会使纯碱遇水结成料团，不利于配合料混合均匀。通蒸汽时，应将蒸汽管插在料层的底部，一方面使吹出的高压蒸汽翻动原料，促进原料混合；另一方面，蒸汽将被原料冷凝，有利于热量的充分吸收。

向混合料中加入水量的多少也是一个重要问题，不能少也不能多。一般瓶罐玻璃混合料的水分应控制在 $4\%\sim6\%$ 之间，水分的含量还与原料的颗粒度有关。

配合料中有适量水分的作用：

① 通过毛细管吸力作用产生黏合剂的效果，增加了配合料的黏性，使各种原料结合紧密，配合料颗粒之间位置稳定性增强，配合料均匀性增强；减少配合料在输送过程中的分层现象，减少粉料飞扬，降低对耐火材料的侵蚀。

② 可与配合料形成饱和的碳酸钠溶液，具有较好的润湿性，使石英砂颗粒表面润湿，形成一层水膜，加强了助熔剂的熔解和黏附能力，使反应物间接触良好，从而加速了配合料的熔化过程。

③ 在配合料的初熔阶段，水分可以降低熔体的表面张力和黏度，加快热传导，使配合料易熔化。

④ 水分受热变成蒸汽逸出，翻动玻璃液，带出小气泡，促进玻璃液澄清和均化。

3.2.5　混合时间

混合时间是混合操作中最重要的参数，一般是通过化学分析法测定不同混合时间所制得的配合料的均匀度来进行优选的。混合时间过长与过短都不利于配合料混合均匀。配合料混合时间和混合程度的关系如图 2-5 所示。

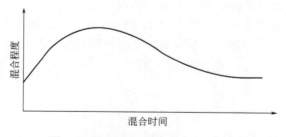

图 2-5　混合时间与混合程度的关系

从图 2-5 中可看出，配合料的混合程度随混合时间到达最高点后，再继续混合将降低混合程度，如果混合时间过短，原料的混合程度得不到很好的改善；若混合时间过长反而会降低混合机的效率，增加动力消耗，同时还增大了机械磨损，还可能因配合料之间摩擦生热使水分蒸发，甚至引起配合料分层。因此，最佳值应由试验来决定，一般大约 3.5min（强制混合机）。均匀度的监控按配料流程主要分两个节点，是混料机下和窑头料仓处配合料的均匀度，均匀度越高越好。瓶罐玻璃要求混料机下的均匀度不小于 96%，窑头料仓均匀度不小于 94%，只要均匀度的波动幅度在允许的范围内，混合时间就是合理的。

3.2.6　碎玻璃的加入方式

研究表明，在其他条件相同时，玻璃的熔化速度与碎玻璃的颗粒度和加入方法有关。粉状碎玻璃会减慢熔化速度，而碎玻璃颗粒度增加至 $30\sim50mm$ 时，可以改善熔化过程，这是因为在熔化过程中，纯碱先与碎玻璃小颗粒相互作用，然后再与砂粒相互作用。因此一部分纯碱消耗在碎玻璃的熔化上，使助熔化的纯碱部分减少，这样就使砂粒的熔化速度减慢，熔化过程延长。加大碎玻璃粒度，可以减少消耗在碎玻璃上的纯碱量。但是碎玻璃比配合料熔化快，已熔化了的玻璃包裹了配合料的颗粒，会阻碍配合料的熔化。碎玻璃的粒度一般以不超过 50mm×50mm 为宜。

加入碎玻璃的方式一般有以下三种：

① 加入混合机内。在生料基本混合均匀后，将碎玻璃加入混合机中使其与生料稍混合，这种方法有利于玻璃组分混合均匀。

② 加在输送带的配合料上。在配合料经输送带的过程中将碎玻璃按容积均匀地加在粉料上。这种方式多为强制式混合机采用，一般瓶罐玻璃厂采用此方式。

③ 通过加料机将碎玻璃加在配合料的下层。这种方法采用两个窑头料仓，靠近窑炉的料仓装配合料，外边料仓装碎玻璃，由一台加料机均匀地将碎玻璃加在配合料的下层。碎玻璃在温度稍低的部位熔化时，配合料的下部处在比所在温度层的温度高一些的熔化层里，而上部的配合料接受热辐射和热对流及传导的热量。这样，在其他条件相同时，可以加快配合料的熔化速度，制取更为均匀的玻璃液。由于这种方法具有较显著的优越性，常在浮法生产中广泛采用。

3.2.7　配合料及碎玻璃的输送

在配合料的输送中最重要的是防止粉尘飞扬、混入杂质、发生分层。分层是影响配合料不均匀的主要因素，防止分层现象是十分重要的。对配合料输送的基本要求：具有简单的、最短的输送线路，配合料的下落距离要尽量缩短，而且输送装置应不受震动，采用小型的料罐。用电动葫芦在单轨上搬运，是减少配合料分层最好的输送办法。输送装置有皮带输送机、斗式提升机及料罐，最近，采用气力输送法输送配合料的情况逐渐增多，并在继续深入研究，其示例如图 2-6 所示。气力输送的优点是输送线路简单，能密闭输送，防止粉尘飞扬，而且容易维修，易于实现自动化；缺点是管道的拐弯受到限制，管道容易磨损、堵塞，配合料易产生分层，因此对于这种输送设备的装设需经充分研究之后再行确定。

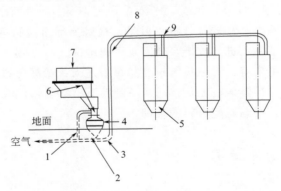

图 2-6　配合料气力输送示例

1—稳压空气管理；2—隔板；3—输送配合料；4—混合机；5—窑头配合料贮存料仓；
6—配合料；7—原料；8—钢管；9—阀门

根据某些报告，配合料气力输送系统的实际运转数据如下：配合料水分约为 5%，输送距离为 100～300m，空气压力为 50～300kPa，输送能力为 1～30t/h，输送速度为 10～15m/s。

碎玻璃输送主要采用带式输送机、斗式提升机、振动输送机等三种。溜槽的磨损是最大的问题，为此采取如下对策：将溜槽里面加上一层容易更换的高锰钢内衬或特殊烧结体（铸石）内衬板，也可以在溜槽设一死角，如图 2-7 所示。为了除掉碎玻璃中混入的铁，在输送线路中应设置强磁力的除铁器。

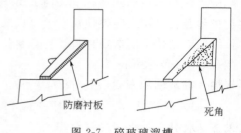

图 2-7　碎玻璃溜槽

3.2.8　粒状配合料

配合料粒化工艺的研究早已开始，其优点有：①提高熔化率；②能防止分层；③减少粉尘的飞扬。目前，为了节省能源，配合料的粒化更引起人们的重视。

粒状配合料的制法：以烧碱为黏结剂加在配合料中，制成丸粒（或制成料饼），再进行干燥。有关资料报道，用这种粒状配合料在池窑里熔制玻璃时，池窑的熔化能力能提高 30%～40%。粒状配合料的反应性能由其所含水分、密度、均匀度、碱的结晶度、原料（特别是硅砂）的粒度等因素来决定，因此选择最合适的条件是很重要的。同时还要对设备费、加工费、池窑工作效率等进行充分研究和比较。由于能源费用高涨，应把配合料粒化工艺同废热利用方式结合起来。

3.2.9　配合料的管理

配合料的分析和称量等如有误差将造成配合料组成变动。配合料如有分层，将丧失均匀性。这些问题严重时会产生条纹等熔化缺陷，必须用适当的方法，加强对配合料的分析管理。关于分析方法，除了历来采用的化学分析法之外，目前还正在研究原子吸光分光分析法、荧光 X 射线分析法等。此外，也发表了专门研究取样次数和取样合理数量的报告。如能保持住稳定状态，就不必经常进行分析。但是，最好要经常进行取样，并保存一定时间，以便发生异常现象时，能立刻进行分析，把问题迅速解决。

配合料分层的原因主要有：①原料颗粒度分布不适当；②配合料的水含量不适当；③配合料的流动性改变；④皮带输送机较长；⑤从高处落下；⑥料罐没有挡板；⑦输送线路复杂等。应该牢记上述原因，加强对配合料的管理。

3.3　配合料质量的基本要求

3.3.1　颗粒组成

构成配合料各种原料的颗粒组成直接影响配合料的均匀度、熔制速度和玻璃液的质量。不仅要求配合料同一原料有适宜的颗粒度，而且要求各原料间有一定的粒度比，其目的在于提高混合质量、防止配合料在运输过程中分层。对一些主要原料的粒度要求：

硅砂、长石：81 孔/cm²（24 目）。

白云石、石灰石、菱镁石、萤石：64 孔/cm²（20 目）。

纯碱、芒硝、煤粉：36～49 孔/cm²（16 目）。

硅砂水分含量高，如不烘干，只能过 25～36 孔/cm² 筛（14 目），以除去泥团、杂石、草根等。硅砂的颗粒组成符合一定的技术要求。

3.3.2　水分

在配合料中加水对减少粉尘、防止分层、提高混合均匀性、加快熔制速度起重要的作用。

加水量控制在 3%～5% 为宜，使用芒硝时，水量略为增大，不宜大于 7%。如加水过多，料容易黏附于混料设备上，也不容易混合均匀，而且过多的水分入窑会增加熔制耗热量。

3.3.3　气体含量

在玻璃熔制过程中，某些物料受热分解放出一定量的气体，如 CO_2、SO_2、O_2、H_2O 等，能搅动玻璃液，有助于玻璃液澄清与均化。对于钠钙硅玻璃，配合料中的气体含量以 15%～20% 为宜。

3.3.4　配合料的均匀性

配合料的均匀性包括颗粒组成均一、水分均一、化学成分均一等。对配合料均匀度的要求：

水不溶物：允许误差小于 0.1%。

酸不溶物：允许误差小于 0.1%。

含碱量：允许误差小于 0.6%。

水分：允许误差小于 0.6%。

为防止配合料层影响均匀性，放配合料时落差要尽量小；尽量缩短从混料机到加料口的距离，运输过程中要防止震动；混合好的配合料要尽快使用。

3.4　配合料质量控制

配合料制备的质量控制应该包括两个方面：首先，在设计原料车间时必须把质量控制作为首要的原则；其次，在生产过程中必须严格控制各个工艺环节对它的影响。在实际生产中，配合料的质量控制主要从以下几方面进行。

3.4.1　原料成分的控制

矿物原料往往由于开矿时矿点不同或矿脉部位不同使所开采的原料成分波动较大，因此，必须对原料成分进行质量控制。这种控制包括矿山质量控制和厂内质量控制两个方面。矿山质量控制是指在建设矿山时，必须有充分可靠的地质勘探资料，开采时应尽量在同一矿点的同一部位，使原料成分稳定在一定的范围内。除对原料做外观质量检验外，还必须对每批出矿原料进行化学分析。

厂内质量控制主要包括三方面：第一，不同原料不能相互掺杂；第二，同一种原料进厂时间不同也不能相互掺杂；第三，去除原料中的杂质。

原料进厂后进行分堆码垛是玻璃厂普遍采用的有效措施。一般将每种原料码成三垛，一垛使用，一垛进行化验，一垛待运成堆。在取用时应采用横码竖切的方法。在设计吊车库时，也应根据上述分堆码垛原则进行合理分格。

经长途运输与长期堆放的原料不可避免地会掺入一些含高铝高硅质的黏土和杂质，因此，大块原料破碎前应采用自来水冲洗。对硅砂类原料则采取预筛分以清除黏土和杂质。

3.4.2　原料水分的控制

原料水分的控制是保证配合料质量的重要一环。例如，某厂曾对粉料仓中原料的水分进行每隔 1.5～2h 的抽样分析。其中苦灰石的水分波动为 1.2%，如每批配合料中的苦灰石用量为 352kg，则水分波动的误差可达 4.22kg，称量精度最多只能达到 1/80。显然，这是不符合配合料质量要求的。

原料中的水分来自三个方面：一是开采，例如，硅砂有水上开采和水下开采之分；二是在运输与堆放过程中雨雪的侵袭；三是在原料加工过程中为防止粉尘飞扬而添加的水分，或是为清除杂质而对原料进行的冲洗。

对原料的水分控制常采用强制干燥和自然干燥两种方法。对质量要求严格的玻璃或者是水分波动大的原料都应采用强制干燥。所用的干燥设备有回转干燥筒、隧道式干燥炉、室式干燥器等。其中回转干燥筒较为常用。

在干燥石灰质原料时，干燥温度不应超过 400℃，否则会使原料分解变质。

纯碱极易受潮结块。为了防止纯碱受潮通常可使用三种方法：一是由麻袋包装改为乳胶布袋包装；二是储存于通风干燥的库房中，严禁露天堆放；三是散装纯碱采用大型金属密封圆仓或防潮混凝土仓储设备。

芒硝极易吸收水分，有时水分可高达 40%～50%。芒硝的含水量超过 18%～19% 时就会结块并黏附在设备上，必须进行干燥。芒硝的强制干燥有以下三种方法：高温法（650～700℃）采用回转干燥筒；低温法（300～400℃）采用隧道式干燥炉；常温吸湿法是在湿芒硝中加入 8%～10% 的纯碱作干燥剂，以吸收芒硝中的水分。

对质量要求一般的玻璃或是水分波动不大的原料可进行自然干燥。根据实测，若把含饱和水分的沙子储存在地面有排水沟的库房中，经过 10～15d 以上，水分可降为 3%～5%。

当采用气力输送设备输送粉料时，应对压缩空气进行脱水处理。根据实测，用未经脱水的压缩空气可使粉料的含水量由 0.23% 增加到 1.22%。

对防尘用水应严格控制用量，还应建立水分检测制度。

3.4.3　原料颗粒度的控制

在玻璃工艺流程中采用的筛分流程和筛分法只能控制原料粒度的最大值，而不能对粒度过细的原料进行控制。因此，在配合料中不可避免地会出现一定量粒度过细的粉料甚至是超微粉。这些粒度过细的原料给玻璃生产带来的不利影响前面已经阐述，总之，它们的含量应控制在一个较小范围内，越小越好。

原料的颗粒组成一般由以下一些因素决定：原料自身的特性、原料加工设备的类型、原料矿物煅烧的程度、原料的加工方法等。原料颗粒组成的控制主要从以下几方面进行：一是改变原料结构，例如采用重质碱代替轻质碱，这种方法目前已得到了普遍应用；二是采用湿法生产把过细粒度原料作为尾矿排除；三是根据生产要求选用合适的加工设备，例如采用反击式破碎机就比采用笼形碾产生的过细颗粒少。

3.4.4　称量精度的控制

称量精度是保证配合料质量的重要因素之一，而称量精度取决于秤的精度、称料量的多少以及操作误差等。

玻璃厂常用秤的种类主要有机械杠杆秤和电子秤。现代玻璃工业生产中，已普遍采用精度较高的电子秤。

当所称量的原料越接近秤的全容量时，配合料的称量精度就越接近秤本身所标定的精度，即误差就越小，反之，误差就越大。因此，在选择秤的容量时，必须采用大料用大秤，小料用小秤的原则。

操作误差主要有以下几种：读数误差；称量结束后由于库闸关闭不严而造成的漏料误差；在快速称量时秤的指示系统因受到物料的冲击所造成的冲击误差；因设备维修不佳而造成的设备误差等。现代玻璃生产中，由于电子秤的应用，读数误差在绝大部分原料的称量中都已不存在了，只有在部分使用台秤的原料称量中还存在。对于由秤或设备引起的误差，工厂应通过建立日常的检查、校正、维修制度来避免或减小。

3.4.5　混合均匀性的控制

配合料的混合均匀性主要与下述因素有关。

（1）混合机的影响

使用重力式混合机混合时，即使各种原料的密度差比颗粒度之差大很多，由于重力作用，在混合的每一瞬间都形成上锥体，经过连续的混合作用后，分料现象是可以消失的。但如果原料具有强烈的结团倾向，就会阻碍物料的均匀分布，这也限制了重力混合机的应用。在强制式混合机中，原料的运动是强制式的，其运动与物料的颗粒度、形状、相对密度等没有关系。从混合的质量看，强制式混合机比重力式混合机好。

（2）加料顺序的影响

原料进入混合机的先后顺序对混合的质量有一定的影响。合理的加料顺序能防止原料结块，并使难熔原料的表面上附有易熔原料，从而加速难熔原料的熔化。加料顺序在前面也已做过表述，在此不再赘述。

（3）水的影响

通过对碳酸钠含水化合物形成与分解速率的分析得知，配合料在混合后保持湿润的时间随水与纯碱的比例和温度的升高而延长。例如，两批同样配合料的温度均为15℃，水与纯碱的比例分别为0.24和0.27，保持湿润的时间相应为4.5min和7min。

（4）碎玻璃的影响

若将碎玻璃与各种原料同时加入混合机进行混合，则加入的碎玻璃会减少混合机的有效空间，降低混合效率，还会加大设备的磨损。实践证明，配合料基本混合均匀后再加入碎玻璃混合1min左右，此时配合料中的料蛋几乎全部消失。

另外，前面已叙述过，混合时间对配合料的质量也有一定影响。因此，应根据实验来确定最佳混合时间。

3.4.6 分料的控制

分料又称分层。粉状原料在运输、混合、落差过程中常发生分料现象，致使粉料成分产生部分变化，从而影响配合料的质量。产生分料的原因归结起来主要有以下几方面：原料间存在粒度差、密度差；粉料过于干燥；与颗粒形状、原料的表面性质、静电荷、流动能力、休止角等有关。从分料的机理来看，有落差分料、振动分料和搅拌分料。

（1）落差分料

当粉料由一个设备转移到另一设备时常产生落差分料。颗粒大的和密度大的粉料将分散在料锥的四周，而颗粒细的与密度小的粉料将集中在料锥的中央部位。当排料时，通常是先排出料仓中部的粉料，而后排出料仓四周的粉料。如图2-8所示，在排料后期，粗颗粒骤增，细颗粒的比例低于原来的比例，中颗粒的比例也稍有降低。

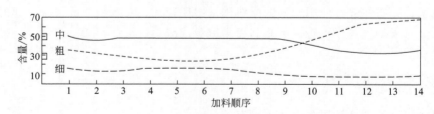

图2-8　放料过程中的粒度变化

（2）振动分料

当颗粒度和密度不同的混合粉料受到振动时，因大颗粒与小密度粉料会自动地由底部和内部上升到上部和外部而产生分料。

（3）搅拌分料

当两种不同的溶液混合时，通过搅拌能得到均匀的混合液。但对于固体颗粒物料，利用搅拌方法混合的物料均匀性有一定的限度。因为搅拌方式包含了上述两种分料现象。

根据不同的分料原因，在设计上与工艺上有不同的控制。例如，尽可能地把粉料仓设计成狭而高的形状；缩短粉料的落差；经常保持粉料仓满仓；控制原料适宜的颗粒组成；在配合料中添加适量的水分。

称量后的粉料在混合与输送的过程中，往往会产生飞料、沾料、剩料、漏料的现象，对配合料的质量有一定的影响。产生这种现象的原因往往是设备、工艺、操作不合理，应按具体情况加以处理。

3.4.7 配合料均匀性的检验

配合料的质量是根据其均匀性与化学组成的正确性来评定的，配合料的均匀性是配合料制备过程操作管理的综合反映，一般用滴定法和电导法进行测定。

滴定法是在配合料的不同地点取试样三个，每个试样约 2g 左右溶于热水，过滤，用标准盐酸溶液以酚酞为指示剂进行滴定。把滴定总碱度换算成 Na_2CO_3 来表示。将三个试样的结果加以比较，如果平均偏差不超过 0.5%，即认为合格，或以测定数值的最大最小比率表示。

电导法较滴定法快。它是利用碳酸钠、硫酸钠等在水溶液中能够电离形成电解质溶液，在一定电场作用下，离子移动，传递电子，溶液导电的原理。根据电导率的变化来估计导电离子在配合料中的均匀程度。一般也是在配合料的不同地点取试样三个，进行测定。

配合料的均匀度也可以通过密度、筛分析，还可以通过测定水与酸不溶物的含量等进行评定。筛分析时，取 100g 配合料为样品，首先过 20 目筛，筛去碎玻璃，再进行其他原料的筛分析。确定配合料的化学组成利用化学分析方法，取一个平均试样，分析其各组成氧化物的含量，再与给定的玻璃组成进行比较，以确定其组成的正确性。

配合料中的水分也应进行测定。测定方法：取配合料 2~3g 放在称量瓶中称量，在 110℃的烘箱中干燥至恒重，在干燥器内冷却后，再称量其质量。两次质量之差，即配合料的含水量。按式（2-6）计算其含水量。

$$含水量（\%）= \frac{湿重-干重}{湿重} \times 100\% \qquad (2\text{-}6)$$

3.4.8 配合料的取样方法

3.4.8.1 样品的质量

取样方法是否合理与能否正确反映配合料质量关系重大。为了准确反映配合料的均匀性，应在料流的某一点取够样，不应多点取样。取来的全部试样作为分析样，不允许经过人为的混合和缩分。因为混合不均匀的配合料经过人为调和后也会变得比较均匀，这个现象叫分析结果的"失真"。产生失真现象与取样的数量也有很大关系。数量越大，失真越严重。比如说一堆称量准确而根本未经混合的原料，如果全部作为样品测定时，其均匀度也是合格的，而这样就使得测定结果变得毫无意义。取样质量越小，就越能暴露混合不均现象。但是样品质量过小，又受到分析精度的限制。因此，样品的质量应符合"临界量"。临界量就是当加入或取出组分中的一个最大颗粒后，也不会因样品质量变化而使分析结果越过误差范围的最小试样量。该量的大小与配合料的粒度有关，玻璃配合料的临界量在 2g 左右。为了使取样操作准确、方便，应备有容量约 2g 的专用取样器皿。

3.4.8.2　样品的数量

每班究竟应抽取多少个试样才能反映这个班配合料质量的实际情况呢？这要取决于配合料自身的均匀度。如果配料工艺稳定性较差、均匀度波动较大，抽验的次数就应多些，反之可适当少些。关键是能够反映真实情况，不要导致判断错误。

3.4.9　检测项目及控制范围

工厂实验室为了控制配合料的质量，不但要掌握配合料的均匀性，而且还需要了解配合料中哪些组分的变化会对均匀性造成影响。因此，日常应用快速、简便的方法测定以下项目。

① 水分。水分控制范围为标准值的±0.5%。

② 含碱量。指配合料中 Na_2CO_3 的含量。常用酸碱中和法和电导法测定。控制范围为标准值的±（0.3%～0.7%）。

③ 水不溶物。包括除纯碱、芒硝、硝酸钠等可溶于水的组分以外的其他组分。控制范围为标准值的±1.0%。

④ 碳酸盐。指白云石、菱镁石（石灰石）等组分中用酸可溶解的 $CaCO_3$ 及 $MgCO_3$。控制范围为标准值的±0.5%。

⑤ 酸不溶物。包括硅砂、砂岩、炭粉及萤石中的大部分。控制范围为标准值的±1.0%。

上述指标中的标准值不能用料方中的理论含量作为标准。因为在进行配合料的检测时，为了适应快速、简便的需要，未对颗粒样品进行研磨处理。所以化学分析时能够被酸溶解的组分就不能被酸完全溶解。另外，碳酸盐类原料中有少量不被酸溶解的硅质矿物，硅质原料中有微量能被酸溶解的矿物，萤石只有部分被酸溶解等。为此就要进行标定。标定的方法是按料方在试验室配制"标准配合料"小样，充分混匀后用与配合料测试相同的方法和条件分析标准样，以消除系统误差。这样得出的分析结果才可以作为配合料质量的标准值。

3.4.10　加料

向窑内加料的要点是保持稳定而有效的熔化，保持玻璃液面稳定，防止配合料与池窑耐火材料接触，防止配合料分层。

通常根据池窑的大小来选择加料机，容量较小的池窑可选用螺旋加料机和振动加料机。根据加入配合料的形状可以将加料方式分为堆状加料、毯状薄层加料以及筏状加料三种。通常，玻璃液面计与加料机调速装置相连接，自动调节加料量，以使玻璃液面保持稳定。为了促进熔化，必须增大配合料在熔池中的受热面，同时必须使生成的玻璃液很快流走。采取毯状薄层加料时，必须使加入的配合料层有适当的缝隙。另外，窑前料仓需要设置一些适当的挡板，防止加料时产生分层。

为了防止粉料飞扬对池窑耐火材料造成侵蚀，采取降低配合料加入窑内的高度，以及使配合料在进入火焰范围之前表面呈熔融状态的办法是很有效的。在配合料中混入碎玻璃，可以促进配合料表面呈熔融状态。

项目 4 配合料的制备过程对环境的影响与防治

4.1 粉尘的危害及防治

4.1.1 粉尘的危害

熔制玻璃所用的配合料是由多种粉状原料组成的。这些粉状原料在粉碎、筛分、称量、混合、运输、投料过程中很容易产生粉尘，有二氧化硅、白云石、石灰石、长石、萤石、纯碱、氧化铝、铝化合物、砷化合物、铬化合物等各种粉尘。在玻璃制品组成中二氧化硅含量最高，占 70%～80%，因此粉尘中的二氧化硅含量最高。国家规定在作业环境中游离二氧化硅含量在 10% 以上就可以称为矽尘。矽尘对人体的危害很大，尤其是 $0.5\mu m$ 以下的矽尘很容易进入人体，沉积在肺细胞上而引起硅沉着病。另外，含砷、铅、铬等有毒物质的粉尘也能引起各种疾病，严重者会死亡。

粉尘不但损害人的身体健康，而且还能加速机器设备的磨损，降低其使用寿命。如果粉尘落入电气设备，有可能破坏绝缘，发生故障。另外，排出的工业粉尘如不加以回收，还会造成原料的损失。

因此搞好防尘工作，保护和改善作业环境，使作业场所经常地、全面地达到标准，防止粉尘危害，既有政治意义，又有经济意义。

4.1.2 粉尘的特性

粉尘是能在气体中悬浮一定时间的固体粒子。分散在气体中的粒子，一般以一种不均质、不规则和不平衡的复杂运动状态存在。单位体积气体中所含的粉尘量称为含尘浓度，单位为 mg/cm^2。

粉尘除了本身的物理化学性质以外，还有以下特殊性质。

(1) 粉尘的分散度

粉尘中各种粒级（某一种粉尘直径范围）所占质量分数或颗粒百分数叫质量分散度或粒度分散度。如果粒径小的粉尘百分比大，则分散度就高。

掌握粉尘的分散度对收尘具有重大意义。粉尘分散度是机械收尘系统中管路配置、管径计算以及收尘设备选择的主要依据之一。另外，$0.5\mu m$ 以下微细尘粒的矽尘对人体危害很大，因此，分散度越高，越要做好防尘收尘工作。

(2) 粉尘的凝聚性

微细粒子产生的高温影响粒子表面电荷、布朗运动、声波振动以及磁力作用，使尘粒相互碰撞而引起凝聚。粉尘的这一特性对收尘机理起着不可忽视的作用，如近年来发展起来的超声波新型收尘设备，就是利用粉尘的凝聚性来收尘的。

(3) 粉尘的湿润性

粉尘被水或其他液体润湿的现象，称为湿润性。所有粉尘可根据被水润湿的程度不同分为两大类，疏水性粉尘和亲水性粉尘。

粉尘的湿润性与粉尘的粒径和液体的表面张力有关。对于 $5\mu m$ 以下的微细尘粒，即使是亲水性的，也只有在粉尘与液滴具有较高相对速度的情况下才能润湿；表面张力越小的液体越能润湿尘粒的表面。各种湿式收尘器主要是依靠粉尘的湿润性能来捕集粉尘的。

（4）粉尘的荷电性

粉尘在产生过程中由于物质的激烈撞击、粒子间或粒子与物体间摩擦、放射性照射以及电晕放电等作用而产生荷电。当粉尘产生荷电以后，其物理性质有所改变（凝聚性及附着现象等），对人体的危害也增加。电收尘器主要是利用粉尘的荷电性来捕集粉尘的。

4.1.3　粉尘的产生与扩散

物料在粉碎、筛分、输送、混合等生产工艺过程中均可能产生粉尘。那么这些过程中粉尘究竟是怎样产生、又是怎样扩散的呢？这是防尘和收尘首先要解决的问题。为此必须先研究粉尘的运动受哪些力的支配。

通常粉尘颗粒所受到的作用力有机械力、重力、布朗运动及空气流动。研究表明，在这些作用力中，前三种力对粉尘的影响很小，可以忽略不计，起决定作用的是空气流动。

空气流动而引起的粉尘飞扬基本上可以分为以下两种情况。

4.1.3.1　一次扬尘

在处理散状物料时，诱导空气流动将尘粒从处理物料中带出，污染局部地带，这一过程称为一次扬尘。

一般在筛分、混合作业中，一次扬尘过程的气流运动有下列几种：

① 被运动的物料诱导的空气流。例如大颗粒的物料沿溜槽运动时，由于周围空气和物料的摩擦作用，空气能随着运动的物料运动（诱导作用），并在下一个生产流程中向外逸出。

② 有剪切作用的气流。最明显的是由高处落入料仓或料斗的细粉料，在空气的迎面阻力作用下引起剪切作用，使降落的粉尘又悬浮起来。

③ 设备部件运动引起的气流。这是某些设备特有的性能，如通风机等。

④ 装入物料时所排挤出的气流。向一定容积的料仓中加入物料时，排挤出与装入物料的体积基本相同的空气，这些空气将由装料口逸出。

4.1.3.2　二次扬尘

室内的空气流动及设备的运行和振动造成的气流，把沉落在设备及建筑物上的尘粒再次吹起，这种气流与一次扬尘气流有所不同，故称为二次扬尘气流。

粉尘的扩散主要是二次气流将含尘空气由局部扬尘点吹散至所有作业区空间。事实上，这两个扬尘过程几乎是同时、连续进行的，因而很容易造成整个作业区空间粉尘弥漫。

4.1.4　防尘措施

要减轻或防止粉尘的危害，除了要求操作人员工作时佩戴防尘口罩外，还应采取下面一些技术措施来防止粉尘产生与扩散。

（1）控制原料的粒度组成

经检测表明，玻璃厂原料车间的粉尘主要是由 $5\mu m$ 以下的微细颗粒组成的，这些粉尘又属于呼吸性粉尘，对人体危害最大，因此，应尽量减少原料粒度组成中微细颗粒的含量。生产中应根据《玻璃生产配料车间防尘规程》规定的原料粒度组成选用原料，以降低粉尘的浓度。

（2）采用湿法生产

在满足生产要求的前提下，尽量用湿法生产，如水磨、水碾或增湿物料，从根本上消除粉尘的产生。在生产工艺允许的条件下，也可在车间适当喷雾洒水，减少粉尘飞扬。

（3）扬尘物料的贮存和运输应符合防尘要求

物料的贮存应设置正规的原料库和料仓。料仓工作时应保持料流稳定，减少窜流和料流中断现象。粉料的运输尽量密闭化、机械化和自动化，输送速度尽量地慢，减少转运点，缩短输送距离，降低进出料位落差。

（4）密闭除尘

将散尘设备或地点用罩密闭起来，避免粉尘向作业区空间扩散。罩内含尘气流被引入收尘设备，粉尘被收尘设备收集，净化后的空气排入大气。

密闭罩的形式有三种：

① 局部密闭。对设备的散尘处进行局部密闭，并就地排除粉尘。装设这种密闭罩的地点一般不常检修，检修时要把整个密闭罩拆掉。这种密闭形式主要用在带式输送机的装、卸料处，破碎机的进、排料口及某些给料机的给料口等。

② 整体密闭。除传动装置外，把整个散尘设备全都密闭在罩内。罩上一般留有观察孔，操作工人可通过观察孔随时了解设备工作情况，检查设备或进行小修时可停车后进入罩内进行。设备需大修时，则需将密闭罩全部拆掉。这种密闭形式主要用于振动筛、提升机、混合机等设备。

③ 大密闭（密闭小室）。将散尘设备或地点全部密闭起来。操作工人可以随时进入这种形式的密闭罩内检修，设备大修时一般不需拆掉密闭罩。它主要用于粉碎、筛分等设备。

设备的密闭形式应根据设备的散尘原因、散尘程度以及生产操作条件来选择，同时还要充分考虑罩内的气流特点。在设计密闭罩时应考虑以下几个问题：尽可能不妨碍生产操作和检修；观察孔和操作门在满足操作要求的情况下越小越好；结构坚固严密，不至于由于振动或物料的撞击而失去密闭性；易于装、拆，造价低。

4.2　收尘设备的类型

4.2.1　重力沉降室

它是借助重力作用将气体中的尘粒分离出来的一种收尘装置，一般收集 $50\mu m$ 以上的尘粒，对细小尘粒的收尘效果较小。

4.2.2　旋风收尘器

它是利用气流回转运动所产生的离心力将气体中的尘粒分离出来的设备，能捕集 $5\mu m$

以上的尘粒。

4.2.3　袋式收尘器

它是利用布袋过滤，将粉尘与气体分离的设备，能捕集 $1\mu m$ 以下的尘粒。

4.2.4　湿式收尘器

它是一种使含尘气流与水接触使粉尘湿润而沉降的设备。

4.2.5　电收尘器

它是利用电晕放电的原理，使粉尘带电在相反的电极上沉积，从而使气、固两相分离的设备。

电收尘器收尘效率很高，粉尘可完全除去，能耗少，但是需要专门的变电所和整流装置，投资高，所以玻璃工业很少采用，常用的主要是旋风收尘器、袋式收尘器和湿式收尘器。

4.3　旋风收尘器

旋风收尘器是玻璃工业应用较广泛的一种收尘设备，结构简单、价格便宜、收尘效率一般可达 $70\%\sim80\%$，最高可达 90% 以上，对含尘气体的处理量较大，但是阻力大，收尘效率易受载荷的影响，常被作为多级收尘的初级收尘设备。

旋风收尘器主要由进风管、排风管、筒体、集尘箱、锁风闸门（排灰装置）等组成。筒体上部为圆柱形，下部为圆锥形，圆锥形筒体的下部是集尘箱和排灰装置。排灰装置的密封情况对收尘器的操作及收尘效率影响很大。在实际操作中，往往由于排灰装置漏风而使收尘操作恶化，收尘效率大大下降。一般情况下，如果收尘器的漏风率达到 5%，则收尘效率趋于零。因此，旋风收尘器设有集尘箱，不直接与排灰装置相连，利用灰封防止漏气。此外还设有排灰阻气装置。重力式锁风阻气阀门装置结构简单、工作可靠。当锁风板上面的灰尘重量超过重锤平衡力时，翻板式锥阀打开，将粉尘自动卸出。粉尘卸完后，翻板回复原来位置，将排灰口封住，确保收尘器下端不漏风。

旋风收尘器是利用含尘气流高速旋转时产生的离心力将粉尘从空气中分离出来的一种干式收尘设备。含尘气体以 $15\sim20m/s$ 的速度由进风管以切线方向进入收尘器内，沿内筒（排气管）外的环形空间作自上而下的旋转运动，进入下部的圆锥部分后，转成中心上升气流由排气管排出。含尘气流在旋转过程中，由于很大的离心力作用，大部分粉尘在撞击器壁后沉降，集中于集尘箱，由下面的锁风闸门自动排出。显而易见，旋风收尘器内的气流呈复杂的三维流，即收尘器内任一点都有切向、径向和轴向流速。其中切向流速控制气流稳定，是使含尘气体产生惯性离心力的主要因素，与由惯性离心力所产生的分离作用及压头损失关系最大。

根据气流方向和压力不同，旋风收尘器有吸出式、压入式以及左旋型、右旋型之分。吸出式称为 X 型，出风口带有蜗壳。压入式称为 Y 型，出风口不带蜗壳。左旋型又称逆旋型，用 N 表示。右旋型又称顺旋型，用 S 表示。因此，旋风收尘器共有四种基本类型。

根据气体流动的方式以及管数的不同旋风收尘器还可以分为多种型式，例如，切线式、螺旋式、渐开线式、导向叶片式、单管、多管等形式的旋风收尘器。多管旋风收尘器就是将多个小型旋风收尘器（即旋风子）组合在一个壳体内而成。多管收尘器效率比单管收尘器高，且体形紧凑，但制造和安装较单管收尘器复杂，因此仅在处理风量大、要求收尘效率高的情况下采用。

常用的旋风收尘器有 013 型（螺旋式）、014 型（旁路式）、015 型（多管）和 016 型（扩散式）等。这些不同类型旋风收尘器的工作原理基本是相同的，但由于结构型式不同，因而收尘效率、处理能力均不相同。

4.4　袋式收尘器

袋式收尘器是一种高效收尘设备，其特点是结构简单、价格便宜、收尘效率高，远超过旋风收尘器。但它的处理能力不如旋风收尘器大，因此玻璃工厂广泛采用它作为第二级收尘设备（在旋风收尘器之后）。

袋式收尘器是利用多孔纤维布作为过滤介质将气体中的尘粒过滤出来的设备，因过滤布常做成袋形，所以一般称为袋式收尘器。

把顶部封闭的圆筒形滤袋口朝下悬挂在过滤室内，含尘气体从下面进入过滤袋，气体穿过滤袋经排风口排出，尘粒被滤袋阻留，集积在滤袋内壁上。为使滤袋保持畅通，在适当的时间间隔内，通过振打装置使集积在滤袋内壁上的尘粒振落到集尘箱后排出。一般清灰与过滤交替进行。

含尘气体进入滤袋后，大于滤布网孔的尘粒被滤袋截留，含尘气体流过滤布时绕着滤布的经纬网孔向外排出，但粗颗粒由于本身的惯性作用，力图保持原来的运动方向，因而与气体分离后沉积在滤袋的纤维上。

含尘气体中小部分小于滤袋网孔的细微尘粒与滤袋纤维撞击后失去本身的惯性而沉降在滤袋的内表面上。但对于极其微小的尘粒，由于本身的扩散和静电作用，通过滤袋网孔时，因孔径小于微细尘粒的热运动自由径，使尘粒与滤袋纤维碰撞而黏附在滤袋纤维的缝隙间，使之被捕集。当然，黏附在纤维缝隙中的微尘粒有可能被吹起而排入大气，但其量是很少的。

在过滤中，滤布内表面逐步形成的粉尘层对过滤起着极为重要的作用。滤布的纤维缝隙不断被阻留的粉尘所塞入，甚至较大的网孔也因相互间的附着作用而堵塞，形成一定厚度的粉尘层。粉尘层之间的缝隙很小，能显著地改善粉尘的过滤作用，使气体中的尘粒几乎全部被截留下来。

随着粉尘层的不断加厚，滤袋的透气性逐渐下降，气体通过滤布时的阻力不断增大，由几百帕增加至几千帕，处理能力大大下降，影响过滤操作的正常进行。同时粉尘层中的气孔小而气隙中的气体流速高，反而会带走部分已经截留的粉尘，使收尘效率降低。为了使滤布基本畅通，且又保持稳定的处理能力和收尘效率，延长滤布的使用寿命，必须定期地清除滤袋上的粉尘层。由于滤袋绒毛的支承作用，在绒毛层上覆盖着的粉尘基本上不会被抖落下来，而成为除滤袋以外的第二个过滤介质。显然第二个过滤介质的存在有利于提高袋式收尘器的收尘效率。

由此可知，袋式收尘器的工作稳定性和净化效率主要取决于滤料性质、清灰方式和收尘器的结构型式。因此，合理选择滤袋材料和确定清灰方式对袋式收尘器的操作是十分重要的。

袋式收尘器的主要元件是滤袋。正确选择滤袋材料是设计袋式收尘器的关键。滤布既要均匀致密，又要有一定的孔径，具有一定的透气性和机械强度（抗拉、抗剪），过滤效率要高，气体阻力要小。当处理高温气体或含腐蚀性介质的气体时，滤布应具有良好的耐高温和耐腐蚀性，这样才能延长滤袋的使用寿命，保持较高的收尘效率。

思考题

1. 玻璃组成设计的原则有哪些？
2. 配合料计算的步骤有哪些？
3. 配合料的质量要求有哪些？
4. 简述配合料料仓的两种布置形式以及它们各自的优缺点。
5. 化学脱色剂和物理脱色剂有什么区别？
6. 原料的物理要求对实际生产有什么意义？
7. 原料的化学要求对制品质量有什么影响？
8. 碎玻璃对玻璃生产有什么作用？在使用过程中应注意些什么？
9. 为什么在配合料中引入过多的碎玻璃会使制品的强度降低、脆性增加？
10. 有哪几种称量误差？称量的准确性对配合料制备有什么意义？
11. 玻璃的原料分为哪几类？它们各有哪些主要原料？
12. 配合料的均匀性如何检测？

模块 3

玻璃的熔制

配合料经高温加热熔融成合乎成型要求的玻璃液的过程称为玻璃的熔制过程。玻璃的熔制是一个十分复杂的过程，包括一系列的物理变化，如配合料的脱水、晶型的转化、组分的挥发；也包括一系列的化学变化，如结合水的排除、碳酸盐的分解、硅酸盐的形成；还包括一系列的物理化学变化，如共熔体的生成、固态料的熔解、玻璃液与耐火材料间的作用等。玻璃熔制温度不是一个确定的温度点，而是一个玻璃熔制过程要控制的温度范围，且不同组成的玻璃熔融温度不同。此时玻璃液的黏度为 $10Pa \cdot s$，对应的温度一般为 $1500 \sim 1560℃$。

玻璃熔制是玻璃生产的重要环节之一，不仅影响产量，而且质量的缺陷如气泡、结石、条纹等往往是因熔制不当造成的。玻璃熔制过程是玻璃生产中重要的工序之一，直接影响玻璃质量、产量、效率和产品成本等指标。为了尽可能缩短熔制过程并获得优质玻璃，必须充分了解玻璃熔制过程中所发生的物理化学变化和玻璃熔制过程需要的条件，寻求一些合适的工艺过程，制定合理的熔制制度。

项目 1 熔制工艺制度设计与计算

1.1 瓶罐玻璃池窑的类型

目前生产瓶罐玻璃普遍采用的窑炉是用火焰加热的蓄热式池炉，根据火焰形状又分为横火焰池窑和马蹄焰池窑两种，这是当前瓶罐玻璃熔窑的主要窑型。近年来，换热式窑炉以其特有的优点而受到重视，也有一些瓶罐企业采用这种形式的窑炉。

1.1.1 横火焰流液洞池窑

横火焰流液洞池窑具有横向火焰和流液洞分装置的双重特点，适应性强，在产品质量要求一般时可提高产量，控制产量时可得到优质产品。它的规模伸缩性也大，熔化面积为 $25 \sim 100m^2$，设小炉 $2 \sim 6$ 对，一般适用于生产批量大的空心制品和质量大的压制品。但如果规模较小时不如马蹄焰池窑经济。

1.1.2 马蹄焰流液洞池窑

马蹄焰流液洞池窑简称马蹄焰池窑，可设计成蓄热式，也可设计成换热式，因火焰呈马蹄形，故称马蹄焰池窑。

与横火焰相比，马蹄焰的优点是火焰行程长，燃烧完全，热利用率较高；只需在窑端部设一对小炉，占地少，投资省，操作、维护简便；火焰对冷却部有一定影响，在个别情况下可借此调节冷却部的温度。缺点是沿熔窑长度方向上难以建立必要的热工制度；火焰覆盖面积小，窑宽度上的温度分布不均匀，尤其是火焰换向带来了周期性的温度波动和热点的移动；一对小炉限制了窑宽，也就限制了窑的规模；烧油时喷出的火焰可能把配合料堆推向流液洞挡墙，不利于配合料的熔化澄清，并对花格墙、流液洞盖板和冷却部空间砌体有烧损作用。但随着自动控制池炉技术的提高，对马蹄焰池炉的运行控制水平在逐渐提高，马蹄焰池炉的规模也在不断扩大，应用也日益广泛。所以，在目前的玻璃生产中，马蹄焰玻璃熔窑是应用最广泛的一种窑型。

1.2 玻璃的熔制制度

合理的熔制制度是正常生产的保证，以往推广的池窑四稳作业（即温度稳、压力稳、泡界线稳、液面稳）曾对高产、优质、低消耗、长窑龄起了重要的作用。在连续操作的池窑内，沿窑长方向分成熔化带、澄清带、均化带和冷却带。各带有不同的要求，构成了总的制度要求。制定合理的熔制制度是正常生产的保证，对熔化能力、玻璃质量、燃料消耗、窑炉寿命等均有十分重要的意义。熔制制度包括温度、压力、气氛、泡界线、液面和换向制度。

1.2.1 温度制度

温度制度一般是指沿窑长方向的温度分布，用温度曲线表示。温度曲线是一条由几个温度测定点的温度值连成的折线。目前，测温点并不完全一致，一般选择容易测量的位置。

图3-1是瓶罐玻璃在连续作业池窑中的熔制温度曲线。

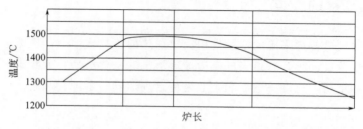

图3-1　瓶罐玻璃在连续作业池窑中的熔制温度曲线

如图3-2所示是瓶罐玻璃在连续作业横火焰池窑中的熔制温度曲线。横火焰池窑一般测量小炉挂钩砖的温度，马蹄焰和纵火焰窑则测胸墙温度。因此，温度曲线反映的是窑炉上部空间的温度，而不是玻璃液的温度。

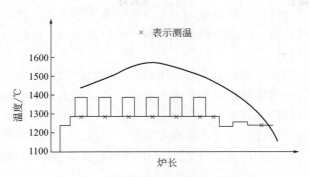

图 3-2　横火焰玻璃池窑熔制温度曲线示意图

温度曲线要满足熔化过程的要求和操作要求，有时也要顾及成型部分的要求。特别是玻璃澄清时的最高温度点（热点）和成型时的最低温度点是具有决定意义的两点。

池窑的温度一般由仪表控制和自动调节。通常需要连续和定期控制的参数有：熔化部温度、冷却部温度、供料槽温度、玻璃液温度、燃料温度及助燃空气温度等。

窑内温度取决于很多可变因素，必须调节影响窑内温度的各个因素，使温度相对稳定。马蹄焰池窑和纵焰池窑的温度波动较大（尤其是马蹄焰池窑），一般不定温度曲线，只定热点的数值和位置。

（1）热点温度

从熔化速度、澄清效果看，希望热点数值尽可能高些。但它受到耐火材料和燃料质量的限制，还要和窑炉的使用期限相平衡。考虑到这些情况，目前热点值保持在（1550±10）℃为宜，条件好时，还可适当提高。

（2）热点位置

根据规定的泡界线位置来定热点位置。如果池窑满负荷时，则此时热点在泡界线之前；如果池窑负荷不足，即产量较小，投入的料很快就熔化，则此时热点在泡界线之后。见图 3-3。

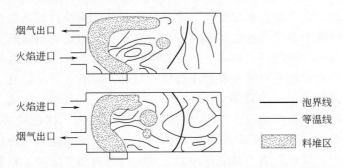

图 3-3　马蹄焰池窑（单面加料）的温度分布与液面状况

马蹄焰池窑每换火一次，都要使窑内温度、热点位置、料堆和泡界线变动一次。

要达到成功的温度控制，就要考虑这些问题。要控制好换向时燃料的截断和开启时间、加料时间，换向结束后要迅速达到所定的温度值，减少温度波动的影响。

马蹄焰池窑和纵焰池窑在熔化部的测温点，一般选择在大碹或贴近液面的胸墙处，有的选择在紧靠液面的桥墙处。

横焰池窑在熔化部的测温点，一般选择在小炉喷火口下挂钩砖或大碹处。

也有采用光学高温计进行定期测量的。在熔化部采用固定式全辐射高温计较好，测温点选择三点即可。为可靠起见，在最高温度处应装置两只高温计，每侧一只。有的在工作部也装置全辐射高温计。

在蓄热室格子砖上部和供料道上，可采用铂铑-铂热电偶测量温度。

在其他部位，如蓄热室格子砖底部、烟道等处，也应考虑装置热电偶测量温度。

此外，窑压对炉体温度也有一定的影响，尤其是对冷却部和供料道的温度。在熔化部和冷却部空间相通时熔化部温度变化会对冷却部有影响，但要隔一段时间后才能在冷却部反映出来，所以调节温度时，必须注意熔化部温度的升降趋势以及冷却部或供料道温度的滞后反映。

无论横火焰池窑还是马蹄焰池窑，温度制度对玻璃液的熔化速度、玻璃液的流动情况、成型作业、燃料消耗和窑龄等都有影响。市场上的玻璃瓶按色泽划分主要包括无色、淡青色、翠绿色和棕色四大类。玻璃色泽的变化或玻璃色浓度发生变化时，对传热形式和传热效率有着至关重大的影响。就熔化过程而言，玻璃色泽变化对工艺状况的影响比玻璃成分变化的影响要明显得多、严重得多，不同色的玻璃在熔炉中的温度分布存在着较大的差别。表 3-1 为几种颜色玻璃在熔炉内的温度参数。

表 3-1　几种颜色玻璃在熔炉内的温度参数

玻璃色泽	碹顶热电偶温度/℃	玻璃液面观测温度/℃	池底热电偶温度/℃
淡青色	1520	1420~1430	1200~1210
翠绿色	1520	1430~1440	1040~1060
棕色	1520	1450~1460	1120~1150

由表 3-1 可见，在相同的熔制温度下，不同色的玻璃其液面温度和池底温度均存在明显的差别，玻璃熔炉内存在着辐射、对流、传导三种热传递形式。对于不同色泽的玻璃而言，吸收辐射光的能力越强，亦即吸收高温辐射热的能力越强，玻璃表面吸收的热量就越多，透过玻璃体以辐射形式传递的热量则越少。从液面温度来看，棕色玻璃的吸热能力最强，液面温度最高；绿色玻璃次之，淡青色玻璃又次之。从池底温度来看，问题变得有些复杂：淡青色玻璃吸收辐射光的能力较差，透过玻璃体以辐射方式传到池底的热量较多，故此池底温度较高；绿色玻璃吸收辐射光的能力较强，透过玻璃体以辐射方式传到池底的热量较少，故此池底温度较低。但是，棕色玻璃吸收辐射光的能力极强，池底温度反而比翠绿色玻璃高出许多，可能的原因：把料池中的玻璃体分成若干个液层，由于棕色玻璃的透光能力较弱，各液层间的温差较大，沿池深方向本应存在较大的温度梯度，然而，棕色玻璃的吸热能力很强，上层玻璃液吸收热量后，温度升高，体积膨胀，沿水平方向产生向周围的推力，这种推力经池壁改变传向较下的液层，形成了对流作用力，对流传热的加强弥补了辐射传热的不足，因而棕色玻璃池底温度较高。

一般来说，在相同的工艺条件和温度制度下，对于组分相同而色泽不同的玻璃，熔制棕色玻璃可以获得较好的玻璃均匀性和较高的熔化率，究其原因，恰恰是由于棕色玻璃的强吸热能力导致的强对流作用。当然，鼓泡装置的介入将改变传热条件。当熔制翠绿色玻璃时，如欲提高池底温度、玻璃均匀性和熔化效率，安装鼓泡装置是一个行之有效的措施。欲在同一熔炉内更换不同色泽的料液时，熔化部、工作部和供料道的工艺要素都要做相应的调整，方能适应因玻璃色泽的"传热差异"引起的工艺状态变化。

1.2.2 压力制度

池窑压力制度用压力分布曲线表示。窑内压力是指气体系统所具有的静压。与温度曲线相似，压力分布曲线亦是一条有多个转折点的折线。

压力分布曲线有两种：一种是整个气体流程（从进气到排烟）的压力分布（简称气流压力分布）；另一种是沿玻璃流程的空间压力分布（简称纵向压力分布），一般只用前一种。

气流压力分布的实例如图 3-4 所示，在马蹄焰池窑、纵焰池窑、横焰池窑中都采用。该压力分布曲线中的要点是零压点位置和液面处压力。零压点应放在窑炉火焰空间内，该空间内的压力（统称窑压）是指液面处的压力。要求液面处的平均压力保持在零压或微正压（小于 6Pa）。窑内呈负压是不允许的，因为会吸入冷空气，降低窑温，增加燃料消耗，还会使窑内温度分布不均匀。

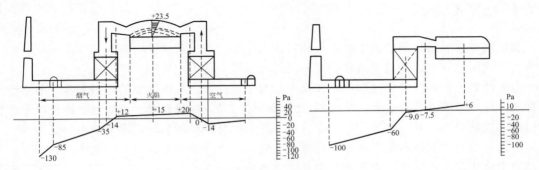

图 3-4　气流压力分布曲线

过大的正压也会带来不利，将使窑体烧损加剧，向外冒火严重，燃料消耗增大，不利于澄清等。有时为了提高供料系统的温度，双碹池窑的零压点往往移后到换热室的顶部。

窑压确定后应保持稳定，窑压波动会立即影响供料系统，使成型温度不稳定。据实测，横火焰池窑熔化部压力增大 0.5Pa，则冷却温度升高 7℃。

从气流压力分布曲线中可看出气体流程中的阻力情况，还可以看出整个系统中气体流动遵循由高压向低压变化的普遍规律。

窑压的测量和控制可凭经验或仪表来进行，凭经验是看孔眼处有无火苗穿出或火苗穿出的长短，但只能对窑压做一估计，且难以稳定控制。窑压自控仪表能精确地测量和控制窑压，但必须注意测点位置。常取的位置是澄清带大碹下。由于几何压头关系，大碹下的压力要比液面处的压力大 15～20Pa。有的取在下间隙砖处，但此处窑压数值低，易受冷却风干扰。

窑炉使用时间较长时，由于堵塞和漏气，窑压会相应增大。但有时窑炉投产不久，窑压就显得偏大，可从气流阻力过大和烟囱抽力不够这两方面去找具体原因。造成气流阻力过大的原因可能是烟道积水，烟道内杂质未清除干净，烟道及蓄热室（或换热室）有堵塞，砌筑质量差，漏气量大，闸板漏风，烟道截面较小，烟道布置不合理及窑结构设计不合理等；造成烟囱抽力不够的原因可能是进入烟囱的烟气温度过低，烟囱较低，烟囱直径较小，烟囱底部积灰及外界气候的影响（如夏季气温高）等，应针对具体原因采取措施，不要简单地只提闸板来解决。

1.2.3 气氛制度

窑内气体按其化学组成及具有的氧化或还原能力分成氧化气氛、中性气氛和还原气氛三种。制定气氛制度就是规定窑内各处的气氛性质。

一般来说，要求玻璃池窑内燃料完全燃烧，所以火焰都是氧化性或中性。没有其他专门的要求，也不一定要制定气氛制度。但在熔制某些玻璃液时对气氛性质有一定要求，需制定气氛制度。如熔化绿料玻璃要用氧化焰，熔化黄料玻璃要用还原焰。

通常借助改变空气过剩系数来调节窑内气氛性质。判断窑内气氛性质除用气体分析法外还可以参照火焰亮度。火焰明亮者为氧化焰；火焰不太亮、稍微有点浑者为中性焰；火焰发浑者为还原焰。

1.2.4 泡界线制度

在玻璃池窑的熔化部，由于热点与投料池的温差，表层玻璃液向投料池方向回流，使无泡沫的玻璃液与有泡沫的玻璃液之间有一明显分界线，称为泡界线。

泡界线的位置和形状是判断熔化作业正常与否的标志。从泡界线的成因来看，泡界线的位置不一定与玻璃液热点重合，是许多因素综合的结果，如投料量、成型量、燃烧质量、原料组成、碎玻璃播入量、料堆大小、配合料水分、配合料粒度和均匀度以及小炉结构等。

经常见到的泡界线不正常情况有：偏远、模糊、线外沫子多、缺角、双线、偏斜等，主要从温度曲线、风火配比、火焰长短等几方面来调节。

泡界线应整齐清楚、线外液面清亮、无沫子。保持泡界线位置是优质高产的重要条件之一。

1.2.5 液面制度

玻璃液面的波动不仅能加快池壁砖的蚀损，还严重影响成型作业，波动剧烈时会产生溢料现象，蚀损胸墙砖和小炉底板砖。一般规定液面波动值为 ±0.5mm，要求高者为±0.2mm（轻瓶生产时要求控制在 0.1～0.3mm）。

玻璃液面之所以波动是由于投料量与成型量不平衡。连续成型就要求连续投料，人工投料不可能做到这一点，故人工投料时波动大，机械投料则好得多。但仍免不了有间歇性，应设法减轻。

目前多用仪表控制使液面稳定。液面自动控制器有铂探针式、放射性同位素或气压式及激光式等多种，测点设在成型部分，完全可以满足工艺要求。

1.2.6 换向制度

蓄热式池窑定期倒换燃烧方向，使蓄热室中格子体系统吸热和放热交替进行。换向制度应该规定换向间隔时间和换向程序。换向间隔时间要恰当。过长，则会使空气、煤气预热温度波动过大，影响窑炉内温度稳定；若过短，则蓄热室余热回收量少，还会因换向过于频繁而影响熔化作业，一般为 20～30min。

使用发生炉煤气窑炉的换向程序为：先换煤气，再换空气，这样较安全，不易发生爆炸。

烧重油熔窑换向时，先关闭油阀，然后关小雾化剂阀，留有少量雾化剂由喷嘴喷出，俗称"保护气"，为的是避免排走废气时喷嘴被加热，喷嘴内重油炭化，堵塞喷嘴。

目前，换向操作已基本上实现了自动化，操作方便、可靠。

1.3　影响玻璃熔制过程的工艺因素

1.3.1　配合料的化学组成

配合料的化学组成对玻璃熔制速度有决定性影响。配合料的化学组成不同，熔化温度也不同。配合料中碱金属氧化物和碱土金属氧化物等总量与二氧化硅含量的比值越高，则配合料越易熔化。

配合料内助熔剂越多，熔制就越快。两者的关系可用熔化速度常数 τ 表示：

$$\tau = (SiO_2 + Al_2O_3)/(Na_2O + K_2O + 0.5B_2O_3 + 0.125PbO) \tag{3-1}$$

这个公式只适用于玻璃液形成直至砂粒消失为止的阶段。熔化速度常数越小，玻璃熔化温度越低，不同 τ 值所对应的熔制温度见表 3-2。

表 3-2　不同 τ 值所对应的熔制温度

熔化速度常数 τ	6.0	5.5	4.8	4.2
熔制温度/℃	1450～1460	1420	1380～1400	1320～1340

熔化速度常数是一个经验值，只能粗略估计，对于 B_2O_3 含量高的玻璃，就不适用。助熔剂对玻璃熔制的作用十分显著，如 B_2O_3 能降低玻璃液黏度，引入 1.5% 的 B_2O_3，可使熔窑产率提高 15%～20%；As_2O_3 和 KNO_3 的混合物能使 FeO 被氧化成 Fe_2O_3，提高玻璃液的透明度，使玻璃液的透热性增强，从而加速熔制过程。

氟化物是一种强助熔剂，在澄清阶段，氟化物蒸汽和 SiF_4 放出加速了澄清过程。氟化物与氧化铁反应，既能生成易挥发的 FeF_3，大大降低玻璃液中的铁含量，又能生成无色配合物 Na_3FeF_6，提高玻璃液的透热性。

1.3.2　原料的粒度

原料的粒度对熔化影响很大，颗粒有不规则的外形，粒度小而均匀，熔化就快；配合料的气体率应符合要求，气体的含量及种类对玻璃液的澄清及均化都有影响，因此应从多方面考虑选用原料的合理性。对同一氧化物组分，由不同的原料引入时，会不同程度地影响配合料的分层（如重碱与轻碱）、挥发量（如硬硼石与硼酸）、熔化温度（如 Al_2O_3 由氧化铝粉引入时熔点为 2050℃，由钾长石引入时熔点为 1170℃），必然对熔制产生不同的影响；配合料中的碎玻璃可以加速玻璃熔化，但其成分必须与所生产的玻璃相同，掺入量必须稳定。

1.3.3 配合料的水分

配合料含 4%～6% 的水分，对玻璃的熔化起着良好的促进作用。因为保持一部分水分，一方面能使配合料中的纯碱等可溶组分与石英砂表面易于黏合、润滑，促进熔化，减少粉料飞扬。另一方面，均匀分布的水分有利于热传导。水分汽化时对玻璃液起着强烈的搅拌作用，使配合料受热表面积增大。

但水分过多，汽化造成大量的热损失，不仅浪费燃料，也不利于熔化。

1.3.4 碎玻璃的影响

在配合料中加入一定量的碎玻璃，可防止配合料分层，促进玻璃熔化。但碎玻璃要保持清洁，不能有杂质，其成分应与生产的玻璃一致，用量要稳定，最多的搭配率为配合料的 95%。长期回收使用自身碎玻璃，则要注意玻璃组成中氧化钠或易挥发成分的含量，如果少于设计成分应及时补充，如果二氧化硅或氧化铝含量超过设计成分，则应及时纠正。因此要加强化学分析，及时调整配方，确保成分稳定。

1.3.5 配合料的气体率

为了加速玻璃熔制，要求配合料有一定的气体率，在受热分解后所逸出的气体对配合料和玻璃液有搅拌作用，能促进硅酸盐形成和玻璃的均化。对钠钙玻璃而言，配合料的气体率在 15%，气体率过大，容易使玻璃产生气泡；气体率过小，对硅酸盐形成和玻璃的均化不利。

1.3.6 配合料的均匀性

配合料均匀度的优劣对玻璃制品的产量和质量影响很大，配合料均匀度越高越有利于难熔颗粒的熔化，对硅酸盐形成、玻璃形成、澄清、均化等都有利，均匀度好坏是熔制质量好坏的前提。

1.3.7 配合料的加速剂使用和原料种类

在配合料中引入适量的氟化物、硝酸盐、硫酸盐、铵盐均能加速玻璃的形成。因为它们能降低玻璃液的黏度、表面张力、提高玻璃液的透热性，能加速玻璃形成或澄清、均化。

优先使用矿物原料及能产生多种气体的原料为配合料，对玻璃熔制也是有利的。

1.3.8 投料方式

玻璃池窑的加料是重要的工艺环节之一，加料方式影响熔化速度、熔化区的温度、液面状态和液面高度的稳定，从而影响产品质量和产量。

投入池窑中配合料层的厚度对配合料熔化速度及池窑的生产率有重要的影响。

如果投料间歇时间长、料堆大、料层和火焰的接触面积小、表面温度高、内部温度低、熔化过程就很慢。同时原料堆表面在高温作用下先开始熔化，形成一个黏性很大的薄膜，覆盖整个料堆，这就使内部受热变慢，给澄清也带来很大困难。另外，大的料堆将降低窑内温度、破坏正常温度制度、造成液面波动、加速耐火材料的侵蚀，所以厚层间歇式加料不利于配合料料堆内部的热传导，又不能从对流得到热量，也不容易获得辐射热。因此应采用薄层加料。薄层加料使料堆变成毛毯式，扩大了受热面积，有利于配合料从对流和辐射得到热量，又能由玻璃液通过热传导而得到热量，从而使热分解过程变得迅速而激烈。另外，因料层薄，玻璃液表面层温度较高、黏度较小，有利于排除气泡，缩短了熔制时间，因而大大提高了熔化速度和澄清效果，提高了熔化能力，降低了燃料消耗。

池窑的加料设备通常是垄式加料机。该机加入的小料堆呈田垄状，故料堆与料堆之间有空隙，料堆不仅受到火焰及砌体的辐射热，而且还受到料堆下面热玻璃液的加热，熔化效率较高。

采用"喂入"式加料机，用激光液面控制系统控制玻璃液面，并实现"快慢"加料控制，效果会很好。"喂入"式加料机的底座结合水平方向的左右摆动（左右各约10°）使窑炉内的料堆长期保持分散状态，是最理想的加料设备。

1.3.9 液面高低

一定要维持玻璃液面稳定，液面波动幅度太大、太频对熔制质量和成型操作都不利。液面波动大，会加速对液面部位耐火材料的侵蚀。液面的稳定与池窑作业的稳定（加料量和出料量的平衡）有关。

1.3.10 熔制温度

熔制温度是影响玻璃熔制过程的重要因素。熔制温度决定玻璃的熔化速度，温度越高，硅酸盐反应越强烈，石英的熔融速度越快，随之也加快了玻璃的形成速度，对澄清、均化过程都有利。所以提高熔制温度是强化玻璃熔制、提高熔化率的有效措施。但是应在不影响耐火材料寿命的前提下，保证玻璃液的质量，适当提高熔制温度，这样也可节约燃料。

熔化温度是决定玻璃熔化速度和玻璃熔制质量的主要因素。提高熔化温度有利于料粒的熔化、玻璃液的澄清和均化。玻璃熔制温度在 $1450 \sim 1550℃$ 范围内时，温度每升高 $10℃$，熔化能力就提高 $5\% \sim 10\%$。熔化温度与玻璃形成时间及熔化率的关系如表 3-3、表 3-4 所示。

表 3-3 熔化温度与玻璃形成时间关系

玻璃熔化温度/℃	1400	1450	1500	1550	1600	1650	1700
玻璃形成时间/min	53.7	36.4	20.9	10.0	4.0	2.4	1.6

表 3-4 熔化温度与熔化率关系

玻璃熔化温度/℃	1370	1420	1470	1500	1530	1600
熔化率/[kg/(m²·d)]	350	700	1050	1500	1800	3000

1.3.11 窑压

要求窑压保持零压或微正压（在液面线上约 $0\sim0.3mmH_2O$），绝对不允许呈负压。因负压时会引入冷空气，不仅会降低炉温，增加热损失，而且还会使窑内温度分布不均匀，使某些死角处温度偏低。但正压过大，燃料消耗增加，窑体烧损加剧——主要是硅砖碹顶受到严重冲击损害，同时也影响澄清速度。

在熔制石英玻璃时，常采用高压和真空熔制技术来消除玻璃液中的气泡。高压可使小气泡溶解于玻璃液中，抽真空可以使可见气泡迅速膨胀而排除。

1.3.12 窑内气氛

窑内气氛对熔制影响很大。气氛按其化学性质可分为氧化、中性和还原三种。通常可用肉眼来判断：火焰明亮、刚强、短而速度快、温度高的为氧化焰；火焰混而软、发飘、温度低的为还原焰；中性焰则介于两者之间。窑内各处气氛不一定相同，应视玻璃成分和各处具体要求而定。

玻璃液对窑内气氛的变化反应极为灵敏。在无特殊要求的情况下，一般以中性焰为佳，但实际上多数采用弱还原焰。在使用芒硝作澄清剂时，要加入一定数量的煤粉，用以进行还原反应，为防止煤粉在投料口过早燃烧，应将熔化部前半部分调整为还原性火焰。在澄清部，煤粉必须烧尽，所以澄清部应保持中性或弱氧化性气氛。澄清部采用氧化气氛利于氧化亚铁的氧化与玻璃液的澄清。铅玻璃的熔制必须采用氧化气氛，否则，铅玻璃及其原料会被还原为金属铅。

1.3.13 玻璃液流

池窑中玻璃液除出料时引起强制对流外，还有温度差所引起的自然对流。玻璃液的对流与池窑中各部分的温度分布和热移动密切相关。

玻璃液的流动对熔融玻璃液、未熔化的配合料、气泡的移动、玻璃的成型、玻璃液均化、耐火材料侵蚀都有重要影响。因此控制配合料料堆位置、分布、稳定的炉温和合理的熔制曲线是很重要的。

在用燃料加热的熔窑中，将电流通入玻璃液中作为辅助热源，可在不增加熔窑容量的前提下增加产量，这种新的熔制方式称为辅助电熔。加热部设在加料口、熔化部及作业部下方，可使料层下的玻璃液温度提高 $40\sim70℃$，可大大提高熔化率。在窑池内进行机械搅拌或鼓泡是提高玻璃液澄清速度和均化速度的有效措施。

1.3.14 耐火材料的性质

玻璃池窑中所使用的耐火材料的性质对玻璃池窑的作业和玻璃的质量均有显著的影响。使用质量不高的耐火材料，由于温度的作用，飞料的侵蚀、火焰的烧损、玻璃液的流动、液面的波动都会加速对耐火材料的侵蚀，缩短池窑寿命，降低熔窑产量，而且还会使玻璃液带有各种缺陷（结石、条纹、气泡等），降低玻璃的质量。因此选择优质耐火材料、提高砌筑质量是保证良好熔制过程的前提。

1.4　玻璃的熔制过程

从加热配合料到熔制成玻璃的过程常分为如下五个阶段：

（1）硅酸盐形成阶段

配合料中的各组分在加热过程中经过了一系列的物理和化学变化，结束了主要的反应过程，大部分气态产物逸散，配合料变成了由硅酸盐和石英砂组成的烧结物。对普通钠钙硅玻璃而言，这一阶段在 800～900℃结束。

（2）玻璃形成阶段

继续加热时，烧结物开始熔融，原已形成的硅酸盐与石英砂相互扩散并熔解，直到再没有未起反应的配合料颗粒，烧结物变成了透明体。但玻璃液带有大量气泡、条纹，化学成分是不均匀的。对普通的钠钙硅玻璃而言，此阶段结束于 1200℃。

（3）玻璃液澄清阶段

玻璃形成阶段结束时，玻璃中还残留许多气泡和条纹，继续加热时玻璃液的黏度就会降低，消除玻璃液中的可见气泡，玻璃液澄清。

在硅酸盐形成与玻璃形成阶段中，由于配合料的分解、部分组分的挥发、氧化物的氧化还原反应、玻璃与气体介质及耐火材料的相互作用等析出大量气体。这些气体大部分逸散于空气中，剩余的大部分气体溶解于玻璃液中，少部分气体以气泡形式存在于玻璃液中。存在于玻璃中的气体主要有三种状态，即可见气泡、溶解的气体和与玻璃组分形成化学结合的气体。后两者是不可见的，不会影响玻璃的外观质量。玻璃液的澄清过程主要是消除可见气泡的过程。

在澄清过程中，可见气泡的消除按以下两种方式进行：①使气泡体积增大，加速上升，漂浮出玻璃液表面后破裂消失；②使小气泡中的气体组分溶解于玻璃液中，气泡被吸收而消失。

为了加快玻璃液澄清，除在配合料中加入某些澄清剂外，一般采用提高玻璃液温度的方法。大多数玻璃的这个阶段是在 1400～1500℃时完成的，这也往往是玻璃熔制中的最高温度区域。澄清过程中玻璃液的黏度 $\eta = 10 \text{Pa} \cdot \text{s}$。

（4）玻璃液均化阶段

当玻璃液长期处于高温下时，其化学组成逐渐趋向均匀，玻璃液中的条纹由于扩散、熔解而消除。普通钠钙硅玻璃的均化温度低于澄清温度。均化作用就是消除玻璃液中的条纹和其他不均匀体，使玻璃液的各部分在化学组成上均匀一致。此阶段中，由于玻璃液的热运动及相互扩散，玻璃液中的条纹逐渐消失，玻璃液各处的化学组成逐渐趋于一致，这种均匀性往往是以玻璃液各部分的折射率是否相同来表征的。大多数玻璃的这个阶段是在温度稍低于澄清阶段温度时完成的。

（5）玻璃液冷却阶段

均化好的玻璃液还不能马上成为成型制品，因此时的玻璃液温度较高，黏度比成型时的黏度低，不适合玻璃的成型操作，需要进行冷却，逐步降低玻璃液的温度，使玻璃液的黏度增高到适合成型的需要。玻璃液温度降低的数值随着玻璃的成分和成型方法不同而变化，一般的钠钙玻璃通常要降温 $200\sim300℃$。要求被冷却的玻璃液温度均匀一致，以利于成型。

冷却时，要防止已澄清好的玻璃液重新析出气泡，此阶段出现的小气泡，称为二次气泡或再生气泡。二次气泡均匀地分布在整个冷却的玻璃液中，直径一般在 $0.1mm$ 以下，每立方厘米玻璃中可达数千个之多。由于此阶段玻璃液温度已经降低，要想消除二次气泡非常困难，因而在冷却过程中要特别注意防止二次气泡产生。

上述玻璃熔制过程中的五个阶段是彼此不同的，但又是相互联系的。这些阶段实际上并不严格地按顺序进行，常常同时进行。

1.4.1　硅酸盐形成和玻璃形成过程

1.4.1.1　纯碱配合料（$SiO_2+Na_2CO_3+CaCO_3$）

① 在 $100\sim120℃$ 时，配合料水分蒸发。

② 低于 $600℃$ 时，发生固相反应，生成碳酸钠-碳酸钙复盐。

$$CaCO_3+Na_2CO_3\longrightarrow CaNa_2(CO_3)_2$$

③ 在 $575℃$ 时石英发生多晶转变，伴随着体积变化产生裂纹，有利于硅酸盐的形成。

④ 在 $600℃$ 左右时，CO_2 开始逸出，是由于先前生成的复盐 $CaNa_2(CO_3)_2$ 与 SiO_2 作用。这个反应是在 $600\sim830℃$ 范围内进行的。

$$CaNa_2(CO_3)_2+SiO_2\longrightarrow Na_2SiO_3+CaSiO_3+CO_2\uparrow$$

⑤ 在 $720\sim900℃$ 时，碳酸钠和二氧化硅反应。

$$Na_2CO_3+SiO_2\longrightarrow Na_2SiO_3+CO_2\uparrow$$

⑥ 在 $740\sim800℃$ 时，$CaNa_2(CO_3)_2$-Na_2CO_3 低温共熔物形成并熔化，开始与 SiO_2 作用。

$$CaNa_2(CO_3)_2+Na_2CO_3+SiO_2\longrightarrow Na_2SiO_3+CaSiO_3+CO_2\uparrow$$

⑦ 在 $813℃$ 时，$CaNa_2(CO_3)_2$ 复盐熔融。

⑧ 在 $855℃$ 时，Na_2CO_3 熔融。

⑨ 在 $912℃$ 和 $960℃$ 时，$CaCO_3$ 和 $CaNa_2(CO_3)_2$ 相继分解。

$$CaCO_3\longrightarrow CaO+CO_2\uparrow$$

$$CaNa_2(CO_3)_2\longrightarrow Na_2O+CaO+CO_2\uparrow$$

⑩ 约 $1010℃$ 时，$CaO+SiO_2\longrightarrow CaSiO_3$

⑪ 于 $1200\sim1300℃$ 形成玻璃，并且进行熔体均化。

1.4.1.2　芒硝配合料（$SiO_2+Na_2SO_4+CaCO_3$）

芒硝配合料在加热过程中的反应比纯碱配合料复杂得多，因为 Na_2SO_4 的分解反应很困难，必须在碳或其他还原剂存在下才能加速反应。$Na_2SO_4+C+CaCO_3+SiO_2$ 配合料加热反应过程如下：

① 在 $100\sim120℃$ 时排出吸附水分。

② 在 $235\sim239℃$ 时硫酸钠发生多晶转变。

$$Na_2SO_4（斜方晶体）\longrightarrow Na_2SO_4（单斜晶体）$$

③ 在 260℃时煤炭开始分解，有部分物质挥发出来。

④ 在 400℃时 Na_2SO_4 与碳之间的固相反应开始进行。

⑤ 在 500℃时开始有硫化钠和碳酸钠生成，并放出二氧化碳。

$$Na_2SO_4+C \longrightarrow Na_2S+CO_2\uparrow \quad Na_2S+CaCO_3 \Longrightarrow Na_2CO_3+CaS$$

⑥ 在 500℃以上有硅酸钠和硅酸钙开始生成。

$$Na_2S+Na_2SO_4+SiO_2 \longrightarrow Na_2SiO_3+SO_2\uparrow+S$$

$$CaS+Na_2SO_4+SiO_2 \longrightarrow Na_2SiO_3+CaSiO_3+SO_2\uparrow+S$$

（以上反应在 700～900℃时加剧进行）

⑦ 在 575℃左右时 β-石英转变为 α-石英。

⑧ 在 740℃时出现 Na_2SO_4-Na_2S 低温共熔物，玻璃的形成过程开始。

⑨ 在 740～880℃时，玻璃的形成过程加速进行。

⑩ 在 800℃时，$CaCO_3$ 的分解过程完成。

⑪ 在 851℃时 Na_2CO_3 熔融。

⑫ 在 885℃时 Na_2SO_4 熔融，同时 Na_2S 和石英颗粒在形成的熔体中开始熔解。

⑬ 在 900～1100℃时，硅酸盐生成的过程剧烈地进行，氧化钙和过剩的二氧化硅起反应，生成硅酸钙：$CaO+SiO_2 \Longrightarrow CaSiO_3$。

⑭ 在 1200～1300℃时，玻璃形成过程完成。

在上述反应中硫酸盐被还原成硫化物，是玻璃形成过程中的重要反应之一。如果还原剂不足，则部分硫酸盐不分解，而是以硝水的形式浮于玻璃液表面（因为硫酸钠在玻璃熔体中的溶解度很小）。

因此，芒硝配合料加料区的温度尽可能高一些，不能逐渐加热。

硅酸盐形成和玻璃形成的基本过程大致如下：

配合料加热时，开始主要发生固相反应，有大量气体逸出。一般碳酸钙和碳酸镁能直接分解逸出二氧化碳，其他化合物与二氧化硅相互作用才分解。二氧化硅和其他组分相互作用，形成硅酸盐和硅氧组成的烧结物，接着出现少量液相。一般这种液相属于低温共熔物，能促进配合料进一步熔化，反应很快转向固相与液相之间进行，又形成另一个新相，不断出现许多中间产物。随着固相不断向液相转化，液相不断扩大，配合料的基本反应大体完成，成为由硅酸盐和游离 SiO_2 组成的不透明烧结物，硅酸盐形成过程基本结束。随即进入玻璃的形成过程，这时，配合料经熔化基本上已为液相，过剩的石英颗粒继续熔解于熔体中，液相不断扩大，直至全部固相转化为玻璃相，成为有大量气泡的不均匀的透明玻璃液。当固相完全转入液相后，熔化阶段即告完成。固相向液相转变和平衡的主要条件是温度，只有在足够的温度下，配合料才能完全转化为玻璃液。在实际生产过程中，将料粉直接加入高温区域时，硅酸盐形成过程进行得非常迅速，而且随料粉组分的增多而增快。

在硅酸盐形成阶段生成的硅酸钠、硅酸钙及反应剩余的大量硅砂在继续提高温度时相互熔解和扩散，由不透明的半熔烧结物转变为透明的玻璃液。由于石英砂粒的熔解和扩散速度比各种硅酸盐的熔解、扩散速度慢得多，所以玻璃形成阶段的速度实际上取决于石英砂粒的熔解、扩散速度。

石英砂粒的熔解、扩散过程分为两步，第一步是砂粒表面发生熔解，第二步是熔解的 SiO_2 向外扩散，两者的速度是不同的，其中扩散速度最慢。所以石英砂粒的熔解速度取决于扩散速度。

随着石英砂粒逐渐熔解，熔融物中 SiO_2 的含量越来越高，玻璃液的黏度也随着增加。此时，扩散难以进行，导致石英砂的熔解速度减慢。由上可知，石英砂粒的熔解速度不仅与黏度和温度有关，而且与砂粒表层 SiO_2 和熔体中 SiO_2 的浓度差有关。

除 SiO_2 与各种硅酸盐之间的扩散外，各硅酸盐之间也进行相互扩散，这些扩散过程有利于 SiO_2 更好地熔解，也有利于不同区域的硅酸盐形成相对均匀的玻璃液。

与硅酸盐形成过程相比，玻璃形成过程要慢得多，从硅酸盐形成开始到玻璃形成阶段结束共需要 32min，其中硅酸盐形成仅需 3～4min，而玻璃形成却需要 28～32min。当然，硅酸盐形成和玻璃形成的两个阶段没有明显的界限，在硅酸盐形成阶段结束之前，玻璃形成阶段即已开始。

为了加速石英砂粒的熔解速度，除选用颗粒小、有棱角的石英砂外，可适量引入助熔剂，也可适当提高熔制温度。在 1150～1450℃ 的温度区间内，熔化温度提高 50℃，石英砂的熔解速度就提高 50%。这是因为温度升高，玻璃液黏度降低，SiO_2 的扩散速度加快，从而加速了玻璃的形成。

1.4.2 玻璃液的澄清

玻璃液中的气泡长大后上升到液面而排出的过程即澄清过程，是玻璃熔制过程中极为重要的一环，它与制品的产量和质量有着密切的关系。对普通硅酸盐玻璃而言，澄清阶段的温度为 1400～1500℃。

因原料种类、玻璃成分、炉气性质、压力制度和熔制温度的不同，玻璃液中的气体种类和数量也不同，常见的气体有 CO_2、O_2、N_2、H_2O、SO_3、CO 等，此外，还有 H_2、NO_2、NO 及惰性气体等。

玻璃液的澄清指排出可见气泡的过程。从形式上看，这是一个简单的流体力学问题，实际上还包含一个复杂的物理化学变化。需要指出的是，玻璃液的去气与无泡是两个概念。去气应理解为全部排出上述三种形式的气体，这在一般生产条件下是不可能的。

窑内气体分压决定着玻璃液内溶解气体的转移方向，为了便于排出从玻璃液中分离出来的气体，要求窑内气体的组成必须稳定，保持微正压。可见气泡的第一种消除方式：大于临界泡径的气泡由玻璃液内上升到玻璃液面，而后破裂进入大窑空间。该过程主要是在熔化部进行的，气泡的大小和玻璃液的黏度是气泡能否漂浮的决定因素。按照斯托克斯定律，气泡的上升速度与气泡半径的平方成正比，而与玻璃液的黏度成反比。

$$\upsilon = (2/9)[\gamma^2 g(d_{玻} - d_{气})/\eta \qquad (3\text{-}2)$$

式中　υ——气泡的上浮速度，cm/s；

　　$d_{玻}$——玻璃液密度，g/cm^3；

　　γ——气泡的半径，cm；

　　$d_{气}$——气泡中气体密度，g/cm^3；

　　g——重力加速度，cm/s^2；

　　η——玻璃液黏度，$g/(cm \cdot s)$。

由上式可知，气泡上升的速度与玻璃液的黏度成反比，表明玻璃液的澄清与玻璃的组成及熔制温度有关。根据此公式代入有关数值，可以得出不同直径的气泡通过池深为 1m 的玻璃液所需的时间，见表 3-5。

表 3-5　不同直径气泡通过池深为 1m 的玻璃液所需的时间

气泡直径/mm	气泡上浮速度/（cm/h）	气泡上浮 1m 所需时间/h
1.0	70.0	1.4
0.1	0.7	140
0.01	0.007	14000

1.4.2.1　澄清过程中气体间的转化与平衡

在澄清过程中，玻璃液内所溶解的气体、气泡中的气体与炉气三者间的平衡关系是由某种气体在各相中的分压所决定的。气体总是由分压高的相进入分压低的相，气体间的转化与平衡除与分压有关外，还与气泡中所含气体的种类有关。依据道尔顿分压定律，当 A 气体进入含有 B 气体的气泡中时，气泡的总压将增高，气泡中 B 气体的分压将减小，气泡将从四周玻璃液中吸收 B 气体，直到两相中 B 气体的分压相等。

气体在玻璃液中的溶解度与温度有关，玻璃液温度升高，气体在玻璃液中的溶解度减小。

1.4.2.2　澄清过程中气体与玻璃液的相互作用

澄清过程中气体与玻璃液的相互作用有两种不同的状态：一类是纯物理吸附，如 N_2 不与玻璃成分发生任何反应；另一类气体如 SO_2，与玻璃成分发生反应，形成化合物，随后在一定的条件下又析出气体。

O_2 与玻璃液的相互作用：氧在玻璃液中的溶解度首先取决于变价离子的含量，吸收的氧使低价离子转为高价离子。例如：

$$FeO + O_2 \longrightarrow Fe_2O_3$$

当玻璃液中完全没有变价氧化物时，氧在玻璃液中的溶解度是微不足道的。

SO_2 与玻璃液的相互作用：无论采用何种燃料，都含有硫化合物，因而炉气中均含有 SO_2，它能与配合料及玻璃液相互作用形成硫酸盐，例如：

$$x\,Na_2O \cdot y\,SiO_2 + SO_2 \longrightarrow Na_2SO_3 + (x-1)\,Na_2O \cdot y\,SiO_2$$

在 $900 \sim 1200℃$ 的温度范围内，含 Na_2O 15％、CaO 12％、SiO_2 73％ 的玻璃液吸收 SO_2，形成硫酸盐；高于 1200℃ 时，硫酸盐开始分解；到 1300℃ 时，硫酸盐的热分解结束。

1.4.3　玻璃液的均化

玻璃液的均化包括化学组分均化和热均化两大部分。在玻璃形成阶段结束后，由于各种原因在玻璃液中仍存在着一些与主体玻璃液化学成分不一样的局部区域。例如，化学组成不同的透明条状物（条纹），化学组成不同的层状玻璃液，局部熔融的粒状烧结物（疙瘩）。这些不均质体对玻璃质量的影响极大。例如，主体玻璃与不均质体的膨胀系数不同，在界面处必将产生结构应力，这往往是导致制品炸裂的重要原因；两者光学常数不同，必然使光学玻璃产生光畸变；两者黏度不同，必然使玻璃产生波筋、条纹等；两者化学组成不同，必然使其界面的析晶倾向增大。

消除这些不均质体，使整个玻璃液在化学成分上达到一定的均匀性，这就是玻璃液的均化过程。不同制品对玻璃化学组分的均化程度要求不同，普通钠钙硅玻璃的均化温度可低于澄清温度。

玻璃液的均化过程常按如下三种方式进行：

（1）不均质体的熔解与扩散

玻璃液的均化过程是一个不均质体的熔解与扩散过程。在高黏度的玻璃液中，扩散速度远远低于熔解速度，因而，玻璃液的均化过程实际上取决于扩散速度。而扩散速度取决于物质的扩散系数、两相的接触面积与两相的浓度差。要增大玻璃液的均化速度就必须增大扩散系数和两相接触面积。其中扩散系数是温度和黏度的函数，要提高扩散系数就必须提高熔体温度，以降低黏度，但这受制于熔窑耐火材料。

上述扩散公式适用于静止液相中的扩散。显然，不均质体在静止的高黏性玻璃液中的扩散是极其缓慢的，熔融玻璃液的扩散系数仅为 $10^{-6} \sim 10^{-7} \mathrm{cm/s}$。例如，要消除 $1\mathrm{mm}$ 宽的线道所需的时间为 $227\mathrm{h}$。

（2）玻璃液的对流

大窑和坩埚内各处玻璃液的温度是不同的，这导致玻璃液产生对流。液流断面上的速度梯度会将玻璃液的线道拉长，不仅增加了扩散面积，而且增大了浓度梯度，从而增强了扩散作用。可见，玻璃液的热对流有益于玻璃液的均化，但这种流动属层流而不是湍流，因而对玻璃液的均化作用有限。

热对流所产生的均化作用还有其不利的一面，这是因为热对流也增强了对耐火材料的侵蚀，会在玻璃液中产生新的不均质体。尤其是在某些对耐火材料侵蚀大的光学玻璃中，这种影响尤为显著。

（3）因气泡上升而引起的均化

当气泡由玻璃液深处向表面上浮时，会带动附近的玻璃液流动，形成一定程度的翻滚，在断面上产生的速度梯度导致不均质体拉长；同时，不均质体受上浮气泡上升力的作用拉长而成线状。这都将加快玻璃液的均化过程。

在玻璃液的均化过程中，除黏度外，玻璃液的表面张力对均化也有一定的影响。当玻璃液的表面张力小于不均质体的表面张力时，不均质体的表面积趋于减小，不利于均化。

为加速玻璃的均化，常采用如下方法：

① 适当提高玻璃液温度，以降低玻璃液的黏度。

② 用坩埚窑熔制光学玻璃或特种玻璃时，常用机械搅拌器加速玻璃均化。

③ 采用沸腾法熔制玻璃，在高温时，将湿木块、萝卜或土豆等压入玻璃液底层，产生大量气泡，引起剧烈搅动，从而加速玻璃均化。

④ 采用鼓泡法对池窑底部的玻璃液进行鼓泡，以加快均化过程。

1.4.4 玻璃液的冷却

均化好的玻璃液不能马上用以成型，这是因为不同成型方法要求不同的玻璃黏度。成型方法所需要的黏度对不同组成的玻璃来说所对应的温度也不一样。均化好的玻璃液的黏度比成型需要的黏度小。为了达到成型所需要的黏度，就必须降温。这就是熔制玻璃过程中冷却阶段的目的。对一般的钠钙硅玻璃，通常要降温到 $1000℃$ 左右才能进行成型。

在冷却阶段，影响产品产量和质量的两个因素是玻璃液的热均匀程度和是否产生二次气泡。

在冷却过程中，不同部位的玻璃液间多少会有一定的温差。当这种热不均匀性超过某一范围时，会给生产带来不利影响。生产上采用的强制冷却往往不利于玻璃液的热均化过程。

在冷却阶段，玻璃液的温度、窑内的气氛及压力制度都发生了很大的变化，破坏了原有的气液相平衡。由于玻璃液是高黏滞的熔体，要建立新的平衡比较缓慢。因此，在冷却过程中平衡条件虽然改变了，也不一定出现二次气泡。但必须重视产生二次气泡的内在因素。

二次气泡又称再生气泡或灰泡，其特点是直径小（一般小于 0.1mm）、数量多（每立方厘米可达几千个）、分布均匀。研究人员对产生二次气泡的机理已作了不少研究，认为不同玻璃产生二次气泡的原因不尽相同。

在已澄清的玻璃液中往往残留有硫酸盐，它们可能来自配合料中的芒硝，也可能是炉气中的 SO_2、O_2 与碱金属氧化物反应的产物（$Na_2O + SO_2 + 1/2O_2 \longrightarrow Na_2SO_4$）。当某种原因使已经冷却的玻璃重新加热时，将导致硫酸盐分解而析出二次气泡。二次气泡的生成量不仅与温度高低有关，还与升温速率有关。升温快，二次气泡多。当窑内存在还原气氛时，也能使硫酸盐分解而产生二次气泡。已溶解气体的溶解度一般随温度的降低而升高，因而冷却的玻璃液再次升高温度时将放出气体而形成气泡。

项目 2　熔窑的操作与控制

2.1　窑炉运行操控管理

熔化质量包括灰泡、玻璃均匀度（瓶罐玻璃以环切均匀度检测）、结石、条纹。在窑炉安全前提下，窑炉运行稳定，以保证稳定熔化质量，提高窑炉的经济效率，是熔化管理的目的。同时，应控制好火焰、窑压。

2.1.1　控制好火焰

要求窑炉火焰刚性有力、明亮、不发飘、火梢不冲刷池壁或挂钩砖；火焰的调整需要通过调整燃料压力、流量、温度，以及雾化气压力、助燃风量、喷枪结构、喷枪角度（水平摆角与仰角）等来达到，而燃发生炉煤气的窑炉将难以改变火焰喷射角度。

"火烧碹顶"不一定是火直接冲向碹顶砖、"烧"到了碹顶或火焰"高温气流"冲刷碹，是指火芯区离碹砖太近了，碹砖受到的辐射温度太高而"烧"蚀了（火芯温度 1730～1900℃，而硅砖的荷重软化点是 1670～1680℃，还不能保证每块砖均是达标的）；或者火梢（火尾）飘到碹砖上，不断"扰动"、冲刷着硅砖砖缝，从此处"钻"穿了硅砖碹（俗称"鼠洞"）。

2.1.2　控制好窑炉窑压

窑炉窑压的控制非常重要。碹砖之间是有缝的，窑压过高或不稳定，会从砖缝"挤压"

出缝隙，很快就形成"鼠洞"而穿火。窑压不稳定、过高或过低，也影响火焰的稳定与形状、窑炉燃烧效果。

玻璃液面处的压力一般取 0～2Pa，即在加料口处观察"热气/烟气"有进出交替的现象。烧固体粉末燃料的窑炉，窑压还要稍低，为 1～3Pa。

玻璃液面处窑压为"零压"，根据伯努利方程简化后，窑压值标准，$p=H/120$Pa（H 是玻璃液面到测压孔中心线的高度值，mm），控制值是微正压时，则 $p=H/120+$（1～3）Pa。

火焰换向控制很重要，要根据实际窑炉运行制定对应的参数，避免火焰换向导致窑压大；需要窑炉有可靠的窑压自动控制系统，烟气排烟系统的抽力足够大，火焰换向的瞬间，迅速排走烟气，以稳定窑炉窑压。

2.1.3　玻璃液面的稳定与料堆的分布

玻璃液面不稳定，成型生产就难以控制好；玻璃液面不稳定，熔化澄清效果就不好。料堆在熔化区范围形成分散料堆的形态是最好的，这些与加料控制系统的性能、系统的稳定有关，需要做好日常的检查与维护，避免异常事故发生。

检查与维护包括加料与液面控制设备在内的外围设备，稳定、正常运行是基本的需求与条件，如果这些附属设备不断有故障，就严重干扰了熔化管理的日常工作，最终导致熔化管理失败。

2.1.4　池底玻璃液鼓泡

鼓泡太大（鼓得过分厉害，泡频大、泡径大）会产生气泡，加速玻璃液对鼓泡砖、池底砖、窑坎砖、池壁砖的冲刷腐蚀，缩短窑炉寿命、危害窑炉安全，同时会带来其他玻璃缺陷。

鼓泡要尽量调小，特别是保护气压的泡径要小，理想状态是能清晰看见"没有保护气产生的鼓泡"：前一个泡鼓起来，慢慢变小（直至消失）时再鼓起下一个泡。

2.1.5　运行数据处理

在各种温度下记录数据，进行分类处理，利用电脑程序形成各种曲线图，从中找出问题症结，以便归纳总结、不断提高识别异常的管理水平，比如，窑炉各种温度-玻璃质量的关系曲线、熔化温度与窑炉出料量的关系曲线、窑炉各种温度的同步变化曲线图等。

对窑炉内部或外部的关键部位或者已经有隐患的地方进行定点拍摄、建档，对比其变化情况和趋势，以便及时、准确做出科学合理的处理计划。

2.1.6　窑炉附属设备的管理

对各种风机、加料机、交换闸板等进行科学管理、建立设备维修档案，有针对性、计划性地进行保养，保证设备的稳定运作，避免设备故障而影响窑炉运行管理的条理性，最终威胁到窑炉安全。

同时，需要稳定控制窑炉，必要的配套自动控制系统手段是必不可少的。

2.1.7 熔化温度管理

在任何情况下，窑炉熔化温度（碹顶温度）均不能超过 1560℃。提高温度是熔化好料的一个前提，但不是唯一的，也不是没有上限的。

对于燃发生炉煤气的窑炉，关键是管理好煤气发生炉，做到产气稳定（煤气出口温度稳定、煤气压力稳定），就必须做好煤气发生炉 3 层（或 4 层）的稳定（空层、煤层、火层、渣层稳定），同时出渣应该是"少出多次"（每次少出、每班分多次出）、勤扎小钎，每次加煤要检查拨钎。

对于窑炉运行与维护，需要勤观察、认真分析总结，早处理好窑炉的小异常就减少大异常发生（这叫"专做小事、不做大事"），控制好窑炉火焰是最基本的操作，在窑炉安全稳定的前提下，保证熔化质量，从而提高窑炉的效率。

2.2 池窑的测量和控制

2.2.1 玻璃液面的测量和控制

玻璃池窑是昼夜连续运转的热工设备，为了使池窑正常运转，就应该使池窑的出料量与加料量保持平衡，即使玻璃液面保持一定的高度。如加料量过多、玻璃液面波动过大，不仅能加剧对池窑耐火材料的侵蚀，还会使玻璃制品的质量降低。因此，必须对玻璃液面进行严格的控制。现将几种主要控制方法分述如下：

（1）移动探针法

移动探针法的原理是利用电极（白金探针）和玻璃液间的接触电势差控制玻璃液面。池窑内玻璃液相对于地面来讲，具有一定的电势，有时可达数伏，因此，当玻璃液和白金探针相触时就会产生电流。通过精密测定接触时白金探针的高度，就能够确定出玻璃液面的高度。将移动探针与加料机和自动控制记录器连接起来，就能使玻璃液控制在一定的高度范围内。

如图 3-5 所示，白金探针支撑棒由能进行正反转的可逆电机带动做上下移动。上下移动一次的时间约为 12s。与玻璃液接触的白金探针上升时，带上的玻璃丝被拉断，白金探针上升到给定高度后又开始下降，刚与玻璃液面接触时，电机便停止转动。此时，停转的位置便作为可变电阻滑动触头的位置而发出信号，从而决定调节器内相应的可变电阻滑动触头的位置。如这个位置超出规定范围的上限时，加料机便开始操作，向窑内加料；超出下限时，加料机便停止操作，这样就可使玻璃液维持在一定的高度范围内。

移动探针一般安装在供料道冷却段靠近池窑的部位，玻璃液面高度的控制精度可达 $\pm 0.5\text{mm}$。

移动探针式控制法在实际使用时应注意以下事项：

① 在安装移动探针的部位，应尽一切可能消除振动。

② 此种控制的操作是否正确，注意观察加料机操作间隔时间就可得出答案。例如出料量为 100t/24h 的池窑，加料机操作间隔时间一般为 3～5min。上述是利用"开停"加料机

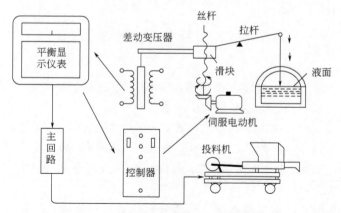

图 3-5　移动式铂探针液面自动控制系统

的办法来控制液面，但在使用螺旋加料机等连续加料时，也可用调节加料量大小的办法来控制液面，这种控制法的精度较高。

③ 控制动作举例

积分时间 5～10min，比例带 20%～30%，微分时间 0.05～0.2min。

在小型玻璃池窑中，有时采用固定探针法控制玻璃液面的高度，其原理与移动探针法相同，但操作比较简便，控制精度与移动探针法很相近。这种方法是将白金探针固定在适当的高度，根据探针与玻璃液面接触与否，电磁继电器输出继电信号控制加料机是否继续地向窑内加入配合料，其精度主要取决于玻璃液面与探针离开时玻璃丝拉断的程度，因此对探针固定位置的温度和玻璃黏度的选定是非常重要的。制造探针的材料除白金之外，还有二硅化钼或镍铬丝，并且也取得了良好效果。

（2）激光法

激光法通过激光液面控制仪调节玻璃液面，其工作原理如图 3-6 所示。发射系统中激光管发射的光束通过玻璃池窑供料道上的预留孔，以 10° 的入射角射到玻璃液面，然后被玻璃液面反射到接收器的硅光电池上，根据硅光电池接收的光电信号，便可判断玻璃液面的高低，同时，由接收系统控制执行机构，带动加料机工作。

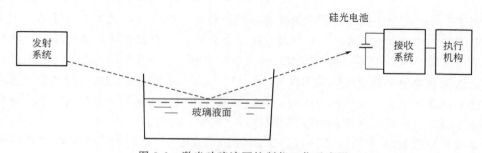

图 3-6　激光玻璃液面控制仪工作示意图

采用激光液面控制仪调节玻璃液面，不需使测量元件与玻璃液面接触，工作比较可靠，使用也方便，可适用于熔制各种料性池窑的液面控制，液面控制精度可达±1mm。

激光液面控制仪对安装场所要求较高，不能受到振动。

（3）光电跟踪法

光电跟踪玻璃液面控制系统是以光电跟踪系统为测量单元，以动圈式两位调节器为调节单元，以可控硅控制的电磁振动加料机为执行单元，其工作原理如图 3-7 所示。被调制的光以 10° 入射角射到玻璃液面后，立即反射到池窑另一侧的接收器中被光电管所接收。当玻璃液面发生高低变化时，由于入射角不变，入射点便在入射线上移动，反射光随之上下移动，这样把液面的波动转换成反射光的波动。

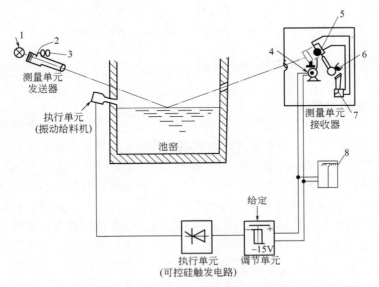

图 3-7　光电跟踪控制玻璃液面示意图

1—光源；2—调制板；3—同步电机；4—电感式位移变送器；5—光电管；
6—可逆电机；7—放大器；8—液面记录仪

光电管接收到反射光能，将其转换为光电流，经放大器放大后馈送至可逆电机控制绕组，电机的转动总是使光电管随反射光的变化而升高或降低，因而光电管的位置反映了液面的变化。再通过一个电感式位移发送器将光电管的位移转换为电压信号送入液面记录仪和调节单元。调节单元再使执行单元控制加料机工作。

光电跟踪法的测量范围为 $\pm 5mm$，控制精度可达 $\pm 0.2mm$，这种液面控制系统通常安装在玻璃池窑的作业部，安装位置要尽可能避免受到各种振动。

（4）气动法

气动法通过测定空气微压调节玻璃液面，其工作原理如图 3-8 所示。在靠近玻璃液面附近安装一个带有吹风嘴的管子，吹风嘴与玻璃液面距离约为 $1\sim2mm$，吹风嘴喷出的空气压力为 $100mmH_2O$ 左右。当玻璃液面上下波动时，吹风嘴与玻璃液面的距离就发生变化，因此吹风嘴的压力也随之发生变化，将其压力的变化情况输入环称式微压计，当压力变化超过规定的限度，水银开关便启动，使加料机开动或停止。采用这种方法调节时，吹风嘴一般都安装在池窑的熔化部或作业部，由于要向玻璃液面吹入冷空气，所以不宜安装在供料道上。

采用气动法控制玻璃液面，由于吹风嘴的位置离玻璃液面比较近，所以玻璃液面不能发生大的波动，另外，吹风嘴也易被玻璃侵蚀。为了克服上述缺点，也可使用移动式吹风嘴，

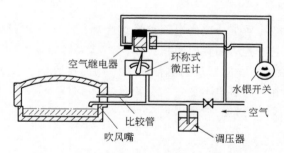

图 3-8　测定空气微压控制玻璃液面示意图

但这种装置比较复杂，控制精度为±0.1mm。

2.2.2　窑压的测定和控制

池窑内部气体介质压力（简称窑压）对玻璃的熔制、池窑的寿命和燃料消耗等都有很大影响。窑压太高时，不仅增加池窑各孔洞处和不严密处的热损失，也将加剧对胸墙、碹顶等处耐火材料的侵蚀，而且还会影响玻璃的正常熔制，特别是在玻璃的澄清过程，会使玻璃缺陷增多。窑压太低时，容易使玻璃液面附近呈负压，吸入冷空气，这样也影响玻璃的正常熔制，增加热损失。因此，在实际生产中，必须对窑压进行严格的测定和控制。

（1）窑压测定装置

测定窑压采用光电式、电容器式窑压测定仪。

为了测得窑内压力，通过窑压信号器将窑的压力和大气压力的差值转换为电气信号，输送到窑压测定仪，窑压测定仪将电气信号变为压力信号（mmH_2O）进行指示和记录。

（2）窑内压力自动调节装置

① 利用可逆电机进行调节。利用可逆电机对窑压进行自动调节的原理如图 3-9 所示。

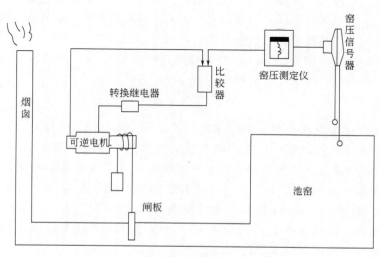

图 3-9　窑压自动调节系统示意图

如图 3-9 所示，可逆电机能使总烟道闸板进行升降，电动机的旋转角度可控制闸板的开启度。可逆电机上安装有信号装置，能将电动机的旋转角度输送到比较器，比较器可对表示电动机旋转角度的信号和表示炉压的信号进行比较，并发出使闸板上升、下降或者停止的指令，转换继电器根据这个指令控制电动机运转。

② 利用气功活塞进行调节。窑压记录调节器的刻度盘比较特殊，指示测定值的指针如果偏离指示基准值的指针（即窑压发生偏差）时，修正窑压偏差的信号就变成空气压力而输出。活塞的动力气源由另外的系统专门供给。来自记录调节器的信号（即空气压力）可使活塞向左或向右移动。活塞的两端装有钢丝缆绳，总烟道闸板在钢丝缆绳的带动下做上下移动，从而调节窑内压力。

2.2.3　窑温的测定和控制

窑内温度制度是池窑一项重要的工艺操作指标，对玻璃的熔制质量和产量都有很大影响。窑内温度制度不稳定或随意变动，就会引起玻璃液对流紊乱，使窑底的死料、脏料上升，严重影响玻璃液的质量；同时温度过高也会加剧对池窑耐火材料的侵蚀，降低池窑的使用周期，而温度过低又会影响玻璃的熔制和澄清。因此对池窑温度进行测定和控制是十分重要的。

（1）窑温测定装置

目前可供池窑高温测量实际使用的测定装置有热电偶、辐射高温计和光学高温计等几种。

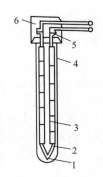

① 热电偶。如图 3-10 所示，热电偶就是用两种不同的金属 A 和 B 组成热电极，极间用瓷管绝缘。热电效应（又称温差效应）在工作端（即热端 1）加热，则在自由端（即冷端 5）会产生热电势，热电势的大小与热电偶材料及热端温度有关。

当冷端温度恒定时，这个热电势与热端温度相对应。目前，池窑上多采用双铂铑热电偶测定窑温，其优点是能在 1600℃ 左右的场所进行长期测温，并且测定准确。但是由于受到测量技术和保护材料的限制，尚不适合用其直接测量表面玻璃液温度，只能用于窑内火焰空间的温度测定。

图 3-10　热电偶的构造
1—热接点；2—热电极；3—瓷绝缘管；4—保护管；5—冷接点；6—接线盒

② 辐射高温计。如图 3-11 所示，辐射高温计使用热电堆（由一组串联的微细热电偶组成）作测量元件，通过物镜将被测物体发射出的热辐射能聚集在热电堆上。热电堆产生的热电势与被测物体的温度成比例。因此，显示仪表便可指示出被测物体的温度。双金属制的补偿光栅用来控制光圈的大小，以补偿环境温度的影响。这种温度计可以在 $0\sim100℃$ 的环境中使用，测量上限可达 2000℃，其精度与测量范围有关。辐射高温计测定窑内温度属于非接触测量，具有反应快、寿命长的优点，但是，选择的测点位置要尽量避免火焰的干扰。

③ 光学高温计。光学高温计是一种携带式测温仪表，物体单色辐射强度与它的温度有一定关系。如图 3-12 所示，目镜用来瞄准，物镜用来聚焦，使被测物体成像于灯丝的平面上。目镜前面放置红色滤光片，只有红波（波长为 $0.65\mu m$）才能通过。当被测物体的亮度同灯丝亮度一样时，灯丝的亮度就对应于物体的温度。原因是预先在标准光线下标定好灯泡

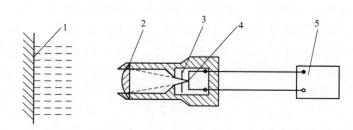

图 3-11　辐射高温计原理图

1—被测物体；2—物镜；3—补偿光栅；4—热电堆；5—毫伏计或电位差计

亮度与温度的关系，又预先知道灯丝亮度与灯丝电压的关系。因此，测出电压就知道被测物体的温度。光学高温计只能用于窑内温度的临时测定，不能供控制系统使用。

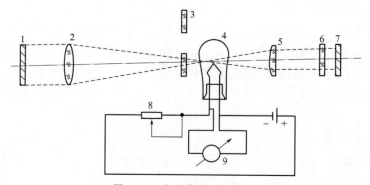

图 3-12　光学高温计原理图

1—被测物体；2—物镜；3—吸收器；4—灯泡；5—目镜；6—红滤片；7—观察孔；8—滑线电阻；9—电压表

（2）池窑内温度的控制

池窑内温度的控制一般是指熔化部的温度控制。在熔化部中，无论是玻璃液还是火焰空间，各部分的温度分布都不相同。因此，选择窑内哪一部分温度作为控制基准是很困难的，通常根据实践经验来确定。

影响窑温的主要因素有燃料油流量、二次空气流量、雾化气流量、窑压等，无论通过控制哪一种因素作为调节窑温的手段，都必须考虑合理可行。

用热电偶测定窑温，需要使用耐高温的耐火材料制成保护管进行保护，因此会发生较大的滞后，即使加上微分作用，温度记录纸上的记录图线也会时常摆动。为此，也有的考虑采用辐射高温计测定窑温，但是由于窑内耐火砖表面都挂有釉子，玻璃液对火焰的反射也很强，因此选定辐射高温计的安装位置是很困难的。

① 间接控制窑内温度。由于在窑温测定技术方面存在种种困难，所以很多玻璃厂在实际生产中不是直接控制窑温，而是对影响窑温的主要因素即燃料油流量、二次空气流量、窑压等分别进行自动控制。如果供给池窑的热量及窑内燃烧状态保持不变，那么窑内温度在出料量固定的情况下，即使不直接控制窑温，窑内温度也基本上可以保持不变。这时，装在窑顶的高温温度计只是指示度数而已。

Ⅰ. 燃料油流量的自动控制。燃料油流量的自动控制如图 3-13 所示。在实际生产中应注意如下事项：燃料油中的污垢影响浮子正常工作，应时常通过泄油孔将其清除；应保证测量仪表安装后测量位置不会受到机械振动；不需要装高调节阀的位置控制器。

　　Ⅱ．二次空气流量的自动控制。二次空气流量的自动控制如图 3-14 所示。在实际生产中应注意以下事项：从风机到孔板差压计的通风管道直线长度应为管道直径的 15 倍以上，孔板差压计和隔膜调节阀的距离应为通风管道直径的 5 倍以上；导压管使用钢管，并应装设排水口，调节阀动作比较大，应装设位置控制器。

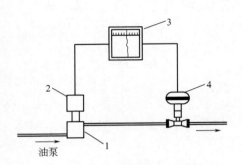

图 3-13　燃料油流量控制图

1—浮子流量计；2—感应式电送器；3—流量
指示记录调节器；4—隔膜调节阀

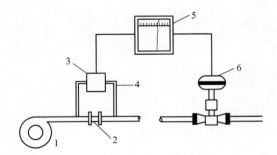

图 3-14　二次空气流量控制图

1—风机；2—孔板差压计；3—感应式电送器；4—导压管；
5—流量指示记录调节器；6—隔膜调节器

　　Ⅲ．燃料油和二次空气的比例控制。使燃料油和二次空气的流量保持一定的比例，是指使过剩空气量保持不变。这种比例控制也是很容易实现的。实际上，只需要在发信器以及调节器内加上调节电阻进行改装即可，而不需要专门增添一台改装的调节器。

　　图 3-15 是改装后的控制原理图。要使 AB 及 CD 的电压相等，当 D 变动时，B 就移动，根据开始给定的 f，就能使燃料油与二次空气的比例保持一定。

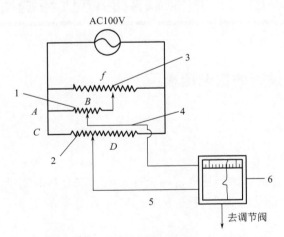

图 3-15　燃料油和二次空气流量比例控制图

1—二次空气振荡器内调节电阻；2—重油流量振荡器内调节电阻；3—比例给定调节电阻；
4—二次空气流量指针；5—重油流量指针；6—二次空气流量调节器

　　② 窑内温度自动控制。对窑内温度进行直接自动控制肯定要比间接控制优越。实际上，在窑内温度自动控调方面已经取得了令人满意的成果。

　　图 3-16 及图 3-17 是对窑内温度进行直接自动控制的原理图。

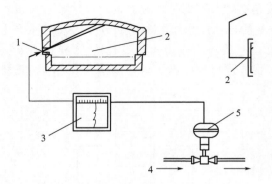
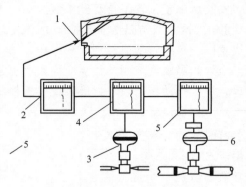

图 3-16　窑内温度自动控制图（一）

1—辐射高温计；2—池窑燃烧空间；3—温度
指示记录调节器；4—燃料油；5—燃料油
流量控制调节阀

图 3-17　窑内温度自动控制图（二）

1—辐射高温计；2—温度指示记录调节器；3—燃料油流量
调节阀；4—燃料油流量指示记录调节器；5—二次空气流
量指示记录调节器；6—二次空气流量调节阀

图 3-16 方案仅调节燃料油流量，从温度指示记录调节器输出的空气压力信号直接输给控制调节阀，因此控制系统比较简单。图 3-17 方案同时调节燃料油与二次空气的流量，来自温度指示记录调节器的空气压力信号先进入燃料油流量指示记录调节器，随时了解燃料油的流量并进行记录，但由于控制系统稍复杂，所以投资管理费用高。

实际生产中，图 3-16 方案就能够取得非常好的调节效果。关键是测温装置采用辐射高温计时，要选择好窑内测温点的位置，测温装置采用热电阻时，要选择传导滞后性极小、使用寿命很长的热电偶保护管。

项目 3　熔制缺陷的防止与消除

3.1　影响玻璃熔制过程的工艺因素

3.1.1　配合料的影响

（1）配合料的化学组成

配合料的化学组成对玻璃熔制速度有决定性影响，配合料的化学组成不同，熔化温度也不同，助熔剂愈多愈易熔化。为了说明熔制速度与配合料的关系，可利用澳尔夫的经验公式：

$$\tau = SiO_2 + Al_2O_3 / (Na_2O + K_2O) \quad （一般工业玻璃） \tag{3-3}$$

$$\tau = SiO_2 + Al_2O_3 / (Na_2O + K_2O + 0.5B_2O_3) \quad （硼硅酸盐玻璃） \tag{3-4}$$

$$\tau = SiO_2 + Al_2O_3 / (Na_2O + K_2O + 0.05PbO) \quad （铅质玻璃） \tag{3-5}$$

式中　　　　　　　　　　　　　　τ——玻璃熔制速度常数；

SiO_2、Al_2O_3、Na_2O、K_2O、B_2O_3、PbO——玻璃中各种氧化物含量（质量分数）。

上述公式只适用于玻璃液形成直至砂粒消失阶段。速度常数的值愈小，则这种玻璃愈易进行熔制；这一常数值相同的各种玻璃，其熔制温度也大致相同。

τ 的数值与一定的熔化温度相适应，当此时窑内气氛气体性质固定时，根据常数可以按玻璃的化学组成来确定最有利的熔制温度，表 3-6 为不同 τ 值的熔制温度。

表 3-6　不同 τ 值的熔制温度

τ	6.0	5.5	4.8	4.2
熔制温度/℃	1450～1460	1420	1380～1400	1320～1340

有时 τ 的计算值并不完全符合实际情况，当熔制含有较多 B_2O_3 的玻璃时就很明显，这是由于 SiO_2 和 B_2O_3 在熔体中扩散速度很小，需要较长的熔化时间和较高的熔化温度，所以常数 τ 值是一个经验数值，只能作为参考数据，在生产上应用还得结合其他因素一起考虑。

(2) 原料的粒度

原料的粒度对熔化的影响很大，玻璃形成过程的反应速度和反应表面的大小成正比，原料颗粒愈细，反应表面就愈大，反应就愈快。扬德（Jander）认为反应常数 K 与颗粒半径的平方成反比，即 $K = a/\gamma^2$。纯碱配合料最大限度地粉碎后，玻璃形成的速度可增加 3.5 倍。在玻璃熔制过程中，石英砂的颗粒度和形状对熔制影响最大，其次是白云石、纯碱、芒硝的颗粒度，如果石英砂的颗粒度过大，则易造成熔制困难；如果颗粒度不均匀，个别粗粒砂会在玻璃中形成结石，但在实际生产中，硅砂的颗粒度不宜太细，否则在加料时会引起粉料飞扬并使配合料分层结块，破坏配合料的均匀性，使玻璃成分发生变化，延长澄清时间，影响玻璃质量。一般对钠钙玻璃来说，石英的颗粒度控制在 0.15～0.80mm 范围内最合适。

在玻璃生产中采用粒状的"重碱"有利于熔化，其颗粒度一般在 0.1～0.5mm 之间，大致和石英砂的颗粒度相一致，它对配合料的均匀度及玻璃质量均有良好的作用。这种"重碱"在作业中飞料损失较少，可减轻对池窑蓄热室的侵蚀及堵塞现象。

(3) 配合料的水分

在配合料中加入一定量的水分是必要的，有利于减少粉尘，防止分层，提高熔制速度，提高混合的均匀性。直接向配合料中加水会引起混合不均匀，所以常先润湿石英质原料，使水分均匀地分布在砂粒表面形成水膜，此水膜约可溶解 5％ 的纯碱和芒硝，有利于玻璃的熔制。砂粒越细，所需水的量越多，当使用纯碱配合料时，水分以 4％～6％ 为宜，使用芒硝配合料时水分在 7％ 以下。

(4) 配合料的气体比

为了加速玻璃熔制，要求配合料有一定的气体比，在受热分解后所逸出的气体对配合料和玻璃液有搅拌作用，能促进硅酸盐形成和玻璃的均化。对钠钙玻璃而言，配合料的气体比在 15％～20％，气体比过大容易使玻璃产生气泡，气体比过小，对硅酸盐形成和玻璃的均化均不利。

(5) 配合料的均匀性

配合料均匀度的优劣将影响玻璃制品的产量和质量，一般玻璃制品对配合料均匀度的具体要求参考原料部分。

(6) 碎玻璃的影响

在配合料中加入一部分碎玻璃，可以防止配合料分层，促进玻璃熔化，但碎玻璃要保持清洁, 剔除有害杂质, 其成分与生产玻璃一致, 用量一般控制在 20%～40%。如长期使用碎玻璃, 要及时检查成分中的碱性氧化物烧失和二氧化硅升高等情况, 要及时调整补充, 确保成分稳定。

3.1.2 投料方式的影响

投入熔窑中配合料层厚度对配合料熔化速度及熔窑的生产率有重要影响。如果投料间歇时间长, 料堆大, 势必使料层和火焰接触面积小, 表面温度高, 内部温度低, 使熔化过程变慢, 同时表面的配合料熔化后形成一层含碱量低的膜层, 黏度极大, 气体很难通过, 给澄清带来了困难。所以, 目前采用薄层投料法, 使配合料上面依靠对流和辐射得到热量, 下面由玻璃热传导得到热量, 热分解过程大大加速。此外, 由于料层薄, 玻璃液表层温度高, 黏度小, 有利于气泡排除, 提高澄清速度。

3.1.3 加速剂的影响

为了缩短熔化时间, 通常加入少量的加速剂, 例如以 B_2O_3 为加速剂, 具有降低玻璃液黏度、加速澄清过程的作用。它在高温时会大大降低玻璃液的黏度, 应用 1.5% 的 B_2O_3 可使熔窑生产率大大提高。

有些加速剂的作用是转化二价铁为三价铁, 提高玻璃液的透明度, 使玻璃的透热性增强, 从而加速熔制过程。As_2O_3 和 KNO_3 的混合物就属于这一类。加入氟化物 (CaF_2、Na_2SiF_6、Na_3AlF_6) 可使部分铁变成挥发的 Na_3FeF_6 或无色的 FeF_3, 同样也能提高玻璃的透热性, 使熔制过程加速进行。试验证明, 配合料在 1450℃ 熔制时如引入 1% 氟所需时间仅为无氟配合料的 1/2。

氟化物加速熔化的原因在于一方面降低了玻璃的黏度, 另一方面提高了透明度, 因此大大提高了辐射热的效率, 加速了澄清和均化的过程。

3.1.4 熔制温度的影响

熔制温度决定熔化速度, 温度愈高硅酸盐反应愈强烈, 石英熔化速度愈快, 而且对澄清、均化过程也有显著的促进作用, 在 1400～1500℃ 范围内, 熔化温度每提高 1℃, 熔化率增加 2%, 但高温熔化受耐火材料质量的限制, 一般在耐火材料能承受的条件下尽量提高熔制温度。

3.1.5 窑压的影响

要求窑压保持在零压或微正压 (0.5～2mmH₂O), 一般不允许呈负压, 因为负压引入冷空气, 不仅要降低窑温, 增加热损失, 还使窑内温度分布不均匀, 在某些死角处温度偏低。但正压也不能过大, 如正压过大, 会使燃耗增大, 窑体烧损加剧, 影响澄清速度。

3.1.6　玻璃液流的影响

关于池窑中玻璃液的流动，除出料时引起强制对流外，还有温度差所引起的自然对流。玻璃液的对流与池窑中各部分的温度分布和热移动密切相关。

玻璃液的流动对熔融玻璃液、未熔化的配合料和气泡的移动、玻璃的成型、玻璃液均化、耐火材料侵蚀都有重要影响。

因此，控制配合料料堆位置、分布、稳定的炉温和合理的炉温曲线是很重要的。

3.1.7　液面波动的影响

一定要维持玻璃液面稳定，如果波动幅度太大、太频，对熔制质量和成型操作都不利。液面波动大，会加速对液面部位耐火材料的侵蚀。液面波动由加料量和出料量不均匀引起，同时加料量不稳定又会引起"跑料"现象。

一般来说在池窑操作过程中必须达到五方面稳定：①熔炉火焰温度和温度分布稳定；②窑压稳定在微正压；③加料量稳定；④出料量稳定；⑤液面稳定。

3.2　辅助熔化措施

3.2.1　辅助电加热

熔窑的辅助电加热（简称电助熔）指的是借助于电极把电能直接送入用燃料加热的玻璃池窑中。采用燃料加热价格低廉，所以在大型池窑上难以采用全电熔，但是却可考虑在用燃料加热的池窑熔化部内同时采用直接通电加热。

在熔化部采用电助熔，通过直接通电补充一部分熔化所需的热量。在这种情况下，通入的电量以 100% 的效率用于熔化。在希望窑炉的出料量大于最初设计出料量时，这种方法是一种很简便的手段，它作为增加池窑出料量的一种经济的方法广泛地被应用于大型窑炉。在大型窑炉中，当增大出料量时，成型流加大，料堆向流液洞一侧延伸，很容易在玻璃制品中产生大量气泡和条纹等缺陷。如果在适当的部位采用电辅助直接加热，则会使电极附近的玻璃液温度升高，对流加强，从而获得没有缺陷的玻璃制品。因此电极的插入位置是很重要的，通常在火焰加热形成的热点处或者靠近流液洞处插入一组电极，另外根据具体情况，在加料口区域也可插入一组电极。

每天增加 1t 出料量需要的电能一般为 $25\sim35kW$。根据用于熔化玻璃总热量中电能所占的比例不同，可分为正常电助熔、超级电助熔和剩余电助熔。超级电助熔可大大提高池窑生产能力。超级电助熔是指特大型的电助熔加热装置，借此可使池窑的出料率差不多提高一倍。这种特大型的电助熔加热装置（功率高达 3000kW）已是很普通的了，通常是解决高速大型成型机要求增加玻璃用量的一条最经济的途径。

在提高窑炉生产能力，同时又需降低火焰空间温度时，可采用剩余电助熔。

瓶罐玻璃池窑广泛采用正常电助熔，能强化窑内对流，提高窑炉生产能力（提高 10%～40%），单位耗电量为 $0.8\sim1kW\cdot h/kg$，这个数据与所熔化的玻璃成分、熔化温度和窑炉结构有关。

3.2.2　增氧燃烧

自然状态下空气中的氧气含量约为 21%。通常玻璃窑炉燃料燃烧所需的氧气由空气供给，因此在空气助燃的燃烧过程中，约占空气 79% 的氮气有害无益。大量氮气被加热后作为废（烟）气排入大气，造成热量损失，且在高温下有少量氮与氧气化合，形成极有害的氮氧化合物 NO_2 污染环境。含大量氮气的烟气流过蓄热室或换热器等设备后还加速对设备的腐蚀，缩短设备使用寿命。

增加助燃空气中氧气含量的助燃工艺始于 20 世纪 40 年代，美国康宁玻璃公司开创了玻璃熔窑富氧助燃的先河。近几年来，由于对环保因素和节能效益的重视，以美国为代表的国外玻璃行业已开始推广应用纯氧助燃技术。从目前的应用情况看，纯氧助燃技术十分适合于熔化量较小的单元窑、马蹄焰窑等。

以全氧或高纯氧气作燃油雾化介质，或与燃气在喷枪内混合，经充分雾化后喷入玻璃窑，形成燃烧火焰，称为氧-燃料燃烧或纯氧助燃。该项工艺在单元窑上应用的关键之一是喷枪的选用。氧气直接输入喷枪内，对燃烧特性影响大，国外采用的喷枪一般都具有火焰易调整、火焰亮度大、寿命长、运行费用低及氧化氮散发量少等特性。第一对喷枪与投料端呈 10°角，其余各对交错布置，为避免因纯氧助燃产生的火力大、温度高的火焰直接冲击对面胸墙。

供氧气的方法有用管道输送气态氧、用推车输送液态氧以及现场制氧等。

纯氧助燃技术的应用具有如下诸多良好的效果。

① 节能。燃料燃烧更为充分，火焰强度大，热辐射能力强；废气及其带走的热量减少，热效率提高。

② 减少废气和粉尘排放。主要是氮氧化合物含量大大减小，所携带的粉尘量也相应减少。

③ 提高玻璃产量和熔化质量。国外采用纯氧助燃工艺改造后的窑炉，其熔化率和产量提高，玻璃气泡（灰泡）减少。

④ 其他效果。减少其他的环保措施费用，减少配合料损失，减小对熔窑耐火材料的侵蚀，以及不需要庞大的换热器或蓄热室，具有降低成本、节约投资等效果（不计算制氧设备投资）。

3.2.3　浸没式燃烧

目前玻璃熔制应用最广泛的是传统的火焰加热池窑，这种加热方式火焰空间温度很高，底层玻璃液温度较低，热效率也低，而且体积庞大，结构也较复杂。浸没式燃烧加热熔制玻璃的特点是用火焰加热玻璃液内部，将浸没式燃烧喷嘴安设在池底或侧墙的玻璃液面下部，使燃烧火焰直接喷射加热玻璃液。这种火焰加热方式具有电熔的优点，不仅如同一般池窑利用火焰的辐射和热对流传热来熔化玻璃，而且燃烧气体会使玻璃液剧烈翻腾，也使火焰向玻璃液的传热条件大大改善，从而使熔化速度大为加快。

浸没式燃烧喷嘴可用有压力的气体燃料和预热空气进行燃烧，或用液体进行汽化后喷射燃烧。由于浸没式燃烧的火焰及其燃烧产物为被加热的配合料和玻璃液包围，当它喷射的火焰通过玻璃液上升时，与玻璃液的接触面积较大，增大了传热面积，而且辐射和对流同时给热，热能利用较多，熔化率高。

浸没式燃烧火焰在加热过程中还对熔融玻璃起鼓泡和搅拌作用，使配合料和熔融玻璃可以迅速熔化和充分混合，可熔制出比较均匀的玻璃液。在某些情况下这种装置还可以用作现有池窑的热鼓泡辅助熔融设施。

浸没式燃烧方式的热利用好，能在池窑上层结构保持相当低的温度，碹顶的辐射热损失小，燃料消耗量显著降低。在熔制作业中，配合料几乎没有粉尘飞扬，烟气比较清洁，还可以任意选择还原、中性或氧化气氛，便于准确控制产品的颜色和质量。

3.2.4　鼓泡

鼓泡是将净化的压缩空气从窑底鼓泡管鼓入玻璃液中，使它在熔窑深层的玻璃液中产生一定压力的气泡，并迅速上升到玻璃液的表面而破裂。在气泡上升过程中，周围的玻璃液向上流动形成机械循环流，并搅动四周的玻璃液，强制其均化和促进澄清。若在熔化池热点附近设置一排鼓泡点，鼓出的气泡将沿着熔窑的宽度方向上升，形成一排"幕帘"，将熔化池分成两个单独的循环区域，将推动两股环流向前后两个方向运动，前面的环流有着阻挡玻璃液回流的作用，后边的环流迫使配合料较长时间滞留在熔化区域中，进行充分熔化，而不会越出鼓泡带进入澄清区，即不会跑料。当鼓泡作业指标合理，稳定的热对流增加了表面玻璃液吸热能力，促进玻璃液的内传热，提高玻璃液的温度。同时，也保证了玻璃在各区域内的熔化，改善了玻璃液的质量。

鼓泡的基本作用是有效地控制、强化和改善熔窑内玻璃液对流体系，增强窑内各种物料间的热交换及热物理化学反应，因此提高了玻璃液熔制过程中熔化、澄清、均化的效果。

（1）改善玻璃液均匀性，提高产品质量

鼓入的气泡在上升过程中带动了附近的深层玻璃液，这部分玻璃液在上升过程中温度升高，由于压力降低，平衡被破坏，溶解于其中的气体会析出，形成了较多小气泡，同时也使气泡间的碰撞概率增加，促使许多小气泡聚合成较大的气泡而逸出玻璃液面，强化了玻璃液在垂直方向的对流，减小了上下温差，提高了深层玻璃液的温度，有助于玻璃的均化。同时，也强化了平面方向前后的对流，促进了均化，也就是说促进了澄清面的扩大和澄清区的垂直深入，促进了深层气泡的上升能力。

（2）提高熔窑熔化率，增加产量

鼓泡技术增强了熔窑熔化部玻璃液的流动，使玻璃液内的传热效率提高，同时也可增加液面吸收的热量，并将玻璃液面接收的火焰热量迅速地传到玻璃液的深层，使得熔化部玻璃液温度提高。玻璃液温度提高，则缩短了熔化时间，提高了熔窑熔化率。

（3）降低燃料消耗，实现节能减排

鼓泡可使玻璃液垂直方向的对流加强，促使表面层的玻璃液与内部玻璃液之间的热交换加强，相应地提高了热利用率，提高了熔化率，并节约了燃料，熔窑热耗可降低 $3\% \sim 5\%$。

（4）参与玻璃熔化过程中的热物理化学反应，调节玻璃液的氧化还原指数

采用鼓泡技术能增加玻璃液的氧化性和气体量，有利于玻璃的脱色，可减少配合料中的

脱色剂和澄清剂。

3.3 熔制缺陷的防止与消除

玻璃体内存在的各种夹杂物导致玻璃体均匀性被破坏，称为玻璃体的缺陷。按其状态不同，可以分成三大类：气泡（气体夹杂物）、结石（固体夹杂物）、条纹和节瘤（玻璃态夹杂物），这些缺陷属于内在缺陷。

3.3.1 气泡

玻璃中的气泡是可见的气体夹杂物，是由玻璃中各种气体所组成的，不仅影响玻璃制品的外观质量，更重要的是影响玻璃的透明性和机械强度。

气泡按照尺寸大小可分为灰泡（直径<0.2mm）和气泡（直径>0.2mm）；其形状也是各种各样的，有球形的、椭圆形的及线状的。气泡中常含有 O_2、N_2、CO、CO_2、SO_2、氧化氟和水蒸气等。

根据气泡产生的原因不同，可以将气泡分成一次气泡（配合料残留气泡）、二次气泡、外界空气气泡、耐火材料气泡和金属铁引起的气泡。各种因素都有可能在熔制过程中的各个阶段导致气泡产生。因此，在生产实践中，经常在熔化过程的不同阶段进行取样观察，以便确定气泡产生的原因，并加以解决。

3.3.1.1 一次气泡（配合料残留气泡）

随着配合料各组分进入熔炉的结合气体约占原料的 $10\% \sim 20\%$。配合料在加热熔化的过程中，各组分进行的一系列化学反应以及易挥发组分的挥发都会产生大量的气体。其中大部分气体在配合料的反应过程中排入炉气，仅有极少部分气体溶解在熔体中，或以气泡的形态存在于玻璃中。通过澄清作用可以除去玻璃中的大部分气泡。实际生产过程中，在澄清完结后，仍有一些气泡没有被完全排出，或因工艺制度控制不严，平衡受到破坏，使溶解了的气体又重新析出，残留在玻璃之中，这种气泡称为一次气泡。产生一次气泡的主要原因如下：

（1）配合料质量

配合料混合不均、难熔物质的颗粒大小不均、配合料的气相单一等都会产生一次气泡。

（2）澄清剂的选用

澄清剂的作用是在高温时分解产生气体并扩散到气泡内，使熔体中的气泡长大，以加速气泡的排出。如果澄清剂的用量不足或选用不当，也将产生一次气泡。

（3）工艺操作不合理

在间歇式熔炉中，由于澄清和搅拌的时间不够或玻璃熔体沸腾的次数不够，配合料反应放出的气体没有完全排出，易形成一次气泡。不连续生产的池炉中，由于温度分布不合理，最高温度区过短或取料量过大，会使未完全澄清的玻璃流过高温区，从而产生一次气泡。

（4）炉内气氛控制不当

炉内气体介质组成是否适宜，对一次气泡的产生也有很大影响。例如，熔制芒硝配合料时，为使加入的还原剂充分和芒硝作用而不被烧掉，在熔化带的始端必须具有还原气氛，并在熔化带的末端保持氧化气氛，使多余的还原剂氧化。如果还原剂过早烧尽，部分未分解的硫酸盐将在高温区继续分解产生气体，形成一次气泡。

一次气泡产生的主要原因是澄清不良，解决办法是适当提高澄清温度和调整澄清剂的用量及种类。提高温度及降低玻璃与气体界面上的表面张力，也可以促使大气泡逸出。在操作上，严格遵守正确的熔化制度也是防止一次气泡产生的一个重要措施。

3.3.1.2 二次气泡

澄清后的玻璃液同溶解于其中的气体处于某种平衡状态，此时玻璃中不含气泡，但仍有再产生气泡的可能。当玻璃液进入成型部，往往由于玻璃液所处的条件起了变化，如温度降低、炉内气体介质的组成改变等，会在已经澄清的玻璃液内再次出现气泡或灰泡。由于此时产生的气泡很小，而玻璃液在这一温度范围内的黏度较大，要排出这些气泡非常困难，于是它们就大量残留在玻璃液内。产生二次气泡的原因如下：

（1）物理原因

如果降温后的玻璃液再次升温并超过一定限度，原来溶解于玻璃液中气体的溶解度随温度的升高而降低，将析出十分细小的、均匀分布的二次气泡。

（2）化学原因

主要与玻璃的化学成分和使用的原料有关。例如，熔制含钡玻璃时，氧化钡（BaO）在高温时吸收氧生成过氧化钡（BaO_2），而在降温时过氧化钡又会分解放出氧，会产生二次气泡。又如，在熔制含芒硝的配合料时，先前未能完全反应的芒硝在澄清带的高温作用下开始分解，也会产生气体形成气泡，且形成的气泡难以排出，并残留在玻璃液内形成二次气泡。另外，以硫化物着色的玻璃液与含硫酸盐的玻璃液接触时，氧化程度不同的硫互相反应放出二氧化硫（SO_2）气体，也会形成二次气泡。

二次气泡的形成与玻璃熔制工艺密切相关，为了预防出现二次气泡，必须严格遵守既定的气氛制度及温度制度。

3.3.1.3 外界空气气泡

空气进入玻璃液内形成的气泡称为空气气泡。这种气泡来源于配合料或成型操作过程。

配合料颗粒间隙和碎玻璃中包含的气体，以及碎玻璃表面吸附的气体都会引入玻璃中。虽然这些气体在澄清时大部分会和其他气体一同从玻璃液中逸出，但仍会或多或少地残留于玻璃中而形成气泡。

在成型过程中，由于操作不慎夹入空气而产生气泡也是常见的现象。例如，供料机供料时，冲头提起过高，可能吸入空气而产生气泡，而且这种气泡会直接进入成型部的黏稠玻璃液内，很难排出。这种气泡比较大，在玻璃内分布很不均匀，而且经常出现在制品的固定部位上。

3.3.1.4 耐火材料气泡

常常会看到和耐火材料交界处的玻璃液内聚集了许多气泡。这一现象是由玻璃液和耐火材料间的物理化学作用引起的。

耐火材料本身有一定的气孔率，孔隙内常常含有气体。当耐火材料接触玻璃液时，孔隙的毛细管将玻璃液吸入，气孔中的气体被排挤进入玻璃液内。另外，在还原焰中烧成的耐火材料表面上和气孔内均存在着炭素，这些炭素燃烧也能形成气泡。

受玻璃液的侵蚀后，耐火材料中的 Al_2O_3 和 SiO_2 熔解到玻璃液中，使玻璃液中的 Al_2O_3、SiO_2 含量增加，玻璃液和溶于其中的气体之间的平衡改变，也会放出气体而产生气泡。此外，耐火材料中含有的铁化合物也会对玻璃液内残余盐类的分解起催化作用，从而产生气泡。

耐火材料气泡的气体成分主要是 SO_2、CO_2、O_2 和空气等。为了防止这种气泡产生，必须提高耐火材料的质量，并降低含铁量。同时，还必须严格遵守熔化制度，不至于使温度过高而加剧对耐火材料的侵蚀。

3.3.1.5 金属铁引起的气泡

在玻璃熔制过程中，不可避免地会使用铁件，如窑炉的金属构件、铁制工具等，有时会因操作不慎或其他原因掉进玻璃液中，或者与配合料（特别是碎玻璃）一起带进玻璃液中。这些铁在玻璃液中逐渐熔解，使玻璃液着色，而且铁内所含的碳会与玻璃液中的残余气体互相作用而产生气体，形成气泡。这种气泡的周围常常有一层被氧化铁着色的褐色玻璃薄膜，有时在气泡的后面还会出现褐色条纹。

为了防止这种气泡产生，除了注意配合料（特别是碎玻璃）中不得含有铁质外，还要注意成型工具的质量，特别是浸入玻璃液内部件的质量要好，而且操作时要谨慎。

3.3.1.6 气泡的检验

关于气泡产生的原因，一般可以根据气泡的外形尺寸、形状，分布情况及气泡产生的部位等来进行判断。由金属铁引起的气泡和外界空气气泡比较容易识别，但在许多情况下，判断气泡产生的原因还是比较复杂的，要做完全有根据的判断，必须了解气泡内气体的化学成分。

对气泡内气体进行分析的方法如下：将带有气泡的玻璃试样单面磨薄，至气泡距玻璃表面极近（0.5mm 以下）为止。然后将试样浸入盛有甘油的容器中，并用针刺破玻璃壁，使气体从气泡内逸出并在甘油内形成气泡。气泡逐渐浮起，盖在容器上的载玻片将气泡接住并粘在载玻片上。在显微镜下测量气泡的原始直径，然后通过很细的吸管将不同的吸收剂注入气泡中，使之互相作用，并在每次作用后测定气泡直径的大小。根据该直径与原始直径的比值大小，就可以算出气体混合物中各种气体的含量。

分析过程中用甘油吸收 SO_2，用甘油的 KOH 溶液吸收 CO_2，用甘油的乙酸溶液吸收 H_2S，用焦性没食子酸的碱性溶液吸收 O_2，用 $CuCl_2$ 氨溶液吸收 CO，用胶质钯的氢氧化钠溶液吸收 H_2，而 N_2 的含量则由差数确定。

3.3.2 条纹和节瘤

玻璃体中的条纹和节瘤是玻璃态夹杂物，其化学成分和物理性质（如折射率、密度、黏度、表面张力、热膨胀系数、机械强度、颜色等）与主体玻璃不同。

条纹和节瘤会破坏玻璃体的均一性，不仅会影响制品的外观质量，还会降低制品的机械强度、热稳定性和光学均一性。

从外观看，条纹和节瘤在玻璃主体中具有不同程度的凸出部分，分布在玻璃的内部或表面上。条纹在玻璃制品上多呈线条状或纤维状。有些细微条纹用肉眼看不见，必须用仪器检查才能发现，然而这些细微条纹在光学玻璃中也是不允许出现的。对于一般的玻璃制品，在不影响其使用性能的情况下，可以允许存在一定程度的不均匀性。节瘤在玻璃制品上呈粒状、块状或片状，一般说来，节瘤对玻璃制品的质量影响更大些。

由于产生的原因不同，条纹和节瘤可能是无色的，也可能是绿色的、黄色的或棕色的。根据扩散的机理，比玻璃黏度低的条纹和节瘤通常可以溶解在玻璃熔体中，而残留在玻璃中的条纹和节瘤一般都比玻璃的黏度高。在生产中常遇到条纹和节瘤，大多富含二氧化硅或氧化铝。

根据产生原因的不同，可将条纹和节瘤分成熔制不均引起的条纹和节瘤、炉碹玻璃液滴引起的条纹和节瘤、耐火材料被侵蚀引起的条纹和节瘤及结石熔化引起的条纹和节瘤等四种。

3.3.2.1　熔制不均引起的条纹和节瘤

玻璃的熔化过程，无论从物理化学还是从工艺方面看，都是一个十分复杂的过程。单纯依靠配合料的均匀混合制得化学均一性较好的玻璃是很困难的，必须在玻璃的熔化过程中，通过均化阶段的作用，使熔体内各组分互相扩散来消除不均一性。如果最初的不均一性很大或均化进行得不够完善，玻璃体中必将存在不同程度的不均一性。不均一性产生的原因可能是：配合料混合不均匀；配合料产生分层；配合料的颗粒，特别是石英砂的颗粒不均匀；加料方式不当引起粉料飞扬，或是某些组分熔化后流散；熔制时某些组分从玻璃体表面挥发，引起玻璃表面熔体组分与内部组分不一致；均化的温度较低、时间较短，致使均化过程没有完成；熔制温度不稳定，引起冻凝区的玻璃液参加液流，导致条纹和节瘤出现。

熔制不均匀引起的条纹和节瘤往往富含二氧化硅，而且在玻璃中比较分散。

3.3.2.2　炉碹玻璃液滴引起的条纹和节瘤

熔炉火焰空间的耐火材料受到碱性气流的侵蚀后会形成硅酸盐熔体，达到一定质量和黏度后，就会以玻璃液滴的形态落入或流入玻璃熔体中。显然，这种玻璃液滴的化学成分与主体玻璃是不同的。由炉碹部位的硅砖形成的玻璃液滴富含二氧化硅，而坩埚壁耐火材料被侵蚀形成的玻璃液滴富含氧化铝。这两种玻璃液滴的黏度都很大，在玻璃熔体中扩散很慢，往往来不及熔解，就形成了条纹和节瘤。

3.3.2.3　耐火材料被侵蚀引起的条纹和节瘤

这是一种常见的条纹和节瘤。熔融的玻璃液会对耐火材料起侵蚀和破坏作用。被破坏的部分可能以结晶状态落入玻璃体内形成结石，也可能以玻璃态物质熔解在玻璃体内，使玻璃液局部的氧化铝等难熔组分增加，形成条纹和节瘤。这种条纹和节瘤通常富含氧化铝。

对侵蚀性强的玻璃来说，这种侵蚀产生的条纹几乎是无法避免的。有时为了促进玻璃熔体的均化，会提高熔炉温度，但对耐火材料的侵蚀作用也随之加强，以至于制品中的条纹缺陷更多。但要是降低熔炉温度，均化就会很困难。消除这种条纹的主要措施是提高耐火材料的质量，并注意熔炉的砌筑质量。通常在坩埚底部先搪一层碎玻璃熔体，以使含碱组分不与耐火材料直接接触。此外，遵守既定的温度制度、避免熔炉温度过高等也是防止这种条纹产生的重要措施。

3.3.2.4　结石熔化引起的条纹和节瘤

条纹和节瘤有时由结石而来，结石受玻璃熔体的作用，会以不同的速度逐渐熔解。当结石具有较大的溶解度并在高温下停留一定时间后就可以熔化消失。如果结石与主体玻璃具有不同的化学成分，就会形成条纹或节瘤。这种条纹和节瘤可能是二氧化硅质的，或者是氧化铝质的。防止这种条纹和节瘤产生的方法主要是防止结石产生。

3.3.2.5　条纹和节瘤的检验

检验条纹和节瘤的目的是了解其特点，查明其产生的原因，从而可以采取相应措施消除这种缺陷。条纹和节瘤的化学成分与周围玻璃的不同，这种组分上的不同将引起玻璃物理、化学性质上的区别，特别是折射率和溶解度的不同常被用来检验条纹和节瘤。当条纹和节瘤的折射率和玻璃的折射率相差 0.001 以上时，可以显著看到条纹和节瘤。较小的条纹和节瘤可以通过光照射在试样上，观察试样后面的黑线条背景上是否有光亮带来检验。肉眼不能观察的条纹和节瘤需要用专门的光投影仪来检验。

条纹和节瘤的检验方法和采用的仪器较多，其中较简便常用的是侵蚀法、直线观察法、偏光干涉法和绕射法，离心分离法以及光谱分析法等其他方法也可以选用。

（1）侵蚀法

玻璃在腐蚀剂中的溶解度与玻璃的化学成分、腐蚀剂的种类、作用的时间和温度有关。把带有条纹和节瘤的玻璃试样浸入腐蚀剂中，由于条纹和节瘤的化学成分与主体玻璃的不同，因此溶解速度会不同。侵蚀的结果是使条纹和节瘤出现山脉形的峰和谷。常用的腐蚀剂有 HF、$HBF_2OH + HCl$、HPO_3、NaOH 等。

带有条纹和节瘤的玻璃试样表面经磨平抛光后，放在 25℃ 的浓度为 1% 的氢氟酸中，硅质条纹和节瘤的溶解速度比周围玻璃要快，会形成凹陷的表面；铝质的条纹和节瘤的溶解速度很慢，会形成凸起的表面。

（2）直线观察法

这种方法即通过带有条纹的玻璃观察玻璃后面黑线条背景的情况。当黑线条和条纹成 45° 角交叉时，会观察到黑线条发生弯折，可根据弯折情况判断条纹的折射率大小。如果在条纹附近的黑线条弯折成与条纹相平行时，则条纹的折射率比玻璃大，说明条纹中含氧化铝较多；如果黑线条弯折成垂直于条纹时，则条纹的折射率比玻璃的小，说明条纹中含二氧化硅较多。

（3）偏光干涉法

利用偏光显微镜，在正交偏光下，带有条纹的玻璃将产生光程差，利用干涉仪可以测定条纹的折射率。生产上多采用环切面试验法检验产品的质量及划分产品的等级，其质量标准见表 3-7。

表 3-7　采用环切面试验法划分的制品质量标准

等级	显微镜下的现象	质量情况
A	实际无条纹	特级品
B	分布均匀的细条纹，无应力区出现	高级品
C	分散均匀，略有明显的不规则条纹	一般产品
D	局部有明显条纹，外缘稍有应力	危险
E	有严重套层条纹或外层有严重张应力	废品

环切面检验所用的仪器设备有低倍（15 倍）偏光显微镜、灵敏色板（光程差为 565nm）、油浸皿 [浸油为氯代苯或二甲基苯二酸酯（$n = 1.51$）]。

检验无色玻璃时截环的厚度约为 1cm，检验深色玻璃时其厚度约为 0.7cm。切口依次用粗的和中粗碳化硅磨料磨平，并且要相互平行，以利于检验。

检验时，先把偏光显微镜调到正交以达到最大程度消光，随后插入灵敏色光片，将环切面试样放入油浸皿中并置于镜下，在显微镜中确定蓝色干涉色的位置，此即为张应力。若对整个切面进行检查，则可确定最高应力是在外层还是内表面或在两者之间。根据观察到的条纹数量、性质、位置和应力状况就可以确定制品的级别。

（4）绕射法

这种方法即用放大镜观察可以看到条纹对光的绕射现象，以此来确定条纹的折射率大小，借以判断条纹的化学成分。在通常情况下，条纹中 SiO_2 的含量比主体玻璃多时，其折射率比主体玻璃小，而条纹中 Al_2O_3 的含量比主体玻璃多时，其折射率比主体玻璃大。

3.3.3　结石

玻璃体中存在的结晶态夹杂物，不管其形状、大小和来源如何统称为结石。结石是玻璃体本身的缺陷中危害最大的一种，不仅会破坏玻璃制品的外观和光学均一性，而且会降低制品的使用价值。结石与周围玻璃的热膨胀系数相差越大，产生的局部应力也就越大，这就大大降低了制品的机械强度和热稳定性，甚至会使制品自行破裂。特别是结石的热膨胀系数小于周围玻璃的热膨胀系数时，在玻璃的界面上会形成张应力，常会使制品出现放射状裂纹。因此，在玻璃制品中一般不允许有结石存在，应在玻璃的生产过程中尽量设法消除。

玻璃体中的结石种类繁多，其化学成分、形状和大小、晶型结构及色泽各不相同。根据产生的原因不同，可将结石分为配合料结石（未熔化的颗粒）、耐火材料结石和析晶结石三种。

3.3.3.1　配合料结石

配合料结石是配合料中没有熔化的组分颗粒，也就是玻璃液中未完全反应和熔解的粉料残留物。在大多数情况下，配合料结石是石英颗粒。

结石中的石英颗粒常呈白色，其边缘由于逐渐熔解而变圆，而且受玻璃熔体的作用，表面常有槽沟。在石英颗粒周围有一层富含 SiO_2 的无色圈，其黏度较高，表面张力大，易形成粗筋。所以配合料结石的出现往往伴随有条纹的产生。石英颗粒在热的作用下，其中的 SiO_2 会产生晶型转变，使石英颗粒呈现蜂窝状结构，并在石英颗粒的边缘出现它的变体——方石英或鳞石英，由此形成石英与方石英或石英与鳞石英的聚合体。方石英和鳞石英的生成可能是石英颗粒边缘富含 SiO_2 的玻璃熔体发生析晶所致，也可能是石英颗粒长久地停留在高温条件下而发生多晶转变所致。

除了常见的石英结石外，其他难熔组分如氧化铬、锡石、氧化铝的颗粒也可能在玻璃熔体中形成结石。配合料结石的产生原因如下：

（1）配合料的组成不适宜

在设计玻璃的化学成分和制备配合料时，既要满足制品性质的要求，也要照顾工艺操作和熔化过程的要求。如果在一定的熔制条件下，配合料中助熔氧化物的含量不足，难熔的二氧化硅就不能完全反应，也不能熔解，未完全熔化的石英会以颗粒形式残留在熔体中，形成配合料结石。这种情况的产生也可能是粉料称量错误所致。

（2）颗粒组成不均

如果配合料各组分的颗粒组成不均匀，特别是石英颗粒大小相差悬殊，在熔化过程中熔化速度不同，小颗粒迅速熔化并在熔体中熔解，使熔体中的 SiO_2 增多，黏度增大，而较大颗粒的石英熔化慢且熔解困难，并残留在玻璃熔体中，形成配合料结石。

（3）配合料混合不均匀

要制得均一的玻璃液，必须使配合料在物理、化学性质上一致。如果配合料混合不均，或在运输过程中产生分层，使局部难熔组分颗粒（石英、氧化铝）增加，则各部分的熔化速度会不相同，含碱多的部分易熔化，而含碱少的部分难以熔化。这些未能熔化的粉料颗粒残留在熔体中，就会形成配合料结石。

（4）加料方法不当

如果加料时料粉飞扬，配合料成分就会改变，特别是碱质的飞扬及挥发，会使难熔的组分相对增多，就会造成未熔物的出现，产生结石。

成堆加料不利于配合料的加热和迅速而均匀的熔化，而且易熔的组分熔化后顺着料堆流下，会使露出的粉料中 SiO_2 含量增多。在熔化时这部分粉料因缺碱而熔化困难，就会形成未熔物残留在玻璃熔体中。

（5）熔制条件破坏

特定组成的玻璃配合料必须在一定的熔化条件下（温度、时间、助熔剂等）进行熔化。当熔制条件被破坏，特别是熔化温度降低时，配合料不能完全熔化，会在玻璃液中形成结石。

3.3.3.2 耐火材料结石

玻璃在熔制过程中必须接触耐火材料。无论是包围火焰空间的炉碹和胸墙，还是与玻璃直接接触的池壁，都是长时间地处于高温条件下，同时受到碱性气体或玻璃液的侵蚀作用。若耐火材料被侵蚀和破坏的产物落入熔体中，就会形成耐火材料结石。这种结石一旦出现，要彻底消除就非常困难。

炉碹和胸墙经常受到碱性气体和飞料的侵蚀作用，并在耐火材料的表面上形成一层釉层。由于它具有流动性并受表面张力的作用，会逐渐形成液滴。当形成的玻璃液滴达到一定质量和黏度，并由炉碹落下或沿炉墙流入玻璃液中时，就会形成结石。

炉碹和胸墙常用硅砖砌成。在硅质耐火材料的蚀变带中，鳞石英的重结晶作用占有相当重要的地位，特别是碱质的扩散浸入对鳞石英的生成具有良好的矿化作用。当砖体表面工作温度超过 1470℃ 时，或在有矿化剂存在的较低温度条件下，鳞石英又可能转化成方石英。重结晶和多晶转化作用会使砖体松动以至于脱落。因此，由硅砖形成的炉碹结石中常含有粗粒的鳞石英和方石英晶体，并具有较深的颜色。

与玻璃熔体直接接触的耐火材料，如下层池壁砖、坩埚等，多用黏土质耐火材料制成。耐火黏土的主要矿物组分是高岭石（$Al_2O_3 \cdot 2SiO_2 \cdot 2H_2O$）和单热水云母（$0.2K_2O \cdot Al_2O_3 \cdot 3SiO_2 \cdot 1.5H_2O$），还含有一些杂质（均匀分布的石英、长石、氧化镁、金红石等）。由于这类耐火材料长期受玻璃液的侵蚀，会落入熔体中形成结石，其组分取决于耐火材料的组分及蚀变的程度。

刚开始使用的耐火材料被侵蚀后在玻璃液中所形成的结石多数为熟料粒子，只是在粒子与玻璃液接触的界面上有微细的针状次生莫来石（$3Al_2O_3 \cdot 2SiO_2$），熟料也可能转化分解成 $\beta\text{-}Al_2O_3$，并可能有石英晶体存在，该现象视玻璃熔体的温度和时间而定。

长期使用的耐火材料受侵蚀严重，熟料颗粒可能转化成零落的碎屑，甚至全部转化为被玻璃态所胶结的次生莫来石或新矿物相的结晶。这种结石不易熔化，因为它的表面有一层由许多莫来石晶体彼此错综排列而形成的保护层。耐火材料结石不同于配合料结石，它常为多角形。

出现耐火材料结石的原因主要有以下几方面。

（1）耐火材料质量低劣

耐火材料质量低劣主要表现为：耐火材料烧成温度不够，气孔率高，原料不纯，颗粒度配比不当，成型压力低等。

（2）耐火材料使用不当

应根据玻璃的熔制温度、玻璃的化学成分及使用部位选用耐火材料。例如，熔制高硅低碱料时，池壁多用石英砖；熔制碱性料时，上层池壁多用锆刚玉砖；看火孔处应采用刚玉砖。

（3）熔化温度过高

熔化温度过高，玻璃液的黏度小、流动性大、渗透性增强，与耐火材料的反应剧烈，导致流动冲刷加剧、侵蚀加速。

（4）助熔剂用量过大

助熔剂用量过大，尤其是氟化物用量过大时，对耐火材料的侵蚀将会特别严重。

（5）耐火材料损伤

如果耐火材料在运输或砌筑过程中受到机械损伤，会加剧玻璃对耐火材料的侵蚀。

3.3.3.3　析晶结石

玻璃体的析晶结石并不是由异类物质的带入引起的，而是玻璃液本身在一定温度范围内重新析出晶体产生的。

析晶结石的外观形状和色泽是多种多样的，尺寸常在百分之几毫米到几毫米之间，并具有一定的几何形状。析晶结石有单独分布的，但大多数会聚集成脉状、斑点、球体、条带等形状。

玻璃熔体的析晶与玻璃的化学成分及温度密切相关。对于不同成分的玻璃，析晶倾向的大小和析晶的温度范围各不相同，而且析晶的温度范围越大，越容易析晶。玻璃液长时间停留在有利于晶核形成和晶体长大的温度范围内，是促使玻璃熔体析晶的主要原因。析晶结石常出现在各相分界线上，即玻璃液表面、气泡附近、与耐火材料接触的部分等，也常在配合料结石和耐火材料结石及条纹中产生。

为防止析晶产生，首先要合理设计玻璃的化学成分，使玻璃熔体尽可能地减少析晶倾向，并在冷却和成型过程中有足够的稳定性。

选择成型温度时，最好选在不利于晶核形成和晶体长大的温度范围内。在成型操作上，应尽快地越过析晶温度区。

如果生产中产生了析晶结石，消除它的主要方法是提高玻璃液的温度促使结晶熔解，以及定期处理玻璃滞集；而最好的方法是在不改变玻璃使用性能的条件下，增加组分以降低析晶温度。

常见的析晶结石有以下几种：

（1）方石英

方石英在 1470℃时易结晶且最稳定，呈四边形或六边形。

（2）鳞石英

鳞石英在 870～1470℃之间会转化为晶体，呈雪花状或羽毛状。

（3）硅灰石（$CaO \cdot SiO_2$）

α-硅灰石在 1180℃以上具有稳定晶型。这种晶体会在玻璃缓慢冷却时出现，形成雪白色六角形小块，也可能以密集的形状出现。β-硅灰石具有低温晶型，在 900～1000℃左右结晶，呈长柱状，或呈粗、细的针状。

（4）失透石（$Na_2O \cdot 3CaO \cdot 6SiO_2$）

它是析晶过程中的主要产物，一般在 1050℃左右产生，呈针状或毛笔状。它的析出与玻璃中 Na_2O、CaO 含量高有关，也与操作制度有关。

（5）透辉石（$CaO \cdot MgO \cdot 2SiO_2$）

它是析晶结石中最常见的含镁化合物。在钠钙硅酸盐玻璃中加入超过 4%～5% 的 MgO 就容易出现透辉石析晶，而且随着 MgO 含量的增加，透辉石析出的可能性也将增大。

3.3.3.4　结石的检验

虽然各种结石产生的原因不同，但可采用同样的方法进行检验。检验的目的是查明结石的化学和矿物组成，以确定其在玻璃中出现的原因，并采取有效措施加以预防和排除。在熔制现场，也可以根据经验推断结石产生的原因，制定措施以较快地解决生产中出现的该类问题。

结石产生的原因十分复杂，必须结合物理和化学分析的结果加以判断，才能得出确切的结论，并制定出合理的解决措施。结石的检验一般采用以下方法。

（1）放大镜观察法

这是一种最基本和最简单的方法，可以在现场随时取样检验。检验时利用 10 倍或 20 倍的放大镜观察结石，并应注意结石的颜色、几何形状、表面特征、四周玻璃的颜色等。根据这些特征，就有可能推断出结石的种类。但是这些特征作为判断结石类型的最终依据是不够充分的，只能提供一定的鉴定线索，以缩短鉴定的时间。

由石英形成的配合料结石和析晶结石都呈白色，由耐火材料形成的耐火黏土结石通常呈浅灰色，而莫来石结石常呈青灰色及暗棕色。炉碴结石和耐火材料结石常伴生着条纹和节瘤，前者伴生的条纹和节瘤常呈绿色，后者伴生的条纹和节瘤可能为黄绿色。

（2）碳酸钠试验法

这是一种较为简便的方法，可以迅速把耐火黏土结石和配合料结石区分开来。在坩埚内用熔融的纯碱处理尺寸不大于 0.5mm 的结石，如果结石迅速完全熔解，则结石中可能主要含 SiO_2；如不熔，可能是刚玉；如熔成渣滓，则可能是莫来石。

（3）化学分析法

化学分析法可以检验玻璃体中各种结石的化学成分类型，但不能真正查明其化学成分和矿物组成。这是因为要将结石完全同它周围的玻璃体分开是非常困难的，特别是粒子很小的结石和析晶结石。一般利用吹管将带有结石的玻璃液吹成极薄的空心泡，在薄壁上按相同的形状、颜色等分别剥取结石作为试样。在分析试样时，往往需要同时进行玻璃的组成分析。比较这两个分析结果，即可最终确定结石的化学成分。但是仅仅根据化学成分还不能确定结石的特性。如 SiO_2 中还可能包括石英、鳞石英、方石英、硅灰石等。所以除化学分析外，还应采用岩相分析以鉴定结石的矿物组成。

化学分析法需要较长的时间，在生产中也常常只分析结石中某几项主要组分的含量，如测定 $Al_2O_3 + Fe_2O_3 + TiO_2$ 的含量等。

（4）测定结石四周玻璃的折射率

如果结石非常小，或者不可能从玻璃中取出，可以通过对结石周围玻璃的折射率进行测定来大致地对结石加以区分。结石矿物对周围玻璃折射率的影响有两种，即降低和提高。具有前一种影响的结石矿物有石英、蓝晶石、微斜长石、霞石、高岭石等；具有后一种影响的有锆英石、金红石、钛矿石等。表 3-8 为结石中各种矿物对周围玻璃折射率的影响。

表 3-8　结石中各种矿物对周围玻璃折射率的影响

矿物	矿物的折射率		带有结石的玻璃试样的折射率		
	n_d	n_g	熔融的矿物	有矿物外缘的玻璃	离矿物较远的玻璃
石英	1.544	1.553	1.458	1.485	1.517
蓝晶石	1.712	1.729		1.510	1.517
微斜长石	1.522	1.530		1.506	1.517
高岭石	1.561	1.566		1.509	1.517
霞石	1.534	1.538	1.510	1.520	1.517
钛矿石				1.592	1.517
锆英石	1.930	1.980		1.570	1.517
金红石	2.615	2.903		1.630	1.517

（5）电子探针显微分析法

用电子探针显微分析法来确定结石中的组成元素是一种新的快速检验结石的方法，可以细分为以下三种。

① 点分析法。用电子射线照射结石试样的固定点，并检测从结石试样发出的特征物——射线，从而确定该点的化学成分。

② 线分析法。这种方法着重确定结石中的某一特定成分。它利用电子射线沿直线扫描试样，以确定该成分在试样中的分布。

③ 面分析法。这种方式即把结石试样表面上 0.3mm×0.3mm 检验区中各元素的分布和密度通过显像管显示出来，也可拍成照片，以记录下相关信息。

用该法检验结石中的微量元素是非常有效的，但是对于成分、分布和组合都相同，而晶形结构不同的结石，用电子探针就无法进行区分。

（6）X 射线法

对玻璃体中的结石拍摄 X 射线光谱，将谱线的特征和强度等与已知矿物的 X 射线光谱进行比较，可以确定结石的矿物组成。

3.4 熔制质量的工艺控制

3.4.1 玻璃液面

① 系统正常自动加料时，要求玻璃液面稳定在标准高度±1.0mm范围内。
② 采用手动操作时，允许玻璃液面在标准高度±1.5mm范围内波动。
③ 当出现特殊情况造成玻璃液面下降追赶液面时，要求按0.5mm/h的速度执行（如降低较多时，根据情况而定）。

3.4.2 熔化温度

① 要求熔化温度稳定在设定温度±5℃范围内（换向时除外）。
② 当出现特殊情况时生产车间可根据生产实际在工艺指标±5℃范围内设定熔化温度。
③ 要求分配料道温度稳定在设定温度±5℃范围内。
④ 生产车间可根据生产实际在下达的工艺指标±10℃范围内控制分配料道温度。
⑤ 要求滴料温度稳定在设定温度±2℃范围内。
⑥ 要求蓄热室顶部温度在下火时最高不超过1350℃。
⑦ 要求总烟道中的烟气温度不能高于450℃。

3.4.3 料堆状况及泡界线

要求料堆不超过炉长的2/3并分布均匀，泡界线稳定在窑坎上方附近。

3.4.4 窑压

① 系统正常自动控制时，要求将测压点附近的窑压变化控制在±3Pa范围内（换向时除外）。
② 采用手动操作时，允许测压点附近的窑压在±5Pa范围内波动。

3.4.5 熔窑出料能力

① 正常生产时熔窑出料量的变化稳定在±0.3%之内。
② 换产品时要通过调整机速的办法使出料量增加、降低保持平稳。

3.4.6 火焰

火焰与配合料的氧化还原指数有关，火焰平稳并贴近液面，火焰覆盖面积大于熔化面积的60%。马蹄焰池的火焰长度以有轻微、少量火尾喷过窑炉炉长的2/3为合适。

3.4.7　换向

燃油/天然气的蓄热式池炉换向时间间隔定为 20min±5min，燃煤蓄热式池炉换向时间间隔定为 30min±5min，由时间继电器自动控制。

3.4.8　熔窑气氛

根据火焰及配合料的氧化还原指数调整过剩空气系数，过剩空气系数控制在 1.03～1.10 范围内。不同燃料的烟气含氧量见表 3-9。

表 3-9　不同燃料的烟气含氧量

燃料	种类	固体、液体（油类）	气体（包括发生炉煤气、天然气）
烟气含氧量/%	4.5～7	3～5	2.5～4.5

注：在小炉侧墙或蓄热室后墙的监测孔，利用烟气检测仪进行烟气气体分析、检测。

3.5　熔制质量监测

要实现持续生产优质的玻璃容器，首先要有好的玻璃料液，因此，对玻璃液实施不间断的监测控制是保证供"好料"的重要手段。如只以常规的分析原料和玻璃的化学成分来进行监控不能达到及时监控的目的，不能预测事故。根据多年的实践经验，对玻璃进行玻璃密度、玻璃均匀度和玻璃膨胀系数的测定，并进行统计分析管理，以玻璃物理性能测试控制玻璃质量，可实现对玻璃熔制质量的监控，实现事故的预报及防止。

3.5.1　玻璃密度的测定

密度测定是判断逐日玻璃均一性的重要手段。密度逐日平均值的变化反映原料和配料工艺操作的一致程度。正常情况下，日平均值在 ±0.0020g/cm³ 之内，密度值当天变化幅度（当天内最高与最低值之差）反映配料时称量、混合或配合料分层等状况，变化幅度应控制在 ±0.0010g/cm³ 之内。要提高玻璃质量水平，需要控制"隔日密度"差值在 0.0015g/cm³ 之内。

在埃姆哈特的密度控制系统中，每隔两小时取样一次，例如在午夜 12 点，凌晨 2 点、4 点，早上 6 点和 8 点，从车间退火炉取出五只样品。因为密度具有一种对热处理很灵敏的性能，所以有必要从每日进行相同处理的退火炉中去抽样。

所有五个样品应同时进行，对每组的平均密度与密度波动范围 R（即此组内最高值与最低值之间的差）同时进行测定。

目前测定玻璃密度的方法有密度瓶法、阿基米德法、静力水称重法、沉浮法。玻璃容器生产企业一般应用沉浮法，此法简便快捷。

沉浮法是选用两种密度不同的有机液体（如 β-溴代萘、四溴乙烷），按一定的比例混合成不同密度的液体，将玻璃试样悬停在混合试液上面，随着水浴温度的变化，试液的密度相应变化，当试液的密度与试样的密度一致时，样品开始下沉，根据下沉时的温度和试液的温度，就可以测出玻璃的密度。

3.5.2 玻璃均匀度的测定

玻璃的均匀度是指玻璃内的物理性能与化学组成均匀的程度，玻璃液均化程度的好坏直接影响玻璃制品的质量。玻璃液化学组成的不均匀或温度的不均匀等导致玻璃产生了条纹缺陷。由于玻璃条纹的存在，致使主体玻璃与不均质玻璃体两者之间存在光学、热学性质差异。热学性质主要表现为膨胀系数不同，在两者界面层上产生结构应力，当应力超过玻璃的极限强度时，就会造成瓶罐破裂。光学性质主要表现为折射率不同，会产生光学畸变和双折射现象。

玻璃均匀度的测定采用玻璃制品环切测试法。用偏光显微镜检测玻璃瓶切环的断面张应力程度，按国际统一的等级标准（5档11级）判定玻璃均匀度的等级。当低于正常等级或有下降趋势时，玻璃制品就会或将要出现质量问题。

3.5.3 玻璃膨胀系数的测定

玻璃的热稳定性主要取决于玻璃的膨胀系数。玻璃的膨胀系数对其化学成分的变化具有一定的敏感性，因此，膨胀系数逐日平均值的变化也敏感地反映了原料、配料工艺操作和熔化质量均一性程度。

玻璃容器生产厂一般采用玻璃拉丝法测定玻璃的膨胀系数。

3.5.4 统计分析管理

将以上三项的每日测定结果纳入质量控制图表，按时、日绘制动态曲线，密切注意其变化，分析研究其原因，找出解决方法，稳定玻璃质量，为提高成品合格率创造良好的基础。

项目4 玻璃熔制过程对环境的影响与防治

4.1 节能降耗措施

池窑消耗燃料约占瓶罐玻璃生产消耗燃料的80%左右，降低池窑的热能消耗具有重要意义。

4.1.1 池窑大型化

在现代工业发达国家中，瓶罐玻璃熔窑已趋向大型化，日产量150t以下的中小型熔窑逐渐被淘汰，而大型瓶罐玻璃池窑的日产量已达500t以上。

池窑大型化有利于自动化和成型高速化，并且由于熔化率提高、单位熔化面积的维持热量减少、窑体保温加强等因素，其燃料单耗可比中、小型池窑节省 10%～20%。

4.1.2　选用优质耐火材料

在玻璃工业中，耐火材料是节能工作的基础，如果没有可供使用的各种优质耐火材料，在玻璃池窑上实施一系列节能措施是难以实现的。

近年来，各国玻璃工业界都致力发展优质耐火材料来促进玻璃工业的发展和节能工作的进展。

20 世纪 50 年代初，玻璃池窑用耐火材料已从硅铝系列向锆铝硅系列、铝氧系列和含镁系列过渡。同时，耐火材料生产中开始采用高纯及合成原料，氧化熔融法和高压成型技术也已广泛采用。至 20 世纪 70 年代初，现代工业发达国家的玻璃池窑已广泛采用上述耐火材料。因此，给玻璃池窑采用新技术准备了条件，如利用高热值的燃料、高温熔化、鼓泡技术、电助熔、增设窑坎、增加蓄热室格子体体积及各种保温方法等。这一系列新技术只有使用新型耐火材料后才能推广。这就使得近年来池窑熔化率提高了 3～4 倍，达到 3t/（m² · d）以上；池窑窑龄延长了 2～3 倍，达到 6～8 年，而且燃料消耗降低了 3/5～4/5。

近年来，我国在池窑用耐火材料研究方面取得了不少成绩。随着今后耐火材料品种的完善和质量的进一步提高，将为在池窑上实施各种节能措施、提高玻璃产品质量和降低生产成本提供可靠的保证。

4.1.3　提高熔化温度

提高熔化温度，配合料的硅酸盐形成反应加剧，硅酸盐与残余石英颗粒相互熔解速度加快，玻璃形成时间缩短。

4.1.4　采用先进的熔制温度制度

与过去相比，目前国外池窑的高温区域向作业部方向延长一个小炉的位置，而靠近加料口的温度变化不大。这种温度制度的优点是：加料口端即熔化区域飞料严重，采用较低的温度有助于减弱碱蒸气对大碹的渗透、减少硅砖内侧变质层的生成厚度；熔化池靠近作业部端的飞料显著减少，碱对大碹的渗透能力也相应减弱，提高窑内温度和延长高温区域，不会加剧对大碹的侵蚀和烧损。

4.1.5　改进燃烧工艺

熔窑燃烧工艺要求燃料传递给配合料和玻璃液的热量最多，传给上部结构的热量最少，能够有效地同二次空气混合，过剩空气及烟道损失为最低值，同时要求火焰不冲刷耐火材料。这就对熔窑小炉和火焰空间的合理设计和布置提出较高的要求。

从小炉喷出的二次空气与雾化重油混合进入火焰空间燃烧，火焰空间的空气动力学决定窑内的气流流型，因而小炉的二次空气气流和火焰空间高度起着重要的作用。横火焰池窑的二次空气从一侧小炉引进，在玻璃液上方助燃并横越池窑，废气由对面小炉排出。玻璃液与窑碹之间存在着空间，窑内会产生一股封闭的、旋涡状的循环流，这是由排气侧的废气和进气侧的二次空气所引起的。这股循环流有两个作用：

① 吸引进入的二次空气，并把它推向玻璃液面。

② 稀释进入的二次空气。

如果二次空气流向控制适当、火焰空间高度设计合理，那么循环气流将把助燃空气推向玻璃液面，使燃烧发生在燃烧区内，把热量大部分传给玻璃液，并保护大碹不受火焰冲刷。如果火焰空间高度过高、循环气流量过大，则废气将过分稀释助燃空气，降低熔窑的热效率。如果火焰空间高度过低、循环气流量过小，大碹将会受到火焰的冲刷而过早损坏。根据玻璃工厂的实践经验，玻璃熔窑的火焰空间高度应与熔窑空间热负荷相适应。

在马蹄形火焰池窑中，火焰沿着纵向流向桥墙，为了避免火焰冲刷，在火焰喷到桥墙前，燃烧过程必须全部完成，然后沿纵向由另一侧流回。在一对小炉之间的空间产生循环涡流容易把二次空气推向胸墙，影响正常燃烧并导致火焰对胸墙的冲刷，合理布置小炉间距、形状和角度，能获得较好效果。使小炉的中心线与熔窑中心线形成一个角度（3°～6°），也能有效地获得合理的窑内气体流型。据国内外玻璃厂的生产实践，将小炉向熔窑中心线倾斜，可以减少火焰对胸墙的热冲击，使火焰的辐射热量有效地传给配合料和玻璃液，玻璃液可节约 3%～5% 的燃料。

4.1.6　增设窑坎，减少澄清玻璃液的回流

在鼓泡附近设置窑坎，可以减少澄清均化后的玻璃液回流。除节省燃料约 5% 外，在同样大小的窑中，还可以熔制更多的玻璃液。

4.1.7　减少流液洞中的玻璃液回流

流液洞中存在回流，会引起池窑能耗显著增加。这是因为从工作池流向熔化池的冷玻璃液必须重新加温，使其达到熔化池澄清区的平均温度，以避免影响玻璃液的澄清。

4.1.8　控制空气过剩系数

燃料在理论的空气量下难以实现完全燃烧，因此须供应过量的空气。但是，随着空气量的增加，即过剩空气系数的增大，其理论燃烧温度明显下降。

实践证明，过剩空气系数的增加会使池窑可利用的热量减少。如以重油为燃料时，加热温度愈高，过剩空气系数对可利用热量的影响愈大，当加热温度为 1500℃ 时，过剩空气系数增加 10%，可利用热量将减少 18%。因此，池窑的熔化温度愈高，愈要严格控制过剩空气量，以提高可利用的热量，使池窑的热效率得以提高。

为使窑炉保持最佳过剩空气系数，可以通过测量离开池窑（小炉顶部）废气中的氧气浓度来确定适宜的过剩空气系数，据此控制助燃空气和燃料的比例。过剩氧含量在 1%～4% 的范围内，每减少 1% 的氧浓度，可节约燃料 2%。

4.1.9　加强窑体密封

池窑内漏入未经预热的冷空气，不仅增加了池窑的能耗，而且破坏了熔制过程的稳定。当漏入的冷空气占助燃空气量的 5% 时，燃料消耗约增加 4%。

4.1.10　加料口与加料技术的合理化

加料口的结构和加料方式应使配合料在窑池内最大限度地吸收辐射热，保持配合料料堆的合适高度，避免火焰对料堆的冲击以及使窑内飞料和加料口的散热损失降到最低限度。

加料口须有足够长的预熔室，并远离小炉喷火口的气流，以避免粉料飞扬；目前池窑加料口的预熔室趋向于加长，有的长达 2m。

加料方式根据加料机而异，池窑上使用的加料机有毯式、裹入式、转筒式、摆动式加料机等。其中摆动式加料机对提高玻璃质量、节约能耗有比较显著的效果。

4.1.11　合理地选择燃油喷嘴

池窑对燃油喷嘴的基本要求：
① 燃油被喷成雾状。
② 油雾锥体横切面上的燃油分配均匀、颗粒大小一致，整个喷射流燃烧稳定。
③ 运行费用低。一次雾化空气耗用少，油压和雾化气压力较低。
④ 适应操作环境，能经受住强烈的辐射热、炽热废气的冲刷以及配合料细粉的黏附。
⑤ 便于清洁维修、操作简单。

目前玻璃池窑常用内混扁平喷嘴，与传统的外混喷嘴相比，能取得节油 2%～5% 的效果。最近，开始使用临界压力喷嘴，喷射空气在喷嘴里先后经过二次临界压力降进行膨胀，雾化效果良好，油雾锥体面上燃油分配均匀，中心部位燃油浓度仅为 14%；当喷嘴达到最大设计负荷时，雾化 1L 重油仅消耗 $0.186m^3$ 压缩空气，雾化空气的压力仅为 275kPa，不但能节约压缩空气的费用，而且更多使用预热的二次空气以提高池窑的热效率。

4.1.12　采用火焰增碳技术

（1）发生炉煤气

发生炉煤气燃烧时火焰的黑度小，传热效率差。在以发生炉煤气为燃料的玻璃熔窑中，采用火焰增碳的方法可以增加火焰的黑度、提高火焰的辐射能力，强化玻璃的熔制。

（2）天然气

以天然气为燃料的玻璃池窑，当天然气中重碳氢化合物（C_mH_n）含量很少时，为了获得优质光亮火焰，必须使天然气增碳，也就是把所含的甲烷热分解（自身增碳）。

4.1.13　用天然气作雾化剂

燃油喷嘴采用压缩空气雾化会给窑内带入未经预热的冷空气,增加池窑的热耗。

用天然气替代压缩空气作雾化剂,能够减少进入池窑中的冷空气量,以雾化用压缩空气占燃烧空气量的 3%～5% 计算,可节省燃料 2%～4%。

4.1.14　增氧助燃

按体积计算,干燥空气中含有 20.95% 氧气,其余是氮气、二氧化碳等不能参与燃烧反应的气体。有大量的气体不能参与燃烧反应,就使燃烧生成物数量增加,从而被废气带走很多热量。

使用含 23%～30% 的增氧空气可节省燃料 8%～15%。如联邦德国一座马蹄形火焰池窑使用含 27% 氧的增氧空气,出料量提高 60%,在熔化温度不超过 1600℃ 的情况下,油耗量只增加 25%。

目前燃油玻璃池窑火焰增氧助燃采用三种喷入方法:

① 在燃油喷嘴下部喷入氧气;

② 氧气喷嘴与火焰喷出方向成一定角度并在预定位置与火焰相交;

③ 把氧气作为雾化介质使用。

4.1.15　采用强化熔制工艺

池底鼓泡就是用特殊的喷嘴由窑底向上鼓入具有一定压力的干净气体,使鼓入气体形成的气泡上浮来搅拌玻璃液。池底鼓泡有如下效果:

① 促进玻璃液的均化、阻挡配合料料堆进入澄清区、提高玻璃均匀度、增加出料量;

② 由于池底处的冷玻璃液向上移动和表面的玻璃液向池底移动,热效率可提高 6% 左右;

③ 池底处玻璃液温度增高,特别是在熔制有色玻璃时,可减少结石生成量。

4.1.16　作业部的合理结构

作业部(又称工作部)的设计应满足以下要求:

① 能满足各条供料道温度控制的要求。

② 某一条供料道品种、大小的变化不影响其他供料道的温度。

③ 熔化部和作业部温度发生变化,而供料道进口处的温度维持不变。

④ 工作池内不发生析晶现象而影响玻璃质量。

⑤ 工作池耗能降低。

近年来,由于池窑熔化率的提高,由熔化部流入作业部的玻璃液带有较多的热量,容易使作业部温度升高;为了防止熔化部的飞料对作业部耐火材料的侵蚀,以及使作业部的温度便于调整,故作业部与熔化部之间的空间挡墙趋于砌成密闭的隔墙,或去掉空间挡墙而将熔化部与作业部独立砌筑。作业部全分隔后，可以单独加热，有助于实现温度自动调节。

4.1.17　减少烟道系统的漏风量

池窑的整个烟道系统在较高的负压下运行。烟道系统密封不严时，就会导致严重漏风。漏风会使进入余热锅炉的废气温度降低、减小了传热温差而使蒸发量减少、增大了系统的排烟热量损失、增加了风机的电耗；漏风易使煤气烟道产生"放炮"、降低煤气蓄热室中废气与煤气的平均温度差；漏风易使锅炉积灰；漏风严重时使窑压增大。

4.1.18　加强池壁液面线的冷却

池窑中所用耐火材料的质量提高，减少了耐火材料被侵蚀的程度。但是，在池窑长时间运转中，耐火材料仍然因受侵蚀而逐渐减薄，特别是与玻璃液面接触的池壁部分。

从熔制的角度出发，池窑的温度应保持很高。但是，为了延长耐火材料的使用寿命，需要对耐火材料进行冷却，特别是与玻璃液面接触的池壁部分，更需要加强吹风进行强制冷却，使温度下降，以减少玻璃液对该处池壁砖的侵蚀。同时，流液洞和加料口拐角等特殊部位的蚀损也很严重，也需要特别加强冷却。

4.1.19　脱湿送风节能

助燃空气中水分含量随季节变化，雨季时，助燃空气中的水分含量为平时的 3～4 倍。助燃空气含有少量水分有助于空气在蓄热室中的热交换，但水分过多时，水分在熔窑内吸热分解，就会使燃烧温度下降而导致玻璃液单位能耗增加，并易使碱性格子砖产生水化反应。

脱湿送风的方式很多，通常采用设备费较低而靠 LiCl 吸湿的干式吸湿机。最近研究了一种将未升压空气直接由冷冻机冷却吸湿，在水分减少后鼓风的方式，这种方式可以减少电力消耗。

实施脱湿送风技术时，在考虑选择最佳吸湿方式的同时，也要考虑包括其他有关设备在内的总效率。

4.1.20　电熔铸 AZS 废旧砖的回收利用

当与玻璃液接触的电熔铸 AZS 砖浇铸口朝里使用时，停窑后，池窑下部砌砖的剩余厚度一般可达 65～100mm，而这部分剩余砖是 ZrO_2 含量最高、质地最致密的部位，如果回收利用，将收到较大的经济效益。

4.2　玻璃窑炉的发展趋势

经过上百年的快速发展以及玻璃工业工程技术人员反复实践，玻璃窑炉的基本结构已经确定下来，窑炉的改进也只是局部的调整及改善。

随着《打赢蓝天保卫战三年行动计划》（国发〔2018〕22 号）、《工业炉窑大气污染综合治理方案》（环大气〔2019〕56 号）等文件的出台，国家层面开展工业炉窑治理专项行动，修订完善各类工业炉窑环保标准，加大不达标工业炉窑淘汰力度，加快淘汰中小型煤气发生炉，鼓励工业窑炉使用电、天然气等清洁能源或由周边热电厂供热。全面加大日用玻璃等行业污染治理力度，重点区域原则上按照颗粒物、二氧化硫、氮氧化物排放限值分别不高于 $30mg/m^3$、$200mg/m^3$、$300mg/m^3$ 实施改造。

2020 年 10 月中国日用玻璃协会颁布《日用玻璃炉窑烟气治理技术规范》（T/CNAGI 001—2020），该标准是中国日用玻璃协会第一项团体标准，规定了日用玻璃炉窑烟气治理工程的设计、施工、验收、运行和维护等要求。

玻璃炉窑在熔融、成型、加工过程中会产生颗粒物、SO_2、NO_x、氯化氢、氟化物和重金属等污染物。与其他工业炉窑相比，玻璃炉窑烟气具有成分复杂、烟尘黏性高、腐蚀性强、NO_x 浓度高且波动大等特性。我国玻璃生产线采用天然气、煤制气、石油焦等多种燃料，玻璃工业废气治理面临的问题更加复杂。

在目前我国工程实践中，烟气治理工艺路线多种多样，技术水平参差不齐。为保证污染物实现达标排放，必须对污染物治理工程工艺设计、工程建设、过程控制等做出规范要求。为配合国家和地方玻璃行业污染物排放标准的顺利实施，确保日用玻璃行业企业在建设烟气治理设施时采用成熟、先进的技术，少走弯路，实现日用玻璃行业的绿色健康发展，对日用玻璃行业烟气治理工程进行规范很有必要。

《日用玻璃炉窑烟气治理技术规范》为环境工程设计、治理设施运行维护提供技术依据；对环境污染治理设施建设运行全过程（设计、施工、验收、运行维护等）进行技术规定；规范环境工程建设市场，保证环境工程质量，为实现达标排放提供技术保障。

随着国内产业化的调整，集约化趋势越来越高，新型耐火材料的出现及应用，能源结构的变化及新的燃烧系统、新的附属设备出现及改进，玻璃窑炉的发展要顺应国家的产业政策以及节能环保的持续发展战略。

4.2.1 选用清洁能源

天然气中硫含量低，几乎不含粉尘，若在源头控制氮氧化物，天然气燃烧后尾气处理的环保设备规模要比烧煤气的规模小 20% 以上，因此环保设施投资省；由于废气中可处理的硫化物、粉尘量少，因而环保设施处置量少，环保设施寿命长。同等规模的窑炉烧天然气环保处理的费用只占烧煤气的 25%～35%。另外，烧天然气窑炉炉温稳定，产品质量、产品合格率都有提高，特别是高白料、精白料等高附加值产品，同样的原材料，产品白度会有较大提高。

随着国内大型水利设施的增加及完善，水、风力、太阳能等可再生能源的发电量增加，电价下降，国内部分地区已经要求以电代气，电在玻璃窑炉中的应用越来越广泛。玻璃窑炉大型化受到结构安全性的影响，有一定的局限性，而电极在玻璃窑炉中的布置比较方便灵活，在窑炉中增加电助熔系统，提高炉内玻璃液的温度，既可以提高出料量又能改善玻璃制品的品质，还能减少烟气排放，提高整个窑炉的热效率。由于电价的影响，电熔炉现在主要用在一些特殊玻璃上，如硼硅酸盐玻璃、乳浊玻璃等，电熔炉是上部加料，下部出料，不但可以减少硼、氟的挥发，还可以减少硼玻璃及乳浊玻璃的分层，提高玻璃质量。在目前环保持续高压下，若电价进一步下降，电熔炉应用会越来越广泛。

4.2.2　改进燃烧方式

工业窑炉从源头控制氮氧化物的生成，减少氮氧化物的生成量，既可降低环保设施的投资，又可延长环保设施的寿命，降低生产成本。要减少氮氧化物在窑炉的生成量，要对窑炉火焰的燃烧状态进行精准控制，既要防止氮氧化物大量生成，又要防止火焰燃烧不完全，产生其他污染及能源浪费。

全氧燃烧窑炉由于火焰温度高，对一些难熔玻璃有优势；烟气排放量低，对环境影响较小；炉内富含羟基，可提高玻璃白度及折射率，减少玻璃配方中氧化剂的使用量。目前影响全氧窑炉推广受阻的主要原因是运行成本太高，随着电价下降和氧枪结构改进后火焰长度的增加，全氧燃烧窑炉运用会越来越多。

玻璃窑炉大型化受到结构安全性和火焰长度的影响，窑炉的大型化有一定的局限性，若结合全氧窑的一些特性，提高玻璃液质量，还可以提高产量。发挥传统火焰窑炉与全氧窑炉各自的优势，既可提高窑炉的产量、玻璃液的质量，还可降低环保处理的费用。

淘汰不合理的助燃空气系统，增加设备的气密性，是玻璃工业需要注意的问题。现在环保低温脱硝设备要求烟气温度在 $250\sim280℃$，通常单通道蓄热室出口温度在 $550\sim650℃$，三通道蓄热室三室（小空气蓄热室）顶部温度 $650\sim730℃$，有时甚至更高（视熔化温度高低变化）。但是有的企业进环保设备烟气温度偏低，又用燃料加热烟气，不仅增加能源消耗，而且会增加烟气量，增加排烟设备的负担。烟气温度急剧下降是由于蓄热室出口以后设备漏气、助燃空气系统特别是空气交换器设计不合理等原因导致。

4.2.3　窑炉的模块化、标准化

现在玻璃窑炉的砖材形状、砖体大小及砌筑模式，跟几十年前没有质的差别。工作环境差、劳动强度大、效率低、质量不高是窑炉建筑行业的现状。如何以机械化、自动化代替人工砌筑，减轻或减少人工繁重的体力劳动已经形成趋势，把窑炉砌体模块化，在工厂进行砌筑，能很好发挥机械手、机器人的作用，到时将模块运至现场安装，既提高了砌筑安装速度，又能提高砌筑质量。

由于玻璃生产企业受自身条件的限制，诸如技术力量、管理水平、现场条件、能源结构、玻璃种类、原料供应、产品结构等因素的影响，使玻璃窑炉标准化非常困难。为达到窑炉优质、高效、低排放、长炉龄、低成本等目标，玻璃窑炉标准化是一个必须长久坚持的工作。

4.2.4　优化窑炉控制

玻璃窑炉自动控制系统结构的一体化和控制计算机的标准化，在目前采用微型计算机或以单片机为基础的数字仪表的过程控制中，大多数是多回路综合参数控制，在系统上除了常规设备控制外，越来越多地组成两级计算机控制系统。

由于工业控制计算机可做精准的运算，所以在过程控制中采用了数字滤波以提高输入信号品质，增强系统抗干扰能力。采用新的控制算法，在计算机控制系统中，对传统的负反馈和单级 PID（比例-积分-微分控制器）控制算法做出了补充，大大提高了控制性能。由于引入了低氧量控制方法和空燃比单交叉、双交叉制约等燃烧控制方法，可防止燃烧不完全的黑烟和过量的过剩空气，从而改善燃烧条件、节约能源。

思考题

1. 在玻璃熔制过程中，配合料发生哪些物理、化学及物理化学变化？
2. 简述玻璃熔制的五个阶段。
3. 简述玻璃澄清原理（物理、化学的）。
4. 熔制过程中，炉内气体、气泡中气体及溶解在玻璃中的气体平衡如何？
5. 影响玻璃熔制的因素有哪些？
6. 池窑、坩埚窑的温度制度如何？
7. 什么是"鼠洞"？
8. 如何通过对火焰的控制来稳定温度曲线？
9. 泡界线是如何形成的？怎样才能稳定泡界线？
10. 合理的窑压指标是如何确定的？
11. 玻璃熔窑为什么要换火？换火操作有哪些注意事项？
12. 冷修前的准备工作有哪些？
13. 窑炉各部位砌筑的质量要求是什么？
14. 热风烤窑与传统烤窑相比有什么特点？如何进行？
15. 为什么要对玻璃熔窑进行日常维护？

模块 4

玻璃的成型

玻璃的成型是熔融的玻璃液转变为具有固定几何形状制品的过程。玻璃必须在一定的温度范围内才能成型，在成型时，玻璃液除作机械运动外，还同周围介质进行连续的热传递。由于冷却和硬化，玻璃先由黏性液态转变为可塑态，然后再转变成脆性固态。在成型过程中，机械作用和玻璃液在一定温度下的流变性质有关，玻璃液在外力（压力、拉力等）的影响下，使其内部各部分流动。

玻璃流变性质的最主要指标是玻璃的黏度、表面张力和弹性。玻璃冷却和硬化主要取决于它在成型中连续地同周围介质进行热传递。这种热现象受到传热过程的抑制与玻璃液及其周围介质的热物理性质（比热容、热导率、透热性、传热系数）的影响。

在生产过程中，玻璃制品的形成分为成型和定型两个阶段，第一阶段赋予制品以一定的几何形状，第二阶段把制品的形状固定下来。玻璃的成型和定型是连续进行的，定型是成型的延续，但定型所需的时间比成型长。决定成型阶段的因素有玻璃的流变性，即黏度、表面张力、可塑性、弹性以及这些性质的温度变化特征。决定定型阶段的因素有玻璃的热性质和周围介质影响下的玻璃硬化速度。各种玻璃制品的成型工艺过程一般是根据实际参数采用实验方法来确定的。

项目 1　成型工艺制度设计与计算

1.1　成型方法

1.1.1　吹制法

瓶罐玻璃的成型经历了从手工成型、半自动化成型到自动化成型的发展过程，目前已达到用计算机完全自动控制的程度。目前，瓶罐玻璃的成型主要采用模制法，应用吹-吹法成型小口瓶，压-吹法成型广口瓶。现代瓶罐玻璃的生产广泛采用自动制瓶机高速成型。自动制瓶机类型较多，其中以行列式制瓶机最为常用。行列式制瓶机生产瓶罐玻璃的范围广、灵活性大，并逐渐向多机组、多滴料机电一体化、智能化控制方向发展。所有这一切都使生产效率有了明显提高。

行列式制瓶机（以下简称行列机）由数台完全相同的机组（段）并列而成，每一个机组（段）都可以看作一个独立完整的成型机，国外称为 IS（individual section）制瓶机。它具有以下特点。

① 行列机由完全相同的机组组成，每一个机组都有自己的定时控制机构，可以单独启动和停车，不会影响其他机组。这不仅便于更换模具和维修机器，而且当玻璃熔窑出料量减少时，可以减少运转的组数进行生产。

② 模具不转动。为了连续装料，每个机组都有自己的接料系统或者共用一个分料器。

③ 生产范围广，可以用吹-吹法生产小口瓶，也可以用压-吹法生产大口瓶。各机组还可以分别成型不同形状和尺寸的产品（制品的质量和机速应完全一致，料形相近）。

④ 使成型的瓶罐获得良好的玻璃分布，尤其是用压-吹法生产的各种瓶罐，壁厚均匀，可以实现玻璃瓶罐的轻量化。

⑤ 行列机的主要操作机构不转动，机器动作平稳，操作条件良好。

1.1.1.1 压-吹法

所谓压-吹法是料滴在初型模中进行压制，使口部成型，然后转入成型模中进行吹制成型。压-吹法的特点是先将料滴压制成口颈和锥形料泡，然后再吹制成产品。料滴落入由口模和初型模构成的模腔后，冲头下压，同时在口模中形成制品的边口，在初型模中形成锥形料泡。由于口模的内腔完全符合制品的边口外形，因此制品的边口此时已初步定型。当冲模上提后，将口模连同锥形料泡一起送到成型模中，通过置于口模上方的吹气帽，使压缩空气经瓶口进模腔，锥形料泡便被吹成制品，打开口模后，即可将制品取出。这类压-吹机得到了广泛的应用，玻璃制瓶厂中使用的正口机，就是利用这种原理。压-吹成型机玻璃成型过程示意图如图 4-1 所示。

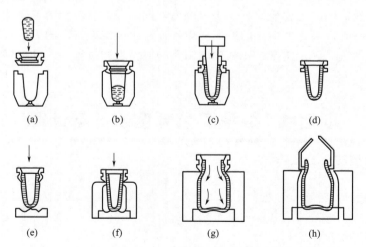

图 4-1　压-吹成型机玻璃成型过程示意图

（a）接受料滴；（b）准备压出；（c）冲模压入；（d）冲模已上升，初型模已下落，料泡进行重热及伸长；
（e）成型模底板上升；（f）成型模闭合；（g）吹气；（h）成品钳出

1.1.1.2 吹-吹法

吹-吹法和人工吹制瓶子的原理相同，先向初型模中吹入压缩空气做成瓶子初型（称为初型料泡），再将初型料泡翻转，交给成型模，向成型模中吹入压缩空气，最后做出瓶子。吹-吹法是指初型瓶和成型瓶的成型过程都是经过吹压缩空气来完成的。其过程如下：

剪料→落料→扑气→倒吹气（形成初型）→翻转→重热→正吹气（成型）→钳瓶→输瓶热端喷涂→退火→冷端喷涂。吹-吹成型机玻璃成型过程示意图如图 4-2 所示。

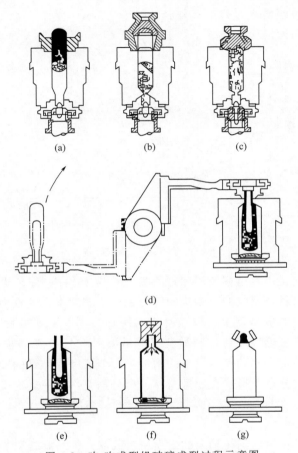

图 4-2　吹-吹成型机玻璃成型过程示意图

（a）装料；（b）扑气；（c）倒吹气；（d）初型翻送；（e）重热和伸长；（f）正吹气；（g）钳移

1.1.2　拉制成型法

玻璃管的成型与其他玻璃成型一样，是熔融的玻璃液转变为固定几何形状制品的过程，因此必须在一定的温度范围内才能成型。成型时玻璃液除做机械运动外，还同周围介质进行热传递，由冷却到硬化，玻璃先由黏性液态转变为可塑状态，然后再转成脆性固态。因而玻璃管的成型过程是极其复杂的，是多种性质不同作用的综合。其中机械和热作用具有重要意义。

玻璃管的成型属于无模成型，过程比较简单，但其成型过程仍分为成型和定型两个阶段。第一阶段是赋予玻璃管一定管径尺寸，第二阶段是把玻璃管形状固定下来。玻璃管成型和定型是连续进行的，定型实际上是成型的延续，但是定型所需要的时间比成型时间要长，决定成型阶段的因素是玻璃的流变性质，决定定型阶段的因素是玻璃的热性质和在周围介质影响下玻璃管的硬化速率。

医药用玻璃管的拉制方法有丹纳法和维罗法两种，都属于水平拉管法。目前在我国用的较普遍的是丹纳拉管法。

1.1.2.1 丹纳拉管法

用丹纳拉管法能拉制精度较好的、外径为 2～70mm、壁厚为 0.4～3.0mm 的玻璃管，丹纳拉管法的原理如图 4-3 所示。

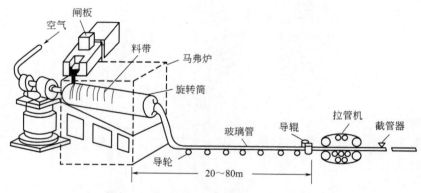

图 4-3　丹纳拉管法的原理

池窑熔融的玻璃液经供料道调节温度，使黏度约为 $10^{2.5}$ Pa·s，从供料道端部的流料槽呈带状流出，落于耐火材料制成的成型旋转管上，由于玻璃本身的重力和成型管的旋转逐渐向下流淌，缠绕在旋转的成型管上。成型管与水平面成 15°～20° 的倾角，并放置于马弗炉中，因马弗炉温度低于玻璃温度，玻璃黏度逐渐增大到 10^4 Pa·s 左右，并在旋转筒表面逐渐形成均匀的玻璃层。上下移动流料槽上的闸板可调节流向成型管的玻璃量。从流料槽端部至成型管玻璃带的温度分布及形状在成型操作上十分重要，对一般的安瓿玻璃管，马弗炉内采用火焰加热，温度呈 1260℃→1220℃→1000℃→945℃ 阶梯式分布。玻璃带的温度波动要控制在 ±1℃ 以内。

旋转成型管是固定在耐热钢转轴上的耐火材料圆筒。轴与旋转套管驱动系统连接，以一定下倾角度转动。起初缠绕在成型管上的玻璃带凹凸不平，与绳子缠绕相似，但到离开成型管端部以前已形成光滑的平面。随着玻璃层被牵引和空心轴中吹入 60～1200Pa 的压缩空气，玻璃液被吹成中空状，形成管根，并由拉管机尾引出，离开成型管的玻璃成型为玻璃管。改变压缩空气压力和拉引速度，可控制玻璃管的外径和厚度。

1.1.2.2 维罗拉管法

维罗水平拉制法是在垂直引下法的基础上发展起来的，其拉管装置与丹纳法基本相同，也是由机头、辊道和机尾三部分组成的，不同的是机头部分的形状与滴料供料机类似，如图 4-4 所示。

池炉中的玻璃液在由耐火材料制成的转筒的不断搅动下，通过供料通道和料盆，从料碗中心漏孔流出，然后被垂直引下。在漏孔的中心有二根空心的耐火材料管，管中装有耐热钢管，用以不断送入压缩空气使玻璃成为管状。当玻璃管延伸到具有一定角度的气垫悬链线后被引向水平的可调辊道上，再经真空箱、固定跑道、激光外径检测仪、高架冷却、拉管机、水箱、割管机等进入后加工工序。

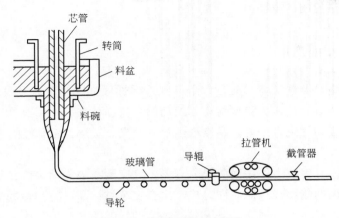

图 4-4　维罗拉管法的原理

　　维罗拉管法的优点是产量高，单机可达 6.5～8kg/min（安瓿料），管壁厚度均匀；引管工艺是垂直引下，然后再水平拉制，可避免管壁产生螺旋形线条；玻璃管质量高、生产范围大，玻璃管直径 ϕ 为 0.6～60mm。

　　但维罗拉管法存在如下一些问题：对玻璃液温度的稳定性要求较高，因而对供料通道的结构、加热控制系统等要求严格，故一次性的投资较大；因采用从垂直转向水平的工艺，所以其料液面到辊道的距离较长，加之生产机速快，要求跑道长，对厂房建筑与设备的投资也大；机速快、生产能力大，故对生产效率要求不高的工厂是不经济的。

1.2　玻璃液的物理性质对成型的作用

1.2.1　玻璃液黏度对成型的作用

　　黏度在玻璃制品的成型过程中起着重要作用，黏度随温度下降而增大的特性是玻璃制品成型和定型的基础。在高温范围内钠钙硅酸盐玻璃的黏度-温度梯度较小，而在 1000～900℃ 之间，黏度增加很快，即黏度-温度梯度（$\Delta\eta/\Delta t$）突然增大、曲线变弯。在相同的温度区间内两种玻璃相比较，黏度-温度梯度较大的称为短玻璃，反之称为长玻璃。如图 4-5 所示，玻璃的成型温度范围选择在接近黏度-温度曲线的弯曲处，以保证玻璃具有自动定型的速度。玻璃的成型温度高于析晶温度区，如果成型过程冷却较快，黏度迅速增加，很快通过结晶区就能避免析晶。

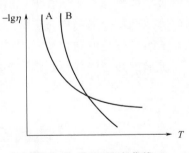

图 4-5　黏度-温度曲线

1.2.2　玻璃的表面张力对成型的作用

　　在成型过程中，表面张力也起着重要作用，表面张力表示表面的自由能使表面有尽量缩小的倾向，表面张力是温度和组成的函数。它在高温时作用速度快，而在低温或高黏度时作用速度缓慢。表面张力使自由的玻璃液滴成为球形，在不用模型吹制料泡或滴料机控制料滴形状时，表面张力是控制的主要因素。

1.2.3　弹性对成型的作用

玻璃在高温下是黏滞性液体，而在室温下则是弹性固体。当玻璃从高温冷却到室温时，黏度成倍地增长，然后开始成为弹性材料，然而黏性流动依然存在。继续冷却，黏度逐渐增大到不能测量，就流动的观点来说，黏度已经没有意义。玻璃由液体变为弹性材料的范围称为黏-弹性范围。

弹性可以立即恢复因应力作用而引起的变形，黏度则在应力消失前使玻璃继续流动。温度高时黏度小，玻璃的流动过程能立即完成。只有在有黏性而没有弹性的情况下，成型的玻璃制品不会产生永久应力。对瓶罐玻璃来说，黏度在 10^6 Pa·s 以下时为黏滞性液体，黏度为 10^5 或 $10^6 \sim 10^{14}$ Pa·s 时为黏-弹性材料，黏度为 10^{15} Pa·s 以上时为弹性固体。所以黏度为 $10^5 \sim 10^6$ Pa·s 时，已经存在弹性作用了。在成型过程中，如果维持玻璃为黏滞性，不管如何调节玻璃流动，是不会产生缺陷的（如微裂纹等）。

在大多数玻璃成型过程中，可能已达到弹性发生作用的温度，至少在制品的某些部位已接近于这样的温度。弹性及消除弹性影响所需的时间在成型操作中是很重要的，在成型的低温阶段，弹性与缺陷的产生是直接相关的。

1.2.4　玻璃的热性质对成型的作用

玻璃的热性质是成型过程中影响热传递的主要因素，如玻璃的比热容、热导率、热膨胀系数、表面辐射强度和透热性等，与玻璃的冷却速度以及成型的温度制度有极大的关系。

玻璃的比热容决定着玻璃成型过程中需要放出的热量。玻璃的比热容随温度的下降而下降。在高温时，瓶罐玻璃的比热容不管是长玻璃或短玻璃，不随其组成发生明显的变化。

玻璃的热导率表示在单位时间内的传热量。表面辐射强度用辐射系数来表征，透热性即为红外线和可见光的透过能力。玻璃的热导率、表面辐射强度和透热性愈大，冷却速度就愈快，成型速度也就愈快。

玻璃的热膨胀或热收缩以热膨胀系数表征，它和制品中应力的产生和制品尺寸的公差均有关。

项目 2　成型机的操作与控制

2.1　玻璃瓶罐的成型操作

将合乎成型要求的玻璃做成玻璃瓶罐的过程即为玻璃瓶罐的成型，成型后的制品从高温冷却到常温时，会产生热应力，为了将玻璃中的热应力尽可能消除，需要对玻璃制品进行退火。瓶罐成型主要的设备有供料道、供料机、制瓶机等。

2.1.1　供料道

供料道是一个用耐火材料砌造的封闭通道，由冷却段和调节段组成，通过精确的调节，供料道中玻璃液达到成型所需要的温度。供料道的结构如图 4-6 所示。

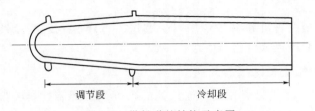

图 4-6　供料道的结构示意图

① 供料道的作用是把池窑已熔制好的玻璃液温度调节至适于制品成型温度。

② 供料道根据需要对玻璃液进行既经济且有效的加热或冷却。

③ 供料道将合乎制瓶机所要求的适当温度和黏度的玻璃液送入供料机。

④ 供料道的结构。供料道由冷却段和调节段组成，冷却段的作用：

a. 熔化好的玻璃液从池窑流出后经冷却和加热区段使玻璃液达到成型制品需要的平均温度。

b. 冷却段的结构如图 4-7（a）所示，为增加冷却程度，冷却风仅仅吹供料道的碹顶部分，加热则集中在两侧料槽顶部。

调节段的作用是使玻璃液温度分布均匀，当制品重量和机速发生变动时就必须改变料滴温度。但是供料道与温度大致一定的池窑直接连在一起，制品和机速变动时，就必须依靠供料道的冷却段和调节段采用加热或冷却的手段调节玻璃液的温度。供料道的冷却段和调节段如图 4-7 所示。

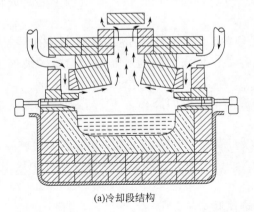
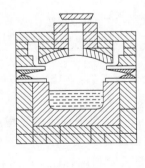

(a)冷却段结构　　　　　　　(b)调节段结构

图 4-7　供料道结构

（1）供料道燃烧系统

以气体燃料为例，燃烧喷嘴与歧管连接，燃烧所需的气体燃料由一种特殊设计的低压吸入式混合器供给，低压吸入混合器是整个燃烧系统的关键，它以文丘里吸管原理工作，当空气以高速从细管喷出时，便将通入喉部的气体燃料以一定的比例吸入，并在扩散端进行充分混合。混合后的气体燃料直接经由歧管分配到供料道中的许多燃烧喷嘴对玻璃液进行加热，通向吸入混合器喉部的气体燃料先经过煤气压力调节器将压力降至 $100\sim200mmH_2O$，然后经零位调节器降至大气压，再经过通用煤气调节器调节。吸入式混合器的空气由助燃风机经由气动薄膜阀（或蝶阀控制阀）供给。

零位调节器是薄膜操作阀，进口压力为 $100\sim200mmH_2O$，流量变化很大的情况下能保持阀门出口压力为零。

通用煤气调节器是一种计量装置，用以控制进入低压吸入式混合器空气流中气体燃料量，通用煤气调节器和吸入式混合器安装在一起。

（2）供料道内的玻璃液搅拌装置

① 螺旋搅拌装置。在供料道和池窑连接处的附近设置螺旋搅拌装置，搅拌的作用是使玻璃液温度均匀，同时也将从池窑流入的玻璃液吸入供料道，以防止供料道中的玻璃液面下降。

② 相对旋转式搅拌装置。在供料道调节段（均化段）设置相对旋转式搅拌装置，该装置使玻璃液温度均匀化，同时也将玻璃液推入料盆内。

2.1.2 供料机

机械成型的供料方法有滴料和吸料两种，目前瓶罐玻璃生产中大多采用滴料法。使用供料机将合乎成型要求的玻璃液变成料滴均匀地滴入制瓶机接料装置中。供料机是当前各种滴料式制瓶机的配套设备，供料机的结构原理如下：

① 供料道终端的料盆部分称为供料机。

② 供料机可将供料道中被加热成均质的玻璃液变成成型时所需要的料滴，以供制瓶机使用，是由耐火材料制作的部件和机械部件装配而成的。

③ 与供料道相接的供料机料盆内的熔融玻璃液利用装在冲头机构上的耐火材料冲头从料碗中压出，然后被剪料机构切断即成料滴。

④ 供料机由料盆、料碗、冲头和套筒等组成。供料机各部分的机能如下：

a. 料盆：料盆是由耐火材料制成的容器，供成型料滴所需的、定量的玻璃液，起保温和蓄积作用。

b. 冲头：冲头是一根耐火材料制的头部呈锥形的圆棒，可上下运动，将料碗中的玻璃液吸引并从碗口压出。

c. 套筒：在冲头周围旋转的耐火材料圆筒，使玻璃液均匀，并能调节玻璃液流量。

d. 料碗：装在料盆内的耐火材料小碗，碗底有孔，冲头将玻璃液从孔中压出形成料滴，根据制品重量决定料碗碗底孔的直径。

e. 滴料原理：滴料式供料机的任务是使具有一定重量、形状与温度的料滴以一定供料速率垂直而无扭折地落向初型模，料型取决于成型过程，基本可归纳成如图 4-8 所示的五个主要步骤：

（a）在旋转着的匀料筒内冲头做等速下降运动，玻璃从料碗向外流出→（b）冲头加速下降→（c）冲头在最低位置停留，剪刀开始闭合→（d）剪刀开始闭合时冲头加速上升→（e）料滴被剪落，冲头等速上升。

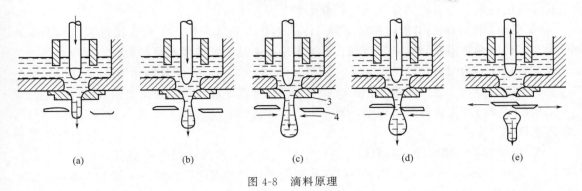

图 4-8　滴料原理

2.1.3　制瓶机

（1）制瓶机的导料系统

从供料机上剪落下的料滴，通过料接漏斗，流经料槽系统（从上向下分为料杓、斜管、转向器）和漏斗落入初型模内，如图 4-9 所示。

（2）成型过程

① 接料。料滴在被剪断前，接料槽已按机器的作业顺序对准了某一组的直料槽，若该组由于某些原因正处于停止工作状态，此时，截料板就伸出，覆盖住接料漏斗，而将应送入该组的料滴截住，导入废料槽中。在机器各级均正常工作时，截料板一直处于缩回状态。

② 受料。料滴未流出转向槽前，口模已返回，初型模已关闭，套筒、芯子已上升，漏斗已覆盖在初型模上面了，从转向槽中垂直流下的料滴通过漏斗落入初型模中，漏斗内孔与料滴之间在径向上有约 0.8mm 间隙，以保证料滴入初型模时位置正确，又保证了料滴不会被损伤，漏斗内孔还是扑气的通道。

③ 扑气。由初型模上方供气，压实玻璃料到口模中，使瓶口在口模中充分成型。

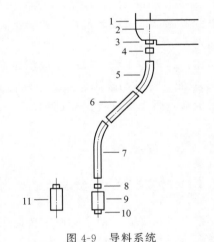

图 4-9　导料系统

1—玻璃液面；2—料盆；3—剪刀；4—料杓；
5—接料管；6—斜管；7—转向器；8—漏斗；
9—初型模；10—口模；11—成型模

为了使料滴与模具内腔充分接触，受料后，扑气应立即进行，扑气作用时间应尽量短，这样既能防止料滴过冷，使成型的瓶口经受得住吹气时的拉伸，又能使扑气痕迹减到最少。

④ 芯子下，重热。扑气一结束，芯子应立即下降，退出口模，使瓶口处芯子空穴表面重热，以防止倒吹气时瓶口处出现变形与裂纹。

⑤ 倒吹气。扑气一结束，扑气头抬起，漏斗移走，扑气头又落下，盖在初型模上，作为倒吹气时封底之用。

倒吹气是将压缩空气导入扑气时在瓶口处形成的芯子空穴，在初型模腔中，吹玻璃料成为初型瓶的过程。合适的倒吹气压力能使初型瓶内壁光滑。

⑥ 翻转。倒吹气一结束，套筒下降，退出口模，扑气头移开，初型模打开，口钳带着口模与初型瓶翻转180°，将初型瓶送往成型模中，在这之前成型模已打开。

翻转运动的速度对制品的质量至关重要，若速度太快，初型瓶由于离心力的作用而变弯；若速度太慢，又会由于重力作用而变弯。应仔细调节翻转运动速度直到合适。

从初型模打开及在转送过程中，初型瓶进行了重热。重热使瓶子内外壁温度趋向一致，能防止褶皱产生。

⑦ 初型瓶的延伸和进一步重热。当口钳带着口模和初型瓶翻至成型模上方处于水平位置时，成型模关闭，抱住初型瓶，口模在成型模抱住初型瓶前已打开，使初型瓶落入刚好抱紧的成型模中，口模一放开，口钳就返回。

初型瓶转入成型模后，在正吹气开始前，继续重热。由于自身重力作用，初型瓶在成型模中向下延伸拉长。

⑧ 正吹气和瓶子内部冷却。口钳返回后，吹气头就覆盖在成型模上。

正吹气是通过吹气头将压缩空气导入成型模中的初型瓶内，将初型瓶吹成成型瓶形状的过程。正吹气气体的压力根据制品用量和形状不同而不同。吹制成后，瓶内多余的空气带着制品内部的热量而排出，但过冷会引起产生制品裂纹。

⑨ 钳出。正吹气结束后，吹气头移开，钳瓶爪转到成型模一边。成型模刚刚开肩，转过来的钳瓶爪恰好夹起制品，瓶转出，将制品放置在输瓶机停止板上，然后钳爪稍抬起一定距离。

钳出运动应平稳，以防止成型瓶变形。

⑩ 瓶子冷却与拨出。瓶子被从停止板通孔供给的冷却风冷却后，拨瓶爪将瓶子运到运动着的输送带上送往退火炉前端。

2.2 玻璃管成型

2.2.1 丹纳拉管法成型设备

维罗法在美国、德国等国家普遍采用，在我国未能得到推广。丹纳拉管法成型设备有供料道、作业室、马弗炉、拉管机机头、辊道、拉管机机尾、割管机、管径检测装置等。见图4-10。

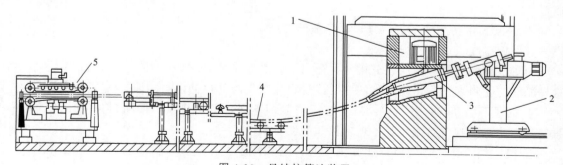

图4-10 丹纳拉管法装置

1—作业室；2—拉管机机头；3—成型旋转管；4—辊道；5—拉管机机尾

2.2.1.1　供料道

拉管熔窑的料道是连接熔化池与流料槽的一个中间部分。从熔化池过来的玻璃液有很高的温度，在成型前需要进一步均化，因此料道有下列三方面的作用。

① 降低玻璃液的温度，吸收玻璃液内澄清后的残余气泡。

② 稳定玻璃液的温度和黏度，使玻璃液进一步均化。

③ 便于布置作业室，安装流料槽和拉管机头。

由此可见，料道是控制玻璃管生产的关键部位，料道内温度的变化是影响玻璃管质量的重要因素。通常拉管机的出料量较高速瓶罐成型机的出料量要少得多，因此，与瓶罐玻璃熔窑的料道不同，拉管熔窑的料道应短、窄、浅，以使里面的存料少、死料少、周转快，有利于玻璃的均化，便于加温和促进料液的上下温度均匀，同时可以减少加热的能耗。但当拉管线较多时，为解决拉管机的布置，也可采用较长的料道。料道一般长为 1.4～3.5m，料道适当加长有利于提高出料量和便于进行高灵敏度的热工控制，以保证料带温度稳定。

料道靠近熔窑冷却部 400mm 处，深 500mm，向上抬高 100mm，避免进来的脏料直接流向流料槽。料道宽为 300～400mm，前边和熔窑的冷却部或分配料道相接，后边和流料槽或洞眼砖相接。为防止硼硅玻璃分层造成的影响，可设置玻璃液表面溢流和底部放料装置，或者对料道进行全密封，以减少玻璃表面挥发。洞眼砖洞眼中心距液面 150mm，这种吃料深度既考虑到抛开表面漂浮的一层脏料，又考虑到避免底面的一层死料流入料槽。料道材料选用的好坏将直接影响玻璃管的质量。料道底部和两侧用黏土大砖砌成，与玻璃液接触的部位需用电熔 AZS 砖或致密锆英石砖及 α-氧化铝、β-氧化铝砖砌成，以防止过快的侵蚀和对玻璃液的污染。火焰空间内用仿硅线石材料砌筑，顶部用仿硅线石砖或莫来石砖覆盖，并对料道进行全保温。

根据玻璃组成及加热能源的不同，可采用不同的料道结构。当以电为加热能源时，为缩小玻璃液的上下温差和减少 B_2O_3 挥发，可在料道两侧设置埋入式钼电极，上盖电熔 AZS 砖，并在其上用火焰辅助加热。这种料道结构如图 4-11 所示。

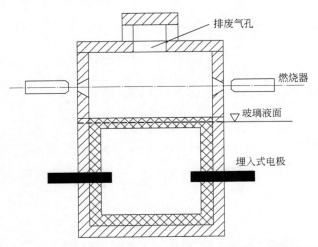

图 4-11　全密闭电加热（火焰辅助）供料道横剖面示意图

对于以火焰加热的硼硅酸盐玻璃料道，为防止 B_2O_3 的挥发，不能直接用火焰在料液面上加热，必须在料道两侧与底部留有夹墙火道，燃烧的火焰从火道到通道底部再由端部的小烟囱排入大气，或直接抽入熔炉大烟囱。为防止侵蚀，在靠近熔化池壁处可用白铁砖作为两侧通道壁，顶部装有热电偶，如图4-12所示。

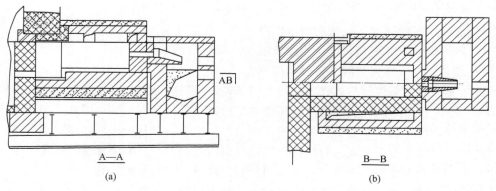

图 4-12　有夹墙火道的拉管小料道

低硼硅酸盐玻璃或钠钙玻璃的挥发问题并不突出，可采用普通瓶罐玻璃的料道形式。对料道的热工控制可分段进行，以达到适合成型的料液温度。另外还可在料道合适位置设置搅拌装置。

2.2.1.2　成型室

成型室也叫作业室、保温室或出料室，属于熔窑的组成部分，位于料道的侧面。一座熔窑最多可以有 6 个成型室，视生产能力而定。成型室的作用是使玻璃液流到成型管旋转上不致过冷，并保证温度均匀。一般成型室温度要保持在 1000～1100℃。成型室除了保持玻璃液成型温度均匀外，还可对旋转管上均匀的玻璃液进行表面抛光。

成型室一般由黏土砖砌成，顶部及四周可加保温层。如图4-13所示的成型室是目前我国较为普遍采用的结构形式。

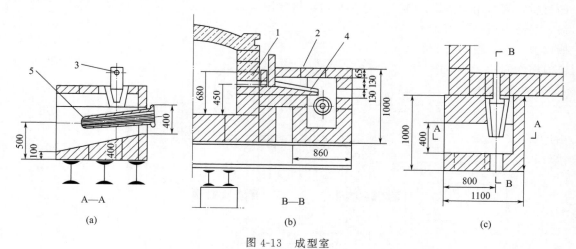

图 4-13　成型室

1—料道洞眼砖；2—顶盖；3—流量控制闸板；4—流料槽；5—成型旋转管

成型室一般是正方体或长方体，和料道、料槽相连，开有前后门以安装吹管和拉管，成型室内砌有黏土质或刚玉质的流料槽 4、流量控制闸板 3，成型管 5 位于成型室中央；配有直接式或间接火焰单独加热装置，通常采用三支金属加热喷嘴，并根据其余部件的位置开有三个喷枪口以便加热。成型室的大小随流料槽、成型管尺寸及设备布置等不同而不同。采用大型的长形料槽的成型室尺寸都大于采用小型的长形和鼻形流料槽的成型室。另外成型室的尺寸还与成型室的加热燃料及产品规格有关。成型室的出口应该有门，而且正常情况下是关闭的，成型室内要有一定的空间以保证火焰走向畅通、温度均匀，同时从节约能源角度考虑加厚保温层是必要的。大部分成型室的外形尺寸：宽 1000～1050mm（指加热外墙到料道墙或池墙）、高 1000～1400mm；成型室内腔净尺寸：前后长 1060～1100mm、宽 400mm、前面门高 600mm、后面门高 450mm，底板砖由两侧向中央倾斜，并且后面高于前面，角度为 10°～12°，为了保证玻璃液由流料槽 4 顺利流出，槽应比窑门玻璃液面低 120～200mm。为了使拉出的玻璃管均匀一致，还要保证窑内玻璃液面稳定。

成型室近料道一侧的墙上装有流料槽，对面墙上开有三个孔，尺寸一般为 130mm×115mm，其作用为：放置保温喷枪，观察料焰、料带生产情况，排出废气、调节废气流向。如图 4-13 所示的尺寸是我国目前比较通用的尺寸。一般料槽口位于偏成型室中心线 40～60mm 近料道一侧，料槽口中心线位于成型室 1/3（靠后门 350mm 左右）处。

成型室由洞眼砖、流料槽、闸板砖、成型管等组成。

（1）洞眼砖

一般用高铝黏土烧结而成，要求内外表面平整光滑无裂纹，其尺寸如图 4-14 所示。

洞眼砖的作用相当于一个小流液洞，洞眼的位置距离液面 150mm 以下，洞眼砖的厚度可视料道和成型室的位置而定。因受玻璃液的侵蚀，洞眼侵蚀较快，直径为 60mm 的孔侵蚀成直径 100mm 左右大约只要半年到一年的时间。洞眼的变形直接影响玻璃管的质量，因此侵蚀严重的洞眼砖必须更换。更换洞眼砖比较费时费力。为增加洞眼砖的抗侵蚀能力，需用较好的材质，最好用刚玉质的。为了延长洞眼砖的使用寿命，在停产更换流料槽时，停止加热后要马上将流料

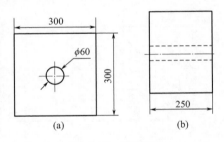

图 4-14 洞眼砖

槽取掉，由于玻璃液的黏度增大，洞眼砖表面会粘连而剥落，形成凹凸不平的表面，影响新流料槽的安放，造成玻璃液的渗出及玻璃管的螺纹。

（2）流料槽

按取料方式可将流料槽分为液面取料式及液下层取料式两种。无论哪种形式的流料槽都由进料口、流量控制口（卡口处放置闸板控制流量）、流料口三部分组成，液面取料式流料槽形状可分为直流式（图 4-15）和斜流式（图 4-16）两种。

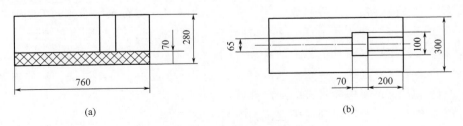

(a)   (b)

图 4-15 小型直流式流料槽

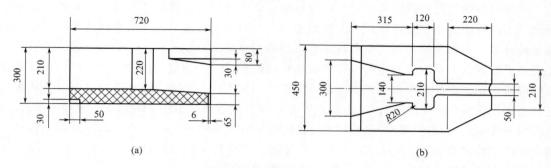

图 4-16　大型斜流式流料槽

直流式的优点是玻璃液流经路线短、温差小、液流畅通、调换闸板方便。缺点是保温喷枪火焰直冲闸板及料槽卡口，耐火材料（料槽及闸板）容易受侵蚀产生砂子；火焰直冲玻璃的表面，会使液面发毛，影响玻璃管的外观质量。

斜流式的优点是保温喷枪火焰不直冲闸板，料槽口及玻璃液面能克服直流式流料槽的缺点。缺点是调换闸板时不能在流料口前面操作，不如直流式方便。

流料槽一般用黏土材料制成，也有的用刚玉拼砌而成。挡砖及闸板一般由黏土制成。

液下取料式料槽为如图 4-17 所示的鼻形流料槽。

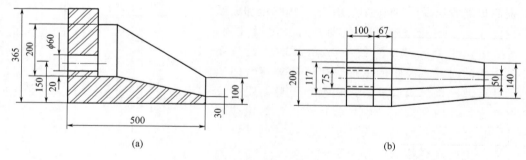

图 4-17　鼻形流料槽

流料槽的作用是使玻璃液按照一定的方向、形状和量顺利地流到成型管体的一定位置上。根据试用比较，鼻形小料槽有一定的优越性，所取玻璃液温度低而稳定，受冷却部或料道窑压和表面温度波动的影响小；因为是下层取料，还能挡住脏料。但由于进料口突然缩小，对进料口的侵蚀较大，同时，由于玻璃液的温度较低，要求煤气喷枪对料槽口的加热温度较高，所以流料口也容易受侵蚀。

鼻形流料槽由高铝黏土浇铸而成，要求质地坚固耐用、表面光滑平整、无断缝裂纹。

流料槽的尺寸与下列因素有关：料道的尺寸、操作场地、日产量、其他设备（如吹管等）的布置，但首先必须满足工艺上的要求。

流料口的长度不宜过长，否则玻璃液流经后温度降低过多、冷却过快，致使玻璃液黏度大，不利成型，因此必须提高料带的加热温度。

流料口厚度不宜太薄，以利料带定位，使其平直下流。

流料口宽度不宜太宽，该宽度即料带宽度，太宽不利于料带平整贴向成型管，易卷入空气产生气泡，影响玻璃管的外观质量。

流料口向内凹入距离不宜过大，因为此处本身侵蚀比较严重，凹入过大会大大缩短使用寿命，凹入仅是为了料带定型，而进料口本身就可以定型料带，故一般不要凹入。对于液面取料的料槽，卡口要适当下沉，以便挡住脏料。

鼻形料槽眼和洞眼砖的眼要保持一致，其余尺寸在保证强度的前提下以小为宜。

闸板口的两侧应与后壁一样高，以防料液溢出。

由于耐火材料的侵蚀，料槽一般三个月左右就需更换，采用刚玉材质的寿命相对要长一些。国外为延长流料槽的使用寿命，大多用铂金将流料槽内侧包住，国内也有效仿的。流料槽在停产更换时要求较严，洞眼要对准，槽面要水平、槽身要摆正，与洞眼砖的连接要严密，否则会使玻璃管产生缺陷，进而漏料，会缩短流料槽的使用寿命。

新料槽安装好以后，要进行烘烤才能使用，如果成型管和流料槽一起更换，烘烤方法以烘烤成型管为主；假如成型管还可继续使用，只需换流料槽时，则必须对新料槽进行烘烤。

使用着的流料槽不到更换期，需要短期停产时，必须进行小火保温，否则将引起断裂。

（3）闸板砖

闸板砖是流料槽的附属设备，各厂使用的类型不尽相同，见图 4-18～图 4-20。

闸板砖的作用是以它的开度来控制流量的大小，闸板砖的尺寸要与流料槽相配，位置在流量控制口，一般由黏土加工而成。要求闸板砖表面光滑平整、坚固耐用、无断缝裂纹、尺寸标准，否则会影响使用和更换。国外目前都将闸板砖的使用端用铂金包严，以延长使用寿命，提高玻璃管质量；国内有试用刚玉闸板砖的，效果比较明显。

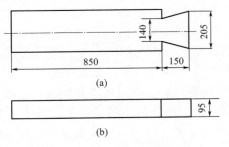

图 4-18　大型长形流料槽闸板

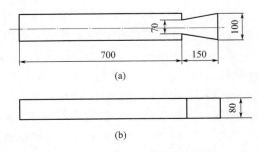

图 4-19　小型直流式流料槽闸板

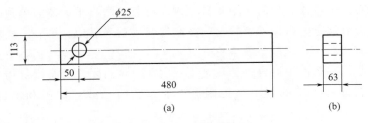

图 4-20　鼻形流料槽闸板

鼻形流料槽所用的闸板砖为高铝黏土浇铸而成，尺寸较小，可用两枚条砖代替，更换时只需将它先放在料道顶部预热半小时，然后取出，换上新的即可，操作安全简单，每更换一次，影响生产时间不到 15min，使用时间一般为 20 天左右。

对于一般的大料槽，其附属设备还有挡砖，位置在卡口上面闸板前面，作用是挡住料道的火焰，使成型室的温度和压力不受料道火焰波动的影响。

2.2.1.3　马弗炉

成型室的加热有直焰和马弗炉两种，马弗炉的加热方式引起的温度波动小，温度梯度易于掌握，料形温度稳定，可节约能源，减少大小管和断管以及其他缺陷，已为各厂家广泛采用。

马弗炉的构造主要分燃烧室和隔焰室，见图 4-21。

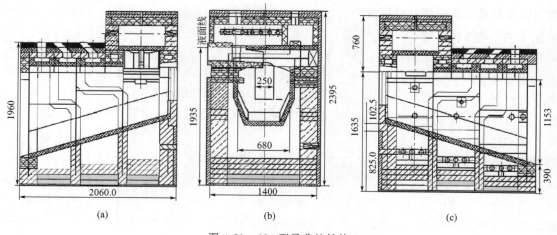

图 4-21　680 型马弗炉结构

燃烧室由耐火黏土砖砌成，墙的厚度为 2.5～3 块砖；内表面采用耐火度高的黏土熟料砖或硅砖；外围砌保温砖；室上盖有一个拱顶，厚 230～250mm，外加保温层。

燃烧室的内部有一个厚 30～40mm 用黏土质或碳化硅质制成的隔焰室，为圆桶形，也有用耐热钢板做成的，直径为 600mm 左右，以旋转管体在内转动不受影响为宜。

燃烧室内的火焰由各方向对隔焰室进行加热，隔焰室以辐射热对成型管加温，可获得满意的温度。马弗炉的门主要是为安装旋转管体和玻璃管成型用的，马弗炉的燃料主要为重油、煤气、天然气，也可用电等，隔焰室墙的传热性能主要取决于制造隔焰室的材料和墙的厚度，其中耐热钢板较好，其次是碳化硅以及黏土材料，但耐热钢板受侵蚀快、代价高。

燃烧室的温度一般要高于黏土隔焰室 250～300℃，而耐热钢隔焰室内外温差为 30～40℃。

隔焰室下面有几个拱或单独的砖墩支持，侧面有若干凸出于炉体的单独的砖或隔离墙支持。碳化硅和黏土隔焰室的机械强度较差，在制造时要适当考虑。另外，隔焰室若能与旋转管体一样做成可旋转的，加热效果就会更好。

较先进的马弗炉一般使用混合气加热，正常生产时全封闭，门与辊道连在一起。成型室的温度、拉管的料形和流量的调节与控制可以通过调节马弗炉的门和燃烧火焰的大小来实现。

2.2.1.4　拉管机机头

机头是成型旋转管的驱动机构，常用的有套筒式、锁母式和反卡盘式三种类型。拉管机机头如图 4-22 所示。

拉管机机头安装在作业室外面，紧靠其外壁，受窑炉的热辐射较强，伸入作业室内靠近成型旋转管附近的部位，要采用水冷的方法维持其正常运转。耐火材料的成型旋转管由两个耐热钢制的端头和压饼固定于金属轴 2 上，再用法兰 3 与直流电动机 4 的变速箱 5 连接。

水平拉管机机头一般与水平线成 10°～20°倾斜角，利用角度调节器 6 可以调节其倾斜角。机身 7 安放在轨道 9 上。机头可以通过升降轮 8 进行高度调节。

丹纳水平拉制法采用的机头的最大特点是调换成型管时，机器本身无需移动，不仅可以缩短调换时间，而且提高了机器的稳定性。

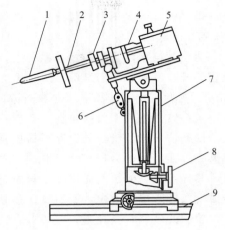

图 4-22　拉管机机头

1—旋转管；2—金属轴；3—法兰；4—电动机；5—变速箱；6—角度调节器；7—机身；8—升降轮；9—轨道

2.2.1.5　成型管

成型管上的玻璃是玻璃管的预成型毛坯，因此，成型管的形状和表面的平滑性非常重要。成型管耐火材料端部锥体部分一般使用镍铬合金制的金属夹具，起玻璃管预成型模型的作用，以下几点很重要。

① 成型管的表面积。成型管上玻璃层的厚度分布与玻璃管尺寸精度相对应。因此，增大成型管套筒表面积，玻璃管的尺寸精度和生产效率都将提高。

② 成型管的耐侵蚀性。成型管长期与高温玻璃接触，当表面受玻璃侵蚀变得不平整时，玻璃管的尺寸将发生变化，这时必须更换成型管。

③ 成型管的耐热冲击性。成型管在更换前必须在预热炉中煅烧，因此，必须选用耐热冲击性能和耐侵蚀性能好的耐火材料制作成型管。

成型管通常是由用镍铬合金钢制作的金属嘴和用耐火材料制作的筒身两部分组成，尽管这种成型管制造起来比较容易，但其连接部分往往会产生空气漏出现象，从而影响料层的温度和玻璃的质量。为了防止这种现象发生，日本 NEG 公司首先用耐火材料制成整体成型管。这种成型管必须用耐高温玻璃液侵蚀的优质耐火材料制造，还应具有足够的耐急冷急热性。成型管一般用黏土材料制成，也有用高铝或刚玉的。从提高玻璃管质量和延长成型管使用寿命方面考虑，黏土质成型管已较少使用。

成型管在作业室中不断地旋转，从出料口流下的玻璃液均匀地分布于其表面，由高的一端流向低的一端，形成管状液料，在高的一端的中央通入压缩空气，将玻璃料吹成玻璃管。

如图 4-23 所示为成型管的构造和安装。

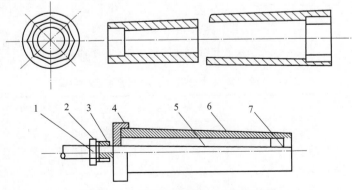

图 4-23　成型旋转管的构造和安装图

1—锁紧螺母；2—螺母；3—压紧弹簧；4—压饼；5—空心轴；6—成型旋转管；7—端头

　　锁紧螺母 1 紧压在螺母 2 上，螺母 2 与压饼 4 间安放压紧弹簧 3，成型管另一端由端头 7 夹持，上述各部件都在空心轴 5 上固定就位。

　　成型管与玻璃管的质量关系极大，因此，要求它的外形尺寸准确，表面光滑平整，结构致密，开口气孔率小于 2％，直线度小于 5mm，前端圆度小于 1.5mm，后端圆度小于 3～5mm。为此需用车床和磨床对表面进行加工。

　　国内常用的成型管锥角在 5°～6°。角度过小，管端停料多，对成型的操作要求高、角度大，卸料快，成型管根的温度不易控制，不利于成型。锥形成型管的缺点是在成型管筒身与成型嘴连接处往往会产生空气泄漏的现象，金属嘴易黏结玻璃液。国外大多采用桶形成型管，其优点是整体长而无锥度，管内充填 2/3 的物料，以保证旋转时平稳和气密性好，而且金属端头凹入成型管内，不易氧化和黏结玻璃液。

　　拉制的玻璃管直径越大，要求成型管的直径也越大。因为大直径的成型管能够积聚更多的玻璃液，玻璃层厚度分布就越均匀，便于控制管径大小，并且由于成型管上的玻璃料多，可使拉管速度大大加快。因此，成型管的大小及长度由玻璃管的产量及产品的要求而定。产量高、产品直径大，则要求成型管的直径也大、长度也长；反之产量低、产品规格小，则要求成型管直径小、长度短。图 4-24 表明了采用 NEG 拉管技术的成型管尺寸与玻璃管产量、质量的关系。表 4-1 为成型管尺寸与机速、玻璃管直径的关系，表 4-2 为成型管长度与出料量的关系，表 4-3 为成型嘴、成型管规格和玻璃管规格的关系。

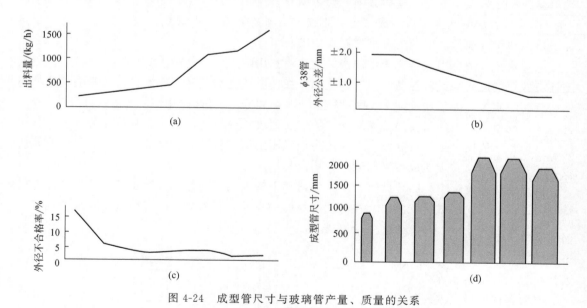

图 4-24　成型管尺寸与玻璃管产量、质量的关系

表 4-1　成型管尺寸与机速、玻璃管直径的关系

牵引机速/(m/mim)	玻璃管直径 ϕ/mm	成型管尺寸($\phi\times L$)/mm
39	38	330×1500
39	32	310×1500
49	32	330×1500

表 4-2 成型管长度与出料量的关系

成型管规格	成型管承受长度	机台出料量/(t/d)		
		下限	合适	上限
1#	330~400	1.8~2.1	2.1~2.5	2.5~3
2#	350~500	2.7~3.5	3.5~4.2	4.2~4.5
3#	400~550	4~5	5~6	6~7
4#	400~600	4.8~5.5	5.5~6.5	6.5~7.5
5#	450~650	5.5~6.5	6.5~7.5	7.5~8v5
6#	500~700	6.5~7.5	7.5~8.5	8.5~9.5
7#	500~750	7.5~8.5	8.5~9.5	9.5~10.5

表 4-3 成型嘴、成型管规格和玻璃管规格的关系

成型嘴规格	成型管规格	玻璃管规格/mm					
		下限规格		合适规格		上限规格	
		直径	壁厚	直径	壁厚	直径	壁厚
1#	1#	2~6	0.5~2	6~8	0.4~1.5	8~12	0.3~1.2
2#	2#	5~10	0.5~3	10~15	0.4~2.5	15~20	0.3~2.5
3#	3#	8~15	0.4~3	15~25	0.4~2.5	25~30	0.6~2
4#	4#	15~20	0.5~3	20~30	0.4~2.5	30~35	0.8~2.5
5#	5#	20~25	0.6~3	25~35	0.5~2.5	35~40	0.8~2.5
6#	6#	25~30	0.6~3	30~40	0.6~3	40~45	1.0~3
7#	7#	30	0.7~3.5	40~50	0.7~3	45~50	1.0~3

一般地讲，玻璃管直径较大的（50mm 以上）需要粗成型管，国外成型管外径有的已达 650mm，长度已达 1800mm 以上，产量相当高。目前国内成型管大多后端直径 ϕ 为 210~220mm、前端直径 ϕ 为 145~150nm、长为 700~720mm、锥角为 5°~6°，也有选用后端直径 210mm、前端直径 170mm、长为 960mm、锥角为 2°的。

成型管的尺寸加大，除提高产量外，还可以延长使用寿命。这是由于流料槽下来的料带温度较高，而且有冲刷力，很容易将成型管腐蚀出一道沟，影响旋转表面玻璃液的均匀及液面的平整，使拉出的玻璃管产生外观缺陷。这时就可以将旋转管向后退出，避开腐蚀沟。由于吹管较长，这种情况可以进行多次，无疑可延长使用周期；反之，成型管短则不能后退，因为吹管上的缠料要保持一定的长度和厚度。

成型管在成型室内的位置对玻璃管的成型过程也有重大影响。成型管所在位置应使玻璃液不流在其中心线上，而流在偏离中心线 40~60mm 处。玻璃液流至成型管表面的距离应为 70~30mm。成型管位置不正确时，流在其上面的玻璃液会裹入大量空气，使拉出的玻璃管壁上出现大量气泡。

成型管的转速和倾斜角度应与从流料槽流出的玻璃液量相适应，成型管表面接受玻璃液的部位不应形成凸瘤，玻璃液应立即流走。一般来说，流料量大时，倾斜角度和转速都应相应增大。

吹入玻璃管内的空气的压力和流量的稳定也很重要，否则就不能保障玻璃管管径一致。一般来说，增大风压会使管径变大，风量不足会使管子呈椭圆形。

2.2.1.6 辊道

水平拉管机的机头与机尾之间要保持一定的距离，以使初成型具有可塑性的热玻璃管有足够的时间冷却、硬化定型。为了在这段距离内玻璃管不挠屈变形，且使其定位并做直线运动，需设置支撑辊道。辊道又称跑道，由可调升降支架、保温箱体、石墨滚轮等组成，用以承托玻璃管及作退火冷却之用。

国内较多采用简单的固定式辊道，石墨滚轮随玻璃管线性运动的摩擦作用而转动。辊道的长短主要由产量、玻璃管规格、玻璃料成分来决定，一般为25～35m，有的甚至更短。辊道过短，玻璃管管根贮气波动大，料形不易控制（时粗时细），同时冷却过快，玻璃管除产生应力外，还易变形弯曲。辊道长，可采取隔热保温或强迫通风的措施，使玻璃管渐冷，起退火作用，消除应力。随着拉管速度的不断加快，为了使玻璃管得到相应的冷却，国外各拉管企业的辊道长度越来越长。目前有的企业为获得较好的质量和经济效益，将辊道长度延长至45m以上，并在玻璃管可塑性区域的辊道前段采用可调角度的辊道，以改善玻璃管的挠度。日本有的辊道长60m，美国、德国有的长达80m。

由于拉管速度快，为使成型点位于第一对托辊之前且使玻璃料在管壁上均匀分布，玻璃液面离辊道地面的高度也越来越高，国外一般要求此高度为3.8m，最高的达5m。

辊道结构如图4-25和图4-26所示。

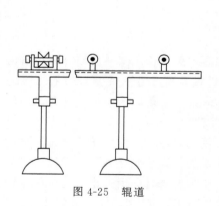

图 4-25 辊道

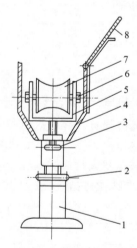

图 4-26 辊道局部剖面

1—基柱；2—升降调节螺母；3—辊轮升降螺母；4—保温箱体；
5—辊轮托架；6—辊轮支柱；7—石墨辊轮；8—保温箱盖

由图4-26可见辊道由辊轮和保温箱两部分组成，有的还有真空箱。真空箱结构如图4-27所示。

① 辊轮辊道无传动装置，用辊轮支托玻璃管，靠玻璃管与辊轮的摩擦力使其转动。辊轮多为双锥金属铝辊表面包裹石棉（绳布）并用水玻璃作黏结剂而制成。目前也采用石墨辊轮空气衬垫，或石墨衬套、铝芯、槽缝覆盖耐热索带等。辊轮外径为120mm，带有90°角的V形凹槽，内孔与辊轴间隙配合。

② 为了防止玻璃管冷却太快，辊道上加有保温箱，靠保温箱的开闭来调节温度，使玻璃管逐步冷却，既不使玻璃管产生过大应力，起到一定的退火作用，又能保证玻璃管切割的

顺利进行。

③ 真空箱在辊道的最前端，长度为 5～10m，箱内压力为 2000～5000Pa，即所谓负压成型，以保证玻璃管的圆度和直度。如需摸索新工艺或需较大幅度变更玻璃管规格，则应适当延长真空箱长度。

为便于调节真空箱在辊道上的位置，可以分段控制，对于不需要的部位可及时关闭箱内真空吸孔的阀门，作一般辊道使用。

真空箱必须设置在玻璃管具有可塑性处才有效，例如钠钙玻璃管进真空箱温度为 650～700℃，出真空箱温度控制在 500～550℃。

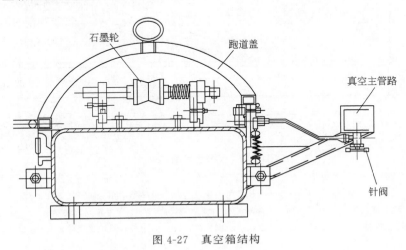

图 4-27　真空箱结构

2.2.1.7　拉管机机尾

常用的拉管机机尾有双链带式机尾、双带式机尾和单带式机尾三种类型。机尾的作用是将玻璃管从作业室拉出，并由粗拉细的执行机构。拉制不同直径的玻璃管，采用不同的机尾。带式机尾用来拉制直径小的玻璃管，链式机尾用来拉制 $\phi50mm$ 以下的较大直径的玻璃管。表 4-4 为三种机尾的技术性能参数比较。

表 4-4　三种机尾的技术性能参数比较

技术性能参数	双链带式机尾	双带式机尾	单带式机尾
生产能力/(t/d)	4～7	4～6	4～5
拉管直径/mm	1～10	8～25	3～20
拉引速度/(m/min)	11～120	11～125	11～85

如图 4-28 所示为双带式拉管机机尾。两根石棉牵引带做相反方向的同步转动。玻璃管被两石棉牵引带与玻璃管之间的摩擦力所拉动，这是水平拉管机的拉力来源。在拉管机机尾安装自动切割机构。

带式拉管机机尾动作比较稳定，尤其是拉制小直径如 10～25mm 的管子最为适宜。其最大优点是不易断管。其缺点是牵引带接触管子处的管槽较深，不适宜拉制直径 8mm 以下的管子，且牵引带易坏，需经常更换。另外，由于牵引带与玻璃管之间的摩擦力不大，当拉制较大直径的玻璃管时，牵引力不够，需采用链式拉管机机尾。链式拉管机机尾结构较复杂，如图 4-29 所示。

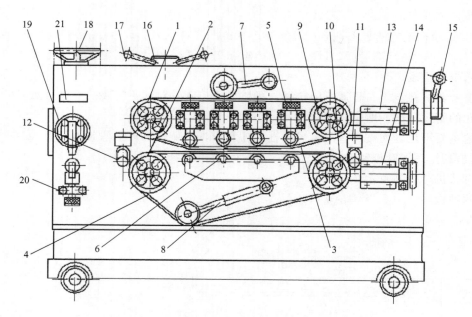

图 4-28 双带式拉管机机尾

1—上牵引轮；2—下牵引轮；3—上牵引带；4—下牵引带；5—上压力轮；6—下压力轮；7—上牵引
带压紧轮；8—下牵引带压紧轮；9—上被动牵引轮；10—下被动牵引轮；11—后导轮；12—前导轮；
13—上牵引带松紧调节装置；14—下牵引带松紧调节装置；15—上压力轮调节装置；16—切割刀传
动器控制手柄；17—切割玻璃管长度调节控制手柄；18—切割刀升降调试手轮；19—切割刀头；
20—切割托轮；21—切割刀引水箱

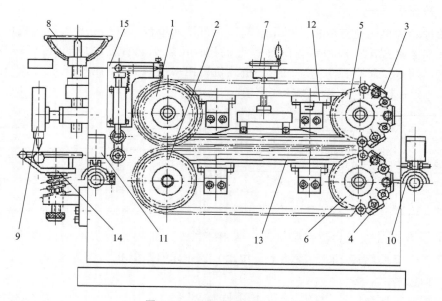

图 4-29 双链带式拉管机机尾

1—上牵引链轮；2—下牵引链轮；3—上牵引链带；4—下牵引链带；5—上被动链轮；6—下被动链轮；
7—上牵引链压力调节升降装置；8—切割刀装置升降手轮；9—切割刀头；10—后导轮；11—前导轮；
12—上链带轨道；13—下链带轨道；14—切割台；15—自动选管机

来自辊道的玻璃管由上下牵引链轮带动链带向前拉引。链带的夹持部分由石棉衬垫组成，上链带处还有弹簧压紧装置，用以调节夹持间隙的大小。玻璃管在切割台由切割刀头割取。

双链带式机尾的牵引力较大而又不易打滑，适用于拉制粗直径管子，这是其他两种机尾所不具备的良好性能。另外，由于牵引带是断开连接的硬质纯石棉布块，伸缩性小，与管子直接接触的管槽较浅，所以它能够拉制特小规格如 1mm 的管子，这也是其他机尾无能为力的。它的主要不足之处是当快速牵引时，跳动较厉害，易使玻璃管折断，另外更换牵引带石棉块比较费时，影响生产。

单带式机尾拉制直径 20mm 以下的管子效果与前面两种机尾基本相同，其他性能比不上另外两种机尾。由于生产能力低，目前我国只有少数厂家采用。

WG35/I 型拉管机为双带式结构，是我国生产安瓿等管制瓶常用的拉管机。当辊道长度在 25m 左右时，其拉速与流量的关系见表 4-5。

表 4-5 WG35/I 型卧式拉管机拉速与流量的关系

规格/mL		长度/mm	外径/mm	壁厚/mm	质量/(g/根)	拉速/(根/min)
1		1460～1480	9.6～10.4	0.44～0.50	51.4	75～80
2	I	1430～1450	11.1	0.46	57.5	65～70
	II	1560～1580	11.9	0.52	63.9	65～70
5		1430～1450	15.5～16.5	0.54～0.62	100.2	35～40
10		1430～1450	17.9～18.9	0.60～0.68	127.2	25～30
20		1660～1680	21.5～22.5	0.66～0.76	196.2	19～21

拉管速度与管径大小有密切关系，管径大，拉管速度应慢；管径小，拉管速度应快。随着拉管技术的不断改进，拉管速度也越来越快。NEG 公司常用的拉管速度与出料量的关系见表 4-6。

表 4-6 NEG 公司常用的拉管速度与出料量的关系

玻璃管规格		拉管速度 /(m/min)	出料量	
外径/mm	壁厚/mm		/(kg/h)	/(t/d)
2	0.5	420	200	4.8
5	0.5	320	420	10.0
10	0.5	250	450	10.8
20	0.5	180	650	15.6
30	0.8	100	1150	27.6
55	1.2	40	1250	30.0
80	2.0	20	1500	36.0
100	2.0	15	1500	36.0

2.2.1.8　芯轴风机

一般的拉管炉都有 1~4 台拉管机，每台拉管机所需的芯轴风压力约 100mmH$_2$O，而料道和成型室加热的助燃空气风压力一般在 100mmH$_2$O 以上，因此，从节约电能、节约厂房等方面考虑，助燃空气和成型空气可联合选用一台风机，其空气管道系统采用"环形"管道较好，结构如图 4-30 所示。

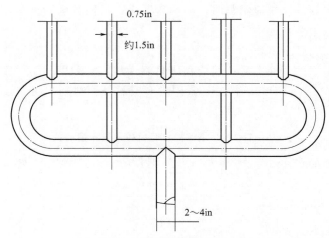

图 4-30　助燃和芯轴风管道系统

(1in＝0.0254m)

为了避免各机台在调节时相互牵制，从风机至机头出料这一段的空气管道都必须有两道稳压装置，第一道是总稳压，第二道是机台稳压。

各管道和稳压罐的参考尺寸：总管 2~4in，支管 3/4~1.5in；稳压罐直径为 1m、高为 2m，机台稳压罐直径为 0.8m、高为 1.2m。通常选用叶氏（或罗茨）风机，风压不小于 2000mmH$_2$O。一台风机可供 4 台拉管机使用。

2.2.1.9　冷却系统

拉管部分的冷却系统，按冷却部位可分为机头和机尾两部分，按冷却方法可分为水冷却和风冷却。通常机头部分采用水冷，机尾部分采用风冷。

（1）机头部分的冷却

机头部分的冷却主要是芯轴冷却和保护机头各部件的冷却。

芯轴主要是指非耐热钢的走水轴，这种轴不耐热，但价格低廉，为了保证它的使用价值和延长它的使用寿命，用走水冷却的方法来稳定芯轴的温度，使其不致因温度过高而损坏。

芯轴温度比较高，如果水硬度大，则结下的水垢对芯轴有很大的危害，因此必须对水进行软化处理。通常都与锅炉合用处理过的软化水，出水温度以不高于 60℃为宜。

拉管机的成型管体一部分伸在成型室内，而一大部分机件在成型室外，这部分构件的材质不耐高温烘烤，受不住成型室后门喷出火焰的烘烤，为了解决这个问题，可做一种木栅形水箱，由两块拼成，外围像一个门，内围是个圆，套在压盖处。两部分用胶皮管连通挂在成型室后墙上，对机头各部件起冷却保护作用。为了节约用水，这种水箱可以与多台拉管机中联使用，只要最后的出水温度不超过 60℃即可。

（2）机尾部分的冷却

机尾部分的冷却主要是指对玻璃管的冷却。目前国内拉管的跑道行道偏短，玻璃管到机尾时，温度还没有冷下来，这对机尾操作工是不利的。为将定型后的玻璃管很快冷却下来，需要用风给予强制冷却。冷却的方式有多种，有在跑道内通风，有在跑道上面用风嘴吹，还有少数在机尾用大风扇冷却（这种方法不可取），总之，绝大部分的冷却都是靠风机供给风源的风冷。

冷却风机一般采用离心风机。

2.2.1.10　管径检测装置

指对玻璃管的外径尺寸和管壁厚度的检测。医药用玻璃管对管径的要求十分严格，管径的检查是最重要的质量检查项目之一，过去都是人工用卡板去完成，现在各厂基本都实现了在线自动连续检测，并利用反馈信号调节吹气量，控制管径尺寸，并带有废品剔除装置。常用的多为接触式检测装置。这种检测装置的缺点是检测滚轮磨损后影响检测精度，且必须上、下、左、右装置配套使用。管径检测较好的仪器是激光测径仪。

2.2.1.11　封割机

经拉管机切割下来的玻璃管两端敞开，并有一定的毛刺，影响玻璃管的清洁度、强度、利用率以及包装和运输。目前国内外对玻璃管进行后处理大多采用封割机，也有的采用圆口机。

机尾刚切断的玻璃管仍处于热的状态，两端管口开着，因而管内的热空气与外部的冷空气产生了对流，从而使灰尘大量进入管内并黏附在壁上，大大影响了安瓿的澄明度。为了减轻这种现象，对玻璃管进行熔封是必要的。

封割机将割下来的两端敞开的玻璃管用火焰加热封割为各有一个封闭底的两根同长度的玻璃管。

对于 5mL 以上的大规格玻璃管，封割机连接在机尾后部，前后使用两个灯头，前一个预热，后一个熔封，其转速与机尾相同，使拉出的玻璃管封割成需要的长度。

对于生产双联凹底的安瓿玻璃管，可在封割机第二道灯头封割后，多加一道吹风装置，使刚封割好的灼热玻璃管封闭底受到风压的作用而内凹，形成凹底，以供生产双联凹底安瓿之用。由于小规格（1～2mL）玻璃管拉速快、产量高，目前仍需单独进行熔封。

2.2.1.12　圆口机

圆口机将切割后带有毛口的玻璃管的端边加热到超过玻璃软化点的温度，由于表面张力的作用使毛边变得圆滑。圆口后，玻璃管口部不但平整圆滑，而且加大了玻璃管的强度，给运输、包装特别是给安瓿机插管带来方便。

圆口机所用的燃料通常为煤气，助燃气有氧气和压缩空气，一般多用压缩空气，所用灯头与封割机的灯头相似，机器的结构、原理与封割机大致相同。只是封割机的灯头放在玻璃管的中部，而圆口机的灯头放在玻璃管的两端。而且火焰的强弱不同，实际上可将封割和圆口在一台机器上同时进行，只要在封割机两侧的一定部位加设若干火焰强弱不同的灯头就可达到效果。

圆口前先要对玻璃管进行切割。玻璃管从管架上下来落入链条上的轴承之间，由两轴承（轮子）带着向前走，通过灯头预热。此灯头由两半部分合成，燃烧气从夹缝中出来，火焰呈带状，灯头长度为 120mm。预热过的玻璃管再经过二次切割，切割刀为铜轮，由两半部分合成，中空通水，水从缝隙中渗出，加热过的玻璃管在通过这个水轮边缘时即被冷激切断，为下面的圆口做好准备。玻璃管经二次切割后，进入圆口工序。圆口时采用的灯头与前面预热灯头一样，只是各种燃烧气的比例不同，圆口之后，玻璃管继续前进落入贮管器，进行处理包装或进入制瓶机的管架。

对玻璃管两端的切割和圆口是同时分别进行的，因此要求玻璃管在前进中处于同一水平面上，而且玻璃管要不停自转，这样才能使灯头和刀轮对每根玻璃管都发挥作用，使预热、切割、圆口能均匀而全面进行。为达到这个目的，在加热、切割、圆口这三个位置下面需用托架将双链条托平，在上部用胶皮棒压住玻璃管，才能使玻璃管保持在同一水平面上自转。

2.2.1.13 计数器

计数器可对产量进行计量，因此每条拉管线都装有计数器。可将计数器和切割刀相连接，切割一下记一个数。

① 齿轮计数器。这是一种常用的计数器，由齿轮传动，结构复杂，加工困难，体积庞大，但计数比较准确，不容易损坏。

② 印刷计数器。这种计数器比较准确，体积小，但使用寿命太短。

③ 汽车里程表计数器。这种计数器安装方便、体积小，误差在 5% 左右。

2.2.2 丹纳拉管法操作

2.2.2.1 放料

放料前需先将生产线的所有工艺装备都调整到标准操作状态下，然后将工作池或供料通道内的玻璃液温度提高至 1200℃ 左右，提起放料内闸板，使玻璃液流出，并使其呈带式或柱式料形流到成型管上，使其稳定运转。

2.2.2.2 引料

先将成型管吸气压力调整到比正常生产时略低一些，然后将引出的玻璃管引头拉引到离成型嘴 8～10m 处切断，送入拉管机内。为防止断管、使引管顺利，管壁厚度宜厚些。

2.2.2.3 成型管体的操作参数

不同性质的玻璃和不同规格的玻璃管在成型过程中对成型管体各部位工作参数的要求不同，见表 4-7 和表 4-8。

表 4-7 不同玻璃料的操作参数

玻璃类别	成型管体承受料液长度/mm	成型管体与料槽距离/mm	成型管体的角度/(°)	成型管体的转速/(r/min)
仪器玻璃	400～500	80～120	10～14	6～10
医用玻璃	400～700	70～100	8～12	8～12
泡壳玻璃	300～500	60～80	7～9	10～13

表 4-8　不同规格管的操作参数

玻璃管规格/mm	成型管体承受料液长度/mm	成型管体与料槽距离/mm	成型管体的角度/(°)	成型管体的转速/(r/min)
2～10	300～400	60～80	9～12	9～12
10～20	400～500	70～90	8～11	8～11
20～30	450～550	80～110	7～9	7～9
30～40	500～600	90～120	6～8	6～8
40～50	550～700	100～130	5～8	5～8

2.2.2.4　管径及管壁厚度调整

在正常生产中，玻璃管的尺寸与厚度发生超差变化常不外乎两种原因：第一种是玻璃液的温度，包括熔窑、供料通道、作业室等的温度波动；第二种是拉管的工艺制度，包括各项参数的控制失调。

当玻璃液流量与成型温度基本适应成型管尺寸时，其调整措施见表 4-9。

表 4-9　玻璃管尺寸变化及调整措施

序号	玻璃管直径和壁厚尺寸变化	调整措施
1	玻璃管直径小于规定值,而管壁厚度合格	降低牵引速度,增大成型风量
2	玻璃管直径大于规定值,而管壁厚度合格	提高牵引速度,减小成型风量
3	玻璃管直径合格,管壁厚度小于规定值	降低牵引速度,减小成型风量
4	玻璃管直径合格,管壁厚度大于规定值	提高牵引速度,增大成型风量
5	玻璃管直径及管壁厚度皆大于规定值	提高牵引速度
6	玻璃管直径及管壁厚度皆小于规定值	降低牵引速度
7	玻璃管直径大于规定值,管壁厚度小于规定值	减小成型风量
8	玻璃管直径小于规定值,管壁厚度大于规定值	增大成型风量
9	椭圆形管	提高牵引速度,降低作业室温度,增大成型风量
10	管壁厚度不均匀	降低作业室温度,提高成型管转速,适当减小流量

2.3　管制瓶的成型

2.3.1　管制瓶成型方法

符合一定质量标准的药用玻璃管经过机械热加工制成的药用包装瓶称管制瓶，有各种口服液瓶、抗生素瓶、生物制剂瓶和安瓿瓶等。管制瓶的成型设备目前有两种型式：一种是一次成型设备，即使玻璃管一次成型为管制瓶，该设备为立式机，有 36 头、32 头、24 头、16 头、12 头旋转制瓶机；另一种是二次成型设备，主要用于安瓿瓶的成型。目前，国际上的制瓶机分两种，即欧美的立式制瓶机和日本的横式制瓶机，在我国用得较多的是立式制瓶机。

　　管制瓶成型后，为消除玻璃制品在成型过程中不可避免产生的热应力，还需经过退火处理。退火方式有两种：一种是将制品装在铁桶或铁筐内，然后集中到马弗式退火炉中退火；另一种是成型后的热制品直接进入小型快速退火炉中退火。后一种退火方式可使成型→退火→检验包装形成一条自动生产流水线。

　　经过退火的玻璃制品，还需按产品质量标准进行外观缺陷及外形尺寸卡板或排板检验，然后计数包装，经检验工检验合格后入库。

　　因此，机制管制瓶生产的工艺流程为原料→配料及拌料→熔制→拉管→封管（烘底）→检管→制瓶机→退火→检验包装→入库→出厂。

　　我国早已对立式制瓶机定型命名，设备型号由两节组成：第一节以大写汉语拼音字母表示，如 Z（zhi，制）、A（an，安瓿）、P（ping，瓶）；第二节以阿拉伯数字表示制瓶机的夹具组数目（夹头组），如 16、18、24、32、36 等。型号组成型式如 ZA-16、ZA-24、ZA-36、ZP-18 等。

　　安瓿瓶虽属管制瓶，但产量、用量都较大，成型工艺和设备也不同于其他管制瓶，故对安瓿瓶的生产将单独介绍。

　　管制瓶用料省、成本低，但技术要求高，其破碎率和玻璃屑都比模制瓶高。目前欧洲各国多采用这种瓶子。生产的规格有 5mL、7mL、10mL 和 25mL 几种。在我国，管制瓶成型用得最多的是 ZP-18 型制瓶机。

2.3.1.1　ZP-18 型制瓶机生产工艺

　　该机的生产过程：插管→定长→制颈→制底→自动输送至成品库。

　　该机由 A、B 两部分组成，其中 A 部分为 12 工位，B 部分为 6 工位，其工位分布示意如图 4-31 所示。

　　该机具有 12 个喷火头，按照用途分别布置在各有关工位。一般以煤气为燃气，氧气为助燃气，有时加入空气以调节温度。

　　该机的主要操作为制颈和制底两项。瓶颈由 A 部分成型，瓶底由 B 部分封好。

　　A 部分有 12 个卡盘（夹具），这些夹具夹

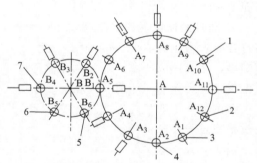

图 4-31　工位分布示意图

1—制颈（口）（初成型）；2—制颈（口）（终成型）；
3—加料；4—定长；5—落料；
6—卸碎瓶；7—人工打开三爪夹头

着整根玻璃管，把它们带过各个瓶颈成型工位。经过必要的加热之后，便按要求在竖立的玻璃管下端进行瓶颈（或螺纹口）成型。成型作业由两个工位完成，一个工位预成型，一个工位终成型。已形成瓶颈（或螺纹口）的玻璃管接着向边上移动，到达一个控制瓶子长度的可调节定位器处进行定长。然后一面加热，一面由玻璃管下端的夹具（三爪子）在封底工位把已加工好瓶颈（或螺纹口）的玻璃管往下拉，同时形成瓶底。这一工序在 A 部分和 B 部分相交的切点处进行。B 部分卡盘把玻璃瓶由 B 部分的各加工工位传过去，以完成瓶底成型。A 部分的卡盘把玻璃管送到一个燃烧器（灯头）处，把封底过程中形成的底部烧开，然后再传过各加工工位，重复进行瓶颈（或螺纹口）成型。

　　B 部分有 6 个卡盘（夹具），这些夹具夹着初成底的瓶子，把它们带过修底和卸瓶等工位。首先，在 A 部分和 B 部分相交的切点处，夹具将已加工好瓶口及瓶颈的玻璃管往下拉，玻璃管熔融段在拉断时，由表面张力所产生的收缩作用而自然成底。然后，由火焰对瓶底进

行火焰修正、抛光及初退火。最后，成型完毕的瓶子在 B 部分最后一个工位由卸瓶机构将瓶子卸落在输送带上。

2.3.1.2　ZP-18 型制瓶机的调试

（1）夹头自转速度

当玻璃管下端经过 A7～A9 工位喷灯火焰加热后，熔融状的玻璃因受表面张力的作用而产生收缩趋势，然而，玻璃管转动所产生的离心力却使熔融的管段向外张开，当夹头自转速度调节适当时，两者之间可达到平衡，从而使熔融管段与未熔融部分的直径一样，以便正常成型。所以，为了适应玻璃管的料性、直径、厚薄变化，可转动调速手轮，使玻璃管离开 A9 工位时恰好能保持这种平衡状态。

（2）工作步骤运动

根据瓶子直径、壁厚、料性来变换皮带在皮带轮变速挡的位置，其调速原则为直径越大、玻璃管越厚、料性越硬，则转速越低，以增加加热与成型时间，反之，则转速越高。

（3）定长机构

为了适应加工瓶子的高度，需调整定长机构中头子和圆盘的高度位置。

① 圆盘最高位置调法。转动运动检修手轮，将下端已制成瓶颈的玻璃管从 A1 工位转至 A2 工位，调节定长机构中拉杆的高度，当圆盘处于最高位置时，应使玻璃管下端距离圆盘顶面 1～2mm。

② 圆盘最低位置调法（可调节瓶子高度）。旋动调节螺母，调整圆盘的上下位置直到瓶高符合要求为止。值得一提的是，在大幅度改变瓶高时，有时圆盘下落其支撑部分碰不到调节螺母，这时，应注意调节螺母与拉杆下端的紧固螺钉配合调节。首先需调整调节螺母的高低位置，确定瓶高，然后再调整圆盘的最高位置，这种方法最为简便。

在调节头子的高低位置时应该注意，当圆盘到达最高位置时，三爪夹头应及时打开。夹头过早或过晚打开都不利于定长和瓶口的完好。

（4）B 部分高度

在变更瓶子高度时，应相应调整 B 部分高度。B 部分的高度影响着瓶子成型。过低，夹头夹不着（或夹不住）瓶子；过高，易使夹头烧坏，也易产生爆底，或有可能拉不了底。

调整方法为在 B1 工位，使未上升的 B 工位三爪夹头顶面离开已加工好的瓶口 2～3mm。

（5）制颈机构总高度

瓶口示意如图 4-32 所示，当轧口瓶瓶口外径偏大、偏厚，或者螺纹口瓶瓶口偏高时，则应将制颈机构总高度降低；反之，则应提高或上升。

（6）扩口套高度和滚轮距离

当轧口瓶瓶口外径偏大、偏薄，或者螺纹口瓶瓶口螺纹不明显时，应将扩口套高度降低或滚轮距离调小；反之，则提高或上升。

（7）扩口套直径、制口滚轮尺寸和形状

在变更生产瓶子的规格、形状时，按照要求调换扩口套与制口滚轮。

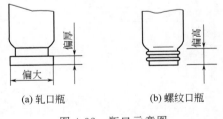

(a) 轧口瓶　　　　(b) 螺纹口瓶

图 4-32　瓶口示意图

（8）扩口套的润滑

扩口套上应经常加油润滑与瓶口摩擦的部位，其油量以基本不下淌为宜。

（9）三爪夹头调整

① A 部分夹头调整。将爪子的夹紧螺钉略微旋松，使爪子能在轴上转动，然后把调整棒插入加料孔，同时抬起三爪、放松手把，使爪子张开，用手转动爪子，使三爪子均接触到调整棒的外圆，然后旋紧夹紧螺钉。

② B 部分夹头调整。其调整法与 A 部分调整法基本相同，区别是调整 B 部分夹头时，调整棒由夹具下部分向上插入。当玻璃管直径大于 23mm 时，B 部分夹具落瓶管内径为 24mm，此时调整 B 部分夹头时，应先将一根调试棒插入落瓶管中，然后将一个套管套在调试棒的上端，以此进行调整夹头。调试棒外径和套管内径公称尺寸应相等，彼此间为动配合。

（10）各站喷头位置及火焰调整

A3、A4、A6 工位喷头：此组喷头为制底前加热用。由于玻璃是不良导热体，受热温度应逐渐升高，A3 工位温度最低（预热），A4 工位较高（加热），A6 工位最高（加强热）。三个喷头应保持水平，并应严格调整在同一水平面上。

A3 工位火焰应调节到不向下反射为止；A4 工位玻璃管应烧到见一个环状红线，但不能过红，更不能发白；A5 工位火焰温度要适宜，温度太高易产生厚底，以致在 A6 工位不易被火焰冲穿，太低易产生空底。

A6 工位喷头：此工位是唯一向上喷火的喷头，喷孔应尽量对准玻璃管封口中心。火焰应很容易地打穿玻璃膜，但不应过热，否则，玻璃管易在 A7 工位爆裂；火焰勉强打穿玻璃膜，会在 A10 工位制颈时形成结瘤。

A7～A9 工位喷头：此组喷头为制颈前加热用。三工位 A7 工位相对位置最高，A8 工位次之，A9 工位最低。在 A7 工位，应调整火焰下部与玻璃管端面相平，如图 4-33（a）所示；在 A8 工位，应调整火焰焰心与玻璃管端面相平，如图 4-33（b）所示；在 A9 工位，应调整喷头微微上倾 15°左右，焰心尖对准管端的近端，使得外焰焰尖部分吹入管子内壁，这样有利于制内口径，如图 4-33(c) 所示。

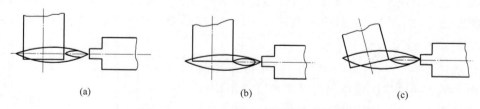

图 4-33　A7～A9 工位喷头位置示意图

A7 工位的喷头位置如果偏高，熔融段玻璃管旋转使得颈部产生螺旋形或者导致瓶口过高；A7 工位喷头位置过低则做不出瓶肩。

此三工位的火焰温度应调到玻璃管端被烧得发红为止。如果烧得发白，则说明温度太高。在调整这三个喷头火焰温度时，应结合"夹头自转速度"中的要求综合考虑。

A11 工位喷头：此喷头为终制颈口加热用。火焰应对准已初成的颈口，焰尖略有部分吹入瓶口内壁。火焰温度以玻璃被烧红而不发白为宜。若温度过低，因玻璃管软化时黏度过大而导致瓶口内径偏大且易产生爆口；温度太高，瓶口会变形。此工位喷头直接影响瓶口质量，应经常注意。

B2、B3 工位喷头：此两工位喷头主要用来修正瓶底形状，利用表面张力的作用对瓶底进行火焰抛光。火焰应调整到玻璃管被烧红而不发白为宜。温度过高，瓶底中心就会太薄，且可产生小气泡；温度太低，则玻璃管拉断时瓶底形成的结瘤烧不融。

为满足成型工艺要求，在 B 部从 B1 工位至 B6 工位，其灯头火焰温度是逐渐降低的。因此，B3 工位喷头火焰温度应比 B2 工位稍低些。

在 B1 工位制底的过程中，玻璃管拉断时瓶底高低不平，为有利于利用表面张力，对瓶底进行火焰抛光，B2 工位火焰位置应比瓶底低 1～2mm，这样，烧融的狭窄段可在 B3 工位进一步抛平，B3 工位火焰位置则应与瓶底相平。火焰位置高低影响瓶底厚薄，火焰高，瓶底薄；火焰低，瓶底厚。

B4、B6 工位喷头：此两喷头对已成型的瓶底起保温作用，使温度逐步降低，以免温差过大，瓶底爆裂。另外，B6 工位的喷头还对该工位的三爪夹头起保温作用，以使夹头转到 B1 工位时能以较高温度夹取 A5 工位已制颈完毕的玻璃管，避免因温差过大而导致瓶子冷爆。

火焰离瓶底距离应较远。B6 工位火焰只要不熄火即可，温度过高会烧坏三爪夹头。

（11）夹瓶附件

摆动杆的高低会影响夹子夹瓶和取瓶。

调节方法：放松夹紧螺钉，调整摆动杆的高低位置，使夹子的底面离开 B 部位三爪夹头的顶面 1～2mm。

2.3.2 安瓿瓶成型方法

安瓿瓶属于机制管子瓶的一种，其生产工艺过程主要分为三个阶段：管子瓶成型、退火、检验包装。立式安瓿机的加工工艺过程如图 4-34 所示。

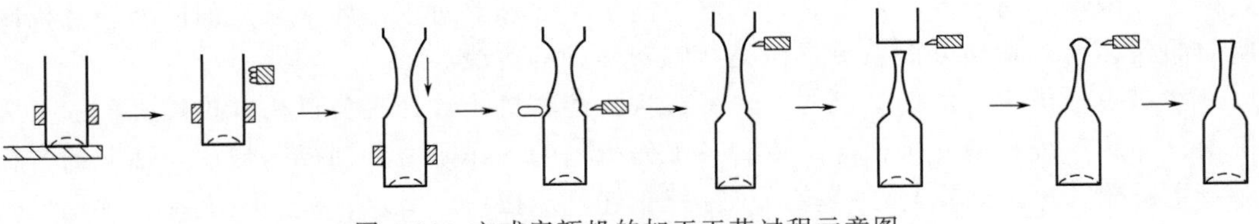

图 4-34 立式安瓿机的加工工艺过程示意图

如图 4-34 所示，用立式机加工安瓿的步骤如下：

①总长 1.5m 的安瓿玻璃管垂直插入机器中；②用夹具夹住玻璃管并带动其旋转，同时用喷枪对其加热；③夹具向下移动，将已加热的玻璃管拉伸，产生变细部位；④在玻璃管开始变细的肩部加热，产生细颈；⑤在被拉细部位上方加热，切断并熔封，产生下一个安瓿的底部，并形成一个完整封闭的安瓿；⑥将安瓿顶部加热，使其顶部张开，制成开口安瓿。

横式安瓿机的加工工艺过程如图 4-35 所示。

可见，安瓿生产工艺较为复杂，要经过很多工序：上管→预热→压颈→拉丝→熔断→输瓶→贮瓶→刻痕→预热→切口→预热→扩口→预热→切底（分瓶）→凹底→退火→检验→包装→入库。

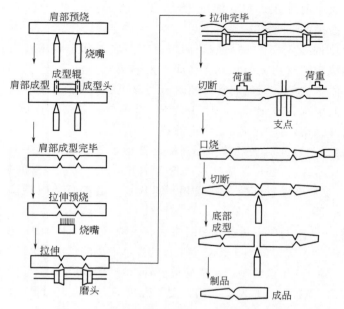

图 4-35　横式安瓿机的加工工艺过程示意图

拉制成型的玻璃管经过冲洗干燥后，在安瓿机上以水煤气烧嘴加热，通过肩部成型、拉细、切断等操作，再经退火后才可作为包装注射剂的安瓿瓶。安瓿拉丝和烘底分两次成型，该设备为横式机，拉丝机有一字式拉丝机和辊筒式拉丝机两种，烘底机有直颈烘底机、横曲烘底机、辊筒式烘底机等。

我国常用的安瓿机有以下几种。

（1）一字式拉丝机

一字式拉丝机又可称旋转式拉丝机，它是将符合一定要求的玻璃管水平加工成安瓿半成品——丝子的机器。该机结构简单、产量高、造价低、上马快、检修方便、操作简便，但变换规格比较困难，属于专一性设备，而且不能生产曲颈等对工艺要求较高的产品。从机制管子瓶向曲颈、易折发展方向来看，该机面临着强劲的挑战。

一字式拉丝机主要由传动机构、进料机构、落料机构、开夹头机构、拉丝机构、摇摆挑丝机构、加热系统和辅助机构等组成。各工作机构的动作是由传动机构带动主轴上的各相应凸轮及主链轮，再由凸轮与主链轮通过摇杆、连杆、拉杆、滑坎、铁门、夹头、挑丝架、链条、齿轮、滚轮等零部件协调动作而实现的。

符合一定要求的玻璃管在进料架上通过进料机构的间隔作用，进入火焰加热区，受以一定间距排列的数个喷头火焰加热熔融后，在落料机构的作用下，通过过桥进入开启的拉丝夹头内待夹头夹紧玻璃管后，便由拉丝机构将玻璃管软化段平拉成空心细丝，拉丝完毕后，细丝定型，夹头张开，由挑丝架通过摇摆凸轮与挑丝凸轮的作用，将丝挑至工作台上待割。

（2）直颈安瓿烘底机

安瓿烘底机属于拉丝机的配套设备，是一种沿水平方向将安瓿拉丝机生产出的安瓿丝加工成安瓿瓶的机器。该机具有结构简单、造价低、上马快、操作容易、检修方便、多台组合、产量较高等特点，但它也属于专一性机器，变换规格比较困难，且不能生产曲颈等对生产工艺要求较高的产品。

　　进丝架上的安瓿丝通过升降机构中的挡丝和压轮的升降动作进入火焰加热区，经灯头高温火焰旋转熔融后通过伸缩机构一缩一张的动作，将安瓿丝的熔融部位烘割封底，最后，成型的安瓿瓶在升降机构做第二次动作时，瓶子重心外移，自然地落入漏斗中，滑至输送带上，然后集中到装瓶台。

　　ZA 系列安瓿机有 ZA-16 型和 ZA-24 型两种型号，ZA-16 型是 ZA-24 型的前身，在此以 ZA-24 型安瓿机为例进行介绍。

2.3.2.1　ZA-24 型制瓶机生产工艺原理

　　ZA-24 型制瓶机是一种多工位的立式安瓿制造设备，该机能将玻璃管一次成型为 1～25mL 的单直、单曲、双直、双曲等各种规格的安瓿产品。该机具有机械化程度高、调换品种方便、能够生产工艺要求较高的安瓿等特点。

　　ZA-24 型安瓿机由一台带动夹头公转和自转的电动机及输送带组成。

　　电动机的动力通过带传动传至由两组蜗轮蜗杆、一组伞齿轮组成的减速箱。该减速箱有三根出轴，两根竖直，一根水平。一根竖直出轴（即主轴）带动上、中、下三块转盘同步转动，固定在上转盘上的上夹具和固定在下转盘上的下夹具绕主轴线公转，另一根竖直出轴端装有圆柱齿轮，通过与主轴上的差动齿轮，上、下夹具共有竖直转轴（联轴）和上、下夹具各自的齿轮轮系带动上、下夹头做同步自转运动。一根水平出轴通过链传动（或圆锥齿轮传动和万向联轴器）带动输送带工作。

　　该机有上、下各 24 套（组）夹具，其中 24 个上夹具无上下运动任务，24 个下夹具则由其下的圆柱形凸轮轨道操纵做上下运动，以进行拉丝（或拉颈、拉小丝）、拉底等工作。凸轮轨道可调节或调换，以适应变更生产规格之需。另外根据需要，该机配备了调整安瓿高度的定长机构、开关夹头的开关凸轮和挡臂、割小丝用的割丝器等。

　　该机配备有数十个各种用途的喷头，根据热加工之需，多数安装在相对应的摇摆机上并布置在各有关部位，以对玻璃管进行跟踪加热。以煤气为燃气，氧气为助燃气。

　　本机除了人工插加玻璃管外，其余均为自动操作。其主要生产过程如下。

　　双联瓶：插管→定长→拉丝→（制颈）→制底→自动输送，快速退火。

　　单个瓶：插管→定长→拉丝→（制颈）→拉小丝→制底→切割→自动输送至装瓶斗内。

　　24 对夹具夹着整根玻璃管，把它们带过各成型工位，同时下夹具沿凸轮轨道做上下运动。首先，玻璃管在一个控制瓶子高度的可调节定位器定长后，下夹具便沿上升轨道逐步上升至水平轨道，同时夹紧玻璃管。经过数个喷头加热后，下夹具即沿拉丝轨道自由下滑，开始拉丝过程。对于双联瓶生产：①双曲瓶生产，经过制颈灯头于丝的肩胛处加热，便由压颈刀片于熔融环处刻成瓶颈（或下夹具沿拉颈轨道自由下滑而拉制成颈）；②双直瓶生产，无制颈工序。然后根据安瓿规格尺寸，制底喷头于玻璃管一定部位加热、烧熔，下夹具沿拉底轨道下滑将玻璃管封割拉断，熔化段玻璃由表面张力作用自然成底，接着制底喷头对瓶底进行火焰抛光。最后，由定长和卸瓶机构联合作用，上、下夹头打开，成型完毕的安瓿便落至输送带上，进入双联瓶快速退火炉中进行退火。

　　单个瓶生产：①单曲瓶生产，同双曲瓶生产工艺，但制颈喷头组只有一组；②单直瓶生产，无制颈工序。加热喷头于丝的上肩胛处加热，下夹具沿拉小丝轨道下滑而拉成小丝，接着割丝砂石在小丝处将其割断。最后，由定长和卸瓶机构联合作用，上、下夹头打开，成型完毕的安瓿便落至输送带上，最后进入装瓶盘内待检装。

2.3.2.2 ZA-24 型制瓶机的调试

为保证所加工安瓿的几何尺寸和适应不同的玻璃料性，在正式生产前必须对机器做适当的调整。

（1）机速

安瓿规格大小及料性决定了玻璃管热加工时的受热时间，从而导致机速随其不同而变化。一般情况下，规格越大，机速越慢。

调整方法：按照需要，根据变速原理调整三角皮带在皮带轮变速挡的位置。如果原皮带盘变速范围不能适应变化的要求，可通过调换皮带盘以满足机速的快慢变化。

（2）凸轮轨道和定长器

在变更安瓿的生产规格时，应首先调整凸轮轨道和定长器。

调整方法：根据所要生产的安瓿规格，调整凸轮轨道或调整原轨道中各加工工段之间的相互位置。定长器（样板）由落瓶板固定块调整至一定高度。

（3）夹头爪

夹头爪起着夹住玻璃管并使其旋转的作用，因此要按所生产的安瓿规格调换，夹头三爪的张开度也要随之调整。

调整方法：略微松动夹头爪夹紧螺钉，使夹头爪能在小轴上较紧地转动，然后将标准调整棒插入套筒内，托起托架手柄，使夹头爪张开，用手转动夹头爪，使三个夹头爪均接触到调整棒的圆柱外壁，然后旋紧螺钉，这样三爪的张开度即校正完毕。

（4）摇摆机

摇摆机应根据喷头的多少而决定，喷头的多少又根据安瓿规格、机速快慢、料性变化、燃气种类及热加工工艺要求来决定。

调整方法：先将摇摆机夹紧块（座子）按照加工要求均匀地装在灯架环上，以螺钉将灯头固定在摇摆机的吊架上，然后将摇摆机支柱插入摇摆机座子内，其上下位置应以摇摆机上的滚轮全部接触夹头盘为准。灯头的高低、前后位置可在试生产时由吊架螺钉与紧定螺钉来调整。

项目 3　成型缺陷的防止与消除

3.1　玻璃瓶缺陷

在行列机上生产玻璃瓶时，往往各方面原因造成瓶身缺陷。总体来说，大口瓶的缺陷和小口瓶有若干相同或相似之处。现将常见的缺陷、产生的原因及解决的方法，凡与小口瓶有出入的地方做一些说明。

3.1.1　剪刀印

（1）产生原因

①滴料温度太低；②剪刀支架中心不对称；③剪刀交合松紧不合适；④剪刀冷却液喷过

大或过小，润滑不足；⑤剪刀片磨钝；⑥剪刀柄和剪刀片之间产生松动。

（2）解决方法

①适当掌握滴料温度；②调整好支架中心；③调整好两片剪刀的交合松紧程度；④控制剪刀冷却液的用量，适当润滑。

3.1.2　炸口

（1）产生原因

①滴料温度太低；②料性太脆；③口子换冷；④冲头的速度太慢；⑤开口猛。

（2）解决方法

①掌握好滴料温度；②调整原料配方；③降低压缩空气的压力；④控制冷却风量；⑤缩短冲压时间；⑥调节 10 路气的针形阀，使口模好、开启平稳；⑦调节 3 路气减压阀，降低冲压压力。

3.1.3　冒口

（1）产生原因

①落料早；②料滴重；③料滴温度高；④装料位置低或没有装置位置。

（2）解决方法

①调节供应机落料的差动装置，使之合适；②减轻料滴重量；③适当降低料滴温度；④冲头和口模配合间隙合理；⑤适当调节 6 路气型针阀，使冲头上得及时。

3.1.4　口不平及椭圆度

（1）产生原因

①冲头温度高；②口模温度高；③口模的初型模配合不合理；④口模开启不同心；⑤成型模上平面磨损；⑥口模内油灰太多；⑦瓶钳变形；⑧成型模开启不平稳。

（2）解决方法

①适当降低滴料温度；②适当降低冲头及口模温度；③严格控制模具的配合精度；④调整成型模开关机构和翻转机件；⑤及时更换模具；⑥经常清洗口模去除油垢；⑦调整钳移器的钳移位置，更换合格瓶钳，并及时校正；⑧调整成型模开关机构，使之开启平稳。

3.1.5　瓶口不足

（1）产生原因

①滴料温度低；②料滴轻；③装料位置高；④口模和冲头配合不好；⑤冲头冲压压力不足；⑥冲头短；⑦料滴形状不合适；⑧冲压时间短。

（2）解决方法

①适当提高滴料温度；②调整滴料重量；③适当调整调节螺钉和冲头垫管；④严格控制模具的配合精度；⑤调节或清洗冲压机构；⑥适当改进冲头长度。

3.1.6　瓶口平面偏差

（1）产生原因

①成型模的上口直径比初型模对应位置的直径大很多；②风台冷却风的风量小或拨瓶时间早；③钳移器和成型模不同心。

（2）解决方法

①清洗后的旧模具直径大的不使用；②适当调节风台冷却风量；③适当延长瓶子在风台上的停留时间；④调节钳移器和成型模的同心度；⑤适当延长正吹气时间。

3.1.7　闷头印偏移

（1）产生原因

①滴料温度波动范围大；②闷头温度高；③初型重热时间不够；④冲头冲压早；⑤闷头与初型模配合不好。

（2）解决方法

①控制好滴料温度和料滴重量；②适当掌握闷头温度；③适当延长初型重热时间；④适当推迟冲压时间；⑤严格控制模具的加工及维修质量。

3.1.8　玻璃瓶厚薄不均

3.1.8.1　瓶壁薄

（1）产生原因

① 玻璃料温度偏高或模具冷却风量不足使模具（包括芯子）温度太高，玻璃容易向下流动造成壁薄底厚。

② 料坯与初型模接触时间过短，倒吹的压力和时间不足，重热时间过长同样会造成壁薄。

③ 初型模形状不适当，一般是肩偏细，也是瓶壁薄的一个原因。

④ 瓶壁局部薄往往与料滴有关。料滴形状不适合、料滴温度各部位不均匀、料滴在料槽中冷却过度，还有可能料勺返回过早或料槽未对准使料滴外形产生变化，都会使各部位的玻璃黏度不一造成壁薄。

⑤ 料坯翻转时速度不合适，过快或过慢都会使坯弯曲，也会导致瓶壁薄。

⑥ 模具局部油垢过多导致传热不良，使局部温度偏高，也能导致壁薄。

⑦ 初型模涂油不足或料型太短，除了造成壁薄外，也会导致口部不足等缺陷。

（2）消除办法

① 调节料温和料滴形状，直到料滴不发生卷曲为止。

② 调节转向槽达到正确掉料，增加倒吹气时间和压力，提早正吹气，适当延长与初型模接触时间，缩短料坯的重热时间，缩短扑气时间，尽量提早扑气，调整到适合。

③ 改进设计。

3.1.8.2　瓶肩薄

（1）产生原因

与瓶壁薄非常相似，壁薄的程度严重会造成肩薄。此外漏斗尺寸不合适改变了料滴的形状，料滴进入初型模的位置不合适、不在中央也是造成肩薄的原因。

（2）消除办法

① 同瓶壁薄。

② 调节转向轴尺寸，增加初型模的涂料次数。提早调节初型模冷却风，延迟打开初型模。

3.1.8.3　瓶底薄

（1）产生原因

一般与壁薄的原因相反，如玻璃料温过低、料滴温度不均、料量不足、模具冷风量过大、瓶坯与初型模接触时间过长、倒吹气的压力大或时间长、料坯重热时间短、闷头脏、芯子设计不适等都能造成瓶底薄。

（2）消除办法

① 调节料温，增加料量。

② 延长在初型模中重热时间，延迟和缩短正吹气，使用模底冷却风，调节翻转速度，减少初型模的冷却风，更换闷头。

③ 修改芯子设计。

3.1.8.4　瓶底厚

（1）产生原因

料温过高、料滴过重、料坯重热时间过长，倒吹气时间短，压力小料坯过软，口钳翻转过早，闷头不平稳，模底过冷。

（2）消除办法

① 调温、减少料量。

② 调整初型模打开时间，调节倒吹气定时，增加压力，提早正吹气，增大倒吹气，调节口钳翻转动作，放低初型模冷却风嘴位置，减少闷头重量，减少模底冷却风。

3.1.8.5　瓶底偏

（1）产生原因

① 瓶底一边厚一边薄的现象称为瓶底偏，其原因是料道中玻璃温度不均匀使料滴左右两侧温度有偏差，形成底偏。

② 料坯翻转速度太快或太慢、弯曲、悬在模型中不垂直，吹气后就会产生底偏。

③ 成型模一侧冷风量小，另一侧冷风量大，量小的一侧温度偏高，玻璃液流动性比另一侧好，因而形成局部底偏。

④ 口钳的翻转齿轮与齿轮条磨损，口钳壁的一支较另一支高，也会使料坯在成型模中偏料。

（2）消除办法

① 调至温度均匀，料滴不发生弯曲。

② 利用缓冲调节翻转速度到成型模时不摆动，检查零件磨损情况，缩短重热时间，调节冷却风嘴的安装位置，增加倒吹气的压力、时间，调节转向槽中心对准初型模中心，调整成型模的控制阀。

3.1.8.6 瓶嘴内径缩窄或扩张

瓶嘴内径局部变小，在灌装物料时，灌装管插不下去，会使灌装管损坏或瓶子破裂，造成灌装线停产及物料损失。

（1）产生原因

① 可能是料温偏低，玻璃与芯子接触时间过长，使芯子顶端处的玻璃变冷，其他部位的料子吹开了，而该部位玻璃吹不开，就形成了缩窄细喉。

② 芯子设计太长、太尖，使用时温度太低，再加上初型模挨近口模部位冷却过度，也会形成缺陷。

③ 与以上缺陷相反的是瓶嘴内径扩张，这种缺陷会影响冠形瓶口强度，压盖时可能破裂，塞木塞时可能不严。

④ 料温偏高，芯子及口模污垢多导致传热不良或冷却风不足使其温度偏高，加上芯子与玻璃接触时间过短，倒吹过早，倒吹压力过高，都会使内径扩张。

（2）消除办法

① 调整料道温度均匀，调整料滴形状。

② 缩短扑气时间，延迟或提前倒吹气，减少芯子冷却风，缩短接触时间，更换芯子或口模。

③ 改进设计。

3.1.9 玻璃未充满模具（不饱满）

瓶嘴部位是最先成型部位，形状复杂，玻璃未充满模具的缺陷最易在瓶口发生。

（1）产生原因

① 料温偏低，剪刀不快，剪刀喷水太多，扑气压力和时间不足或真空不够，都会使瓶嘴不足。

② 初型模喷油过多形成气体，阻碍料滴进入口模也是一个原因。

③ 用压-吹法生产时，芯子过低、料滴重量偏小或压力偏低也会造成瓶嘴不足的缺陷。

④ 在料温偏高情况下，倒吹过早会将瓶嘴吹缺。

⑤ 模具方面的问题，如料坯形状不合适，口模部件排气不畅、口模污垢太多同样会导致瓶嘴不足。

⑥ 玻璃充不满模具的缺陷除发生在瓶嘴外，还发生在肩部。其原因有料温低、倒吹时间长、重热时间短、终压力低、模具太冷、肩部排气孔堵塞等。有时成型模损坏，终吹空气进入成型模也会使瓶肩不足。

（2）消除办法

① 调节温度和料筋形状，更换剪刀、调节喷水。

② 增加扑气压力和时间、增加涂料次数、增加口模冷却嘴、重新安装闷头和漏斗组件、延迟倒吹气。

3.1.10　变形缺陷

3.1.10.1　严重畸形

瓶罐畸形大多数是因为生产工艺条件尚未调好或者是某些条件失控，在正常运转中是不会经常出现的。一般是玻璃温度过高，或成型过程中冷却不下来导致出模后变形。另一个可能原因是制瓶机各机构动作不配合使瓶子挤压变形。

3.1.10.2　瓶底凸凹变形

（1）产生原因

① 大多与玻璃温度过高有关，加上成型模冷却风不足、模具温度偏高以及机速偏快等原因。两种缺陷除了有共同的原因外又有其各自的原因。

② 凹陷可能是由于成型模排气孔小或堵塞，吹气压力低、时间短。

③ 凸鼓的原因：正吹气结束之前成型模打开，瓶体被空气吹鼓，初型模不合适。

（2）消除方法

① 降低成型温度。

② 调节机速。

③ 开足冷却风。

3.1.10.3　瓶颈弯曲和瓶嘴弯曲

瓶颈弯曲是脖子歪，这种缺陷会使灌装生产线发生故障。

（1）产生原因

① 料温过高、模具过热、机速过快、玻璃与模具接触时间短。

② 成型模通气孔堵塞，口模与初型模及成型模接口处直径不一致。

③ 直接因素有钳移器的钳爪中心不对，钳移太快、太早、瓶子摆动产生歪颈。

④ 瓶嘴歪曲的主要原因是成型模颈径过大，料坯装入成型模后冷固位置不合适。成型模颈径过小，把料坯挤起，吹气头下降时把瓶嘴压弯。

（2）消除办法

① 调整料温。

② 改变机速。

③ 调整、改进模具的安装。

3.1.10.4　瓶子歪斜与瓶子不圆，塌底、瓶根部变形

瓶身歪斜这种缺陷在灌装生产线上会产生故障。

（1）产生原因

玻璃温度高、模具热、机速快、钳移器安装过低、拨瓶器形状不合适、拨瓶动作可能导致瓶子歪斜。瓶子在钳移器上不垂直，落下时底部不同时接触停置板，再加上冷却不足产生了缺陷。

（2）消除方法

① 调节好机速。

② 调节适当的玻璃料温度。

③ 钳子安装正常。

3.1.11　裂纹

（1）产生原因

① 玻璃体本身不均匀而造成应力，在加工成型后应力也没有完全消除。

② 玻璃体与所有生产过程中模具接触时温差控制不适宜，过冷和过热都能使玻璃产生裂纹。

③ 在加工过程中不慎使玻璃直接接触冷物或温物（水、油等）。

④ 模型配合不好或机械上其他部件向模型施加的压力大，供料机剪刀安装不好都能使玻璃产生裂纹。

（2）消除方法

① 主要是在生产过程中针对上述产生裂纹的原因消除应力。

② 选择玻璃体与模具的适合温差，操作人员要注意玻璃体不要直接与冷物接触，模制瓶的安装和剪刀安装要合适等。

3.1.12　合缝线与飞翅毛刺

3.1.12.1　瓶子合缝线

初型模的缝线要轻，最好是能与成型模线缝重合，否则就形成缺陷。

（1）产生原因

① 初型模棱边磨损、玻璃温度高、倒吹气压力大和时间长等。

② 初型模两半的接触面上有污垢或玻璃屑。

③ 初型模抱合装置与模具配合不好。

（2）消除办法

① 模具安装要适当。

② 要经常清理污物。

3.1.12.2　飞翅与毛刺

（1）产生原因

① 玻璃温度高，在合缝大的情况下，玻璃受到较大压力后会从合缝处溢出玻璃料形

成飞翅。

② 瓶颈处的飞翅与毛刺是口模与初型模形成的。

③ 瓶根处的飞翅与毛刺是成型模与底模形成的，与合缝线的缺陷相类似。

（2）消除办法

① 模具安装要适当。

② 要经常清理污物。

3.1.13　表面缺陷

3.1.13.1　皱纹

皱纹的形状较多，有的是折痕，有的皱纹很细，部位也很多，在瓶口、瓶肩、瓶身等。

（1）产生原因

料滴过冷、过长或料滴不是落在模型的正中而粘连在模壁上。

（2）消除办法

严格控制料温，校正料滴，在模具上适当涂上润滑油等。

3.1.13.2　污染物

（1）产生原因

瓶罐玻璃表面粗糙、不光滑，各种气体净化不良，粘在瓶子上的黑红点，来自剪刀上的碳垢，初型模流料装置的润滑油或初型模的其他涂料。铁锈则来自模具、流料装置、初型模。

（2）预防方法

要注意模具的光滑、清洁，所用的气体要净化。

3.1.14　气泡缺陷

在成型过程中所产生的气泡很容易与玻璃本身气泡分别开来。成型过程中的气泡往往是几个大气泡或集中在一起的小气泡。

（1）产生原因

① 供料机耐火材料冲头上升太高，将料液吸入料碗的出料孔内时，带进了一部分小气泡。

② 熔炉中玻璃液面过低，料道、料槽中有异物或污染物，冲头周围温度不够，冲头尖端已磨损，料碗封泥过多。

③ 初型模子过热。

（2）消除办法

① 注意操作，排出异物，增加料道或料槽温度，调节冲头，控制封泥。

② 增加冷却风。

3.2 玻璃管缺陷

3.2.1 外观尺寸变化

玻璃管外观尺寸缺陷的形成一般与拉管工艺以及设备是否正常运转等密切相关。机械拉管工艺的关键是保持管根料形的稳定性，只有具备合适的料形、温度和黏度才能保证从管根延伸出来的玻璃液在匀速拉引下，形成厚度均匀、符合规格要求的管径。玻璃管尺寸变化的调整措施见表4-10。

从管根开始的冷却到固化这个过程中，定型与玻璃的热学特性有关，为稳定料形，必须严格控制成型管体上玻璃液的进料量和流动速度，两者均与供料道的结构、玻璃液的均化质量有关。

表 4-10　玻璃管尺寸变化的调整措施

缺陷名称	产生原因	调整措施
直径大小不均匀（大小头）	玻璃化学组成波动	取样分析、稳定成分、必要时调整化学组成
	炉温和出料量波动	严格控制温度、加料、出料
	供料道和作业室温度不均匀或波动	改进加热方式，严格控制温度
	拉管机工作状态不稳	检查和调整拉管机
	成型管内吹气压力不稳定	采取有效的稳压装置
	碎玻璃用量大	降低碎玻璃使用比例
	玻璃液均化不好	高温焖料
	取料深度不合适	调整合适的取料深度
	流料槽过长或过大	选择短而小的流料槽
	机尾皮带轮打滑	调紧或换新皮带轮
	机尾皮带槽深、松	调紧或换皮带
	机尾电压波动、电机转速不稳	修理电器、调稳电压
	跑道滚轮转动不灵活	加油或修理
	芯轴风机运转失常	调整或维修
	芯轴风单管道、单稳压	设循环管道、双稳压
	芯轴风管道和稳压罐积水	放水
	芯轴风管道皮接头漏气	修理或换新
	机头、气头、气眼未对好，气夹内有杂物	对准或排除杂质
	吹管震动	给减速箱加油
	吹管腐蚀造成斜面不平	后移吹管让出沟槽
	下料不均，流量太大	调节温度，减小流量
	流量大，成型管受料长度短	减小流量或增长受料长度
	流量小，成型管受料长度长	增大流量或减小受料长度
	成型室外有穿堂风，端头温度低	头密封，跑道密封

缺陷名称	产生原因	调整措施
管壁厚度不均匀	流料槽过长或过大	选择合适的流料槽尺寸
	闸板被侵蚀,流股分散	换新闸板
	流料槽嘴被侵蚀,料带分股	修理料槽嘴
	成型管转速不稳定	检查机头安装和传动装置
	成型管旋转轴振动大	校正旋转轴中心垂直度
	成型管的转动偏离中心	校正成型管安装精度
	成型管体松	上紧压簧
	芯轴弯曲	正轴或换新轴
	成型管两端面不平、管体歪斜	换新成型管
	流量不稳定,成型室温度不稳定	调节稳定
	成型管侵蚀凹槽深	后移或换新吹管
	成型管厚薄不均	换新成型管
	料形过低、不稳	要求调稳
	吹管角度太大	调整角度
	料带过长或过短	调节旋转管位置使料带长短合适
	旋转管体震动	减速箱加油
	旋转管转速太快	调慢转速
	成型管呈椭圆形	换新吹管
	供料道和作业室温度分布不均	调整和改善加热装置
弯曲	流料量大于拉管机速	调整流料分和拉管机速
	成型管体转速不稳定	检查和调整机头传动装置
	玻璃管在跑道内自转次数少	调整石墨辊轮和拉管机牵引角
	拉管机速与跑道长度不匹配	延长拉管跑道或降低拉管机速
	玻璃管壁厚度差严重	调整玻璃管壁厚度
	大成型管,小流量,慢拉引	大成型管,大流量,快拉引
	牵引带导轮辊轮不在一条直线上	调成一条直线
	料带过薄,温度过低,玻璃管过早固化	提高温度,后移吹管,适当加大力量
	牵引带磨损严重,玻璃管旋转不良	更换牵引带
	外来风大,玻璃管冷却不均	密封跑道
椭圆形	端头温度过高	降低端头温度
	料形低于整形槽	提高料形
	整形槽内垫物太硬	重放垫物(石墨片)
	芯轴风量不够	增大成型风量
	牵引速度过慢	提高牵引速度
	本身重力	跑道负压

3.2.2 管壁玻璃缺陷

管壁玻璃缺陷往往与玻璃的熔化质量以及熔体所接触的材料有关，更多情况下还与工人操作有关。当管壁玻璃出现缺陷时，可按表4-11提示寻找解决办法。

表 4-11 玻璃管缺陷产生原因及调整措施

缺陷名称	产生原因	调整措施
气线	闸板成型管气孔率大	换质地好的闸板成型管
	料槽等有裂缝	换无裂缝的料槽等
	喷灯位置及火焰形状不当	调整喷灯位置及火焰形状
	成型管转速太快	按指标调整
	煤气与助燃气比例失调	调整煤气与空气比例，使火焰正常
	料带温度低	提高料带温度
	料带过长或过短	降低旋转管体，调节料带长度
	料道中掉入铁质	捞出铁质或清除铁质隐患
	旋转管的角度不合适	调整旋转管的角度
	旋转管体中心线太靠近料槽口	调整旋转管位置，使出料口位于旋转管中心的1/3处
析晶（小白点）	料槽过大、过长，有死料	选择小而短、存料少的料槽
	料槽与洞眼砖或工作池间有缝隙	更换料槽、紧密安装
	成型管壁过厚	提高温度或更换新吹管
	成型管表面凹陷深	更换新吹管，表面要平整
	换吹管时老料槽内的死料流出	闸板闸死，高温处理
	成型室温度突然升高	降低成型室温度
	新吹管、新料槽温度低	封门高温烧结处理
	玻璃组成不合适	调整组成，增加黏度大的成分
	新吹管表面微细粉末	加工吹管时用布擦净表面
	端头温度低	使端头温度大于950℃
条纹	熔化部温度波动、玻璃液均化程度差	稳定炉温、提高均化程度
	工作池（料道）温度波动	稳定温度，减少料道内、外的玻璃液温差
	玻璃液波动	稳定加料和出料
	料槽过大、过长	选择小料槽
	料槽口受侵蚀	修理料槽嘴
	黏度不均匀	搅拌
	耐火材料侵蚀	执行合理的温度制度，选择性能优良的耐火材料
结石（包括透明疙瘩）	石英颗粒太粗	控制好原料标准
	混合料不均匀	混合均匀
	流量太大、料未化好	减少流量，提高化料温度
	碎玻璃块度大	加强碎玻璃的处理
	耐火材料结石	选择优质耐火材料

缺陷名称	产生原因	调整措施
细裂纹 （小炸纹）	跑道内辊轮温度低	跑道密封保温
	玻璃管缺陷处辊轮与铁架相擦	拨正玻璃管
表面黏附物	芯轴空气未净化	装两道过滤装置
	过滤器介质太脏	及时更换
	成型部厂房灰尘	多保持地面潮湿、干净，与熔化部隔开
	机尾采用大风扇	采用风道，顺玻璃管前进方向吹
	包扎物的灰尘大	换理想的包扎物
	玻璃管未封底	封底
	喷枪氧化，排在吹管表面	更换新喷嘴
	石棉皮带、石棉板痕迹	换质量好的石棉带等
	封管机滚轮等的油迹	擦去滚轮上的油
	切割玻璃屑掉入管内	提高切割质量，采取吹扫的方式
折光（冷筋）	端头挂料，管壁不均	刮端头或高烧 1200℃ 左右
	流量过大，温度低	按指标调节
擦痕	整形槽内垫物太硬	换质软而光的石墨片
	辊轮磨损成沟	换新的辊轮
	拣管捆扎不小心	操作轻而稳，避免剧烈摩擦
管口毛	切割装置调整不当	调整位置
	切割水带水量不足	加适当的水
	拉速太慢，切割温度低	提高拉速，加强保温
	切割速度慢	加快切割速度
	没有进行圆口	采用圆口机
毛糙	流料槽进口有脏料	增加流量，提高料带温度
	熔化不好	提高熔制质量
	耐火材料受侵蚀	选择好的耐火材料

3.3 管制瓶缺陷

以 ZP-18 型制瓶机为例，管制瓶成型操作过程中常见的缺陷及处理如下。

3.3.1 内径不合适

内径不合适多为 12 等分盘调整不准，使 A12 工位扩口套的中垂线与处于 A12 工位的 A 部分夹头中垂线不重合所致。内径大是 A7～A9 工位，特别是 A11 工位火焰温度过高或喷头位置过低使料过硬所致。另外，扩口套上粘有油污也会导致内径大。内径小多是扩口套过低所致。

处理方法：在 A12 工位移开滚轮时，在夹头中插入玻璃管，调整扩口套的前、后、左、右位置，使得扩口套处于玻璃管内径正中；调节 A7～A9、A11 工位喷头温度或位置，清除扩口套上的油污，提高扩口套。

3.3.2 外径不合适

外径不合适是 A7～A9、A11 工位灯头温度或位置不合适所致。对螺纹口瓶来讲，外径不合适是滚轮相互位置不准所致；对轧口瓶来讲，瓶口边厚、外径小是扩口套位置太低所致。瓶口边薄、外径小是 A10 工位，特别是 A12 工位扩口套和滚轮位置都过低所致；瓶口边薄、外径大多为扩口套（或包括滚轮）位置过低、滚轮的间距过小所致。另外，玻璃管厚薄、粗细也影响外径大小。

处理方法：调节 A7～A9、A11 工位喷头温度或位置，调节扩口套或滚轮位置改进玻璃管质量。

3.3.3 瓶身尺寸不合适

B 部分夹头三爪张开度不一致，在夹瓶时速度快慢不一，拉底时导致瓶身尺寸不合适。另外 B 部分夹头座本身位置也会造成 B 部分夹头上升时夹瓶高低不一，在修底时导致瓶子尺寸不合适。

处理方法：用校正棒调整夹头爪的张开度，更换 B 部分夹具上的轴钉，必要时在 B 部分夹具的顶板上增加一块薄片，或换一块更薄的顶板。

3.3.4 螺纹口瓶瓶头位置

不合适大多是 A10 工位滚轮位置过高或偏低所致。A7～A9、A11 工位喷头位置不合适，火焰温度过高、过低，造成料没烧好，也易导致此现象发生。

处理方法：调整 A11 工位滚轮的上下位置；调整 A7～A9、A11 工位喷头的位置及火焰温度。

3.3.5 螺纹不明显

A7～A9、A11 工位火焰温度过低，熔融玻璃黏度过大或螺纹滚轮距扩口套位置较远导致螺纹不明显。另外，螺纹滚轮凹槽内出现油污也会造成螺纹不明显。

处理方法：提高 A7～A9、A11 工位的火焰温度；调整螺纹滚轮的水平位置，擦除螺纹滚轮凹槽内的油污。

3.3.6 瓶口椭圆

这是 A11 工位喷头位置过高、熔料过多、火焰温度过高或玻璃黏度过小所致。另外扩口套下降时，滚轮未及时放松也会造成瓶口椭圆。

处理方法：调整 A11 工位喷头位置或温度；调整扩口套与滚轮的相互动作。

3.3.7　瓶子冷爆

（1）爆口、爆颈和爆肩

这是 A2、A3 工位冷却风开得过大所致。另外 A11 工位火焰温度过低或扩口套顶部、滚轮侧面磨损而出现的凹痕擦伤瓶子等也会造成冷爆。

处理方法：适当减少冷却风，提高 A11 工位火焰温度或更换扩口套、滚轮。

（2）爆身

这是 B6 工位夹头温度太低，夹取热瓶时温差过大所致；或者使用夹瓶附件，其夹头上的滚轮停滞不能转动也会造成爆身。

处理方法：适当提高 B6 工位的火焰温度以加强夹头保温；检修夹瓶附件上的滚轮，保持转动。

（3）爆底

这是 B2、B3 工位喷头位置太低，使瓶底太厚所致。B4、B6 工位灯头火焰保温不足也可能造成爆底。

处理方法：调整 B2、B3 工位喷头位置；调整 B4、B6 工位喷头的火焰温度。

3.3.8　破口

定长机构中圆盘调节得过高或过低，致使制颈后的玻璃管在定长时瓶口硬碰过甚。另外，成型后的热瓶相互碰撞也可能造成破口。

处理方法：调整定长机构；检查输送带有无卡住现象。

3.3.9　塌口

扩口套上黏附油污，扩口套与压口辊相互位置调整不当，A11 工位火焰温度过高，玻璃黏度过小所致。

处理方法：去除扩口套上黏附的油污，保持表面光滑；调整扩口套与压口辊之间的相互位置；降低 A11 工位火焰温度。

3.3.10　瓶口丝纹

多出现在换新扩口套不久。新扩口套表面光洁度不高，制颈时，旋转的玻璃管与扩口套粗糙表面之间产生过大摩擦所致。

处理方法：尽可能选用光洁度高的扩口套；加强扩口套的润滑。

3.3.11　瓶口白色气泡

这是 A7～A9 工位喷头火焰温度太高所致。

处理方法：减少氧气用量，降低火焰温度。

3.3.12 瓶口杂质

这是滚轮、扩口套黏附污物，或玻璃管表面本身粘有污物，在制口时熔入瓶口所致。

处理方法：清除滚轮、扩口套上的污物；改善玻璃管表面清洁度。

3.3.13 瓶颈和瓶肩皱皮

A7～A9 工位火焰温度过低或 A7～A9 工位喷头位置过高致使与滚轮接触的玻璃黏度过大，两者相对运动产生皱皮。

处理方法：提高 A7～A9 工位的火焰温度；调整 A7～A9 工位喷头的位置。

3.3.14 斜肩

这是 A 部分夹头三爪中心不正，夹头自转时，玻璃管晃动（玻璃管不铅直）影响均匀制颈所致。另外，A 部分夹具上喇叭口内径过大、玻璃管厚薄不匀也可能形成斜肩。

处理方法：调整 A 部分夹头中三爪的中心位置；调换喇叭口，改进玻璃管质量。

3.3.15 斜底

这是因为 B 部分夹头三爪中心不一致，夹头自转时，瓶子晃动，影响均匀制底；或 B3～B5 工位火焰温度过高；或 B 部分 6 等分盘与八部分 12 等分盘配合不准，致使在 B1 工位（A5 工位）A 部分夹头和 B 部分夹头上下中心不重合。另外，玻璃管厚薄不匀也会产生斜底。

处理方法：调整 B 部分夹头三爪中心；降低 B3～B5 工位的火焰温度；在 B1 工位校正 A 部分与 B 部分上下夹头中心；改进玻璃管质量。

3.3.16 瓶底玻团

A3～A5 三工位喷头火焰温度过低，制底拉断时形成过大结瘤或 B2、B3 工位火焰温度过低，致使瓶底的结痂烧不融。

处理方法：提高 A3～A5 工位喷头的火焰温度；提高 B2、B3 工位的火焰温度。

3.4 安瓿缺陷

以 ZA-24 型制瓶机为例，安瓿成型操作过程中常见的缺陷及处理如下。

3.4.1 丝粗细不合适

丝过细，灌装机针头插不进瓶子内，浪费药液；丝太粗，则在灌装后熔封过程中瓶口封不死，造成药液漏出，同样也是浪费。丝粗细多是玻璃管粗细、厚薄不合适，灯头火焰没调节好所致。另外，车速过快、灯孔堵塞、摇摆机平动幅度小致使料没烧好，夹头等分距不等造成拉丝时夹头爪与玻璃管打滑等也会导致丝粗细不合适。

处理方法：改进玻璃管质量；调节火焰；放慢一挡机速；逐个检查拉丝喷头火焰状况，发现喷头孔堵塞时应熄火加以疏通；调节摇摆机的摇摆幅度；停车校正夹头中心距。

3.4.2　瓶身长短不合适

上夹头爪张开度过小、托架上滚轮磨损致使定长时夹玻璃管速度快慢不一导致瓶身长短不合适。火焰温度高低、熔料面大小不合适都导致拉丝时拉伸段长短不一而使瓶身长短不合适。上、下夹头爪张开度较大，致使拉丝时夹头爪与玻璃管打滑，也会造成瓶身长短不合适。一般来说，安瓿丝粗细不合适经常伴生有瓶身长短不合适。

处理方法：调节火焰；校正夹头爪或更换托架滚轮；调节定长。

3.4.3　瓶底厚薄不合适

烘底喷头不处于同一平面，因熔料过多产生厚底；喷头距离玻璃管远近、混合燃烧气体的压力大小都导致火焰焰面大小不合适而严重影响瓶底厚薄。

处理方法：调整烘底喷头位置；调节火焰中煤气和氧气的比例。

3.4.4　歪丝

多是玻璃管厚薄严重不均所致。另外三个爪的张开度不一致、上下夹头中心不正都导致拉丝时作用力方向不铅垂而产生歪丝。

处理方法：改进玻璃管质量；校正上下夹头中心和三爪的张开度。

3.4.5　断丝（包括断小丝）

割丝砂石过于靠前，致使丝子与砂石接触力过大而折断丝子，或者割丝砂石太靠后，致使安瓿丝接触不到砂石而直接撞击割丝器中的切头挡丝，以致被折断。

处理方法：调整割丝砂石的前后位置。

3.4.6　瓶底不平

这是定长样板上钢皮翘起、羊毛毡损坏以及烘底喷头喷火孔不水平、火焰温度太低、火力不足、机速过快而烘底时间不足所致。

处理方法：调换钢皮或羊毛毡；调整喷头喷火孔水平；调节火焰温度及煤气和氧气的比例；降低机速。

3.4.7　瓶底玻团

这是烘底喷头高低不一或喷头火焰温度太低，在封底拉断时形成结瘤所致。
处理方法：调整烘底喷头；调节火焰温度。

3.4.8　瓶底白色气泡

这是烘底灯头火焰温度过高产生再生气泡所致。
处理方法：适当降低火焰温度。

3.4.9　曲颈瓶颈泡大小不合适

多是制颈摇摆机喷头或压颈刀片的位置太高或太低，制颈喷头火焰温度不当所致。由于瓶颈位于瓶子肩胛处，因此安瓿本身肩胛大小对颈泡大小影响很大。肩胛大小主要由拉丝喷头火焰温度决定。

处理方法：调整制颈摇摆机上喷头或压颈刀片的高低位置；调节制颈喷头火焰温度；若安瓿肩胛大小不合适，则调节拉丝喷头火焰温度（注意喷头孔是否堵塞）。

3.4.10　瓶颈粗细不合适

多是制颈喷头温度过高或太低、火力大小不当以及压颈刀片压得太深或太浅所致。另外，玻璃管粗细或厚薄、机速不当以及摇摆机逃料、夹头爪松动、喷头孔堵塞也会造成瓶颈粗细不合适。

处理方法：调节制颈喷头火焰温度以及煤气和氧气的比例；调整压颈刀片的前后位置；改进玻璃管质量；调整机速；检查、调节摇摆机；校正夹头爪；疏通灯孔。

3.4.11　双联瓶凹底

封底是热加工的最后一个环节，当保温喷头火焰温度太低或吹底处冷风开得过大时，瓶底还未冷固便因瓶内气体急剧收缩、内外压力差而产生凹底。
处理方法：调节保温喷头的火焰温度，关小冷风。

3.4.12　双联瓶凸底

保温喷头火焰温度太高致使安瓿封底后瓶内气体膨胀导致凸底。另外，火焰强度不够也易导致凸底。
处理方法：调节保温喷头的火焰温度；调节煤气和氧气的比例。

3.4.13 坏底

这是插管、第一个玻璃管毛口、玻璃管有外裂纹、定长样板上有碎玻璃或钢皮损坏、烘底摇摆机没校好或烘底喷头火焰不当导致瓶底过厚而冷爆所造成的。

处理方法：提高插管质量；改善玻璃管质量；清除定长样板上碎玻璃或调换钢皮；检查烘底摇摆机上、下、左、右位置；经常注意煤气和氧气的压力变化并进行调节。

3.4.14 爆身

下夹具三个夹头爪张开度过小或三个夹头爪表面粗糙而擦伤玻璃管。另外，玻璃管脆性过大也易导致爆身。

处理方法：调整下夹具三个夹头爪的张开度；三个夹头爪的表面涂抹少量机油；更换三个夹头爪；改进玻璃管质量。

3.5 成型过程质量控制

玻璃的成型制度是指在成型各阶段的黏度-时间或温度-时间制度。由于制品的种类、成型方法与玻璃液的性质各不相同，在每一种具体情况下，其成型制度也不相同，而且要求精确和稳定。

成型制度应使玻璃制品在成型过程中各主要阶段的工序和持续时间同玻璃液的流变性质及表面热性质协调一致，以决定成型机的操作和节奏。在成型过程中玻璃液的黏度由热传递来决定。为了使制品成型的时间尽可能地短、出模时又不致变形、表面也不产生裂纹等缺陷，就必须控制和掌握热传递过程。因此，在确定成型制度之前，应当首先讨论玻璃在成型过程中的热传递。

成型各阶段的持续时间可以根据玻璃黏度-时间曲线，由相应的 $\Delta\eta$ 值、Δt 值来确定。实际上各阶段的持续时间与玻璃的热传递密切相关，在给定的成型方法和给定的成型设备下应当考虑玻璃制品的重量与其表面积的比值（$\frac{m}{S}$），将玻璃压向模壁的有效压力，模型的材料、重量与冷却情况等。

不同玻璃成型机的操作时间周期是不相同的。空心玻璃制品的成型时间周期包括：供料入初型模和形成初型，初型传递和重热，在成型模中成型和冷却制品以及取出制品等。每一个循环称为周期。初型模和成型模周期在整个成型周期中占有相当的比例。初型模和成型模的使用时间有一定的重叠，一个制品的成型时间周期和机器的操作时间周期是不相同的。后者比前者时间短。初型模周期和成型模周期重叠的时间越多，模腔的生产效率越高。

初型模中初型温度极大程度上控制着最后成型制品中玻璃的分布。在一定的模型温度制度下，初型模与玻璃液的接触时间是十分重要的，既不能使玻璃冷却过度、过快，又不能使玻璃冷却不足，否则将会使制品厚薄不匀、产生表面缺陷。玻璃液的 $\frac{m}{S}$ 小，模型的重量大，模型材料传热快，初型模的周期应当短，反之则长。

　　初型模周期和成型模周期之间，即在初型模打开，初型传送入成型模，直至在成型模中吹制制品之前，有一定的玻璃表面重热时间。重热对制品中玻璃的均匀分布和制品的表面质量都起着重要的作用。重热的时间随初型玻璃表面温度下降而变化。

　　成型模周期控制着制品最后的形状，使玻璃从硬化至制品从模中取出时不致变形。成型模周期应当与玻璃的硬化速度相适应，不能太慢、太快，太慢将影响产量，太快会使制品产生表面缺陷。

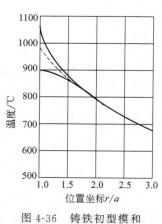

图 4-36　铸铁初型模和成型模的温度分布

　　模型的温度制度也是成型制度的一个重要方面。除了冷的衬碳模外，在成型之前，模型应加热到适当的操作温度。在成型过程中，模型从玻璃中吸取并积蓄热量，同时借辐射和对流又将热量传递给模外的冷却介质。这时玻璃表面冷却硬化。从冷模型加热到操作温度稳定所需要的操作时间与模型的厚度有关。在压-吹法中，厚 2cm 的模型需 20min，而厚 4cm 的模型需 40min。模型内表面温度随着与玻璃的接触和脱离呈周期性变化。为了维持稳定的操作温度，模型从玻璃中吸取的热量和散失到冷却介质中的热量必须相等。模型的外表面和距外表面一定距离的模壁处温度应当稳定。实验数据说明，在距离模型内表面 1cm 处，温度波动已不显著。也就是说模型的内表面及其邻近处为不稳定的传热带。它积蓄热量，又称蓄热带，而其内部和外表面则为稳定的传热带，不积蓄热量。铸铁的初型模和成型模的温度分布见图 4-36。r 为模型的半径坐标，a 为瓶子的半径坐标。r/a 为模型内表面。

　　模型的厚度对模型的温度制度影响较大。厚度不足时，稳定的传热带缩小，甚至完全不存在，温度的波动将扩展到模型的外表面。在这种情况下，模型的温度制度不稳定，甚至模型外面的冷却条件发生变化也影响模型的温度制度。所以在实际上模型的厚度应比模型蓄热带的厚度大 50% 到 1 倍左右。厚壁模型操作可靠，不要求特别严格地调整外部冷却条件。但是过厚的模型蓄热量太大，可能使模型达不到合适的操作温度。相反，薄壁模型受热较快，蓄热能力小，要求成型速度较高或更精细地调整冷却制度。

　　模型内表面温度变化范围的大小直接影响着成型的玻璃制品质量。变化的范围越大，制品的表面质量越差，特别是模型内表面温度低时不可避免地会使玻璃表面形成裂纹和煅纹。按一般情况，用吹-吹法制造瓶子时，初型模的表面温度变化范围为 50~80℃。模型温度较高时，玻璃制品表面质量较好，制品中玻璃的分布也较为均匀。模型允许的上限温度取决于玻璃的性质，玻璃液的温度和模型材料主要以不使玻璃黏附在模型上为原则。

　　初型模和成型模的温度制度指标如表 4-12 所示。

表 4-12　模型的温度制度指标

模型	对周围大气中的热辐射强度/(W/m²)	模型温度/℃		在模壁截面上的温度差/℃	玻璃料与模型接触时的冷却程度/℃
		内表面	外表面		
初型模	1214.17~25586	300~500	140~220	160~280	30~70
成型模	34890~85585	450~580	200~300	250~280	150~250

3.5.1　玻璃瓶

玻璃瓶罐的成型缺陷种类较多，原因也很复杂，但归纳起来可以分为玻璃温度、模具、机械等三方面。

（1）玻璃温度

玻璃温度过高或过低是造成多种缺陷的一项重要原因。现代滴料或供料机的料道能将料温准确地调定在设定值上，误差不超过 1℃，甚至 0.5℃，因为稍有偏差都会影响质量。

（2）模具

模具材质不良、设计不当会造成种种缺陷。有了合用的模具，还要有良好的维修保养，模具维修不好也是造成成型缺陷的一项重要原因。

（3）机械

机械方面的原因分为两部分：一是机械本身结构、精度、安装和维修的质量所决定的；二是机械操作。后者是造成瓶罐缺陷的重要原因。机械的许多动作都是可调的，以适应生产不同品种的需要。这些动作都要调得最适宜，才能生产出优质的瓶罐。这就需要有丰富的维修经验和操作技术，因为机械操作除了机械本身外，还要与玻璃特性、玻璃温度、冷却风温度与流量等因素密切配合才行。

3.5.1.1　热瓶检测

随着社会的发展，科学技术日新月异。人民群众的生活水平不断提高，消费意识也不断增强，特别是在食品方面，除了强调食品自身的营养价值等外，还十分重视食品的包装物质量。玻璃瓶罐因其特有的直观透明优点，始终在"食品包装物"这一大家庭中占有重要地位，但其缺点也始终困扰着玻璃瓶罐生产者。市场竞争是残酷无情的，适者生存，为此各个玻璃瓶罐生产企业都想方设法进行相关设备改造或引进国外先进的新工艺、新设备、新技术和科学的管理方法。

正如大家所知道的，制瓶工序在生产玻璃瓶罐企业里所处的地位既重要又特殊，有人形象地将"制瓶机"比喻为"印钞机"。热瓶检验在制瓶工序常规作业内容里起着举足轻重的作用，直接关系到企业的经济效益。

制瓶机出来的生瓶经退火炉退火，一般要花费 60min 左右才到达冷端，让品管复检人员进行采瓶，逐个模号按相关《检验作业标准》检查，发现缺陷汇总反馈并采取措施纠正。即使制瓶操作人员立即纠正，也已造成 60min 不可弥补的损失，为了扭转这种不利的被动局势，只有建立"制瓶机热端机前品管检验"手段才能从根本上化被动为主动，使产品的质量及合格率明显提高，单位成本降低，增强企业竞争力。具体方法如下：

（1）采瓶前的工具准备

①采瓶车（或台）（高度、长度、宽度尺寸可根据各自生产线机组数、料滴数及产品最大瓶身径等灵活确定）。

②耐火材料（可采用轻质耐火砖或报废的机前/横向输瓶带）：用于放置热瓶，防止其急冷爆裂。

③夹瓶钳（根据产品口外径尺寸制作相适应的夹瓶钳，一般分 B&B 和 P&B 两种）。

④ 缠绕夹瓶钳（与瓶口接触部分）用石棉线或玻璃纤维线（$\phi 6mm$），防止取瓶时产生裂纹。

⑤ 检查场所要有充足的光源，通常设置质检台于制瓶机附近，台面、壁涂乳白色油漆，采用日光灯照明。

⑥ 由品管部提供符合产品检测要求的电子台秤，通过式高度、瓶身径、瓶口外径、瓶口内径量（或塞）规，垂直度测量仪，口倾斜测量仪等。

⑦ 建立相应的检验记录表。

（2）采瓶

① 从机前输送带上用夹瓶钳逐组每个模号各采瓶1只，并按机组号顺序排放在采瓶车（或台）的耐火材料上让其自然冷却。采瓶时要轻夹轻放，防止人为引起变形（缺陷）。

② 采瓶频率可根据产品生产难易度决定，一般每小时1次。

（3）检查

① 待热瓶冷却后，即可进行检查。

② 外观检查。根据产品规格书的有关规定基准进行外观检查，若发现外观缺陷要及时采取纠正措施，在必要的时候及时与质检人员联络并进行热瓶剔除。

③ 尺寸检查。对全数瓶子采用相应的检测量规进行尺寸检查，发现尺寸不符合标准时，及时进行热瓶剔除并与质检人员联络，查明缺陷发生的原因，并彻底纠正。

④ 将存在的缺陷及纠正措施记入《检验记录表》。

（4）相关条件

为了切实做好热端热瓶检验工作，稳定提高产品质量和产量，要求制瓶机操作人员在熟练掌握供料机、制瓶机基本操作技能的前提下，还应具备：

① 大协作、敬业精神，时刻牢记"质量是企业的生命"。

② 严格按照相关的操作规程作业。

③ 理解并掌握模具涂油作业的目的、意义和方法（包括油把的制作）。

④ 理解领会成型中产品缺陷产生的原因并掌握相应的纠正方法。

为了便于三班倒人员尽快采取有效的缺陷纠正措施，管理者要针对不同产品的特点编写出相应的《缺陷修正指南》并粘贴在现场，这样就一目了然。

⑤ 能发现缺陷是前提，尽快纠正缺陷才是根本。优秀的制瓶操作人员正如良医能快而准确地治好病人。要达到此境界，没有什么捷径，除了自身的素质外，还要有不怕苦、不怕累的精神，刻苦钻研，把所学到的理论知识应用于实践，并变为自己的经验总结，即从理论到实践，再从实践到理论，产生质的飞跃，日积月累，成为名合格的行列机操作工。

⑥ 为了充分调动员工的主观能动性和积极性，必须同时建立相应的奖罚机制来确保这一工作有效进行。

总而言之，"行列机热端机前品管检验"这一手段的建立，都有益于任何一家玻璃瓶罐生产企业，有利无弊，是非常重要的一个环节，漏检对制瓶操作人员而言是可耻的。

3.5.1.2 重量管理

制瓶最重要的就是要抓好质量管理，而最基本的质量管理是瓶的重量管理。如果不能保证瓶子重量的稳定性，就会导致瓶子的满口容量、灌装线、强度等产生一系列问题。重量管理目标：彻底实施"零点（$\pm 2g$ 以内）"和"前后差 2g 以内"的管理方法。

在日常操作过程中要求每间隔 20min 在线使用台秤（误差范围±1g）称量前后侧热瓶各两只，并如实、准确做好"重量管理图"记录。当重量发生波动时，要查清发生波动的原因，以便进行调整、修正，如果放任不采取措施的话，将会酿成大事故。出现重量不良问题，即在重量管理方面出现了失误对制瓶操作人员来说是件不光彩的事情。

通常都是采取调整匀料筒高度的方法来修正重量偏差，切记每次调整匀料筒高度终了、待机组接料生产三个周期后再重新称量瓶重，特别是偏差较大时（譬如 10g），不能一下子就调到标准重量，应先调 2g，然后再逐渐向标准靠近，一分钟后再进行称量。有的人在调整匀料筒高度后，就急着称瓶子重量，可重量变化的料滴还未落下，就以为重量没变，又急着去调整匀料筒高度。机速和供料道的温度不同，重量变化的时间也不同，调整匀料筒之后起码要等一分钟后再测重量。也不要大幅度地转动重量调整转盘，由于随着使用时间延长，料盆和匀料筒与玻璃液接触面的磨损也逐渐变大，有时稍微转动重量调整转盘，重量就会发生很大变化，所以每次都要小心谨慎地一点点调，否则会出现不良后果。

当前后重量产生偏差时，可通过调整匀料筒转速或黏土冲头高度的方法来修正。要注意匀料筒转速（通常保持在每分钟旋转 40 次左右）过快将导致瓶子表皮产生小气泡，及因黏土冲头高度的调整而引起前后料滴长度不一所产生的一系列缺陷。

对 P&B 或 NNP&B 生产而言，重量管理至关重要，即使在±2g 的情况下，也会引起故障、缺陷产生，因此要养成彻底实施"零点管理""前后差管理"管理方法的良好习惯。

3.5.2　玻璃管

3.5.2.1　医药用玻璃管规格的检验

（1）应力检测

使用高精度的读数应力仪。

（2）规格尺寸

用精度为 0.02mm 的游标卡尺。

（3）圆瓶口内径

用精度为 0.02mm 的内径塞尺。

（4）垂直轴偏差

用精度为 0.01mm 的垂直轴偏差测试仪。

（5）玻璃管的外径尺寸

每根都要检测，对管壁厚度进行分批检测。

（6）外径检测

工具的种类很多，目前广泛采用连续式双轮自动选管机和玻璃管激光测径仪。

（7）壁厚检测

用的较普遍的是游标卡尺和千分卡尺。

3.5.2.2 药用玻璃管的检验标准

（1）GB 12414—1995《药用玻璃管》

该标准为执行标准，适用于制造安瓿、管制抗生素瓶、口服液瓶的玻璃管。

该标准规定了药用玻璃管的规格尺寸、技术要求、抽样、试验方法、标志、包装。

由于安瓿是直接接触药品的特殊包装产品，药用玻璃管又是生产安瓿的唯一材料，其质量直接影响人类用药的安全有效，因此本标准为强制性标准。

（2）YBB00272003—2015《药用低硼硅玻璃管》

该标准为现行标准，适用于制造低硼硅玻璃安瓿、管制注射剂瓶、管制口服液瓶等药用容器的低硼硅玻璃管。

该标准对玻璃管外观缺陷沿用了药用玻璃管（GB 12414—1995）的有关要求。

低硼硅玻璃与钠钙玻璃的主要区别是其具有良好的热稳定性和化学稳定性。低硼硅玻璃药用管的鉴别项目如下。

① 线膨胀系数。它是玻璃的主要物理性能之一，决定了玻璃的热稳定性，即玻璃能承受温度剧变的能力。线膨胀系数主要是由玻璃的化学成分决定的。因此，把线膨胀系数作为鉴别性能，既可控制玻璃的使用性能，又能反映出玻璃成分的类型。本标准规定低硼硅玻璃药用管的线膨胀系数为（62～75）$\times 10^{-7} ℃^{-1}$（20～300℃）。

② B_2O_3 的含量。它是提高玻璃热稳定性和化学稳定性的主要成分，在一定范围内，随着含量的提高，玻璃的性能越来越好。因此，把 B_2O_3 含量的测定作为鉴别的项目，既可控制玻璃的使用性能，又能反映出玻璃成分的类型。本标准将 B_2O_3 含量定在 5%～8%。

玻璃管的规格尺寸是加工各种管制瓶的基础。本标准对管径偏差、壁厚偏差和直线度规定了强制指标，指标沿用了药用玻璃管（GB 12414—1995）的有关要求，目的是保证制瓶的加工质量。表4-13列出了安瓿玻璃管规格尺寸国家标准。

表4-13 安瓿玻璃管规格尺寸国家标准

容量/mL	1	2	3	10	20
外径/mm	10.0±0.4	11.5±0.4	16.0±0.5	18.4±0.5	22.0±0.5
壁厚/mm	0.49±0.03	0.49±0.03	0.58±0.04	0.64±0.04	0.71±0.05
偏厚薄/mm	0.05	0.05	0.06	0.06	0.08

3.5.3 管制瓶

（1）YBB00292005—1《高硼硅玻璃管制注射剂瓶》

该标准适用于灌装直接分装的注射用无菌粉末或无菌液体的高硼硅玻璃管制注射剂瓶。

该标准在参考了管制抗生素玻璃瓶的基础上，根据硼硅玻璃管制注射剂瓶使用性能的要求，增加了耐热性能和耐冷冻性能的要求，并增加了鉴别检测项目（线膨胀系数、B_2O_3 的含量）以及砷、锑、铅浸出量的测定。

① 线膨胀系数。中性玻璃的线膨胀系数应为（4～5）$\times 10^{-6} ℃^{-1}$（20～300℃）；硼硅玻璃3.3的线膨胀系数应为（3.2～3.4）$\times 10^{-6} ℃^{-1}$（20～300℃）。

② B_2O_3 的含量。中性玻璃中 B_2O_3 的含量应为 8%～12%，硼硅玻璃 3.3 中 B_2O_3 的含量应为 12%。

（2）YBB00282002—2015《低硼硅玻璃管制口服液体瓶》

该标准适用于盛装口服液的低硼硅玻璃管制瓶。

该标准规定了该低硼硅玻璃的鉴别项目为线膨胀系数和 B_2O_3 的含量。

① 线膨胀系数。按照玻璃平均线膨胀系数的测定方法（GB/T 16920—2015）进行测定，应为 $(6.2～7.5) \times 10^{-6} ℃^{-1}$（20～300℃）。

② B_2O_3 的含量。按照钠钙硅铝硼玻璃化学分析方法测定 B_2O_3 的含量，应 ≥5% 且 <8%。

（3）YBB00302002—2015《低硼硅玻璃管制注射剂瓶》

本标准适用于盛装注射用无菌粉末的低硼硅玻璃管制注射剂瓶。对该玻璃的鉴别项目和鉴别标准同 YBB00282002—2015。

3.5.4　安瓿

（1）GB/T 2637—2016《安瓿》

该标准为执行标准，适用于一次性使用的色环和点刻痕易折玻璃安瓿。

该标准规定了易折安瓿瓶的规格尺寸、产品标记、要求、抽样、试验方法、标志和包装。

（2）YBB00322005—2《中硼硅玻璃安瓿》

该标准适用于色环和点刻痕易折硼硅玻璃安瓿。

硼硅玻璃与低硼硅玻璃、钠钙硅玻璃的主要区别是其具有良好的热稳定性和化学稳定性，鉴别的项目为：

① 线膨胀系数为 $(40～50) \times 10^{-7} ℃^{-1}$（20～300℃）。

② B_2O_3 的含量为 8%～12%。

（3）YBB00332002—2015《低硼硅玻璃安瓿》

该标准适用于色环和点刻痕易折的低硼硅玻璃安瓿。

该标准对低硼硅玻璃安瓿的鉴别仍以玻璃的线膨胀系数和 B_2O_3 含量两项指标为标准。

项目 4　成型过程对环境的影响与防治

4.1　成型机和模具

4.1.1　碳-石墨整体流料槽

某玻璃厂在 QD-6 型行列机上应用碳-石墨衬里流料槽的新工艺，经过半年以上的生产运行，取得了如下显著效果：

① 碳-石墨衬里润滑性能好、耐磨性强、寿命长，可连续使用 6～12 个月不需喷涂任何润滑剂，基本上实现了长效无油润滑。

② 节约了润滑机油，每月每台 QD-6 型行列机可节油 216kg。

③ 稳定了生产作业，保持了较高的生产效率，盐水瓶产量较原来提高 2% 以上。

④ 提高了制品的外观质量，消除了由于湿式润滑受急冷所导致料滴表面温度骤降而产生的横、竖冷纹，瓶壁均匀度、瓶身光亮度普遍提高。

⑤ 改善了劳动条件，减轻了操作和维修工人的热劳动强度。

⑥ 解决了导料系统因喷油而产生的空气污染问题。

4.1.2　采用干涂料润滑落料槽

我国行列式制瓶机的落料系统传统用油水冷却润滑，既浪费油，又严重影响环境卫生。某玻璃厂经过多次试验，试制成了达到国外涂料水平的，包括 A、B 液的两种干涂料。在落料系统中用这种新涂料，涂一次可用 40 天。使用情况表明采用干涂料后，一台四组行列式制瓶机每天可节约机油 10kg，还可大大改善车间环境卫生。

4.2　噪声的防治

噪声是声源的振动在空气中引起高速弹性波所致。它在环境中不积累、不持久，更不会远距离传输。噪声必须是在声源、声音传播途径和人同时同地存在的条件下才有可能对人造成干扰。针对这一个方面采取措施，就可以有效地控制噪声。

（1）降低噪声强度

对于产生噪声的设备，设计平滑的气流通道并降低气流速度，可降低所产生的噪声。采用阻尼材料制造机器的某些部件，可以消除因碰撞产生的噪声。适当的润滑也可以降低摩擦产生的噪声。对于已经产生的噪声，可采用安装消声器的方式加以控制。

（2）阻止噪声的传播

噪声是通过空气、机械设备或建筑物结构本身传播的。因此，可以采用减振、隔振、吸声和隔声等声学处理方法阻止噪声的传播。建筑及设备结构一般传播低频噪声，可采用隔振的方法有效地减少结构传声。对于机械设备噪声，隔振垫能降低低频噪声 10dB（A）左右。在声源的周围设置屏障或密封声源，可减少或阻止空气传声。声屏障可减少中高频噪声几分贝。密封罩可降低中高频噪声 10～35dB（A）。当噪声由墙面反射作用于人的耳朵时，可在车间的墙壁、地板和天花板上安装吸声材料，以减少车间内噪声的反射。

（3）个人劳动保护

在强噪声环境下工作的工人应采取个人防护措施，如采用耳塞、耳罩等减少耳朵接收到的噪声，以达到保护听力的目的。

（4）机械设备噪声的控制

玻璃厂普遍采用空压机和鼓风机，其消声常用的措施有安装消声器及隔声、减振处理等。空压机可选用扩张室消声器、扩张室阻性复合消声器或共振阻抗复合消声器。鼓风机的噪声声级高、频谱宽，一般采用共振阻抗复合消声器和阻性消声器。制瓶机多采用消声器。

思考题

1. 简述玻璃成型的两个阶段及其相互关系。
2. 玻璃的成型方法都有哪些?
3. 压-吹法和吹-吹法各有什么特点?
4. 丹纳法和维罗法各有什么特点?
5. 玻璃液的物理性质对成型的影响有哪些?
6. 简述供料道的结构和作用。
7. 供料机各部分的机能是什么?
8. 行列机成型过程包括哪些步骤?
9. 丹纳拉管法成型设备有哪些?
10. 简述管制瓶成型方法。
11. 列举三个以上玻璃瓶罐成型缺陷,并说明解决办法。
12. 料滴调整主要是调整哪些内容?如何来达到调整目的?
13. 通过哪些措施可以调整料滴形状?
14. 试分析泥芯升降与时间的关系。
15. 受料要求有哪些?如何来调整受料?
16. 供料机的主要部件有哪些?
17. 供料机的耐火制件有哪几类?使用中应注意哪些要求?
18. 供料机在运转中的操作与调整有哪些主要措施?

模块 5

玻璃的退火及后加工

在成型或热加工过程中，玻璃制品内部与外部两部分存在着较大的温度差异，该温差将会导致成品有很大的应力存在，玻璃退火就是减少或消除玻璃在成型或热加工过程中产生的应力，提高玻璃使用性能的一种热处理过程。玻璃制品存在热应力并不经常是有害的，若通过人为的热处理过程使玻璃表面层产生有规律的、均匀分布的压应力，还能提高玻璃制品的机械强度和热稳定性，这种热处理方法称为玻璃的钢化。

项目1 退火工艺制度设计与计算

1.1 玻璃制品的应力和退火

玻璃制品在生产过程中，经受激烈的不均匀的温度变化产生热应力，这种热应力能降低制品的强度和热稳定性，甚至引起制品自行破裂。退火就是消除或减小玻璃中的热应力至允许值的热处理过程。

1.1.1 玻璃的应力

玻璃中的应力一般可分为三类，即结构应力、机械应力和热应力。

（1）结构应力

因化学组成不均匀导致玻璃结构不均匀而产生的应力称为结构应力，它属于永久应力。因为不同的化学组成有不同的膨胀系数，当温度达到常温时，不同膨胀系数相邻部分的收缩就不一样从而使玻璃产生了应力。这种由于结构所造成的应力显然不能消除，如果玻璃中有结石、条纹、节瘤以及均化不好等都将引起结构应力。

（2）机械应力

机械应力是指外力在玻璃中引起的应力，外力消失时，机械应力也随即消失。某些玻璃制品在生产过程中，若对其施加过大的机械力，就会使制品破裂。如模型扭歪开模时造成制品撕裂，切割时用力过猛使制品破裂，这些均因机械应力导致。

（3）热应力

由于温差而引起的玻璃应力称为热应力，按其存在的特点分成暂时应力和永久应力。

① 暂时应力。在温度低于应变点时，处于弹性变形温度范围内的玻璃经受不均匀的温度变化所产生的热应力。它随温度梯度的存在而存在，随温度梯度的消失而消失，这种应力称为暂时应力。

高温（弹性变形的温度范围）玻璃在冷却时表层玻璃温度急剧下降，而内层玻璃由于导热性能差冷却缓慢，产生的温度梯度沿厚度方向呈抛物线形分布。这时外层玻璃收缩较大，但由于受内层玻璃的阻碍不能自由收缩而处于拉伸状态，产生了张应力，内层相反处于压缩状态，产生了压应力。当玻璃继续冷却时，表层玻璃接近外界温度，其温度基本上停止下降，体积也几乎不再收缩，但内层的温度仍然很高，将继续降温收缩。这样外层不变、内层收缩，这时内外层产生的应力刚好同冷却初期所产生的应力大小相等、方向相反，可以逐渐抵消，当内外层温差消失时应力也不再存在了。暂时应力产生及消除示意图如图 5-1 所示。

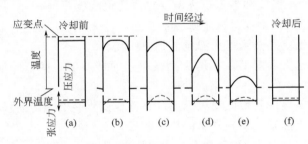

图 5-1　玻璃暂时应力产生及消除示意图

② 永久应力。当玻璃的温度梯度消失时，尚残留的热应力称为永久应力。永久应力形成的过程是这样的：将一块没有应力的玻璃板加热到高于应变点以上某一温度，待均热后均匀冷却，这时外层受张应力，内层受压应力。在应变点以上有黏弹性，不能长时间受各方向不均衡力的作用，玻璃内结构基团在力的作用下可以产生位移和变形，使温度梯度产生的内应力消失，该过程称为应力松弛。这时玻璃内外层存在温度梯度，但不存在应力。

当玻璃温度冷却到应变点以下时玻璃已成为弹性体，由温度梯度引起的应力就不能消失，当玻璃温度冷却到室温时，表层玻璃产生压应力，而内层产生张应力。所以，在玻璃的温度同外界温度趋于一致的过程中，玻璃中保留下的热应力不能刚好抵消温度梯度消失所引起的反向应力。当玻璃的温度同外界温度一致后，玻璃中仍然存在着应力，这种应力便是永久应力。永久应力产生及消除示意图如图 5-2 所示。

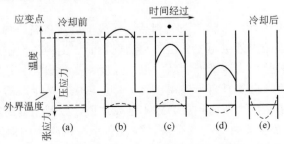

图 5-2　玻璃永久应力产生及消除示意图

根据上述永久应力形成的情况，可以知道永久应力产生的原因是玻璃在硬化时形成了结构梯度。玻璃在转变温度至退火温度区内，在每一温度下，均有其相应的平衡结构，而达到平衡结构需要一定的时间，在急冷的情况下，玻璃内外层由于温度梯度造成的结构梯度也就保留下来了。

1.1.2 玻璃的退火过程

为了消除玻璃的永久应力，必须将玻璃加热到低于玻璃转变温度 T_g 附近的某一温度进行保温均热，使应力松弛以消除各部分由温度梯度而造成的结构梯度，这个选定的保温均热温度称为退火温度。

在退火温度下，玻璃黏度较大，应力虽能松弛，但不会发生可测的变形。玻璃的最高退火温度是指在此温度下经过 3min 能消除 95% 应力，一般相当于退火点（$y=10^{11} Pa \cdot s$）的温度，或称上限退火温度；最低退火温度是指在此温度下经过 3min 只能消除 5% 应力，称下限退火温度。最高退火温度和最低退火温度组成退火温度范围。

一般玻璃制品的退火制度可分四个阶段：

① 将制品从入炉温度加热到退火温度的加热阶段。

② 玻璃制品达到退火温度后，在退火温度下，保持一定时间，以便制品各部分温度均匀，使应力尽可能消失。

③ 制品从退火温度缓冷到最低退火温度（又称应变点）的缓冷阶段。

④ 制品从最低退火温度冷却到常温的快冷阶段。

玻璃制品的退火温度范围随玻璃成分、制品形状而异，应先通过实验掌握玻璃制品最适合的退火曲线，然后将其应用于实践中。

退火温度和冷却制度是玻璃制品退火制度的主要指标：第一个指标——退火温度，取决于玻璃的化学组成；第二个指标——冷却制度，除上述因素外，尚取决于制品允许存在的应力值、制品厚度等因素。

任何玻璃制品的退火制度可以根据下列基本原则来确定：

① 如果制品入炉时是冷的或者它的温度低于退火温度，则必须加热到退火温度。加热制品不可使其内部产生过大的温度差，因为过大的温度差会使制品内产生很大的暂时应力，以致超过强度极限而破碎。

② 为消除沿制品厚度上的温度梯度，制品应在最适宜的退火温度下保温。

1.2 玻璃的退火温度及退火温度范围

玻璃制品特别是厚度不均、形状复杂的制品，在成型后从高温冷却到常温的过程中，若冷却过快，则玻璃制品产生的内外层温差和由于制品形状而产生的各部位温差，会使玻璃制品产生不规则的热应力。这种热应力能降低制品的机械强度、热稳定性、密度以及光学等性能，若应力超过制品的极限强度，会使其自行破裂。为了防止热应力产生，需对制品进行退火。退火就是尽可能消除玻璃内部热应力或将热应力减小至允许值，以此来提高玻璃的强度。

玻璃中内应力的消除与玻璃的黏度有关，黏度愈小，内应力的消除愈快。为了消除玻璃中的内应力，必须将玻璃加热到低于转变温度 T_g 附近的某一温度进行保温均热，使应力松弛。选定的保温均热温度，称为退火温度。退火温度可分为最高退火温度和最低退火温度。瓶罐玻璃的最高退火温度为 550～600℃，低于最高退火温度 50～150℃ 的温度为最低退火温度。实际生产中常采用的退火温度都比玻璃最高退火温度低 20～30℃。

1.2.1　玻璃退火温度的测定

1.2.1.1　黏度计法

用黏度计直接测量玻璃的黏度 $\eta = 10^{12} Pa \cdot s$ 时的温度，但所用设备复杂，测定时间长，工厂一般不常采用。

1.2.1.2　热膨胀法

一般玻璃热膨胀曲线由两部分组成：低温膨胀线段及高温膨胀线段。这两个线段延长线交点的温度约等于 T_g，亦即最高退火温度的大约数值。它随升温速率的不同而变化，平均偏差为 ±15℃。

1.2.1.3　差热法

用差热分析仪测量玻璃试样的加热曲线或冷却曲线。玻璃体在加热或冷却过程中，会产生吸热或放热效应。加热过程中吸热峰的起点为最低退火温度，最高点为最高退火温度。冷却过程中放热峰的最高点为最高退火温度，而终止点为最低退火温度。

1.2.1.4　双折射法

在双折射仪的起偏镜及检偏镜之间设置管状电炉，炉中放置待测玻璃试样，以 2～4℃/min 的速率升温。观察干涉条纹在升温过程中的变化，应力开始消失时，干涉条纹也开始消失，这时温度就是最低退火温度；当应力全部消失时，干涉条纹也完全消失，这时的温度比 T_g 高。

试验证明，当边长 1cm 的立方体玻璃样品升温速率为 1℃/min 时，干涉条纹完全消失的温度接近于用黏度计所测得的黏度 $\eta = 10^{12} Pa \cdot s$ 时的温度，即最高退火温度。其最大误差不超过 ±3℃。

1.2.2　退火温度的理论计算方法

玻璃的退火温度与其化学组成密切相关，凡能降低玻璃黏度的成分，均能降低退火温度。如碱金属氧化物的存在能显著降低退火温度，其中 Na_2O 的作用大于 K_2O。SiO_2、CaO 和 Al_2O_3 能提高退火温度。PbO 和 BaO 则使退火温度降低，而 PbO 的作用比 BaO 的作用大。ZnO 和 MgO 对退火温度的影响很小。含有 15%～20%B_2O_3 的玻璃退火温度随着 B_2O_3 含量增加而明显地提高，如果超过这个含量，退火温度随着含量的增加而逐渐地降低。

① 根据奥霍琴经验公式计算出黏度 $\eta = 10^{12} Pa \cdot s$ 时的温度，即玻璃的最高退火温度。

$$T_\eta = AX + BY + CZ + D \tag{5-1}$$

式中　A、B、C、D——Na_2O、$CaO + MgO$ 3%、Al_2O_3、SiO_2 的特性常数，随黏度值而变化。此法适用于含有 MgO、Al_2O_3 的钠钙硅系统玻璃，如果玻璃成分中 MgO 含量不等于 3%，则最高退火温度必须校正，相应的常数见表 5-1。

表 5-1　根据玻璃黏度值计算相应温度的常数表

玻璃黏度 /Pa·s	系数数值				以 1%MgO 代替 1%CaO 时所引起的相应温度提高/℃
	A	B	C	D	
10^2	−22.87	−16.10	6.50	1700.40	9.0
10^3	−17.49	−9.95	5.90	1381.40	6.0
10^4	−15.37	−6.25	5.00	1194.22	5.0
$10^{5.5}$	−12.19	−2.19	4.58	980.72	3.5
10^6	−10.36	−1.18	4.35	910.86	2.6
10^7	−8.71	0.47	4.24	815.89	1.4
10^8	−9.19	1.57	5.34	762.50	1.0
10^9	−8.75	1.92	5.2	720.80	1.0
10^{10}	−8.47	2.27	5.29	683.80	1.5
10^{11}	−7.46	3.21	5.52	632.90	2.0
10^{12}	−7.32	3.49	5.37	603.40	2.5
10^{13}	−6.29	5.24	5.24	651.50	3.0

② 根据表 5-2 已知玻璃组成的最高退火温度和表 5-3 组成氧化物含量变换 1% 时对退火温度的影响，计算玻璃的最高退火温度。

例如，求组成为 SiO_2 72.5%、CaO 8.4%、Al_2O_3 1.5%、MgO 1.64%、Na_2O 13.8%、Fe_2O_3 0.2% 的玻璃最高退火温度。

先在表 5-2 中选择与所求玻璃组成氧化物相同且含量比较接近的玻璃（$SiO_2$74.76%、Al_2O_3 0.93%、CaO7.52%、MgO1.54%、Na_2O14.84%、$Fe_2O_3$0.08%）作为基准玻璃，其最高退火温度为 524℃。按表 5-3 计算基准玻璃与所求玻璃组成氧化物变换后对退火温度的影响：

$Al_2O_3=(+3.0)×(1.5−0.93)=1.71(℃)$

$CaO=(+6.6)×(8.4−7.52)=5.81(℃)$

$MgO=(+3.5)×(1.64−1.54)=0.35(℃)$

$Na_2O=(−4.0)×(13.8−14.84)=4.16(℃)$

所求玻璃的最高退火温度为 524+1.71+5.81+0.35+4.16=536℃。

表 5-2　几种玻璃的最高退火温度

SiO_2	CaO	MgO	Na_2O	K_2O	Al_2O_3	Fe_2O_3	PbO	B_2O_3	MnO_2	最高退火温度/℃
72.6	5.5	3.7	16.5	—	0.9	—	—	0.8	—	530
73.2	5.6	3.7	16.5	1.5	1	—	—	—	—	540
74.59	10.38	—	14.22	—	8.45	0.21	—	—	—	581
74.13	9.47	—	13.54	—	2.67	0.09	—	—	—	562
74.25	7.91	—	12.72	—	5.23	0.07	—	—	1.2	560
66.33	17.28	—	15.89	—	0.52	0.06	—	—	—	496
82.83	0.02	—	16.89	—	0.28	0.08	—	—	—	522

续表

SiO_2	CaO	MgO	Na_2O	K_2O	Al_2O_3	Fe_2O_3	PbO	B_2O_3	MnO_2	最高退火温度/℃
72.29	9.76	—	15.65	—	0.72	0.06	—	—	—	560
68.34	10.26	—	16.62	—	2.5	2.1	—	—	—	570
74.59	10.38	0.3	14.22	—	8.45	0.21	—	—	—	581
74.76	7.52	1.54	14.84	—	0.93	0.08	—	—	—	524
67.78	—	—	18.65	—	0.46	0.08	12.56	—	—	465
59.34	—	—	12.31	—	0.43	0.06	27.77	—	—	446
75.38	8.4	—	6.14	9.38	0.65	0.07	—	2.05	—	588
62.42	8.9	—	6.26	8.06	0.62	0.08	—	13.65	—	610
57.81	—	—	9.55	—	0.98	—	—	31.26	—	523
64.00	7	—	11.5	—	10	—	—	7	—	630
71.00	10.2	—	—	18.6	—	—	—	—	—	670
66.45	5.4	—	7.85	13.7	1.5	—	—	1.1	—	535
72.00	1.55	1.45	7.2	10.45	—	—	—	8.15	—	560
52.49	—	—	—	9.6	—	—	—	1.45	—	490
47.00	—	—	—	6.04	—	—	—	—	—	485
31.60	—	—	—	2.85	—	—	65.35	—	—	370

表 5-3 保持玻璃黏度 $\eta = 10^{12}\,Pa\cdot s$ 时，组成氧化物变换 1% 时对退火温度的影响

取代氧化物	取代氧化物在玻璃中含量（质量分数）/%									
	0～5	5～10	10～15	15～20	20～25	25～30	30～35	35～40	40～50	50～60
Na_2O	—	—	−4.0	−4.0	−4.0	−4.0	−4.0	—	—	—
K_2O	—	—	—	−3.0	−3.0	−3.0	—	—	—	—
MgO	+3.5	+3.5	+3.5	+3.5	+3.5	—	—	—	—	—
CaO	+7.8	+6.6	+4.2	+1.8	+0.4	0	—	—	—	—
ZnO	+2.4	+2.4	+2.4	+1.8	+1.2	+0.4	0	—	—	—
BaO	+1.4	0	−0.2	−0.9	+1.1	−1.6	−2.0	−2.6	—	—
PbO	−0.8	−1.4	+1.8	−2.4	−2.6	−2.8	−3.0	−3.1	−3.1	—
B_2O_3	+8.2	+4.8	+2.6	+0.4	−1.5	−1.5	−2.6	−2.6	−2.8	−3.1
Al_2O_3	+3.0	+3.0	+3.0	+3.0	—	—	—	—	—	—
Fe_2O_3	0	0	−0.6	−1.7	−2.2	−2.8	−2.8	—	—	—

注："+"表示温度升高，"—"表示温度降低。

1.3 玻璃制品的退火工艺过程

退火工艺过程包括加热、保温、慢冷及快冷四个阶段。根据各阶段的温度、时间可作温度与时间关系的曲线，如图 5-3。此曲线称为退火曲线。

1.3.1 加热阶段

按不同的生产工艺，玻璃制品的退火分为一次退火和二次退火。制品在成型后立即进行退火的，称为一次退火。制品冷却后再进行退火的，称为二次退火。无论一次退火还是二次退火，玻璃制品进入退火炉时，都必须达到退火温度。在加热过程中玻璃表面产生压应力，内层产生张应力。此时升温速度可以相应地快些。但玻璃制品厚度的均匀性，

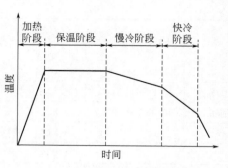

图 5-3 玻璃退火温度曲线图

制品的大小、形状及退火炉中温度分布的均匀性等因素都会影响升温速度。为了安全起见，一般玻璃取最大升温速度的 15%～20%，即采用 $\frac{20}{a^2}$～$\frac{30}{a^2}$℃/min 升温速度。光学玻璃制品要求更严，要求升温速度小于 $\frac{5}{a^2}$℃/min。其中 a 为玻璃制品厚度（实心制品为其厚度的一半），单位为 cm。

1.3.2 保温阶段

将制品在退火温度下进行保温，使制品各部分温度均匀，并消除玻璃中固有的内应力。在这阶段中要确定退火温度和保温时间。可根据玻璃的化学组成计算出最高退火温度。生产中常用的退火温度比最高退火温度低 20～30℃，作为退火保温温度。

当退火温度确定后，保温时间可按玻璃制品最大允许应力值进行计算：

$$t = \frac{520a^2}{\Delta n} \tag{5-2}$$

式中 t——保温时间，min；

a——制品厚度，cm；

Δn——玻璃退火后允许存在的内应力，nm/cm。

1.3.3 慢冷阶段

经保温阶段玻璃中原有应力消除，为防止在冷却过程中产生新的应力，必须严格控制玻璃在退火温度范围内的冷却速度。在此阶段要缓慢冷却，防止在高温阶段产生过大温差，再形成永久应力。

慢冷速度取决于玻璃制品所允许的永久应力值，允许值大，速度可相应加快。慢冷速度可按下式计算：

$$h = \frac{\delta}{13a^2}℃/min \tag{5-3}$$

式中 δ——玻璃制品最后允许的应力值，nm/cm；

a——玻璃的厚度（实心制品为其厚度的一半）。

1.3.4 快冷阶段

快冷的开始温度必须低于玻璃的应变点，因为在应变点以下玻璃的结构完全固定，这时虽然产生温度梯度，也不会产生永久应力。在快冷阶段内，只能产生暂时应力，在保证玻璃制品不因暂时应力而破裂的前提下，可以尽快冷却。一般玻璃的最大冷却速度为：

$$h_c = \frac{65}{a^2} \text{℃/min} \tag{5-4}$$

在实际生产中都采用较低的冷却速度。对一般玻璃取此值的 15% ~ 20%，光学玻璃取 5% 以下。

在玻璃退火工艺中，第一、二两个阶段主要是使玻璃内原有的应力消除或减小到允许的限度；第三阶段是确定在这个温度范围内的冷却速度，尽量使制品在冷却过程中造成的内应力降低到最低限度；第四阶段是当玻璃内各质点的黏性流动已达到最小时，制品即使产生应力也属暂时应力，因而可以加快制品的冷却速度，以所产生的暂时应力不造成制品破裂为限度。上述四个阶段的划分随玻璃性质、制品厚度、外形尺寸和大小的要求而变化。制品每个阶段的退火速度必须以该玻璃所能承受的应力值为限度。

1.4 制定退火制度时应注意的问题

1.4.1 退火炉内温度分布不均的影响

目前一般使用的退火炉断面温度分布是不够均匀的，从而使制品的温度也不均匀。为此，设计退火曲线时，慢冷速度要比实际所允许的永久应力值所对应的冷却速度低，一般取允许应力值的一半进行计算。

1.4.2 不同制品在同一退火炉内的退火问题

化学组成相同、厚度不同的制品在同一退火炉内退火时，退火温度应按壁厚最小的制品确定，以免薄的制品变形；加热和冷却速度则按壁厚最大值来确定，以保证厚壁制品不至因热应力而破裂。

化学组成不同的制品在同一退火炉内退火时，应选择最低退火温度作为保温温度，同时采取延长保温时间的措施。

1.4.3 制品固有应力的影响

当快速加热时，除按温差计算暂时应力之外，还应估计固有应力的影响。

1.4.4 制品的厚度和形状的影响

制品壁愈厚，在升温和冷却过程中内外层温度梯度愈大，在退火温度范围内，厚壁制品保温温度愈高，在冷却时其黏弹性应力松弛愈快，制品的永久应力也就愈大。形状复杂的制品应力容易集中，因此它和厚壁制品一样应采用偏低的保温温度，并适当延长保温时间。加热和冷却速度都应较慢。

1.4.5 分相对制品的影响

硼硅酸盐玻璃在退火温度范围内会发生分相，使玻璃的性质改变。为了避免这种现象，退火温度不能过高，退火时间也不宜过长，同时要尽力避免重复退火。

项目2 退火窑的操作与控制

退火是一种热处理过程，可使玻璃中存在的热应力尽可能地消除或减小至允许值。除玻璃纤维和薄壁小型空心制品外，几乎所有的玻璃制品都需要进行退火。玻璃退火所用的热工设备称为退火窑。

2.1 退火窑的类型与结构

2.1.1 退火窑的类型

退火窑可按制品移动情况、热源和加热方法进行分类。按制品的移动情况可将退火窑分为间歇式、半连续式和连续式三类；按热源和加热方法可将退火窑分为燃气窑、燃煤窑、燃油窑和电窑四类。几种退火窑的技术特性见表5-4。

表5-4　几种退火窑的技术特性

特性	间歇式	隧道式	网带式	辊道式
退火制品	各种制品	单件空心制品及压制品	单件空心制品及压制品	板状制品
生产能力/(t/d)	0.02～1.5	3～15	5～40	50～250
作业制度	间歇	半连续	连续	连续
热源	各种燃料及电能	各种燃料	各种燃料及电能	各种燃料及电能
加热方法	明焰、隔焰	明焰	明焰、隔焰	明焰、隔焰
气流方向	水平或垂直	水平	水平	水平
制品输送设备		小车	网带	辊道
制品移动		间歇	连续	连续
气流运动	自然	自然	自然及强制	自然及强制
制品移动速度/(m/h)		4～10	1～60	50～250
退火时间/h	3～48	1～10	0.1～10	0.4～2.5
耗热量/(kJ/kg)	1250～16720	2930～12500	420～2090	630～2090
窑长/m	0.5～3.5	12～40	7.5～28	50～150

续表

特性	间歇式	隧道式	网带式	辊道式
窑膛宽/m	0.3~3	1~1.5	1~3	1.3~3.5
窑膛高/m	0.25~1.75	0.4~1	0.3~0.8	0.5~0.8
退火面积/m²	0.15~7.5	12~60	10~75	100~500

无论是哪种类型的退火窑，要达到良好的退火质量，就必须保证规定的退火制度和窑断面上温度的均匀，在保温带和慢冷带尤其如此。

2.1.2　退火窑的结构

对于单一品种、大批量生产的玻璃制品，常采用连续式退火窑。其特点是窑体空间是隧道式的，沿窑长方向上的温度分布是按制品退火曲线来控制的。玻璃制品在窑内通过即可完成退火的各阶段。采用这种退火窑使生产连续化，还可以实现自动化，退火质量较好，热耗低，生产能力大。图 5-4 示出网带式退火窑结构。

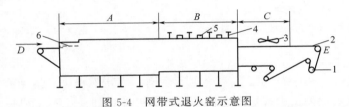

图 5-4　网带式退火窑示意图

1—驱动滚轮；2—耐热钢丝网；3—冷却风扇；4—循环风扇；5—排气孔；6—辐射加热器

这种退火窑主要用于瓶罐玻璃制品的退火。为了提高退火质量，降低热耗，缩短退火时间，采用以下措施：进口处设辐射加热器，并降低入口的高度，使制品能快速升温；采用轻体网带，并经隧道预热再返回入口，以节省热耗；窑体用镍铬合金钢（窑内衬）及普通钢制成；窑墙内用低热容的纤维材料保温；整个窑体隧道由十几个整体部件组装而成；在加热、保温、慢冷区段，加热元件沿窑墙及窑顶布置，并设有循环风扇；沿窑的长度上，每个区段可单独调整温度；在窑内快冷区段采用循环风扇，制品温度降至 150℃ 后就可出窑；在出口处网带上部设低压风扇，强制冷却至 50~60℃，即可将制品送走。

网带式退火窑适应性好，应用面广，退火质量好，操作简便，能实现机械化、自动化，寿命长，目前已成为退火空心制品所用连续式退火窑中唯一的窑型。

（1）网带

网带起传送作用，将制品连续送进窑内。制品放在网带上，网带上面的窑膛空间就是退火空间。制品随着网带前进，完成整个退火过程。网带有平带状与网眼状两种，其结构与传动情况各不相同。

① 平带状网带。平带状网带是将 10 号镀锌铅丝或 1Cr13、1Crl8Ni9Ti 钢丝弯成扁环，在扁环的交叉处用铅丝扎住，形成一张紧密平整的双层中空网带。网带由无缝钢管托辊或槽钢加扁钢形成的条状平面托住（见图 5-5）。托辊的间距不等，加热保温带处小些，冷却带处大些，一般在 500~1000mm 的范围内。托辊穿在窑侧墙上的固定轴承内，网带移动时借摩

擦力将其带动。冷却带操作处有烟灰、碎玻璃等杂物，会阻碍轴承滚动，磨损轴承，所以不用滚珠轴承，只留一个孔，让托辊头在孔内转动。为了保证托辊转动，减小网带移动时的阻力，并保证网带表面平整使立放的制品不倒下，可在靠近主动轮的几根托辊头上装自行车牙盘，用链条相互带动。加热带的托辊经常发生故障，要保证它正常转动，需要采取下列措施：用单独电动机带动；无缝钢管内通蒸汽冷却，使管不弯曲；增厚管壁。网带传动装置如图5-6所示。其主动轮设在窑尾部，在传送制品时网带拉紧，空带返回时网带放松。主动轮可以平行移动，以此调节网带的张紧程度。

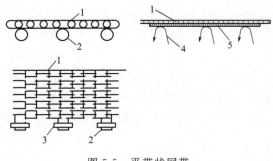 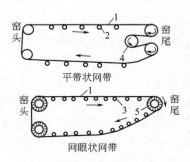

图 5-5　平带状网带

1—网带；2—托辊；3—支座；4—槽钢；5—扁钢

图 5-6　网带传动装置

1—网带；2—托棒；3—托棒；4—主动轮
（平轮）；5—主动轮（八槽轮）

平带状网带的优点是平稳、制品立放时不易倒下、互不相碰、使用寿命（3～5年）也较长，多用于瓶罐玻璃的退火；缺点是价格较贵，另外，如安装不好或长期运转，会走偏，需经常纠正（可安装校正器）。目前采用这种网带的较多。这种退火窑的电动机功率最大不超过3kW。

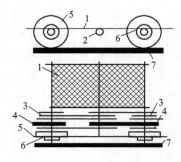

图 5-7　网眼状网带

1—网带；2—托棒；3—挡板；4—链带；
5—滚轮；6—垫圈；7—角铁

② 网眼状网带。网眼状网带是由12号镀锌铅丝编成一个个斜方眼的单层网，铅丝网由链带带动前进。链带由小铁板和托棒构成。网带扎在托棒上，托棒两端穿在两只滚轮中。滚轮放在角铁上，用角铁作为导轨（见图5-7）。链带移动时带动滚轮在角铁上向前滚动，可大大减小链带移动时的阻力。主动轮设在窑尾，为两只八槽轮，其槽间距与托棒间距相等，主动轮转动时，其槽钩住托棒一起移动，整个网带不断向前移动。与平带状网带相同，传送制品时上层网带拉紧，返回时下层网带放松（见图5-6）。这种网带的铅丝容易变形、氧化，在操作不当、穿火烧红时最易损坏，使用时应加强检查和维护，传动部分勤加油，以延长使用寿命。这种退火窑的电动机功率最大不超过1.7kW。为了防止制品滑出带外，有时在两侧设挡板（厚1.5mm）。挡板也可以穿在托棒上。目前保温瓶厂和部分瓶罐厂采用这种网带。

（2）加热方式

窑内加热制品有明焰式、隔焰式和半隔焰式三种方式。明焰式（亦称明火式）的火焰与制品直接接触；隔焰式（或称马弗炉式）的火焰不与制品接触，通过薄片砖间接传热；半隔焰式

（亦称半马弗炉式）的火焰部分与制品接触，另一部分对制品间接传热。明焰式传热好，燃料消耗省，结构简单，但温度分布不均匀，加热面也比较小。隔焰式的情况正与明焰式相反。根据使用的燃料、加热方法和退火要求不同，网带式退火窑分为以下几种结构形式。

① 内炉加热式燃煤退火窑。这种退火窑可以以低质无烟煤（块或屑）或焦炭为燃料，符合以煤为主（尤其是地方煤）的能源方针。

内炉加热式退火窑的结构如图5-8、图5-9所示，包括网带及其传动装置、窑膛、燃烧设备、排烟与通风系统几个部分。

内炉加热式退火窑将火箱置于窑内的网带下面。这样做的好处是散热少，煤耗低，窑高度上的温度分布均匀。以往在加热保温带设三对火箱（见图5-8），其中第三对火箱起保温作用。如将第二对火箱的火焰温度适当提高，则对后面部位（第三对火箱处）的制品也能起保温作用，则第三对火箱可以取消（见图5-9），可以节省30％左右耗煤量。相邻两火箱外壁的间距为1～1.2m。窑两侧火箱相对配置，相对两火箱的中间隔墙厚230mm。火箱宽550mm，深是窑宽与中间隔墙差值的一半，一般不超过1m。炉栅角度20～30°，烧煤屑时角度大些，烧煤球时角度小些。火箱顶的处理有两种方式：一种是用花格砖砌，让气流穿过砖孔分散上升，使窑宽上的温度分布均匀，但这种处理的花格砖砖孔容易被网带上落下的碎玻璃堵死（在砖孔处熔融），而且砖孔附近的积灰很厚，影响传热；另一种是拆掉花格砖顶，使煤层暴露于制品之下，只要火烧得暗些（压低火焰温度），不穿火，网带放高一些，也可以达到要求。

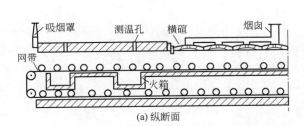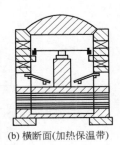

图 5-8 内炉加热式退火窑（无火箱顶）

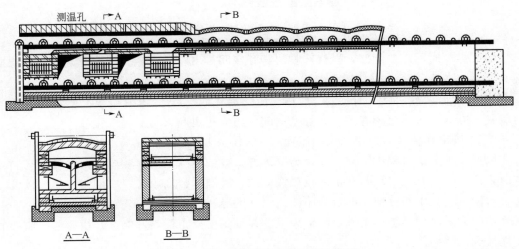

图 5-9 内炉加热式退火窑（有火箱顶）

烟气上升到加热保温带空间，再流经整个缓冷带，使制品缓慢均匀地冷却。烟气可以在缓冷带末端集中排出，也可以在缓冷带内分散排出。烟气由窑顶排气口（有时从侧壁排出后再到窑顶）经支烟道汇合到总烟道后从铁烟囱排出，同时还可以抽出部分快冷带的冷空气，加快制品的冷却。各支烟道、总烟道与烟囱上都设有闸板，以控制排气量，即控制慢冷速度。

内炉加热式退火窑突出的问题是温度不均匀，炉膛空间内的温差很大。

② 燃气明焰式退火窑。以城市煤气或天然气为燃料时，窑内温度分布均匀，调节操作方便，制品表面清洁，比较理想。

燃烧设备：采用管状煤气燃烧器向上喷射燃烧。

管状煤气燃烧器如图 5-10 所示。它由喷嘴和燃烧管组成，燃烧管管壁上有多排火孔。燃烧时，大火孔流出处呈现两个稳定的锥焰。内锥焰是煤气和一次空气燃烧而成的蓝绿色短焰；外锥焰是未燃尽的煤气和外界空气混合继续燃烧而成。这两个锥焰对于观察和调节火焰较为方便。当喷嘴孔径、火孔个数、火孔孔径等选择合理，火孔间距又布置适当时，火焰能按一定间距均匀分布。在一定范围内，借煤气速度能调节吸入的空气量，从而使空气、煤气比例保持一定值。燃烧器喷出的火焰高度一般为 40～60mm，且几乎相等。该燃烧器结构简单、维修方便，但火孔需定期疏通。

管状煤气燃烧管直接插入网带下面（见图 5-10），离网带只有 140mm，网带被直接加热，故热利用率高，煤气耗量省，沿纵向温度易调节，沿横向温度分布很均匀，特别适用于窑膛较宽的情况。

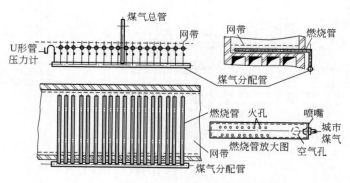

图 5-10 退火窑内管状煤气燃烧器装置

烧城市煤气时不需要烟囱，燃烧产物由窑膛空间排出。可在窑头处设吸烟罩，改善操作环境。

③ 烧重油退火窑。烧重油时，一般用中压外混式或 R 型低压油喷嘴。设置油喷嘴的支数、位置、方向与火焰流程有关，燃烧室的部位与大小也和火焰流程有关。

图 5-11 给出几种目前采用的火焰流程。

在以上几种火焰流程中，有半隔焰与隔焰的，有油喷嘴正向安装与逆向安装（与制品移动方向相反）的，有在窑顶与在窑底设燃烧室的，有利用窑底、窑顶或侧墙传热的以及火焰有向上与向下、集中与分散、曲折与不曲折流动的等。

合理的火焰流程必须达到既定的退火温度并且温度分布均匀，能符合快速退火曲线的要求，耗油少，结构简单。

对应于图 5-11（b）流程的窑结构如图 5-12 所示。该窑的特点是油喷嘴逆向安装、燃烧室设在窑底、半隔焰或隔焰加热。

对应于图 5-11（d）流程的窑结构如图 5-13 所示。该窑的特点是油喷嘴逆向安装、燃烧室设在窑顶、隔焰加热。

油喷嘴逆向安装的最大特点是根据油焰的温度分布特性来满足制品退火制度的要求（即制品一进窑就达到高退火温度，如正向安装，则需要经过一段距离才能达到此温度），这样就能缩短退火时间。此外，还允许只在窑纵轴处设一支油

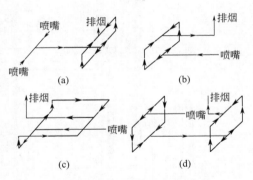

图 5-11 烧油时的火焰流程

喷嘴，有利于减小横向温差。燃烧室设在窑底以及利用窑底传热者传热合理、结构简单。隔焰加热均匀、平衡，但耗油多。半隔焰加热除靠热窑底辐射加热外，还使部分烟气通过燃烧室顶上的花格孔直接加热制品，兼有明焰加热与隔焰加热的优点。

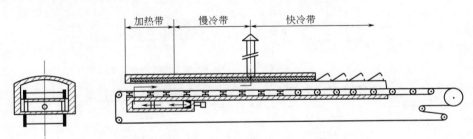

图 5-12 喷嘴逆向安装的网带式退火窑

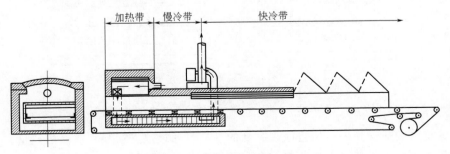

图 5-13 全隔焰的网带式退火窑

④ 强制气流循环式退火窑。又称热风循环或强制对流式退火窑，如图 5-14 所示。沿长度分成加热带（1～4 区）、慢冷带（5～10 区）和快冷带（11 区至窑尾）。快冷带内又分围蔽段和敞开段。

在加热带和快冷带围蔽段内窑顶上设轴向风扇，一台电动机带动两台风扇（窑窄时为一台风扇），使气流循环，气流从制品下面向上，然后从窑两侧通道向下，形成一个封闭循环回路，使窑横断面上温度均匀（见图 5-15）。快冷带围蔽段窑底设冷空气吸入口，窑顶设热空气排出口。

在慢冷带和快冷带敞开段内用风机冷却制品。慢冷带采用间接冷却方法，窑膛内设置一

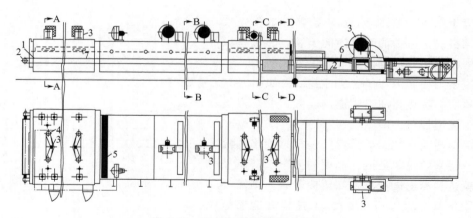

图 5-14　强制气流循环式退火窑

1—网带；2—辊子；3—风机；4—风扇；5—方管；6—风箱；7—排气孔

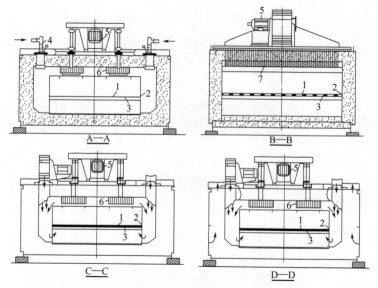

图 5-15　强制气流循环式退火窑横断面

1—网带；2—角钢；3—扁钢；4—煤气喷嘴；5—风机；6—风扇；7—方管

耐热钢方管构成的热交换器，风机鼓入方管的冷空气通过热交换吸收制品的热量。利用各部位鼓入风量的不同（例如，窑中央多些，窑两侧少些）使窑横断面上温度均匀。快冷带敞开段采用直接冷却方法，冷空气鼓入风箱，通过风箱盖板上的许多小孔喷到制品上，使制品温度冷却到 $50\sim60℃$ 以下。

强制气流循环式退火窑所用燃料是煤气、重油、煤或用电。

采用城市煤气作燃料时，在窑顶上装两对内混式煤气喷嘴向下喷射，使燃烧产物产生一个由上向下再由下向上的循环，促使加热均匀，且不会产生局部过热。也可以在窑顶上安装很多个无焰喷嘴，借窑顶和喷嘴砖表面的热辐射加热制品，能精密控制温度，还能节省燃料。

采用重油作燃料的强制气流循环式退火窑火箱结构如图 5-16 所示。根据重油黏度大、燃烧时雾化状况差、完全燃烧所需时间长、火焰刚性强、行程也长的特点，采用较长的下马弗道（5000～6000mm），并砌成迂回式，火焰总行程可达 8～11m，保证重油的充分燃烧。

采用电加热时，可以直接加热，也可以间接加热（见图 5-17）。加热保温带的窑顶上装有轴流风扇，用它强制气流循环，以加强对流传热。废气由窑底管道排出。冷却带的窑顶设有鼓风机向下吹风，用它强制冷却制品。用蝶形阀调节吹风部位和风量。网带在窑内部返回，减少了网带散失的热量和入窑制品的冷爆量。

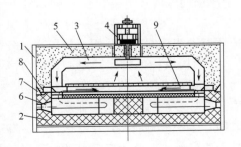

图 5-16　烧重油强制气流循环式退火窑

1—骨架；2—燃烧室砖体；3—炉胆；

4—循环风机；5—矿渣棉；6—喷嘴砖；

7—炉胆支架；8—压板；9—网带

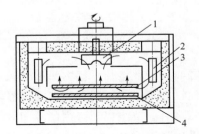

图 5-17　强制气流循环式电热退火窑

1—轴流风扇；2—电热元件；

3—网带；4—在窑内部返回的网带

⑤ 用高速喷嘴的强制循环式退火窑。气流强制循环除用轴流风扇和风机外，还可采用高速喷嘴。图 5-18 表示喷嘴喷出的高速燃烧气体形成并强化了循环气流。窑横断面上第 1 节是加热段。在底部设有燃烧器，在顶部还设有辐射加热器，使进来的制品迅速达到退火温度，并在此温度下保持一定的时间以消除应力。在这节设有温度控制装置，把炉温控制在退火温度上。

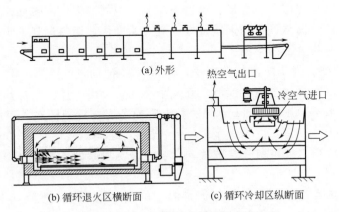

(a) 外形

(b) 循环退火区横断面　　　(c) 循环冷却区纵断面

图 5-18　用高速喷嘴的强制循环式退火窑

第 2 节至第 4 节是缓冷段。在加热段中经均匀加热并消除应力后的制品经过这段被缓慢冷却。与上述退火窑不同，在这里不设空气环流装置，以节省燃料、动力，简化控制。在这些炉段中采用高速喷烧器，其横断面如图 5-18（b）所示。

第 5 节是应变温度段。在此段设有自动控温装置，把窑内温度控制在应变温度之下约 10℃，一般为 495℃。这是退火区的最后一节，也是整个退火区唯一设有空气环流装置的炉

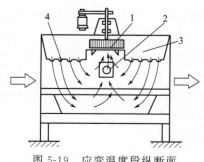

图 5-19　应变温度段纵断面

1—风扇；2—喷烧器；

3—配气室；4—横向槽

段。此炉段的纵断面如图 5-19 所示。空气环流装置主要用来形成一个气障，把退火区与冷却区分隔开来，消除隧道内的纵向气流，特别是沿隧道侧边的纵向气流。这种气流通常是引起退火窑内横向温度不均匀，从而降低退火质量的主要原因。风扇推动空气从配气室的横向槽缝吹下，通过玻璃制品和网带后再返回风扇的进气口，完成一个沿退火窑纵向的空气环流。

每分钟约环流 60 次。玻璃制品上方的空气流速达 300m/min。高速环流既能强制对流，把此炉段内的各部位温差减到最小，又能构成一道气障，把退火区与冷却区隔离开来，堵住了窑内沿整个长度的纵向气流。为了补偿窑内侧壁的热损失，在此炉段的侧面设置了一个微弱燃烧的喷烧器，以改善横向温度分布，燃烧后气体也参加环流。

最后 3 节组成了窑内的冷却区。为了缩短退火时间、减少占地面积，在退火窑的冷却区都采用强制冷却。此外，采用强制冷却能使制品内外温差尽量小，防止在最易磨损、碰伤且内外温差最大的瓶底部位产生较大应力而破裂，从而可以加快冷却速度，提高生产率。图 5-18（c）表示这种强制对流冷却段的纵断面。冷却段上方设有配气室，其中装有风机和有自动风门控制的进风管。冷空气从配气室下方的横向槽缝吹下冷却制品。为了加速冷却，前段来的热空气通过炉顶烟囱排出。

强制气流循环式的窑体不用耐火砖，而是金属制成的空心壳体，内壁用耐热钢，外壁用普通钢，中间填充保温材料（如矿渣棉、珍珠岩粉）。这种窑体结构轻巧，保温性好，还有一定的辐射作用。网带亦用耐热钢制，在加热带、慢冷带内被扁钢和角钢（两侧）组成的炉段托住，网带在其上滑动。这种支承和移动方式的好处是网带受力均匀、变形小且不会走偏。

强制气流循环式退火窑优点：温度分布均匀；气流速度快、加速对流交换；可利用风扇、热交换器以及风箱的位置、数量、风速来调节、控制温度；网带使用期限长，可利用冷却带排出的热空气作助燃空气；退火质量好，退火速度快，燃料消耗低等。在国内外得到普遍应用，成为目前有代表性的窑型。

⑥ 其他配套措施。为了防止制品冷爆，网带入窑前需进行预热。可以用城市煤气或洗涤煤气加热，也可以在烧油燃烧室前墙上开几个小孔，穿出一点火来加热网带。

在缓冷带的网带下面用约 200mm 厚的黏土砖或高温石棉板铺底，以防冷空气从网带下进入窑腔。

在退火窑冷却区出口处可留一定位置，供装设冷端喷涂设备。若采用冷端喷涂技术，一般在制品温度下降到 130℃ 左右喷涂。

控制窑腔空间温度是控制加热、保温带温度的重要指标，一般在窑长方向设两点或三点，窑宽方向视宽度而定，最好能设三点，用热电偶测温，自动记录。

2.2　退火过程的影响因素

2.2.1　退火炉内温差的影响

尽管采取了很多技术措施，退火炉断面温度的分布还是不均匀的，因而制品的温度也不均匀。因此，在制定退火制度时，保温时间要适当延长，慢冷速率要比实际所允许的永久应力值所对应的冷却速率低，一般取允许应力值的一半进行计算。加热速率、快冷速率的确定也应考虑退火炉温差的影响。

2.2.2 退火窑网链瓶子的间距

若制品不需要冷端喷涂，在不影响窑内热循环、风热循环的情况下，尽量将瓶子排密些，一般以 15～20mm 为宜，另外还要考虑瓶子高度、外形，如果瓶子高些，可以取距离上限，如果瓶子较矮可以取下限。当制品需要冷端喷涂时，瓶子的距离要以满足冷端喷涂能够均匀喷到瓶身为准。

2.2.3 厚壁和形状复杂制品的退火问题

厚壁制品内外层的温差较大，因而在退火温度范围内，厚壁制品的保温时间就应相应地延长，使制品内外层的温度趋于一致，而且冷却速率也必须相应地减慢，总的退火时间要延长。应注意的是：厚壁制品保温时间的延长不是和制品的厚度成正比例增加的，这是因厚度增加后，荷重较大，若长时间在较高温度下保温，制品容易变形。形状复杂的制品应力容易集中，因此它和厚壁制品一样应采用偏低的保温温度，适当延长保温时间，加热和冷却速率都应较慢。

2.2.4 制品固有应力的影响

当快速加热时，除按温差计算暂时应力之外，还应估计固有应力的影响。

项目3 退火缺陷的表示与测定方法

玻璃中的应力常用偏振光通过玻璃时所产生的双折射来表示，这种方法便于观察和测量应力。无应力的优质玻璃是均质体，具有各向同性的性质。光通过这样的玻璃，在各方向上速度相同，折射率亦相同，不产生双折射现象。当玻璃中存在应力时，受力部位玻璃的密度发生变化，玻璃成为光学上的各向异性体，偏振光进入有应力的玻璃时，就分为两个振动平面相互垂直的偏光，即双折射现象。它们在玻璃中的传播速度也不同，这样就产生了光程差。因此，光程差是由双折射引起的。双折射的程度与玻璃中所存在的应力大小成正比，即玻璃中的应力与光程差成正比。

3.1 玻璃中应力的表示方法

受单向应力 F 的玻璃单元体折射示意如图 5-20，当光线沿 Z 轴通过时，Y 方向的折射率 n_Y 与 X、Z 方向的折射率 n_X、n_Z 不同，因此沿 X 及 Z 方向通过的光线即产生双折射，其大小与玻璃中应力 F 成正比。

$$\Delta n = n_Y - n_Z = (C_1 - C_2)F = BF \qquad (5\text{-}5)$$

式中 Δn——通过玻璃两个垂直方向振动光线的折射率差；

B——应力光学常数，当 Δn 以 nm/cm 为单位时，B 的单位为布，1 布 $= 10^{-12}\,\mathrm{Pa}^{-1}$；

F——应力，Pa；

C_1、C_2——光弹性系数。

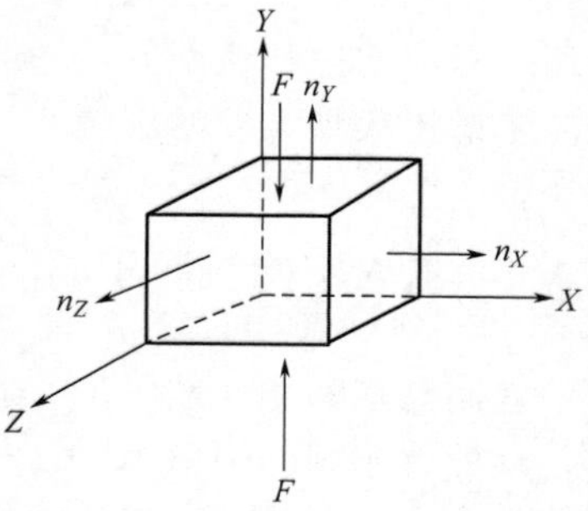

如果玻璃中某点有三个相互垂直的正应力 F_X、F_Y、F_Z，光线沿与 F_X、F_Y 方向垂直的 Z 轴通过，产生的双折射以下式表示：

$$\Delta n = B(F_X - F_Y) \qquad (5\text{-}6)$$

图 5-20 应力玻璃单元体折射示意图

当 $F_Y = 0$ 时，$\Delta n = BF_X$

应力 F_Z 同光线处于平行方向，对双折射的光程差没有影响。

当 $F_X = F_Y$，则 $\Delta n = 0$，

这说明均匀分布的应力对与其垂直的光线不产生双折射。

一些玻璃的应力光学常数列于表 5-5。玻璃中的应力同双折射成正比，即同光程差成正比，所以可用测量光程差的办法间接测量应力的大小。

表 5-5　玻璃的应力光学常数

玻璃种类	$B/(\times 10^{-12}\,\mathrm{Pa}^{-1})$	玻璃种类	$B/(\times 10^{-12}\,\mathrm{Pa}^{-1})$
石英玻璃	3.46	一般冕牌玻璃	2.61
96%二氧化硅玻璃	3.67	轻钡冕	2.88
低膨胀硼酸盐玻璃	3.87	重钡冕	2.18
铝硅酸盐玻璃	2.63	轻燧	3.26
低电耗的硼酸盐玻璃	4.78	钡燧	3.16
平板玻璃	2.65	中燧	3.18
钠钙玻璃	2.44~2.65	重燧	2.71
硼硅酸盐冕牌玻璃	2.99	特重燧	1.21

一般玻璃的应力光学常数约为 $2.85 \times 10^{-12}\,\mathrm{Pa}^{-1}$。

设玻璃单位厚度上光程差为 δ（nm/cm），则 $\delta = \dfrac{V(t_Y - t_X)}{d}$。

$t_Y = \dfrac{d}{V_Y}$，$t_X = \dfrac{d}{V_X}$，代入上式。

式中 δ——玻璃单位厚度上的光程差，nm/cm；

V——光在空气中的传播速度；

V_X、V_Y——光在玻璃中沿 X 及 Y 方向的速度；

t_X、t_Y——光沿 X、Y 方向通过玻璃的时间；

d——玻璃厚度，cm。

因为 $\Delta n = BF$，所以 $\delta = \Delta n = BF$

$$F=\frac{\delta}{B} \tag{5-7}$$

玻璃中光程差 δ 可用偏光仪测定。按公式(5-7)求出应力值，其单位为 Pa；也可以用玻璃单位厚度上光程差 δ 来直接表示，其单位为 nm/cm。

3.2　各种玻璃的允许应力

各种玻璃制品用途不同，允许存在的永久应力值也不同，其数值大约为玻璃抗张极限强度的 $1\%\sim5\%$，表 5-6 中是以光程差表示的允许应力值。

表 5-6　各种玻璃的允许应力（以光程差表示）

玻璃种类	允许应力/(nm/cm)	玻璃种类	允许应力/(nm/cm)
光学玻璃精密退火	$2\sim5$	镜玻璃	$30\sim40$
光学玻璃粗退火	$10\sim30$	空心玻璃	60
望远镜反光镜	20	玻璃管	120
平板玻璃	$20\sim95$	瓶罐玻璃	$50\sim400$

3.3　玻璃内应力的测定方法

3.3.1　偏光仪观察法

偏光仪由起偏镜和检偏镜构成，如图 5-21。光源 1 的白光以布儒斯特角（57°）通过毛玻璃 5 入射到起偏镜 2，由其产生的平面偏振光经灵敏色片 3 到达检偏镜 4。检偏镜的偏振面与起偏镜的偏振面正交。灵敏色片的双折射光程差为 565nm，视场为紫色。如果玻璃中存在应力，当玻璃被引入偏振场中时，视场颜色即发生变化，出现干涉色。根据玻璃中干涉色的分布和性质，可以粗略估计出应力大小和部位。观察转动的玻璃局部有强烈颜色变换时，可推断它存在较大和不均匀的应力。颜色变换最多的地方，应力最大。

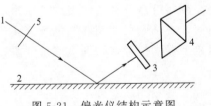

图 5-21　偏光仪结构示意图

灵敏色片光程差与玻璃应力产生的光程差相加或相减，可使玻璃中存在的很小应力明显被观察出来。

3.3.2　干涉色法

干涉色法可以进行定量测定。将被测玻璃试样放入偏光仪的正交偏光下使玻璃与水平面成 45°角，确定视场中所呈现的颜色，然后向左、右两方向转动玻璃，根据两个方向上的最大颜色变化确定光程差。

如仪器中装有灵敏色片，必须考虑灵敏色片固有的光程差。一般引起视场呈紫色的灵敏色片光程差为 565nm。转动玻璃时视场颜色变化为玻璃与灵敏色片的总光程差。

当玻璃的应力为张应力时，视场总光程差为玻璃固有光程差同灵敏色片光程差之和，玻璃的光程差为视场总光程差减去565nm。当玻璃的应力为压应力时，视场总光程差为灵敏色片光程差同玻璃固有光程差之差，玻璃的光程差为565nm减去视场总光程差。

加有灵敏色片时，视场颜色与光程差的关系见表5-7。

表 5-7　正交偏光下视场颜色与光程差的关系

颜色	光程差/nm(压应力下)	颜色	光程差/nm(张应力下)
铁灰	50	蓝	640
灰白	200	绿	740
黄	300	黄绿	840
橙	422	橙	945
红	530	红	1030
紫	565	紫	1100
—	—	蓝绿	1200
—	—	绿	1300
—	—	黄	1400
—	—	橙	1500

3.3.3　补偿器测定法

在正交偏光下用补偿器来补偿玻璃内应力所引入的相位差。仪器的检偏器由尼科尔棱镜、旋转度盘及补偿器组成。在测定时，旋转检偏器，使视场呈黑色。放置玻璃后，如有双折射，视场中可看到两黑色条纹隔开的明亮区。旋转检偏器，重新使玻璃中心变黑，记下此时检偏器的位置，根据检偏角度差 φ，按下式计算玻璃光程差：

$$\delta=\frac{3\varphi}{d} \tag{5-8}$$

式中　δ——玻璃的光程差，nm/cm；

　　　φ——检偏镜旋转角度差；

　　　D——玻璃中光通过处的厚度，cm。

此法可以测出5nm的光程差。

表5-8列出了加有灵敏色片时视场颜色与光程差的关系。

表 5-8　加有灵敏色片时视场颜色与光程差的关系

张应力时的颜色	光程差/nm	张应力时的颜色	光程差/nm
黄	325	红	35
黄绿	275	橙	108
绿	175	淡黄	200
蓝绿	145	黄	265
蓝	75	灰白	330

3.3.4 测试应力需注意的问题

① 所有方法测出的均是相互垂直的两主应力的差值。如果两主应力相等，即使应力值很大，测出的应力也是零，这种现象经常会产生误导，容易使人忽略实际存在的应力。因此，一般选择主应力之一为零的部位作为测量点。

② 只有垂直于光路的应力才能测出。如果一维主应力平行于光透射方向，也会得出不存在应力的错误结论。此特性也常被用来解决所讨论的问题，如玻璃中存在二维应力，应使主应力之一平行于光路，从而准确测出另一主应力值。

③ 测出的应力是光经过玻璃内不同位置应力的代数和。如果一个玻璃瓶壁的外表面存在压应力、内表面存在张应力，光从瓶身一侧射进，从另一侧射出，则测得的应力是各处应力的平均值，各处的实际应力很可能远大于此平均值。

④ 光的入射方向须与玻璃表面垂直。异型制品须浸入与玻璃折射率相同的液体中，以杜绝反射、折射等现象产生的光学作用。这些作用会干扰应力干涉色，影响应力测量精度。

应力测定并不是一项高难度的工作，但它涉及的因素多，且容易混淆，稍不注意就会得出错误甚至相反的结果。在实际测定之前，一定要先分析造成玻璃制品失效的应力因素，选择合理的测定方法与步骤。应力测定的目的是反馈给玻璃生产工段，为其采用更合适的热处理设备、制定更合理的热处理工艺提供依据。因此应力测定既是检验工序的工作，也是工艺过程控制的一环，应力测定与生产工艺应紧密结合在一起。

项目4 退火及后加工过程对环境的影响与防治

退火炉是玻璃工厂中能耗较大的设备。目前，各玻璃厂退火炉的能耗差距很大，先进炉型的能耗仅有 $250\sim335kJ/kg$（制品），而大部分退火炉的能耗在 $630\sim1050kJ/kg$（制品），个别的退火炉高达 $2100kJ/kg$（制品）。因此，退火炉的节能潜力很大。

4.1 退火炉的节能措施

要最大限度节省退火炉的燃料动力，必须从设计、安装、操作和维护等多方面采用有效措施，主要方面如下：设计时考虑采用轻质退火炉网带、采用网带从炉内返回结构、对退火炉退火区进行妥善保温、在重热段顶部采用辐射式加热装置、防止炉内纵向气流等因素；工厂布置时缩短从成型机到退火段的距离、沿输送带设置保温罩；操作中应注意尽量减慢网带速度，减少炉底冷风进入量，尽量降低前炉门，采用合理的退火曲线，定时维护燃烧装置、校准仪表等。

4.1.1 提高玻璃制品入炉温度

玻璃制品入炉温度愈高，加热阶段所需时间就愈短，退火炉的能耗也就相应地愈低。提高玻璃制品入炉温度的措施如下：从车间布置上，尽量缩短成型机到退火炉之间的距离，避免进口处有季节性穿堂风；沿输送带设置保温罩；操作时应尽量降低前炉门，能使玻璃制品进入即可；调节退火炉进口端的轴向气流，使其流动方向与制品的输送方向相反，减少制品入口处冷空气的入侵量。

4.1.2 采用"快速退火"工艺

"快速退火"工艺突破了传统的温度范围，采用了一种退火时间短、更有效的退火制度。同传统的退火曲线相比，它取消了恒温阶段，在加热段就使制品均匀受热，从而使整个退火过程在退火温度达到应变温度的过程中完成。这是国外近年来开始推行的一种退火工艺。

4.1.3 提高退火炉的生产能力

增加网带宽度，或在满足退火质量的前提下增加退火速度，可以提高退火炉的生产能力。

退火炉的生产能力提高后，单位玻璃制品退火时所需的维持热量（退火炉维持热/制品入炉量）相应减少，制品退火单耗也相应降低。因此，在相同条件下，大型退火炉的制品退火单耗要比小型退火炉低。

随着今后玻璃生产的发展，应尽量使用大型退火炉，特别是采用强制对流全自控组装式大型退火炉。这样不仅可以节约大量能源，而且有助于提高玻璃质量，便于管理和减少投资。

4.1.4 传送带从炉内返回

玻璃工厂所使用的大多数退火炉用于加热传送带所耗的热量要比用于再加热玻璃消耗得多。如果根据逆流式热交换器的原理使传送带通过炉内返回，则加热传送带所需的热量就有90%以上可以从隧道的余热中吸收。网带在进口处的温度较进炉的瓶子温度高，避免了瓶底向网带的散热；反之，还可以通过网带向瓶底传热，从而减少了瓶子重热时间，使瓶子能提前进入缓冷阶段，缩短了整个退火时间。返回的退火炉传送带通常从支撑玻璃制品和传送带框架的正下方进入窑内后端。

4.1.5 减轻网带重量

在充分满足网带机械强度的前提下，尽可能选用耐热钢丝编织的轻型网带。实践表明：耐热钢丝编织的轻型网带不仅比普通钢丝编织的网带重量轻，而且使用寿命长。

4.1.6 减少窑体的蓄热和散热损失

选用陶瓷纤维、岩棉等低导热纤维质保温材料砌筑窑体，可显著减少窑体的蓄热和散热损失，并有助于提高缓冷带以后部位散热量的回收率。

4.1.7 回收烟气余热

烟气与燃烧后的气体充分混合后再循环使用，如各种结构型式的强制循环式退火炉都采用这种余热利用方式；在烟气排出通路中，设置对流或热管换热器，利用烟气余热预热助燃空气。

4.1.8　回收玻璃制品在缓冷带以后部位的散热量

在退火炉缓冷带以后部位设置风管、水管或热管等装置，回收玻璃制品的散热量，作为预热助燃空气、干燥或车间取暖等的热源。如上海某玻璃瓶厂在退火炉缓冷带以后的窑顶上设置风管，用以预热助燃空气，取得了较好的节能效果。

4.1.9　优先选用直接加热的退火方式

直接加热时，燃烧后的高温气体不宜直接冲击制品，而应用略高于制品退火温度的低温燃烧气体进行强制对流加热。

实践表明，直接加热要比间接加热传热效率高。以宽度 2700mm 的强制对流全自控组装式退火炉为例，间接加热时，耗热 $2.5 \times 10^6 kJ/h$，直接加热时耗热仅为 $2.0 \times 10^6 kJ/h$。

4.1.10　采用强制对流加热的退火方式

强制对流加热是降低炉内温度梯度、加快传热速度，使制品各部位尽可能同时达到退火温度最有效的方法。

在退火炉加热段内安置循环风扇，使烟气流速由 1m/s 增加到 8m/s，将自然对流加热变为强制对流加热，热效率可以大大提高，传热量可增加 44%。

4.1.11　采用炕式半辐射加热的退火方式

所谓炕式半辐射加热，就是以重油为燃料的退火炉在加热段采用开孔的黏土质或碳化硅质辐射板作炉底火道炕面，烟气从辐射板的小孔冒出，制品既可受到辐射加热，又可受到烟气流的直接加热，并且可以通过开孔的数量、孔的排布位置调节炉内温度的分布。

4.1.12　采用远红外辐射加热的退火方式

玻璃的黑度极小，几乎不吸收可见光，易吸收波长在 $2.74\mu m$ 以上的远红外线。采用远红外辐射装置加热，如远红外电热板、煤气远红外辐射装置等，可以得到较好的节能效果。

4.1.13　采用逆流加热式全马弗退火炉

对于中小型玻璃厂，当不希望退火制品与燃烧气体直接接触时，可使用逆流加热式全马弗退火炉。这种退火炉的特点是用转杯式燃烧器，燃烧室设置在炉顶上部，在燃烧室内燃烧产生的气体通过窑底马弗板下面的烟气通道，由缓冷带末端排出。由于顶部燃烧室和下面的烟气通道用碳化硅质马弗板和炉内通道隔开，所以制品退火时，不会与燃烧气体接触，而是间接地通过马弗板加热制品。

4.2 玻璃表面处理技术

玻璃表面处理采用物理、化学、机械等方法改变玻璃表面形态、化学组成或应力状态，获得所要求的性质与功能。

瓶罐玻璃表面处理通过热钢化、化学钢化（离子交换）、热（冷）端涂层进行增强，表面脱碱和有机防雾剂喷涂以提高化学稳定性和耐风化性，表面蒙砂、施釉、贴花、印花进行装饰。高级酒瓶、化妆品瓶则采用喷砂、刻花、磨砂、施釉、描金各种装饰方法，以提高档次。随着瓶子轻量化的推广，增加瓶表面滑性、防止碰伤及瓶的强度劣化变得越来越重要。瓶子只要有小的裂纹或碰伤，就会使强度变弱。在玻璃容器外表面施以涂层以提高抗冲击强度或降低表面磨损程度。工艺上采取的相应措施是在"热端"（成型机与退火炉之间）涂上 SnO_2 层。涂上氧化锡层后，玻璃容器的耐破裂强度提高了，对擦伤也不敏感了。涂上 SnO_2 层的瓶子表面相当粗糙，即摩擦系数也显著提高。但在玻璃瓶包装时，由于不易相对滑动而造成了一定困难。

施以 SnO_2 涂层后玻璃粗糙的问题可用冷端加工的方法解决，在"冷端"（退火炉中温度降低区）表面温度小于 $150℃$ 时喷上一层有机化合物。约含 $0.1\%\sim0.5\%$ 硬脂酸酯的水溶液附加润湿剂，或由水、石蜡、植酸、聚乙烯及其衍生物如聚氧化乙烯乙二醇或其硬脂酸酯制成的乳剂将 SnO_2 层中的洞穴填满而形成光滑的具有高度滑动能力的表面涂层。如果没有预先用 SnO_2 处理而只涂这种表面层效果也不好。因为它不耐摩擦，下面的玻璃还是容易受损伤。采用这种操作才能真正达到提高表面质量的理想要求。SnO_2 层不宜太厚，否则玻璃会有斑点。但是，裂纹仍是裂纹，即使热端喷涂薄膜，也不能保证强度。在成型过程中防止裂纹产生才是最重要的。

4.2.1 表面喷砂

喷砂即用喷枪向玻璃制品表面喷射石英砂或金刚砂等磨料，使其形成毛面，产生透光而不透视效果的加工方法。

高速喷向玻璃表面的砂流产生冲击力，使玻璃表面形成纵横交错的微裂纹，进一步的冲击导致微裂纹扩展及新微裂纹产生，达到一定程度时玻璃表面质点就呈贝壳状剥落，从而形成粗糙的表面，光线照射后产生散射效应，呈现不透明或半透明的状态。

喷砂过程在喷砂设备内完成。喷砂设备包括喷砂机、压缩空气系统和磨料处理装置。喷砂机根据高速喷射的能源不同有四种形式：气压喷砂机、真空喷砂机、蒸汽喷砂机和特种高压喷砂机。一般工厂均采用气压喷砂机，即利用压缩空气或高压风机产生的高速气流喷砂。

气压喷砂机包括工作室、料斗、喷枪、吸砂管、压缩空气管及除尘装置。工作室在喷砂操作过程中封闭以防止粉尘飞扬。压缩空气经气管通入喷枪。高速气流所形成的负压将料斗中的磨料由吸砂管吸入喷枪，并形成磨料射流由喷枪喷出，射向玻璃制品，完成喷砂。

4.2.2 砂雕

砂雕是在喷砂的基础上发展的，可以替代刻花、浮雕、透雕、立雕、镂雕等多种雕刻技法，还将砂雕与机械刻花、雕刻、化学蚀刻、施釉和上金结合起来，坯体不仅可利用无色透明的玻璃，而且可利用颜色玻璃套料的制品，进一步从平面砂雕发展到三维空间的新的装饰方法。在同一玻璃制品上，根据花纹图案的要求可得到透明、半透明、不透明、乳浊光面、乳浊毛面、多层彩色（坯体多次套不同颜色的薄层玻璃）、平面上层次不同的多种颜色（坯体上同一部位多次套不同颜色的薄层玻璃或不同部位套不同颜色的薄层玻璃）和金色的多种装饰效果。

砂雕工艺流程：设计制作镂空图案底版→底版贴在玻璃制品表面上或加保护层→喷砂→除去保护层→清洗、干燥→砂雕制品。

4.2.3 刻花与雕刻

4.2.3.1 表面刻花

玻璃刻花是指玻璃表面上有许多刻面，这种多棱的刻面大大地提高了玻璃光泽和折光效应，从而使刻花成为装饰玻璃表面最通用的技术之一。

刻花又分为草刻和精刻两种。草刻是用电熔刚玉轮或矿轮（有时也用金刚石轮）根据加工图案的不同要求，在磨轮上保持充分的水对玻璃表面一次性随意磨刻花草等图案。不同的花纹可以用不同形状的磨轮来完成，花纹不经过粗磨、细磨、抛光几个步骤，由磨轮一次完成，所以花纹呈半透明状，国外称花灯笼，是低档的刻花产品。精刻是在玻璃表面刻多棱的几何花纹，刻面比较深，故又称深刻。精刻面经粗磨、细磨、抛光而呈全透明的平滑面，起折光效果。对于壁不厚的钠钙玻璃，一般用草刻。精刻适合于含 PbO 的折射率高的中铅和高铅玻璃，以及套色的玻璃制品。

刻花过程实质是研磨和抛光的过程，通过磨盘和磨料在玻璃表面研磨出多棱的纹样，此时玻璃上磨刻之处是半透明的，然后经过抛光，使玻璃上磨刻之处透明。

4.2.3.2 表面雕刻

玻璃雕刻是在玻璃表面刻有精细的立体造型或图案。刻花和雕刻两者的区别在于刻花是以多棱图案、几何花纹为主，而雕刻不限于几何花纹，也有人物、风景和文字，而且运用了浮雕技术。

玻璃表面雕刻包括凹雕、浮雕、半圆雕、透雕等形式，凹雕和浮雕应用最多。凹雕是在玻璃表面上雕刻出凹形而层次不同的人物、山水、动物和文字等花纹；浮雕是在玻璃表面以绘画的图样进行雕刻，刻有一些背景，再雕出有一定凸度的人物像、图案等。玻璃雕刻立体感和真实感强，刻法复杂、艺术性较高。要使雕刻的作品精致、高雅，应选用透明度高、硬度低的玻璃，如铅晶质玻璃。

4.2.4 玻璃表面化学处理

玻璃表面化学处理主要包括表面脱碱、防霉处理、表面蚀刻、蒙砂和化学元素抛光。通过表面化学处理，除了改善玻璃性能和功能外，还可对玻璃进行表面装饰。

4.2.4.1 玻璃表面脱碱

玻璃表面脱碱是在退火温度范围，通过气体（包括能释放气体的固态物质）或溶液喷涂，使玻璃表面贫碱，从而改善玻璃性质。

实际上，脱碱过程包括三个步骤：首先，玻璃中的碱金属离子扩散到玻璃表面（属于自扩散）；其次，玻璃表面的碱金属离子与脱碱试剂中的离子发生离子交换（属于互扩散）反应；最后把玻璃表面的生成物移去，如采用水洗等方法，并和其他处理方法结合起来应用，以提高表面处理效果。

最早将硫的废气通入加热的退火窑内，在玻璃表面形成"白霜"似的硫化钠（Na_2S）层，用水可以洗去，起了脱碱作用，称为"硫霜化"，此法可进行玻璃增强和提高化学稳定性。

用脱碱法提高玻璃的化学稳定性是一个行之有效的方法，特别是对安瓿、输液瓶等对耐碱性要求高的玻璃制品，采用此法在不改变玻璃成分的条件下，可大幅度地提高玻璃的耐久性。一般分为酸性气体脱碱、喷涂脱碱和固体分解脱碱三种方法。

酸性气体处理：对钠钙玻璃瓶罐通常用 SO_3、SO_3+H_2O、F、$F+SO_3$、HCl 气体进行脱碱。瓶罐玻璃的脱碱实验表明，用 $F+SO_3$ 处理后的样品化学稳定性最好，所有的样品均未产生脱片现象。

固体气化处理：输液瓶等小口径瓶经气体脱碱时，瓶外表面的脱碱效果往往高于瓶内壁。为了增大小口瓶内壁脱碱效率采用固体气化分解法。固体气化分解法是在输液瓶或其他瓶罐中投放 $(NH_4)_2SO_4$、NH_4Cl 或 $AlCl_3$ 等片剂，在退火过程中，片剂分解放出酸性气体，产生脱碱作用。

4.2.4.2 玻璃表面的防霉处理

玻璃的风化通常在湿热的大气中储存时发生，风化产物又以虹彩、斑点、丝状和雾状出现，与发霉情况很相似，所以玻璃风化又称为玻璃发霉。玻璃发霉初期表面产生膜层，由于膜层的折射率和玻璃主体的折射率不同，受光线照射形成彩虹，发霉产物堆积在表面形成白色斑点或大片雾状物，降低了产品的光洁性和透明度，严重时表面失去透明度。

不仅常见的钠钙硅酸盐玻璃会发霉，即使化学稳定性很高的石英玻璃也能产生霉点，至于化学稳定性差的磷酸盐玻璃，发霉更为严重，表面会产生白色的黏稠状物。

玻璃表面上的防霉处理实质上是防止玻璃风化的处理，当然也包括防止霉菌繁殖处理。由于国内一般称为防霉处理，故此处也按习惯称为防霉处理。

玻璃防霉应包括下列几个方面：①采用合适的玻璃成分和配方；②优化生产工艺制度；③改进玻璃包装；④改善储存条件；⑤进行玻璃表面防霉处理。

4.2.4.3 玻璃表面蚀刻、蒙砂和化学抛光

玻璃表面蚀刻、蒙砂和化学抛光都是利用酸对玻璃表面的化学侵蚀作用。不同之处在于化学抛光是整个玻璃受到侵蚀，得到的为光滑而透明的玻璃表面；蚀刻是酸对玻璃局部表面进行侵蚀，使玻璃表面呈现一定的花纹图案，可以是光滑透明的，也可以是半透明的毛面；蒙砂则使玻璃成为半透明的毛面。

一般玻璃成分为硅酸盐，侵蚀用的酸为氢氟酸，以溶掉玻璃表层的硅氧化物。根据残留盐类的溶解度不同，得到有光泽的表面或无光泽的表面。玻璃与氢氟酸作用后生成的盐类溶

解度各不相同。在氢氟酸盐中，钠和钾等碱金属盐类易溶于水，而氟化钙、氟化钡、氟化铝不溶于水。在氟硅酸盐中，钠盐、钾盐和铅盐在水中均溶解得很少，而其他盐类则易溶解。

侵蚀后玻璃的表面性质取决于氢氟酸和玻璃作用后所生成盐类的性质、溶解度的大小、结晶的粗细以及是否容易从玻璃表面清除。如生成的盐类溶解度小，且以结晶状态留在玻璃表面并不易被清除，则被结晶粒遮盖的部位就阻碍氢氟酸与玻璃的反应，因而对蚀刻部位的玻璃表面来说，受到的侵蚀是不均匀的，得到粗糙而无光泽的表面，称为毛面蚀刻或蒙砂。如反应物不断被清除，则腐蚀作用很均匀，得到平滑而又透明的精细图案，称为细线蚀刻。

化学蚀刻是利用化学侵蚀的方法，使玻璃表面形成各种花纹图案或商标，按照表面状态不同可分为毛面蚀刻和光面蚀刻。不论何种类型的蚀刻都是选择性侵蚀，按设计的花纹图案进行侵蚀，可以在不需要侵蚀的地方涂保护层，使部分玻璃表面免于侵蚀；也可以在需要的地方涂蚀刻膏，以达到蚀刻的目的。

蒙砂与喷砂均在玻璃表面上形成凹凸不平的毛面，但两者之间还是有差别的。喷砂是向玻璃表面喷射细石英砂或金刚砂以形成毛面玻璃的过程，属于表面的机械冷加工。蒙砂则属于化学侵蚀过程，生成的难溶物质成为小颗粒晶体牢固地附着在玻璃表面上。颗粒下面与颗粒间隙的玻璃表面和酸液的接触程度不同，侵蚀程度也不同，使玻璃表面凹凸不平，属于表面化学处理。可通过控制化学蒙砂附着于玻璃表面的晶体大小及数量，获得粗糙的毛面或细腻的毛面。

化学抛光是利用氢氟酸对玻璃表面进行均匀侵蚀，除去侵蚀后生成的盐类，使研磨或蚀刻形成的细毛面变成透明、平滑、光洁的玻璃表面。对于铅晶质玻璃和复杂形状的制品，在深刻成细毛面后，用化学抛光来代替机械抛光是特别合适的，可以提高生产效率、降低成本。

在化学抛光、化学蚀刻和蒙砂过程中产生大量含酸废水和含氟废气，污染环境，对人身和设备造成损害。以铅晶质玻璃的化学抛光为例，产生的污水中硫酸和氢氟酸混合物的含量达 7%，并含大量的硫酸盐（95～100g/L）、毒性组分氟（4.5～9.5g/L）和铅（6～50mg/L）。我国《工业企业卫生设计标准》规定，空气中允许的氟化氢最高浓度为 1mg/L，为防止污染、保护人类健康，废气必须净化。

含氟废气的处理方法如下：

① 吸收法。用碱性水溶液吸收、中和氟化物，此法净化效果好，但易造成二次污染。

② 吸附法。用粉状或颗粒状吸附剂吸附氟化物，此法工艺简单、净化效果好，但设备体积大、费用高。

国内目前常用的是吸收法，先用喷淋水与含氟废气作用，生成氢氟酸，然后再用碱中和，生成的 NaF 可以制成氟硅酸钠，其他产物氟硅酸钙、氟硅酸铝、氟化钙也可回收。为了提高废气的净化效率，将吸附法和吸收法结合起来，由酸洗槽排出的废气经过滤装置通往去雾装置和吸附装置，然后经过吸收装置，最后再排出。

净化处理含酸废液的方法很多，最简单的方法是石灰水中和法。将含酸废液、废水通入池中，加入石灰水，并用压缩空气鼓泡搅拌，氢氟酸与石灰水反应生成氟化钙，硫酸和盐酸与石灰水反应分别生成硫酸钙和氯化钙，这些生成物的乳液经过一个辊筒过滤机，附着在辊筒表面上的固态化合物被刮板刮下，滤液再送入过滤塔进行真空过滤，过滤的水经检验无污染后排出。

4.2.5　玻璃表面增强

　　玻璃的实际强度比理论强度要低几个数量级，这是因为实际玻璃中存在微观和宏观缺陷，如表面微裂纹等，使实际强度大为降低，因此采取一系列增强玻璃强度的方法是完全可能的，而且对扩大玻璃的应用范围也是完全必要的。

　　通过改变成分来提高强度是有限的，而且成分的大幅度变化给生产工艺带来一系列困难。改进生产工艺受到设备限制，只有改进熔制工艺，使玻璃熔化均匀、退火完善才是切实可行的，至于高压处理等方法用于大规模工业生产尚存在不少有待解决的问题。辐照处理需要高能量的热中子和γ射线源，同时要有复杂的防辐射装置，实际应用中不少问题有待解决。表面处理不必改变原有玻璃成分、熔制和成型工艺，方法简便、增强效果显著，因而得到广泛应用。

　　玻璃的热处理增强包括玻璃的淬冷（物理钢化）和加热拉伸。虽然两者都是对整块玻璃或整个玻璃制品进行热处理，但原理却是不同的。前者是由于淬冷时表面产生均匀分布的压应力而增强；后者是在加热过程中进行拉伸，表面发生裂纹愈合与裂纹定向，从而提高玻璃的强度。

　　玻璃瓶罐的钢化可采用风冷却法，成型好的玻璃制品送到马弗炉内 2min 均匀加热到 610～620℃，然后送入钢化室，用内喷嘴和外喷嘴将冷却空气喷向玻璃制品内、外壁，使制品内外均匀淬冷，达到钢化目的。玻璃制品经钢化后，强度提高了 50%～100%。

　　现代的空心玻璃制品钢化是将成型的玻璃空心制品通过火抛光区、均温区再到淬冷区。空心玻璃制品成型以后，在厚度和高度方向的温度梯度是比较大的，如外表面温度为 450℃、内表面温度为 550℃、厚壁中心温度为 600℃，而且整体表面温度也不是均匀的，一个制品和另一个制品之间的温度更不一致，所以首先要将制品用输送链送到火抛区，用火焰迅速将制品加热，同时也需进行火抛光，以改善表面质量。制品出升温区后即进入均温区，此均温区由耐火砖砌成隧道窑，内壁安装电热元件，进行均温加热，均温炉的温度为 677℃（根据玻璃成分略有调整），升温速度为 1.5～2℃/s，升温速度和玻璃制品的壁厚相关。

　　玻璃表面涂层已在生产实际中应用于玻璃增强，其特点是工艺过程简单，生产效率高，成本低廉，可安装在生产线上，实现喷涂机械化、自动化。

　　玻璃表面增强涂层的类型很多，目前在玻璃瓶罐生产线上已应用了热端涂层和冷端涂层，对提高瓶罐玻璃强度和抗磨损性、减少玻璃在包装和运输过程中的破损有重要的作用。

　　在热的（500～700℃）玻璃表面上喷涂涂层材料，涂层材料立即发生分解，在玻璃表面上形成一层金属氧化物涂层，不仅可以填充玻璃微裂纹，而且具有抗擦伤能力，既提高了玻璃强度，又可防止新的微裂纹产生。热端涂层一般是永久性的，和玻璃结合性好，增强效果也较好。热端涂层材料有锡的化合物、钛的化合物和锆的化合物等，最常用的为锡和钛的化合物。

　　冷端涂层用压缩空气将一层极薄的聚合物喷涂在玻璃容器表面，通常厚为 2～5μm，可增加容器表面的润滑性和抗擦伤能力。国外通常使冷端涂层与热端涂层相结合，不但使强度增加，而且使表面有润滑性，称为"协和增强"。要求冷端涂层材料有良好的润滑性，且不使食品、饮料受到污染。

　　冷端涂料的品种很多，有硬脂酸钠、聚乙烯、油酸、硅烷、聚硅氧烷、巴西棕榈蜡、虫胶、二十九烷酸乙二醇酯、1,3-丁二酸、乙酸甘油酯、聚丙烯、氨基甲酸甲酯、环氧树脂等，常用的有硬脂酸钠、聚乙烯、油酸、硅烷、聚硅氧烷等。

冷端涂层通常在瓶子出退火窑时进行喷涂，瓶身的中段温度最好控制在 $51\sim107℃$，喷涂温度低于 $51℃$，瓶身出现条纹，很不美观；喷涂温度高于 $107℃$，硬脂酸盐变质，粘贴商标困难。喷涂时雾化空气压力为 $0.25\sim0.35MPa$，涂料的供给压力为 $0.2MPa$，退火窑网带面积为 $9.3m^2$，喷涂量为 $0.568L$。由于硬脂酸盐溶于水，涂层是暂时性的，称为暂时性（水溶）涂层，瓶罐在洗涤、高压消毒和巴氏灭菌过程中，此涂层均可能溶解。瓶罐喷涂硬脂酸盐层后，如再印商标、烤花，此涂层会完全消失，需要在出烤花窑后进行二次喷涂。

瓶罐玻璃成型后，退火前进行热端涂层，退火后进行冷端涂层，以提高强度和抗磨损能力。

4.2.6 玻璃表面镀膜

玻璃表面镀膜是玻璃表面处理常用的方法，以改善玻璃的性能。随着镀膜玻璃得到越来越广泛的应用以及企业为取得高的产品附加值，镀膜玻璃的研究和生产在国内迅速发展起来，成为玻璃行业的一个新热点。在国内文献上，"镀膜"和"涂膜"常常混用，确切地讲两者是有区别的，涂膜范围更广泛一些，镀膜是涂膜方法之一。

玻璃表面常用的镀膜方法可分为化学法和物理法两大类型：

（1）化学法

在镀膜技术中有化学反应参与，通过物质间的化学反应实现薄膜的生长，方法如下：①化学还原法；②化学气相沉积法；③高温分解法；④溶胶凝胶法；⑤电浮法；⑥阴极电镀法；⑦溶液沉积法。

（2）物理法

在薄膜沉积过程中，不涉及化学反应，薄膜的生长基本是物理过程，方法如下：①真空蒸发法；②溅射法；③离子镀沉积法；④离子束沉积法；⑤电子束沉积法；⑥准分子激光蒸底法。

热喷涂法又称热解法，是将金属盐类或金属有机化合物溶解，喷涂于热的玻璃表面，金属盐类或金属有机化合物受热分解，经过一系列反应，在玻璃表面形成金属氧化物薄膜。金属离子的种类不同，光谱特性存在差异，进而呈现出不同的颜色。在热喷涂过程中，金属盐类溶液会雾化形成气溶胶再进行反应。

喷涂液包括ⅢB、ⅣB、ⅤB族过渡金属的盐类，Ag、Cu、Fe、Sn、Co、Mn、Cr 等的氧化物，硝酸盐，乙酸盐，己酰丙酮等，可根据要求的色泽来选择所用的金属盐类，但要求金属盐能溶于溶剂如水、乙醇、丙酮、乙酸乙酯、二氯甲烷等。一般无机金属化合物易溶于水和乙醇，有机化合物易溶于乙酸乙酯和二氯甲烷等有机溶剂。热喷涂法镀膜所形成的颜色取决于金属离子的种类、浓度及膜的厚度。热喷涂膜对光既有吸收又有反射，光线的选择性吸收或反射可使玻璃着色。膜的折射率和玻璃不同，膜产生的干涉也可使玻璃呈干涉色。用热喷涂法得到的彩色压延玻璃以着色为主；用热喷涂法制造热反射玻璃则以其反射性能为主，当 Fe_2O_3-Cr_2O_3 喷涂液的浓度为 30%、膜厚为 $32\sim45nm$ 时，太阳光反射率为 $21\%\sim40\%$、透过率为 $40\%\sim46\%$、吸收率为 $20\%\sim27\%$；用热喷涂法进行虹彩处理则是利用膜的干涉性，用 $180\sim240g$ $FeCl_3\cdot6H_2O$ 的水溶液喷涂后得到橙黄色玻璃，用含 $70\sim100g$ $FeCl_3\cdot6H_2O$ 和少量 $AgNO_3$ 的水溶液喷涂后得到金黄色，用含 $100g$ $SnCl_4\cdot5H_2O$ 和 $50g$ $SbCl_3$ 的乙醇溶液喷涂得到紫蓝色玻璃。

粉末在线热喷涂是将 $500\sim600\mu m$ 的细粉末分散在气流中，由气流输送并均匀地撒在以一定拉制速度前进的具有 $600℃$ 左右的浮法玻璃板上，热解后形成金属或金属氧化物薄膜。为了使涂层材料粉末发生热解反应，气流载体和粉末的混合温度应为 $510\sim565℃$，喷涂装置设在退火窑温度为 $550\sim600℃$ 的区域。要求喷涂时气流能够均匀输送到位，喷嘴能准确、均匀地喷撒粉末，废料、废气能合理收集和排放。粉末喷涂可以克服液体热喷涂时较大液滴落在表面产生斑点等缺陷的缺点，但由于温度较高，有些粉末成分过早发生反应，不能有效利用。为了防止此现象发生，要求膜层材料粉末有较高的活性、较快的反应速率，能在高温玻璃表面产生较高的浓度，及早热解形成膜层。粉末在线热喷涂用的膜层原料大都为有机金属化合物，如乙酸盐、乙醇盐和氟化物，最常用的为一种或几种金属如 Cr、Co、Ni、Fe、Zn、Mn、In、Al 的乙酰丙酮酸盐，溶于氨水或四甲基氯化物等溶剂中，经过干燥制成很细的粉末，有时还制成空心粉末，颗粒要小于 $100\mu m$。

一般用热喷涂法制备金属氰化物膜，有茶色、咖啡色、青铜色、绿色、浅灰色等十余种，可见光反射率为 $20\%\sim40\%$，太阳辐射能的反射率为 $10\%\sim30\%$，属阳光控制膜或热反射膜。

热喷涂法的膜层和玻璃表面结合紧密，属硬涂膜，耐磨性、耐划性和耐大气侵蚀性能都比较好，不加保护层即可直接使用，镀膜面可以朝外暴露在大气中，寿命可达 10 年。玻璃涂膜后，还能进行热弯、夹层、钢化等再加工，而且设备投资低，调换喷涂液方便，可连续生产。

4.2.7 玻璃表面施釉

玻璃表面施釉是玻璃制品一种传统的表面装饰方法，即在玻璃制品表面覆盖彩色低熔点玻璃态薄层，除了作装饰用之外，还可作刻度、商标、标记等之用，也有的赋予某些特殊功能。

色釉一般由基础釉和颜料或色素两部分组成。基础釉不是一种无色低熔点玻璃，有些工厂习惯称为熔块，一般都是将熔好的无色低熔点玻璃液流入水中使其淬冷成细小碎块或压制成片状，都是为了便于粉碎成粉末；颜料是着色物质，也称着色剂，主要是过渡金属氧化物或它们与 Al_2O_3、MgO、ZnO 等氧化物组成的无机化合物，可以制成不同颜色釉。两者可以分别制造后再称量，在球磨机中混磨，通过筛孔为 $53\mu m$ 的筛网而成色釉，这种方法称磨加法；也可一起熔制，即在基础釉的原料中直接添加着色氧化物，混匀后一起熔化成熔块，水淬或压制成片状后粉碎，通过筛孔为 $53\mu m$ 的筛网（280 目）即成色釉，这种方法称熔加法。色釉在使用时还需与调合剂、其他添加剂混炼使其具有一定黏稠度，才具备手绘或印刷条件。熔加法用于制造用量大、单一颜色的色釉，为了降低某些含有毒色素（如硫化镉、硒化镉）色釉的溶出量，也使用熔加法。需要丰富多彩的色釉时，就常用磨加法，只要在无色熔块中磨加不同颜色的色素，就可以灵活、方便地制备不同颜色的玻璃色釉。

玻璃上釉是在玻璃表面上涂覆均匀的玻璃态薄层，因此对玻璃态的基础釉有基本要求：①膨胀系数必须与玻璃基体匹配；②色釉的烧成温度必须低于基体玻璃的软化温度；③色釉应具有较高的光泽度、折射率、硬度和合适的表面张力；④色釉需具有一定的化学稳定性；⑤适合无机矿物色素的呈色要求。

丝网印刷是孔版印刷方法之一，丝网印刷在目前已广泛应用于物品的装饰、广告、宣传品等，不仅可以装饰玻璃、陶瓷、搪瓷等制品，而且可以装饰织物、皮革、金属、塑料等材料。除用丝绢、尼龙、涤纶等合成纤维网外，也用不锈钢、铜等金属丝网绷在框上作为模板材料，用手工或光化学（感光制版）方法，只留下要印刷图案纹样处的网眼，其余网眼均堵死，此为网版，网版下面是要印刷的物品，如承印玻璃，可以是平板玻璃，也可是筒形、锥形的玻璃制品。用橡皮刮刀使色釉浆在网版上加压滚动，釉浆就通过图案纹样网眼被挤滤到承印的玻璃坯体表面，形成所需要的图案花纹。这种方法的特点是图案花纹清晰、釉层厚薄均匀、印刷相对简单、生产效率高、适合批量生产、可生产套色图案、产品图案花色一致，但不适合装饰表面凹凸不平和不规则的玻璃制品。丝网印刷生产能力大、成本低、比胶版印刷的釉层厚、遮盖力强、印刷色彩鲜艳、图案清晰、有立体感。

贴花是按图案纹样将多种彩色釉浆先印刷在纸上，成为贴花纸，然后再将贴花纸上的花纹图案移印到玻璃制品表面上。贴花装饰可适合于任何形状的玻璃制品，形状特别复杂、不适合丝网印刷的都可进行贴花装饰。贴花操作简便，对工人的技术要求不高。贴花纸可从专业厂购买，小批量印花纸也可自行制造。

色釉的烧成也称烤花，是将已施釉的玻璃制品加热到适当温度，使色釉烧结在玻璃制品表面。釉与玻璃基体有较好的结合牢固度，成品釉面呈现出玻璃态、色泽鲜艳、光亮。

4.2.8 玻璃表面装饰

随着人类物质文明和文化修养的不断提高，对艺术的欣赏和要求也越来越多样化，所以玻璃表面装饰常常不局限于只用某一种技法，而是将几种方法结合起来在一个制品上进行装饰，效果会更好。

4.2.8.1 表面金饰

对玻璃制品来说金装饰是传统装饰方法。玻璃上烧附了一层金膜，赋予玻璃制品表面金黄色的镜面，如果是局部上金，犹如玻璃与黄金镶嵌在一起，制品显得富丽堂皇、华贵高雅。同时金色是一种中性色彩，与其他颜色搭配均使人感觉很协调。描金装饰常用于花瓶、茶具、酒具、艺术品、建筑玻璃等制品上。

在玻璃表面装饰金有两种方法。一种方法是将深沉的粉粒状纯金与熔剂、黏合剂混合后涂在玻璃表面，再烧成，熔融的熔剂使金粉烧附在玻璃表面。但该法的缺点是金粉消耗量大、表面光泽度不高，所以这种装饰工艺基本很少用。另一种方法是用液体亮金，即金的树脂酸盐溶液，俗称金水，采取描绘、印刷等工艺方法在玻璃表面涂覆一层薄金水，描金后的玻璃制品必须像色釉一样要烧成，使金水中的各种有机物挥发、分解、逸出，而金水则还原成金属金，显现出有闪亮光泽的金色膜。在烧成温度下，金与玻璃之间的结合有一定的牢固度，此过程称烤金。烧成温度要根据玻璃制品的软化温度和金水的配方而定，玻璃软化温度高，烧成温度可高些，这样金与玻璃的结合牢固度就高些。

4.2.8.2 玻璃表面扩散着色

玻璃表面扩散着色就是在一定温度下将着色离子蒸气、熔盐或盐糊膏覆盖在玻璃的表面上，使着色离子与玻璃中的离子进行交换，着色离子扩散到玻璃表层中使玻璃表面着色。有些金属离子还需要被还原为原子，原子聚集成胶体而着色。此法称为扩散着色，也称染色法。

与整体着色相比，玻璃表面扩散着色具有整体着色很难达到的效果，如可使玻璃表面颜色从深到浅逐渐变化，并可在玻璃制品的局部形成花纹图案，而且工艺简便，不受基础玻璃成分和熔制气氛的影响，还能节约大量着色剂。但是，表面着色得到的颜色种类不如整体着色多，有些颜色用扩散着色很难达到，因此表面着色不能取代整体着色，而是各有所长、优势互补。

玻璃扩散着色可分为四个过程，首先，着色离子载体中的金属着色离子和玻璃中的离子进行离子交换；其次，金属离子扩散到玻璃近表面甚至更深处；再次，金属离子被还原为金属原子；最后，金属原子聚集成胶体，产生亚微观晶体着色。

4.2.8.3 玻璃的冰砂装饰

玻璃的冰砂装饰是将低熔点的玻璃细颗粒烧附在玻璃制品表面。由于无色透明的玻璃细颗粒晶莹透亮，极像细冰、冰砂，因而将这种装饰称为冰砂装饰或珠砂装饰。当然该装饰已不局限于用无色透明玻璃粒，还可用有色透明玻璃颗粒、乳浊玻璃颗粒或无色玻璃粒外再上色釉的各种彩色玻璃颗粒。被装饰的玻璃表面有点像粗糙的橘子皮，又称橘皮纹玻璃。冰砂装饰的玻璃是低熔点玻璃，黏附烧成后，由于表面张力的作用，颗粒的棱角变得圆浑，但颗粒的外表面是光滑的。

冰砂装饰用的玻璃颗粒要烧附在玻璃制品表面，因此对冰砂粒的软化温度有要求，冰砂的软化温度必须低于被装饰玻璃制品的软化温度，这样烧成时，基体玻璃不变形，而冰砂牢固地烧附在玻璃表面；冰砂粒的线膨胀系数要与基体玻璃的膨胀系数相匹配。通常采用含铅玻璃，因为氧化铅能降低玻璃软化温度和表面张力，这样颗粒表面在烧成时圆浑光滑，另外含铅玻璃的折射率高，反射率也高，砂粒就能显现晶莹的折光效果。

4.2.8.4 玻璃彩雕

玻璃彩雕是一种复杂、高档而别具一格的玻璃表面装饰方法，一般使用有色的玻璃制品作为基体，先设计图案在玻璃表面上金，既衬托出金的华贵，未上金的部分又显现出玻璃透明的特色；然后在金的表面烧附上特殊釉粉制作的花朵、叶片和其他立体线条等装饰；最后再用色釉美化。整个制作过程需要多次焙烧。该法的特点是玻璃表面装饰立体感强、轮廓和层次分明、花纹图案色彩鲜艳，犹如用彩釉在玻璃表面进行了雕塑，故名为玻璃彩雕，也称为玻璃堆釉。

堆釉粉是使彩雕呈现立体感的重要材料，既要在正常烧成温度下烧附于玻璃表面，即属于低熔材料，又要使装饰的花朵和线条等具有鲜明立体感，即在烧成温度下花朵和线条不能软化、平塌而影响立体感，这是一对矛盾。此外，彩雕色彩鲜艳，堆釉粉需有足够的白度和亮度，才能用色釉进行美化。根据上述情况，对堆釉粉要求如下：易熔，软化点低于600℃；线膨胀系数与被装饰的玻璃相近，两者的 $\Delta\alpha < 5 \times 10^{-7}℃^{-1}$，以免烧附冷却后产生应力而脱落；在烧成温度下保持雕塑的轮廓和线条具有明显的立体感；堆釉粉应呈白色，不出现灰色、黄色等杂色；具有较好的折射率、较高的亮度。

彩雕是在有色玻璃制品表面进行的高级装饰，如蓝色透明玻璃上的彩雕像景泰蓝一样豪华、富丽。彩雕制品只部分上金，未上金的玻璃表面就显现出玻璃的透明特色，更显得璀璨高雅。除了蓝色外，绿色、黄色、红色等透明玻璃制品也可进行彩雕装饰。

思考题

1. 玻璃中各种应力产生的原因及特点有哪些?
2. 分析暂时应力和永久应力产生原因的异同。
3. 简要叙述玻璃退火工艺过程各阶段的特点。
4. 如何绘制玻璃退火温度制度曲线?
5. 制定退火曲线应注意哪些问题?
6. 退火炉的类型有哪些?
7. 简述退火炉的基本结构。
8. 退火过程的节能方式有哪些?
9. 玻璃表面常用处理技术有哪些?

模块 6

成品检测与贮存

项目 1 成品检测标准

1.1 瓶罐玻璃检测标准

玻璃瓶罐应具备一定的性能，达到一定的质量标准。

（1）玻璃质量

纯净、均匀，无砂石、条纹、气泡等缺陷。无色玻璃的透明度高；有色玻璃的颜色均匀、稳定，能吸收一定波长的光能。

（2）物理、化学性能

具有一定的化学稳定性，不与盛装物作用；具有一定的抗震性和机械强度，能经受洗涤、杀菌等加热、冷却过程，能承受灌装、储运；遇到一般性内外部应力、震动、冲击，可保持无损。

（3）成型质量

保持一定的容量、重量和形状，壁厚均匀，口部圆滑、平整以保证灌装便利和密封良好。无歪扭变形，表面不光滑、不平整以及裂纹等缺陷。

1.1.1 罐头瓶国家标准 QB/T 4594—2013（节选）

1.1.1.1 物理、化学性能

物理、化学性能应符合表 6-1 的规定。

表 6-1 物理、化学性能

项目	抗热震性(急冷温差)/℃	内应力/级	内表面耐水侵蚀性/级
要求	≥45	瓶底真实应力≤4	GB 4548-HC3 级

1.1.1.2 规格尺寸

（1）满口容量

满口容量允差应符合表 6-2 的规定。

表 6-2 满口容量允差 mL

容量	50～100	>100～200	>200～300	>300～500	>500～1000	>1000～5000
满口容量允差	±4	±6	±8	±10	±12	±1%容量

（2）瓶高

瓶高不大于 175mm 的应符合表 6-3 的规定。

表 6-3 瓶高允差 mm

瓶高	≤50	>50～75	>75～100	>100～125	>125～150	>150～175
允差	±0.8	±0.9	±1.0	±1.1	±1.2	±1.3

（3）瓶身外径

瓶身外径不大于 90mm 的其允差应符合表 6-4 的规定。

表 6-4 瓶身外径允差 mm

瓶身外径	≤50	>50～60	>60～70	>70～80	>80～90
允差	±1.1	±1.2	±1.3	±1.4	±1.5

（4）瓶身不圆度

最大允许值不应大于瓶身外径允差的 75%，异型瓶按客户要求制作。

（5）瓶身厚度

不应小于 1.2mm。

（6）瓶底厚度

不应小于 2mm。

（7）同一瓶底厚薄比

不应大于 2：1。

（8）瓶口不平行度、瓶口平面度、瓶口外径允差

按瓶口内径尺寸设定指标（见表 6-5），也可根据客户要求制作。

表 6-5 瓶口内径尺寸 mm

瓶口内径	30～50	>50～70	>70～80	>80
瓶口不平行度	≤0.8	≤0.9	≤1.0	≤1.2
瓶口平面度	≤0.3	≤0.4	≤0.5	≤0.6
瓶口外径允差	±0.3	±0.4	±0.5	±0.6

1.1.1.3 外观

（1）瓶口缺陷

瓶口不应有尖刺，封合面上不应有影响密封的缺陷。

（2）裂纹

不应有折光的裂纹。

（3）气泡

不应有破气泡和表面气泡；不应有直径大于 3.0mm 的气泡；直径为 1.0～3.0mm 的气泡不多于 3 个；1mm 以下能目测的气泡每平方厘米不多于 5 个。

（4）结石

不应有大于 1mm 的结石；0.3～1.0mm 周围无裂纹的结石不多于 2 个；封合面上不应有结石。

（5）模缝线

不应尖锐刺手；模缝线凸出量不应大于 0.5mm；瓶口外侧模缝线凸出量不应大于 0.2mm。

（6）光洁性

不应有明显的皱纹、条纹、冷斑、黑斑、油斑和影响外观的缺陷。

（7）内壁缺陷

不应有内壁黏料、玻璃搭丝。

（8）瓶底缺陷

不应有瓶底塌陷及其他导致瓶身不能稳定站立的瓶底缺陷。

1.1.1.4 铅、镉溶出量

铅、镉溶出量应符合表 6-6 的规定。

表 6-6　铅、镉溶出量

容量/mL	允许限量	
	铅溶出量/(mg/L)	镉溶出量/(mg/L)
<600	1.5	0.5
600～3000	0.75	0.25
>3000	0.5	0.25

1.1.1.5 检验规则

产品出厂交接验收按 GB/T 2828.1 的二次抽样方案进行。每批应由同型号、同成分、同尺寸和同等级，在基本相同的时段和一致的条件下制造的产品组成。需要时也可按供需双方合同或协议进行。

产品交接验收以不合格品百分数表示，提交验收批的检验水平（IL）和接收质量限（AQL）见表 6-7。

表 6-7　提交验收批的检验水平和接收质量限

类别	项目	检验水平（IL）	接收质量限（AQL）
物理、化学性能	抗热震性	S-3	0.65
	内应力		1.0
规格尺寸	瓶口不平行度、瓶口平面度、瓶口外径允差	S-4	1.5
	容量、瓶高、瓶底厚薄比		1.5
	厚度、瓶身外径、瓶身不圆度		2.5
外观	瓶口缺陷、裂纹、内壁缺陷	II	0.65
	气泡、结石、模缝线、光洁性、瓶底缺陷		4.0

在产品内表面耐水侵蚀性及铅、镉溶出量正常的情况下每周检验 1 次，如出现 1 项不合格则该批产品被判为不接受，并应对取样之日前 1 周内的产品进行追溯。

1.1.2　罐头瓶企业标准（示例）

1.1.2.1　质量要求

（1）外观质量要求

① 不许有锈迹、油迹、水迹等难以擦除的污染，瓶内不许有纸屑、昆虫、毛发、碎玻璃、金属、大量灰尘等异物。

② 瓶口无裂纹、破损、毛刺；瓶颈无明显影响灌装及配合性的歪斜或移位。

③ 螺纹须光滑平整，无变形、残缺、粗糙现象。

④ 合模线、双合模线不得有凸出明显错位及尖锐毛刺等影响安全及配合性的问题。

⑤ 瓶底无凹凸变形，不影响平稳性。

⑥ 瓶身厚薄均匀，在可接受范围之内，厚度不小于 1.5mm。

⑦ 瓶身所有部位都不应有裂纹、裂缝及破损。

⑧ 主视面允许有 $\Phi \leqslant 0.5mm$ 的 1 个或 2 个不集中异色点，但不影响 LOGO 及版面；非主视面允许有 $\Phi \leqslant 0.5mm$ 的 2 个或 3 个不集中点，但不影响版面。

⑨ 主视面允许有 $\Phi \leqslant 0.5mm$ 的 1 个或 2 个气泡，但不影响 LOGO 及版面；非主视面允许有 $\Phi \leqslant 1mm$ 的 3 个以下气泡且不影响版面；不允许有破气泡。

⑩ 主视面允许有 $\Phi \leqslant 0.5mm$ 的 1 个或 2 个砂眼，但不影 LOGO 及版面；非主视面允许有 $\Phi \leqslant 1mm$ 的 3 个以下砂眼且不影响版面。

⑪ 蒙砂表面粗细适当，厚度适中，蒙砂位置一般不升至螺纹底，不低于瓶颈与瓶身交接处，瓶身正面不允许有亮点，侧面不超过 0.8mm 的亮点最多有 5 个，底部不超过 1.0mm 的亮点最多有 5 个。

（2）材质要求

玻璃瓶的材质要求与标准样一致。

（3）规格尺寸要求

规格尺寸须符合图纸的要求。

（4）配合性要求

瓶与盖（喷头）、垫片、内塞（内碗）需配合顺畅，不得有过紧、过松、歪头、滑牙现象；瓶与盖（喷头）之间的距离在 0.3～0.8mm 之间。

（5）净含量要求

内容物灌装至容器肩部位置（美观灌装高度），需大于产品标示值，小于产品 105% 标示值。

（6）气密性要求

在 −0.08MPa 的真空负压下保持 5min，测试无泄漏。

（7）物理、化学性能

物理、化学性能须符合表 6-8 的规定。

表 6-8　物理、化学性能

检验项目	检验要求
重金属含量	铅、镉、汞及六价铬总含量≤200mg/kg,不含砷
内应力	≤3 级
抗热震性	42℃
内表面耐水性	HC3
抗冲击力	0.6J

1.1.2.2　检验方法

（1）外观质量检验

用百格刀在测试表面划 100 个 1mm×1mm 小网格，每一条划线应深及油漆的底层，再用 3M810 胶带测试，脱落不超过一格。

把玻璃瓶放入盛有 50% 酒精的容器内浸泡 2h，无异常。

烫金部位用滤纸摩擦 50 次，无明显异常。

（2）净含量检验

用量筒量取一定量的水灌至瓶肩部位置，计算是否满足净含量的要求，必要时采用实际内容物进行测试。

（3）规格尺寸检验

对于瓶身外径，瓶口内、外径，瓶高，螺纹外径和卡口厚度等重要尺寸，用最小刻度值为 0.01mm 的游标卡尺、高度尺测量。

（4）材质检验

将玻璃瓶的材质检验与标准样进行对比，结合称重法进行检测。

（5）配合性检验

瓶与盖（喷头）、垫片、内碗（内塞）通过手工配合，需旋转顺畅，瓶盖之间的距离采用塞硅进行测量。

（6）气密性测试

瓶内加入一定量的水，与盖（喷头）、垫片、内碗（内塞）装配好后，倒放置于真空箱内，常温下抽真空到－0.08MPa，保持负真空压力 5min，无泄漏。

（7）物理、化学性能

内应力按 GB 4545 的规定进行；抗热震性按 GB/T 4547 的规定进行；内表面耐水侵蚀性按 GB/T 4548 的规定进行；抗冲击性按 GB/T 6552 的规定进行；有害重金属以第三方专业分析单位的测试报告为准。

1.1.2.3 抽样检验规则

（1）检验项目

常规检验项目包括外观、配合性、材质、规格尺寸、净含量、气密性、印刷、烫金及喷涂强度等。外观、配合性、材质、印刷、烫金及喷涂强度等每批必检，气密性、规格尺寸、净含量初次到货必检，后续到货三批抽检一次。

型式检验包括物理、化学性能，供应商在正常生产中每半年须提供型式检验报告，但有下列情况时也须提供型式检验报告：原料、工艺等发生较大改变；出现型式检验项目的质量问题；国家质量监督部门提出型式检验要求。

（2）抽样检验规则

抽样检验规则按照 GB 2828.1 的规定进行，检验项目为常规检验项目。不合格品的分类、缺陷类别、抽样检验水平及 AQL 值见表 6-9。

表 6-9　不合格品的分类、缺陷类别、抽样检验水平及 AQL 值

不合格品的分类	缺陷类别	抽样检验水平	AQL 值
致命缺陷	瓶内异物、碎玻璃；大范围裂纹、破损；混装	正常Ⅱ	0.1
严重缺陷	满口容量、气密性、配合性、材质、规格尺寸超出公差范围；印刷错误；印刷/烫金及喷涂层严重脱落	特殊检验水平 S-3	0.4
中等缺陷	比较严重的气泡、条纹；光洁度不够、合模线凸出、砂眼、变形、底斜、歪头、擦伤；蒙砂不良、印刷不良、坐姿不良	正常Ⅱ	1.0
轻微缺陷	比较轻微的气泡、条纹；光洁度不够、合模线凸出、砂眼、变形、底斜、歪头、擦伤；蒙砂不良、印刷不良、坐姿不良	正常Ⅱ	4.0

1.1.3　白酒瓶国家标准 GB/T 24694—2009（节选）

1.1.3.1　物理、化学性能

物理、化学性能应符合表 6-10 的规定。

表 6-10　物理、化学性能

项目名称	指标			
	晶质料瓶	高白料瓶	普料瓶	乳浊料瓶
耐内压力/MPa	≥0.5			
抗热震性/℃	≥35			

项目名称	指标			
	晶质料瓶	高白料瓶	普料瓶	乳浊料瓶
抗冲击力/J	≥0.2			
内应力 a/级	真实应力≤4			—
内表面耐水性/级	HCD			
不透明白酒瓶对内应力不作要求				

1.1.3.2 铅、镉、砷、锑溶出的允许限量

应符合 GB 19778 的规定。

1.1.3.3 规格尺寸

（1）容量

满口容量及满口容量允许误差应符合表 6-11 的规定。

表 6-11 满口容量及满口容量允许误差

公称容量 V/mL	满口容量	满口容量允许误差	
	≥V%	V%	mL
50＜V≤100	110	—	±3
100＜V≤200	110	±3	—
200＜V≤300	108	—	±6
300＜V≤500	106	±2	—
500＜V＜1000	104	—	±12
V≤50,V≥1000	内供需双方商定		

（2）瓶口尺寸

冠形瓶口应符合 QB/T 3729 的规定，螺纹瓶口应符合 GB/T 17449 的规定，其他瓶口由供需双方商议确定。

（3）公称主体直径公差 T_D

$$T_D = \pm(0.5 + 0.012D) \tag{6-1}$$

式中 T_D——公称主体直径公差，mm；

D——公称主体直径，mm。

计算值保留一位小数。

注：非圆形瓶瓶身外径公差由供需双方商议确定。

（4）公称瓶高公差 T_H

$$T_H = \pm(0.6 + 0.004H) \tag{6-2}$$

式中 T_H——公称瓶高公差，mm；

H——玻璃瓶公称高度，mm。

计算值保留一位小数。

（5）垂直轴偏差 T_v

垂直轴偏差 T_v 按式（6-3）或式（6-4）计算：

$$① \quad H > 120mm: T_v = 0.3 + 0.01H \tag{6-3}$$

$$② \quad H \leqslant 120mm: T_v = 1.5mm \tag{6-4}$$

式中 H——玻璃瓶公称高度，mm。

计算值保留一位小数。

注：非圆形瓶不要求。

（6）厚度

厚度应符合表 6-12 的规定。

表 6-12 厚度

项目名称	指标			
	晶质料瓶	高白料瓶	普料瓶	乳浊料瓶
瓶身厚度/mm	$\geqslant 1.2$			
瓶底厚度/mm	$\geqslant 3.0$			
同一截面瓶壁厚薄比	$\leqslant (2:1)$			
同一瓶底厚薄比	$\leqslant (2:1)$			

注：对特殊瓶型，厚度要求由供需双方商议确定。

（7）瓶身圆度

瓶身圆度应符合表 6-13 的规定。

表 6-13 瓶身圆度

项目名称	晶质料瓶	高白料瓶	普料瓶	乳浊料瓶
瓶身圆度，与直径的比例	3%	4%	5%	5%

注：非圆形（特殊造型）的不按此计算。

（8）瓶口不平行度

瓶口不平行度公差应符合表 6-14 的规定。

表 6-14 瓶口不平行度   mm

瓶口公称直径 D	相对于容器底部瓶口不平行度允差
$D \leqslant 20$	$\leqslant 0.45$
$20 < D \leqslant 30$	$\leqslant 0.6$
$30 < D \leqslant 40$	$\leqslant 0.7$
$40 < D \leqslant 50$	$\leqslant 0.8$
$50 < D \leqslant 60$	$\leqslant 0.9$
$D > 60$	$\leqslant 1.0$

1.1.3.4 外观质量

外观质量应符合表 6-15 的规定。

表 6-15　外观质量

项目		要求			
		晶质料瓶	高白料瓶	普料瓶	乳浊料瓶
气泡	表面气泡和破气泡	不允许			
	直径＞4mm	不允许			
	瓶口封合面及封锁环上	≥0.8mm 不允许	≥1mm 不允许		
	2mm＜直径≤4mm	不允许	2个	4个	3个
	1mm≤直径≤2mm	2个	3个	6个	4个
	0.5mm＜直径≤1mm	4个	6个	8个	8个
	＞0.5mm 气泡总数	5个	10个	14个	12个
	每平方厘米内直径≤0.5mm 且能目测	2个	5个	7个	7个
结石	直径＞1mm	不允许			
	每平方厘米内 0.3mm＜直径≤1mm 且能目测	2个	3个	5个	4个
	瓶口封合面及封锁环上	不允许			
	裂纹	不允许（表面点状撞伤不作裂纹处理）			
	内壁缺陷	不允许有黏料、尖刺、玻璃搭丝、玻璃碎片			
合缝线	尖锐刺手	不允许			
	凸出量/mm	≤0.4		≤0.5	
	初型模合缝线明显的	不允许			
表面质量	瓶体表面不光洁、不平滑，有粗糙感	不允许		明显的不允许	
	黑点、铁锈	不允许		明显的不允许	
	氧化斑、波纹、油斑、冷斑	明显的不允许			
	摩擦伤	明显的不允许		—	
瓶口	口部尖刺、高出口平面的立棱	不允许			
	影响密封性的缺陷	不允许			
	文字图案	清晰、完整，位置准确			

1.1.3.5　出厂检验

产品验收以每百单位产品不合格品数表示，提交验收批产品的检查水平（IL）、接收质量限（AQL）应符合表 6-16 的规定。

表 6-16　检查水平和接收质量限

类别	项目	检查水平（IL）	接收质量限			
			晶质料瓶	高白料瓶	普料瓶	乳浊料瓶
物理、化学性能	内应力	S-3	0.40	0.65	0.65	—
	抗热震性		0.65	1.0	1.5	1.5
	耐内压力性		0.65	1.0	1.5	1.5
	抗冲击性		0.65	1.0	1.5	1.5
	内表面耐水性		按 GB/T 4548—1995 规定			

类别	项目	检查水平(IL)	接收质量限			
			晶质料瓶	高白料瓶	普料瓶	乳浊料瓶
规格尺寸	瓶底厚度及厚薄比	S-1	4.0	6.5	6.5	6.5
	瓶口尺寸、容量	S-4	1.0	1.5	2.5	2.5
	瓶身厚度及厚薄比、高度、垂直轴偏差	S-4	1.0	1.5	2.5	2.5
	主体直径、瓶身圆度、瓶口不平行度	S-4	1.0	2.5	4.0	4.0
外观质量	表面质量、文字图案	Ⅰ	4.0	6.5	6.5	6.5
	气泡、结石、合缝线	Ⅰ	4.0	6.5	6.5	6.5
	瓶口、裂纹、内壁缺陷	S-4	1.0	1.5	2.5	2.5

每批检验以上各个项目均需合格，如有一项不合格，应由负责部门分析具体不合格情况后做出该批报废或整理后重新交验的决定，重新提交检验的产品若仍然不符合要求，则该批产品被判为不合格。

1.1.4　白酒瓶企业标准（示例）

1.1.4.1　材质尺寸
材质尺寸应符合表 6-17 的规定。

表 6-17　材质尺寸要求

项目	指标	不合格限
材质尺寸	材质尺寸符合设计图纸要求，以样为准	0%

1.1.4.2　卫生指标
铅、镉、砷、锑溶出的允许限量满足 GB 4806.5—2016 的有关规定。

1.1.4.3　物理、化学性能
应符合表 6-18 的规定。

表 6-18　物理、化学性能指标

项目	指标	不合格限
抗热震性	耐急冷温差 42℃无爆裂	
耐水性	应符合 GB/T 4548 中 HC3 的要求	0%
内应力	真实应力≤4 级	
抗冲击性/J	应符合 GB/T 6552 中的方法试验，≥0.6J	

1.1.4.4　玻璃瓶外观质量
玻璃瓶外观质量应符合表 6-19 的规定。

表 6-19　玻璃瓶外观质量

项目	指标	规定	不合格限
口部缺陷	内棱不光滑圆浑,封合面上影响密封性的皱褶及破裂现象	不允许	2%
	螺纹线皱褶	不允许	
	口部尖刺	不允许	
模缝线	单边口模合缝线凸出量	不大于 0.12mm	2%
	单边凸出量	不大于 0.2mm	
	尖锐刺手	不允许	
泡点	长度大于 10mm	不允许	3%
	破气泡和表面气泡	不允许	
	直径≤1mm,能目测	每平方厘米内不多于 6 个	
	圆形直径为 1～10mm,能目测	不多于 3 个	
圆度	圆瓶瓶身同一水平面上直径与公称直径之差的绝对值与公称直径的百分比	不超过公称直径的 5%	1%
破损	瓶口及螺纹破损	不允许	3%
	瓶身破点大于 2mm、小于 4mm	不多于 2 个	
裂纹	折光	长度不超过 5mm 的非深度裂纹	1%
		长度超过 5mm、不超过 10mm 的非深度裂纹	0.5%
		长度超过 10mm 及深度裂纹	0.2%
结石	长度大于 2mm 的黑色结石,长度大于 1.5mm 的白色结石	不允许	2%
	结石周围明显裂纹	不允许	1%
	瓶口封合面及螺纹线上	不允许	0%
	2mm 以下能目测且周围裂纹	不多于 5 个	3%
光洁性	严重明显的皱纹、条纹、冷斑、黑点和严重影响外观的缺陷	不允许	3%
磨花	瓶身表面磨花	不得大于 2cm²	3%
擦伤	玻璃表面擦伤	不得大于 1cm²	3%
内壁缺陷	内部黏料、玻璃搭丝	不允许	0%
厚度	瓶身最薄处	不小于 1.5mm	1%
	同一只瓶瓶壁与瓶底厚薄比	不大于 2:1	1%
垂直轴偏差	瓶口边缘外侧偏离瓶底中心轴的公差	3.5～4mm	2%
		4～4.5mm	0.5%
		不允许	0%
清洁度	清洁无污物、无异味	不得有油迹、淤泥、锈迹、异味等	0.5%
外观综合不合格	除破损外的其他外观不合格率	除破损外的以上一般外观缺陷累计不得超过 3 个	4%

1.1.5 啤酒瓶国家标准 GB 4544—2020（节选）

1.1.5.1 范围

① 本标准规定了啤酒瓶的产品分类，技术要求，试验方法及标志、包装要求。

② 本标准适用于盛装啤酒的玻璃瓶。

1.1.5.2 引用标准

下列文件对于本文件的应用是必不可少的。凡是注日期的引用文件，仅注日期的版本适用于本文件。凡是不注日期的引用文件，其最新版本（包括所有修改单）适用于本文件。

GB/T 2828.1 计数抽样检验程序第 1 部分：按接收质量限（AQL）检索的逐批检验抽样计划

GB/T 4545 玻璃瓶罐内应力试验方法

GB/T 4546 玻璃容器 耐内压力试验方法

GB/T 4547 玻璃容器 抗热震性和热震耐久性试验方法

GB/T 4548 玻璃容器内表面耐水侵蚀性能测试方法及分级

GB/T 6552 玻璃容器 抗机械冲击试验方法

GB/T 8452 玻璃瓶罐垂直轴偏差试验方法

GB/T 9987 玻璃瓶罐制造术语

GB/T 20858 玻璃容器 用重量法测定容量试验方法

GB/T 22934 玻璃容器 耐垂直负荷试验方法

GB/T 37855 玻璃容器 26H126 冠形瓶口尺寸

GB/T 37856 玻璃容器 26H180 冠形瓶口尺寸

1.1.5.3 产品分类

① 按重量分为啤酒瓶和轻量一次性使用啤酒瓶两类。

② 按产品质量分为优等品、一等品和合格品。

③ 瓶形及各部位名称见图 6-1。

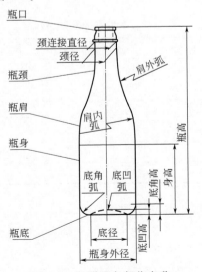

图 6-1 瓶形及各部位名称

1.1.5.4 技术要求

① 啤酒生产企业要建立新瓶和回收瓶进厂的抽检制度。

② 物理、化学性能应符合表 6-20 规定。

表 6-20　物理、化学性能指标要求

项目名称	指标		
	优等品	一等品	合格品
耐内压力/MPa	≥1.6	≥1.4	≥1.2
抗热震性/℃	温差≥42	温差≥41	温差≥39
内应力/级	真实应力≤4		
内表面耐水性/级	HC3		
抗冲击性/J	≥0.8	≥0.7	≥0.6

1.1.5.5 规格尺寸

① 640mL 啤酒瓶规格尺寸应符合表 6-21 的规定。

表 6-21　640mL 啤酒瓶规格尺寸

项目名称	基本量和极限偏差		
	优等品	一等品	合格品
满口容量/mL	670±10		
瓶身外径/mm	75±1.4	75±1.6	75±1.8
垂直轴偏差/mm	≤3.2	≤3.6	≤4.0
瓶高/mm	289±1.5	289±1.8	289±1.8
瓶身厚度/mm	≥2.0		

② 其他啤酒瓶规格尺寸要求如下：

a. 满口容量公差应符合表 6-22 的规定。

表 6-22　其他啤酒瓶规格尺寸

公称容量/mL	相对公差/%	绝对公差/mL
50～100	—	±3
100～200	±3	—
200～300	—	±6
300～500	±2	—
500～1000	—	±10
1000～5000	±1	—

b. 高度公差 T_H（mm）按式（6-5）计算。

$$T_H = \pm(0.6 + 0.004H)$$ (6-5)

式中　H——瓶高，mm。

c. 瓶身外径公差 T_D（mm）按式（6-6）计算。

$$T_D = (0.5 + 0.012D) \tag{6-6}$$

式中　D——外径，mm。

　　d. 垂直轴偏差 T_v（mm）按式(6-7)、式(6-8) 计算。

$$H \leqslant 120\text{mm}: T_v = 1.5 \tag{6-7}$$

$$H > 120\text{mm}: T_v = (0.3 + 0.01H) \tag{6-8}$$

③ 同一瓶壁厚薄比不大于 2∶1。

④ 瓶底厚度大于 3mm。

⑤ 同一瓶底厚薄比不大于 2∶1。

⑥ 瓶口尺寸极限偏差应符合 GB 10809 的规定。

⑦ 自封合面向下 35mm 内的瓶颈外径不大于 30mm。

1.1.5.6　外观质量

应符合表 6-23 的规定。

表 6-23　外观质量

缺陷名称	指标	规定
瓶口缺陷	口部尖刺	不允许
	封合面上影响密封性的缺陷	不允许
结石/个	大于 1.5mm	不允许
	0.3～1.5mm 周围裂纹	2
	封锁环上	不允许
裂纹	折光	不允许
气泡/个	直径大于 6mm	不允许
	直径为 1～6mm	3
	每平方厘米内 1mm 以下能目测的气泡	5
	破气泡和表面气泡	不允许
模缝线	尖锐刺手	不允许
	凸出量/mm	0.5
	初型模缝线明显的	不允许
光洁性	严重明显的皱纹、条纹、冷斑、黑点、油斑和严重影响外观的缺陷	不允许
内壁缺陷	内壁黏料、玻璃搭丝	不允许
瓶底支撑面上应有点状或条状滚花		

1.1.6　啤酒瓶企业标准（示例）

1.1.6.1　范围

　　本标准规定了啤酒瓶的技术要求，试验方法，检验规则及包装、标志、储运要求。

　　本标准适用于公司生产的玻璃啤酒瓶。

1.1.6.2　规范性引用文件

下列文件中的条款通过本标准的引用而成为本标准的条款。凡是注日期的引用文件，其随后所有的修改单（不包括勘误的内容）或修订版均不适用于本标准，然而，鼓励根据本标准达成协议的各方研究是否可使用这些文件的最新版本。凡是不注日期的引用文件，其最新版本适用于本标准。

GB 2828—1987 逐批检查计数抽样程序及抽样表（适用于连续批的检查）

GB 4544 啤酒瓶

GB/T 4545—2007 玻璃瓶罐内应力检验方法

GB 4545—2008 玻璃容器内压力试验方法

GB 4547—1991 玻璃容器抗热震性和热震耐久性试验方法

GB/T 4548—1995 玻璃容器内表面耐水侵蚀性能测试方法及分级

GB 6552—1986 玻璃瓶罐抗机械冲击试验方法

GB/T 8452—1987 玻璃容器 玻璃瓶垂直轴偏差测试方法

GB 10809 玻璃容器 冠形瓶口尺寸

1.1.6.3　术语

啤酒瓶各部位名称按 GB 4544 定义。

（1）可回收 CRB 专用啤酒瓶

CRB 专用并标有 CRB 规定标志，可重复多次灌装啤酒。

（2）可回收普通啤酒瓶

可在啤酒行业间相互流通，可重复多次灌装啤酒。

（3）一次性瓶

不可重复灌装啤酒。

（4）重容比

啤酒瓶的质量（g）和满口容量（mL）之比。

1.1.6.4　技术要求

（1）新瓶技术要求

四个瓶型都按照可回收 CRB 专用啤酒瓶的指数和纯生用瓶的物理、化学性能设计，其他数据仍按照草图申请表设计。

瓶型 SNOW 中 O 里的花纹按照提供的图纸设计。

330mL 的 2 个瓶型规格尺寸按照超高档啤酒瓶设计，500mL 的 2 个瓶型规格尺寸按照高档啤酒瓶设计。

① 物理、化学指标。新瓶物理、化学指标应符合表 6-24 的规定。

表 6-24　新瓶物理、化学指标

项目名称	指标		
	一次性瓶	可回收 CRB 专用啤酒瓶	可回收普通啤酒瓶
耐内压力/MPa	≥1.2	≥1.6	≥1.6

项目名称		指标		
		一次性瓶	可回收 CRB 专用啤酒瓶	可回收普通啤酒瓶
抗冲击性/J	≤530mL	≥0.4	≥0.6	≥0.4
	>530mL	≥0.6	≥0.8	≥0.6
抗热震性	非纯生用瓶	经受温差为 42℃ 的热震后,试样无破裂		
	纯生用瓶	经受温差为 48℃ 的热震后,试样无破裂		
垂直负荷强度/N		≥9800		
内应力/级		真实应力≤4		
内表面耐水性/级		HC3		

注:抗冲击试验时冲击点位于瓶身上部接触点（应避开模缝线），以满口容量将抗冲击指标分为两档。

② 规格尺寸。规格尺寸应符合表 6-25 要求。

表 6-25 规格尺寸

项目		超高档啤酒瓶	高档啤酒瓶	普通啤酒瓶
公称容量 V_n/mL	$200 < V_n ≤ 300$	±3	±3	±3
	$300 < V_n ≤ 500$	±4	±4	±4
	$500 < V_n ≤ 1000$	±6	±6	±6
瓶高公差 T_H/mm		$±(0.6+0.004H)$	$±(0.6+0.004H)$	$±(0.6+0.004H)$
瓶身外径公差 T_D/mm	同一平面外径公差	$±(0.5+0.012D)$	$±(0.5+0.012D)$	$±(0.5+0.012D)$
	同一垂直面外径公差	≤0.6	—	—
垂直轴偏差 T_V/mm	$H ≤ 120mm$	≤1.0	≤1.5	≤1.5
	$H > 120mm$	$≤0.008H$	$≤0.01H$	$≤0.01H$
瓶身厚度/mm	≤72	≥2.2	≥2.2	≥2.2
	>72,≤85	≥2.2	≥2.2	≥2.2
瓶底厚度/mm	≤72	≥3.0	≥3.0	≥3.0
	>72,≤85	≥3.2	≥3.2	≥3.2
同一瓶身厚薄比		≤2:1	≤2:1	≤2:1
同一瓶底厚薄比		≤2:1	≤2:1	≤2:1
重容比	可回收啤酒瓶	≥0.80	≥0.80	≥0.80
瓶口尺寸		符合 GB 10809 玻璃容器冠形瓶口尺寸标准要求		
图案、文字凸出直径		设计图纸符合原则;图案、文字凸出处直径不得大于瓶身的最大直径		

注:1. 未标注的尺寸按图纸要求进行计算。

2. 瓶型档次与啤酒档次对应,超高档啤酒瓶包括零点系列啤酒瓶,高档啤酒瓶包括雪花纯生、雪花冰生、雪花精制、330 雪花（白瓶/绿瓶）等啤酒瓶,其他啤酒瓶为普通啤酒瓶。

3. 对于异形瓶,同一垂直面外径公差指标可不检测。

③ 外观。外观质量应符合表 6-26 要求。

表 6-26 外观质量

缺陷名称	指标	超高档啤酒瓶	高档啤酒瓶	普通啤酒瓶
颜色	偏差	与公司市场部制定的实物标准样相符		
图案、文字	位置、形状及凸出或凹陷量	与公司市场部制定的实物标准样相符		
	外观	图案、文字清晰,无尖刺,凸出或凹陷处与瓶壁过渡平滑		
瓶口缺陷	口部尖刺	不允许	不允许	不允许
	凸出模缝线	不允许	不允许	不允许
	封口面上影响密封性的缺陷	不允许	不允许	不允许
结石/个	周围裂缝	不允许	不允许	不允许
	大于 1.5mm	不允许	不允许	不允许
	0.3~1.5mm 周围裂缝	不允许	2	2
	小于 0.3mm,能目测	3	5	5
	封锁环上	不允许	不允许	不允许
裂纹	折光	不允许	不允许	不允许
气泡/个	直径大于 3mm	不允许	不允许	不允许
	直径为 1~3mm	不允许	3	3
	每平方厘米内 1mm 以下,能目测	不允许	5	5
	破气泡和表面气泡	不允许	不允许	不允许
模缝线	尖锐刺手	不允许	不允许	不允许
	凸出量/mm	0.2	0.5	0.5
	初型模缝线明显	不允许	不允许	不允许
光洁性	刷纹、皱纹、条纹、冷斑、黑点、油斑和影响外观的缺陷	不允许	不允许明显的缺陷	不允许严重明显的缺陷
内壁缺陷	内壁黏料、玻璃搭丝	不允许	不允许	不允许
	其他异物	不允许	不允许	不允许
瓶底	滚花形状	点状、条状或半椭圆形		
	其他	不得有任何图案、文字、符号	不得有任何图案、文字、符号	不得有任何图案、文字、符号
内、外壁附着物	附着物	不允许有难以清洗的附着物		
其他	品质、安全性	不允许有影响啤酒食用安全性及品质的所有缺陷		

④ 生产适用性。通过上线检验,产品能满足洗瓶、灌装、杀菌、贴标等各环节的质量要求,以弥补抽样检验带来的风险。

(2) 回收瓶技术要求

① 外观质量。回收瓶外观质量要求见表 6-27。

表 6-27 回收瓶外观质量

缺陷名称	指标	规定
瓶口缺陷	破口、裂纹	不允许

缺陷名称	指标	规定
光洁性	明显的皱纹、条纹、冷斑、黑点、油斑和严重影响外观的缺陷	不允许
瓶内缺陷	油瓶、结垢瓶、霉斑瓶、严重灰瓶、农药瓶、严重异味瓶	不允许
瓶外缺陷	不带"B"标记，无年、季号，生产期超过 2 年，无企业标记	不允许
漏气瓶	包装线、验酒处检出的漏气瓶	不允许

② 物理、化学性能。回收瓶物理、化学性能应符合表 6-28 要求。

表 6-28　回收瓶物理、化学性能

项目名称		指标
耐内压力/MPa		≥1.2
抗冲击性/J	≤530mL	≥0.4
	>530mL	≥0.6
其他指标		同新瓶技术要求

1.1.6.5　试验方法

（1）物理、化学性能

① 耐内压力按 GB/T 4546 的规定进行。

② 抗热震性按 GB/T 4547 的规定进行。

③ 内应力按 GB/T 4545 的规定进行。

④ 内表面耐水侵蚀性按 GB/T 4548 的规定进行。

⑤ 抗冲击性按 GB 6552 的规定进行。

（2）规格尺寸

① 满口容量测定法如下：

a. 重量法：用感量为 1g 的衡器称量空瓶质量，然后在空瓶中灌满 20℃±2℃的水，擦干瓶外壁的水，称量装满水的瓶质量，将两次质量之差换算成容量值（1g 水相当于 1mL）。

b. 容量法：在空瓶中灌满 20℃±2℃的水，擦干瓶外壁的水，然后将瓶内的水倒入量筒，测量水的体积，即为该啤酒瓶的满口容量（以 mL 表示）。

② 瓶身外径：用卡尺或量规测定瓶身外径，同一水平面上的任一外径均应符合要求。

③ 垂直轴偏差：按 GB/T 8452 的规定进行。

④ 瓶高：用高度卡尺或测高装置测定。

⑤ 瓶身、瓶底厚度：用测厚装置测定。

⑥ 同一瓶身厚薄比：用测厚仪在瓶身的任一横截面上测量最厚点和最薄点，最厚点与最薄点的厚度之比为厚薄比。

⑦ 同一瓶底厚薄比：用测厚仪在同一瓶底上测量最厚点和最薄点，最厚点与最薄点的厚度之比为厚薄比。

⑧ 瓶口：用专用通过式量规或卡尺测定。瓶内颈量规插入深度不大于 35mm。

⑨ 重容比：空瓶质量与满口容量之比。

（3）外观质量

除光洁性与内、外壁附着物的检验外，其他项目的检验在普通照明或自然光下，在保证能看清各缺陷的条件下进行目测，必要时用 10× 刻度放大镜进行测量。

① 光洁性。在普通照明或自然光下，将样品放置在离检验员（按国际标准视力表检查，检验员视力应达 1.0 以上）眼睛不同的平行距离处，旋转瓶子，根据观察结果按表 6-29 进行判定。

表 6-29　光洁性观察结果判定

样品与检验员眼睛的平行距离	观察结果	判定
0.5 米	能看见缺陷	距离延至 1.0 米
	不能看见缺陷	无光洁性缺陷
1.0 米	能看见缺陷	距离延至 1.5 米
	不能看见缺陷	有明显的光洁性缺陷
1.5 米	能看见缺陷	有明显的严重光洁性缺陷
	不能看见缺陷	有明显的光洁性缺陷

② 内、外壁附着物。内、外壁附着物的检验与生产适用性检验一同进行。

（4）生产适用性

将产品上线按公司正常清洗方法使用，检验部门跟踪使用情况。

1.2　医用玻璃检测标准

医药用玻璃与一般工业玻璃不同，医药用玻璃瓶主要用于医药包装，多数产品均要直接接触药品，有的还要较长时间贮存药品。因此，药用玻璃的质量直接关系着药品的质量，甚至直接涉及人身健康，影响人体用药的安全性。各国都十分重视对药用玻璃容器性能的检验，我国已将药用玻璃标准纳入药典作为药典的一部分。这表明国家对药用玻璃更加重视，也是深入贯彻药品管理法的一种体现。

根据用途不同，医药用玻璃都有相应的产品质量技术标准，各国都有相应的国家标准、药典或医药卫生系统标准，以鉴别其是否合乎规定要求。近年来，在国家标准局和国家药品监督管理局及一些药用玻璃厂的共同努力下，先后制定了各种产品的国家标准，这些标准对全国药用玻璃产品的质量起到了监督和促进的作用。

中国现有药用玻璃标准 24 个，其中国家标准 19 个、行业标准 5 个、产品标准 9 个、试验方法及相关标准 15 个。就现行的药用玻璃标准而言，普遍存在标令长的问题，大部分都是 20 世纪 80 年代或 90 年代制定的，严重滞后于行业和产品的发展。采用国际标准程度差，大部分标准存在非等效采用等问题。加入 WTO 后药用玻璃行业和产品要与国际接轨，标准必须先行改革。

以药用玻璃产品标准为例，现有标准 9 个。随市场的发展，药用玻璃瓶的结构、用途已产生了根本性的变化，一些品种用量越来越少，相关的标准也就不再适用。比如，用于盛装片剂的大规格瓶、广口瓶大部分被塑料瓶、铝箔等材料替代，目前市场上以各类保健药品、营养药品为主的口服制剂居多，并向高档化、小规格化的方向发展。螺纹口管制玻璃瓶主要用于盛装片剂、粉剂等口服药物，随塑料瓶、铝箔等新材料的出现，用量逐渐减少。《药用玻璃瓶》为药用玻璃产品标准中标令最长的一个标准，如今已远远不能适应市场需求及产品现状。因此，国家药品监督管理局已将该产品标准列入限制、修订计划。为适应医药行业的发展及生物医学和生物制剂药品的需求，尚未正式公布的 2000 版医药行业标准将参照国际相关标准。

（1）耐水性

医药用玻璃容器内灌装老化处理的蒸馏水（要用双硫腙极限试验法，检验重金属含量不超过标准）到溢流容量的 90％，安瓿灌装至瓶身缩向肩部处，放在高压蒸汽消毒器内（也称热压器），温度升至（121±1）℃，侵蚀（60±1）min，浸取液用 HCl 溶液滴定法测试。标准根据医药用玻璃容器容量的不同，规定所需最少试验的容器数，以试验中每 100mL 浸取液耗用 0.01mol/L 的 HCl 溶液体积（mL）的平均数和玻璃容器的容量大小来进行分级，共分 4 个等级，见表 6-30。

表 6-30 医药用玻璃容器内表面耐水性分级

容器的容量（相当于灌装体积）/mL	每 100mL 浸取液耗用 0.01mol/L HCl 溶液的最大值/mL			
	HC1 级和 HC2 级	HC3 级	HCB 级	HCD 级
≤1	2.0	20.0	4.0	32.0
1~2	1.8	17.6	3.6	28.0
2~5	1.3	13.2	2.6	21.0
5~10	1.0	10.2	2.0	17.0
10~20	0.8	8.1	1.6	13.5
20~50	0.6	6.1	1.2	9.8
50~100	0.5	4.8	1.0	7.8
100~200	0.4	3.8	0.8	6.2
200~500	0.3	2.9	0.6	4.6
500	0.2	2.2	0.4	3.6

标准规定玻璃颗粒度为 300~425μm，10.00g 试样浸入 50mL 水中加热至（121±1）℃，侵蚀（30±1）min，以每克试样耗用 0.02mol/L HCl 溶液的体积（mL）来进行分级，共分 3 个等级，见表 6-31。

表 6-31 医药用玻璃颗粒耐水性分级

玻璃耐水级别/级	每克玻璃颗粒耗用 0.02mol/L HCl 溶液的量/mL	每克玻璃颗粒析出的碱以 Na₂O 的质量表示/μg
1	≤0.10	≤62
2	0.10~0.85	62~527
3	0.85~1.50	527~930

（2）耐碱性

耐碱性的国家标准为 GB/T 4771—2015。该标准包括医药用玻璃颗粒和医药用玻璃容器内表面耐碱性试验及分级两部分。玻璃颗粒耐碱性试验也是将 300~425μm 的颗粒试样 10.00g 浸入 50mL 水中，在 121℃下侵蚀 30min，但浸取液的滴定用 0.01mol/L 的 H_2SO_4

溶液，故以每克试样耗用 0.01mol/L H_2SO_4 溶液的体积（mL）来进行分级。医药用玻璃的耐碱性共分 3 级，见表 6-32。

表 6-32　医药用玻璃耐碱性分级（GB/T 4771—2015 颗粒法）

级别	每克玻璃颗粒耗用 0.01mol/L H_2SO_4 溶液的体积/mL
Ⅰ	≤1.0
Ⅱ	≤8.5
Ⅲ	≤15.0

医药用玻璃容器内表面的耐碱性根据耗用硫酸溶液的数量和容器本身容量的大小来分级，也有 3 级，见表 6-33。

表 6-33　医药用玻璃容器内表面耐碱性分级（GB/T 4771—2015）

容器的容量 （相当于溢流容量的 90%）/mL	每 100mL 浸取液耗用 0.01mol/L H_2SO_4 溶液的体积/mL	
	Ⅰ、Ⅱ	Ⅲ
≤1	1.0	10.0
1~2	0.9	8.8
2~5	0.65	6.6
5~10	0.50	5.1
10~20	0.40	4.05
20~50	0.30	3.05
50~100	0.25	2.4
100~200	0.20	1.9
200~500	0.15	1.45
>500	0.10	1.1

1.2.1　安瓿国家标准 GB/T 2637—2016（节选）

1.2.1.1　规格尺寸和产品标记

① 安瓿的规格尺寸应符合表 6-34 的规定。

表 6-34　规格尺寸

规格 /mL	外径								色点直径 d_7	厚度	
	身外径 d_1		颈外径 d_2		泡外径 d_3		丝外径 d_4			丝壁厚 S_2	底厚 S_3
	基本尺寸	极限偏差	基本尺寸	极限偏差	基本尺寸	极限偏差	基本尺寸	极限偏差		最小	最小
1	10.00	±0.26	6.3	±0.8	7.8	±1.0	5.0	±0.6	2.0 ±0.5	0.20	0.20
2	11.50	±0.26	7.0	±0.8	8.5	±1.0	5.5	±0.6			
5	16.00	±0.30	8.2	±1.0	10.0	±1.0	6.0	±0.6			0.30
10	18.40	±0.35	8.8	±1.2	11.0	±1.0	6.8	±0.8		0.25	
20	22.00	±0.35	10.5	±1.2	13.0	±1.2	7.3	±1.0		0.30	0.35

规格 /mL	高度							圆跳动 t	歪底	容量（至颈 部中间） /mL
	全高 h_1		底至颈高 h_4		底至测量 点高 h_5	底至肩高 h_6		底至色点上 方高 h_9		
	基本 尺寸	极限 偏差	基本 尺寸	极限 偏差	基本 尺寸	最小	最大	最大	最大	
1	60.0	±1.0	25.0	±1.0	57.0	21.0	31.5	1.0	1.0	1.5
2	70.0	±1.0	36.5	±1.0	67.0	32.0	43.0			2.9
5	87.0	±1.0	43.0	±1.0	84.0	38.5	50.5	1.7	1.3	6.8
10	102.0	±1.0	58.5	±1.2	99.0	53.5	66.5			12.3
20	126.0	±1.3	76.5	±1.5	123.0	68.0	85.0	2.4		23.5

注：同一支安瓿必须满足 $d_1 > d_3 > d_2 > d_4$

② 安瓿的丝外径在极限偏差内至少要求分二档。

③ 产品标记如下：

a. 规格为 2mL、用无色玻璃（cl）制成、符合本国家标准要求的色环易折安瓿的标记示例为安瓿 GB 2637-cbr-2-cl。

b. 规格为 2mL、用棕色玻璃（br）制成、符合本国家标准要求的点刻痕易折安瓿的标记示例为安瓿 GB 2637-OPC-2-br。

1.2.1.2　要求

（1）材质

① 应采用符合 GB 12414—1995 中有关规定的无色或棕色安瓿玻璃管制成。

② 玻璃材料的化学组成若有变化，生产厂应提前通知用户。

（2）内表面耐水性

安瓿内表面耐水性应符合 GB/T 12416.2—1990 中 HC1 级的要求。

注：用户可根据特殊需要，将安瓿耐碱性作为参考。

（3）退火质量

安瓿退火后的最大永久应力所造成的光程差不应超过 40nm/mm 玻璃厚度。

（4）折断力

① 安瓿折断力应符合表 6-35 规定的值。

② 安瓿折断后，断面应平整。

表 6-35　安瓿的折断力

规格 /mL	支架距离 $l = (l_1 + l_2)$ mm	折断力/N	
		最小值	最大值
1	36=(18+18)	30	90
2			
5			100
10	60=(22+38)		110
20			120

（5）外观质量

① 裂纹：任何部位不应有裂纹。

② 气泡线：不应有宽度大于 0.10mm 的气泡线。

③ 结石和节瘤：不应有直径大于 0.50mm 的结石；不应有直径大于 1.00mm 的节瘤。

④ 点刻痕：易折安瓿的色点应标记在刻痕上方中心，与中心线的偏差不应超过 ±1.0mm。

1.2.1.3 抽样

（1）批量

生产厂以日产量、班产量或台机产量为一批；用户以一次收货量为一批。

（2）抽样方案

① 按 GB/T 2828.1—2012 规定的方案抽样。

② 检验项目、检查水平及合格质量水平应符合表 6-36 规定。

表 6-36 检验项目、检查水平及合格质量水平

试验组序号	试验项目序号	检验项目	本标准条款	检查水平（IL）	合格质量水平（AQL）
一	1	身外径	3.1	I	4.0
	2	丝外径			
二	3	泡外径			6.5
	4	颈外径			
	5	全高			
	6	底至颈高			
三	7	圆跳动		S-3	4.0
四	8	丝壁厚		S-3	4.0
	9	底厚			
五	10	裂纹	4.5.1	I	1.5
六	11	气泡线	4.5.2	S-4	4.0
	12	结石	4.5.3		
	13	节瘤	4.5.3		
七	14	退火质量	4.3	S-3	2.5
八	15	折断力	4.4	S-3	4.0

③ 每批产品的内表面耐水性按 GB/T 12416.2—1990 的规定抽样、试验，结果应符合 1.2.1 内表面耐水性的规定。

（3）判定规则

① 生产厂按 1.2.1.3 检验产品均合格时，方可出厂。

② 用户验收时，如有达不到 1.2.1.3 要求的，则用户与生产厂应对该不合格项目进行会同检验，以会同检验结果判定该批产品是否合格。

1.2.2　安瓿企业标准（示例）

1.2.2.1　外观

取本品适量，在自然光线明亮处，正视目测，应呈无色透明或棕色透明；表面应光洁、平整，不应有明显的玻璃缺陷；任何部位不得有裂纹。

1.2.2.2　规格尺寸

取本品适量，用量计工具对瓶子进行计量，应符合标准，见表 6-37。

表 6-37　中硼硅玻璃模制注射剂瓶尺寸要求

规格 /mL	垂直 轴偏差 /mm	瓶全高/mm		瓶身 外径/mm		瓶口 外径/mm		瓶口 内径/mm		瓶口 边厚/mm		瓶底厚/mm		瓶颈 外径 /mm	瓶颈 内径 /mm
		尺寸	偏差	尺寸	偏差	尺寸	偏差	尺寸	偏差	尺寸	偏差	尺寸	偏差	最大	最小
10	1.4	53.5	±0.6	25.4	±0.4	20.0	±0.2~0.3	12.6	±0.2	3.8	±0.3	3.0	±1.2	17.0	11.5
20	1.5	58.0		32.0	±0.5										
50	1.9	73.0	±0.8	42.5	±0.8										

1.2.2.3　鉴别

（1）线热膨胀系数

取本品适量，照平均线热膨胀系数测定法测定，应为 $(3.5\sim6.1)\times10^{-6}\mathrm{K}^{-1}(20\sim300℃)$。

注：见原厂出厂检验报告。

（2）三氧化二硼含量

取本品适量，照三氧化二硼测定法测定，三氧化二硼含量不得小于 8%。

注：见原厂出厂检验报告。

1.2.2.4　合缝线

取本品适量，用游标卡尺检测，瓶口合缝线按凸出测量不得超过 0.1mm，其他部位合缝线测量不得超过 0.2mm。

注：见原厂出厂检验报告。

1.2.2.5　121℃颗粒耐水性

取本品适量，照玻璃颗粒在 121℃耐水性测定法测定和分级，应符合 1 级。

注：见原厂出厂检验报告。

1.2.2.6　98℃颗粒耐水性

取本品适量，照玻璃颗粒在 98℃耐水性测定法测定、分级，应符合 HGB1 级。

注：见原厂出厂检验报告。

1.2.2.7　内表面耐水性

取本品适量，照 121℃内表面耐水性测定法测定、分级，应符合 HC1 级。

注：见原厂出厂检验报告。

1.2.2.8 耐酸性

取本品适量,照玻璃耐沸腾盐酸侵蚀性测定法第一法测定,应符合1级。

注:见原厂出厂检验报告。

1.2.2.9 耐碱性

取本品适量,照玻璃耐沸腾混合碱水溶液侵蚀性测定法测定,应不低于2级。

注:见原厂出厂检验报告。

1.2.2.10 耐热冲击

取本品适量,照热冲击和热冲击强度测定法第一法测定,经受60℃温差的热震试验后不得破裂。

注:见原厂出厂检验报告。

1.2.2.11 耐内压力

取本品适量,照耐内压力测定法第一法测定,经受0.6MPa的内压力试验后不得破裂。

注:见原厂出厂检验报告。

1.2.2.12 内应力

取本品适量,照内应力测定法测定,退火后的最大永久应力造成的光程差不得超过40nm/mm。

注:见原厂出厂检验报告。

1.2.2.13 砷、锑、铅、镉浸出量

取本品适量,照砷、锑、铅、镉浸出量测定法测定,每升浸出液中砷不得超过0.2mg、锑不得超过0.7mg、铅不得超过1.0mg、镉不得超过0.25mg。

注:见原厂出厂检验报告。

1.2.2.14 垂直轴偏差

取本品适量,照垂直轴偏差测定法测定,应符合表6-38、表6-39的规定。

注:见原厂出厂检验报告。

表6-38 垂直轴偏差允许的最大值

规格/mL	5	7	8	10	12	15	20	25	30	50	100
瓶型	A	B	A	B	A		B	A			
垂直轴偏差 α_{max}/mm	1.1		1.2	1.4		1.5			1.6	1.9	2.4

表6-39 检验项目、检验水平及接收质量限

检验项目		检验水平	接收质量限
外观	裂纹	I	0.65
	其他		4.0
合缝线		S-4	4.0
耐热冲击性		S-3	1.0
耐内压力		S-3	2.5

续表

检验项目	检验水平	接收质量限
内应力	S-2	1.0
垂直轴偏差	S-2	2.5

项目 2 成品检测操作与控制

检测是为了查出有缺陷的制品，保证制品质量。玻璃瓶罐的缺陷分玻璃本身缺陷和瓶罐成型缺陷两大类。前者包括气泡、结石、条纹和颜色不正等；后者为裂纹、厚薄不匀、变形、冷斑、皱纹等。此外，还需检查瓶罐重量、容量、瓶口和瓶身尺寸公差、耐内应力、耐热震性和应力消除程度。啤酒瓶，饮料、食品瓶等生产速度快、批量大，已经不能靠目视检查，现已有自动检查设备，如预选器（检查瓶罐的外形及尺寸公差）、瓶口检查器、裂纹检查器、壁厚检查装置、挤压试验器、耐压试验器等。

2.1 瓶罐玻璃成品检测操作与控制

2.1.1 检测内容

2.1.1.1 外观缺陷检测

外观缺陷检测是根据产品质量标准，对产品进行全面检查，剔除不合格品。玻璃瓶罐的用途不同，对缺陷的要求也不同。

外观缺陷检测主要对外形（瓶口、瓶颈、瓶身、瓶底）各部位进行检查，剔除有明显缺陷的产品。外观缺陷包括气泡、结石、节瘤、裂纹，制品壁厚薄不匀，制品变形，分模面合缝线，网状裂纹，压制过头或外形歪斜，外来杂质，瓶口粗糙不平，瓶口变形，制品表面不光，瓶底扭曲等。

2.1.1.2 规格尺寸检测

制品几何尺寸的检测是一项重要的检测项目。通过检验规格尺寸来确定制品是否处在规定的公差范围内。规格尺寸检测主要包括重量、实际容积、瓶身直径、瓶口部分的尺寸以及其他次要尺寸。制品容量的检验方法如下：称量空瓶质量，然后将其灌满 18～20℃ 的蒸馏水，再称量灌满水的瓶重，两者的质量差即可转换为实际容量。部分瓶罐玻璃缺陷的规定标准见表 6-40。

表 6-40 瓶罐玻璃外观质量标准

项目名称	指标
色泽	无色或淡青色
裂纹	不允许
瓶口平面度	≤0.4mm
口平面与底平面的平行度	≤1mm
明显陷入的闷头印	不允许
瓶口内缘毛刺	不允许

项目名称		指标
不透明砂粒	0.3~1mm 周围裂纹、轻击不破的口	≤2 个
	平面、封口线、螺纹线上	不允许
气泡	0.5mm 以上气泡在口平面及封口线上	不允许
	圆形直径在 1~4mm 以内，或椭圆形长径在 5mm 以内	≤2 个
	1cm² 内，1mm 以下能目测	≤8 个
	破气泡	不允许
合缝线	口及封口线上，影响使用	不允许
	尖锐刺手	不允许
	凸出	≤0.5mm
粗糙度	封口线、封合面上影响密封的褶皱	不允许
	严重明显的皱皮及模具氧化斑	不允许

2.1.1.3　物理、化学性能检测

除了对制品外观及规格尺寸检测以外，大多数瓶罐玻璃制品都要进行热稳定性、耐压强度、机械强度、化学稳定性以及应力检测。

2.1.2　检测方法

2.1.2.1　物理、化学性能

（1）抗热震性

按照 GB/T 4547 中规定进行。

（2）内应力

按照 GB/T 4545 的规定进行试验。

（3）内表面耐水侵蚀性

按照 GB/T 4548 的规定进行试验。

2.1.2.2　规格尺寸

（1）满口容量

按 GB/T 20858 的规定进行试验。

（2）瓶高

用分度值为 0.02mm 的高度游标卡尺或测高装置测量。

（3）瓶身外径

用分度值为 0.02mm 的游标卡尺或外径测量装置测量，同一横截面上的任一点均应符合要求。

（4）瓶身不圆度

测量同一瓶身横截面外径最大值与最小值。瓶身不圆度（O）按式(6-9) 计算：

$$O = D_{max} - D_{min}$$

(6-9)

式中 O——瓶身不圆度，mm；

    D_{max}——瓶身最大直径，mm；

    D_{min}——瓶身最小直径，mm。

（5）瓶身、瓶底厚度

用分度值为 0.02mm 的测厚仪测定。

（6）同一瓶底厚薄比

测量同一瓶底的最大厚度和最小厚度（测量点应排除瓶身与瓶底间的弧线连接部分），其比值即为该瓶底的厚薄比。

（7）瓶口不平行度

测量瓶口最大高度和最小高度。瓶口不平行度（ΔH）按式(6-10)计算：

$$\Delta H = H_{max} - H_{min} \tag{6-10}$$

式中 ΔH——瓶口不平行度，mm；

    H_{max}——最大高度，mm；

    H_{min}——最小高度，mm。

（8）瓶口平面度

将瓶罐底部朝上放在水平板上，使其稳定，用每级 0.05mm 递增的塞尺由薄至厚逐片测量瓶口与平板间的空隙，如果试样未动且塞尺到达瓶口内边，则认为塞尺已塞入，以能塞入塞尺的最大厚度为该瓶口的平面度。

（9）瓶口内、外径

用分度值为 0.02mm 的专用通过式量规或游标卡尺测量。

2.1.2.3 外观

在非直射光线下，距离约为 30cm 处进行目测，必要时辅以游标卡尺、专用量具、塞尺及 10 倍刻度放大镜，或与封存实样比较。

2.1.2.4 铅、镉溶出量

按 GB/T 21170—2007 的规定进行试验。

2.1.3 成品质量控制

2.1.3.1 批量

以同一天或同一车的送货总量为一批。

2.1.3.2 抽样原则

采取随机抽样原则。

2.1.3.3 抽样量

按每批量的 0.5%～2% 抽取样本，不少于 100 只。

2.1.3.4 抽样方法

（1）边卸货边抽样

根据该批货总件数的 5% 计算所抽取的件数；从每车前、中、后随机各抽取所需抽取件数的 1/3；从每件中随机抽取 30%～50%包装物进行外观检查；随机抽取 4～8 个不同模具号的玻璃瓶做材质、尺寸、强度、容量检查。

（2）已码堆放好的抽样

根据该堆货总件数的 5%计算所抽取的件数；从该堆按四角或四边、中间各抽取所需抽取件数的 1/5～1/3；每件抽取方法及检验方法同前之规定。

2.1.3.5 验收判定方法

① 垂直轴偏差、瓶口内径、瓶口外径、容量、高度、厚薄比按表 6-41、表 6-42 的规定执行。

表 6-41　正常二次抽样方案（普通、高档啤酒瓶）IL＝S－4AQL＝1.0

批量	第一批			第二批		
	抽样数	合格判定数	不合格判定数	抽样数	合格判定数	不合格判定数
1201～10000	20	0	2	20	1	2
10001～35000	32	0	2	32	1	2
35001～500000	50	0	3	50	3	4
≥500001	80	1	3	80	4	5

表 6-42　正常二次抽样方案（超高档啤酒瓶）IL＝S－4AQL＝0.65

批量	第一批			第二批		
	抽样数	合格判定数	不合格判定数	抽样数	合格判定数	不合格判定数
1201～10000	20	0	1	20	—	—
10001～35000	32	0	2	32	1	2
35001～500000	50	0	2	50	1	2
≥500001	80	0	3	80	3	4

② 厚度、瓶身外径、瓶颈按表 6-43、表 6-44 规定执行。

表 6-43　正常二次抽样方案（普通、高档啤酒瓶）IL＝S－4AQL＝1.5

批量	第一批			第二批		
	抽样数	合格判定数	不合格判定数	抽样数	合格判定数	不合格判定数
1201～10000	20	0	2	20	1	2
10001～35000	32	0	3	32	3	4
35001～500000	50	1	3	50	4	5
≥500001	80	2	5	80	6	7

表 6-44　正常二次抽样方案（超高档啤酒瓶）IL＝S－4AQL＝0.65

批量	第一批			第二批		
	抽样数	合格判定数	不合格判定数	抽样数	合格判定数	不合格判定数
1201～10000	20	0	1	20	—	—
10001～35000	32	0	2	32	1	2

批量	第一批			第二批		
	抽样数	合格判定数	不合格判定数	抽样数	合格判定数	不合格判定数
35001～500000	50	0	2	50	1	2
≥500001	80	0	3	80	3	4

③ 内壁黏料、玻璃搭丝按表 6-45 执行。

表 6-45　加严二次抽样方案 IL＝IAQL＝1.0

批量	第一批			第二批		
	抽样数	合格判定数	不合格判定数	抽样数	合格判定数	不合格判定数
1201～3200	32	0	2	32	1	2
3201～10000	50	0	2	50	1	2
10001～35000	80	0	3	80	3	4
35001～150000	125	1	3	125	4	5

④ 结石、气泡、模缝线、光洁性按表 6-46、表 6-47 执行。

表 6-46　加严二次抽样方案（普通、高档啤酒瓶）IL＝IAQL＝4.0

批量	第一批			第二批		
	抽样数	合格判定数	不合格判定数	抽样数	合格判定数	不合格判定数
1201～3200	32	1	3	32	4	5
3201～10000	50	2	5	50	6	7
10001～35000	80	4	7	80	10	11
35001～150000	125	6	10	125	15	16

表 6-47　加严二次抽样方案（超高档啤酒瓶）IL＝IAQL＝1.0

批量	第一批			第二批		
	抽样数	合格判定数	不合格判定数	抽样数	合格判定数	不合格判定数
1201～3200	32	0	2	32	1	2
3201～10000	50	0	2	50	1	2
10001～35000	80	0	3	80	3	4
35001～150000	125	1	3	125	4	5

⑤ 内应力、抗热震性、抗冲击性、耐内压力、瓶口缺陷、裂纹按表 6-48 执行。

表 6-48　参比加严二次抽样方案 IL＝S－3AQL＝0.65

批量	第一批			第二批		
	抽样数	合格判定数	不合格判定数	抽样数	合格判定数	不合格判定数
1201～3200	50	0	2	50	1	2
3201～500000	50	0	2	50	1	2

2.1.3.6　复检规则

当检验结果存在争议时，按上述规定对存在分歧的项目进行重新检测，以重新检测结果为准。

逐批验收不合格时，应重新进行检验。再次提交验收的产品若仍不符合要求，该批产品不得再次提交验收。

2.2　安瓿成品检测操作与控制

2.2.1　检测内容

药用玻璃的检测项目按其产品用途主要分为理化性能、规格尺寸和外观质量三大项。同国际药用玻璃标准及检测方法接轨后，还要增加玻璃的化学成分及有害物质浸出含量的检测。

2.2.1.1　物理、化学性能

物理、化学性能是药用玻璃重要的质量指标及检测项目，是产品内在质量的反映和体现，直接影响药品的质量。属于物理、化学性能检测的项目有：内表面耐水性、内应力、耐内压力、抗热震性、耐冷冻性、折断力、耐酸性等。

（1）内表面耐水性

按 GB/T 12416.2—1990 中的规定进行。耐水性即药用玻璃的化学稳定性。药用玻璃直接接触药品，在药品的保质期内，药用玻璃化学性质的变化会导致药品变质或失效，所以，药用玻璃化学稳定性的优劣直接关系到药品的质量。

耐水性的检测方法分为颗粒法和容器法，其试验原理为用一定量酸溶液中和玻璃容器表面或内部析出碱的含量。颗粒法对玻璃材质的化学性能进行检测，检测方法标准为 GB/T 12416.2—1990《玻璃在 121℃耐水性的颗粒试验方法和分级》、GB/T 6582—1997《玻璃在 98℃耐水性的颗粒试验方法和分级》。容器法是对玻璃内表面化学性能进行检测，检测方法标准为 GB/T 4548—1995《玻璃容器内表面耐水侵蚀性能测试方法及分级》。

另外，为与国际标准接轨，已经制定国家标准草案《玻璃制品、玻璃容器耐水侵蚀性能用火焰光谱法测定和分级》。这个标准能对玻璃表面耐水释出物质和释出量进行测定。

（2）内应力

内应力即玻璃的退火质量或退火特性。退火质量差的玻璃容器在使用过程中易破碎或炸裂，影响药品的盛装和用药安全。检测内应力常用的标准为 GB/T 12415—2015《药用玻璃容器内应力检验方法》，其试验原理是以不同波长的光程差来确定玻璃容器中的内应力，目前常用的为 LRR-85A 数显定量应力测定仪。

（3）耐内压力

内压力是衡量玻璃容器综合强度的项目。玻璃内部结构、玻璃壁厚不均匀及外观缺陷均会影响玻璃的强度。检测方法标准为 GB/T 4546—2008《玻璃容器耐内压力试验方法》，常用的检测仪器有 TYJ-B 线性增压内压力试验机。

（4）抗热震性

抗热震性是玻璃容器抵抗温度变化的能力，一般用耐热温差来表示。检测方法标准为 GB/T 4547—2007《玻璃容器抗热震性和热震耐久性试验方法》，常用的检测仪器为数显自控温冷热急变仪。

（5）耐冷冻性

耐冷冻性是衡量玻璃低温性能的检测项目，主要针对冻干剂玻璃瓶，检测仪器为−43℃以下的冰柜。

（6）折断力

折断力是安瓿易折性能的检测项目，即测定将安瓿瓶颈和瓶身分开所要施加的力值，是衡量安瓿使用性能的重要指标。常用的检测仪器为 ZLY-2000 数显折力仪，精度为 0.1N，试验速度为 10mm/min，测量范围为 0～200N，试验装置见图 6-2。

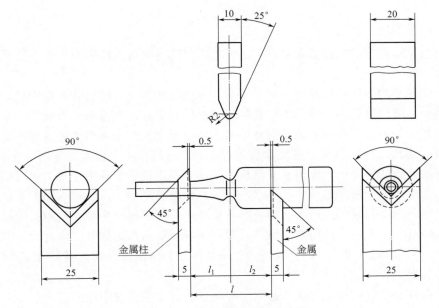

图 6-2　安瓿折断力试验装置

在两个金属支架之间设定一段距离，以便在与被测安瓿的中心轴成 90°的两个金属支架之间施加力。

用安瓿折力仪加力，直至安瓿断裂，记录下折断力值。

注：在试验点刻痕易折安瓿折断力时，应将装置中的加力部件定位在刻痕中间（刻痕向下），否则折断力会增大。

（7）耐酸性

耐酸性是衡量玻璃化学稳定性的项目，检测方法为 GB/T 6581—2007《玻璃在 100℃耐盐酸浸蚀性的火焰发射或原子吸收光谱测定方法》、GB/T 15728—1995《玻璃耐沸腾盐酸浸蚀性的重量试验方法和分级》、GB/T 6580—1997《玻璃耐沸腾混合水溶液 浸蚀性的试验方法和分级》，主要的检测仪器有火焰光度计、原子吸收光谱仪及实验室常规仪器。

2.2.1.2 规格尺寸

（1）外径、高度

用精度为 0.01mm 的游标卡尺测量。

（2）厚度

用精度为 0.01mm 的测厚仪测量。

（3）圆跳动、歪底

用精度为 0.01mm 的仪器测定。

2.2.1.3 外观质量

以目力检验为主，必要时辅以 10 倍读数放大镜。

2.2.2 成品质量控制

2.2.2.1 中性问题

中性问题是指医药玻璃容器灌装 pH 值为 7 的中性溶液后，玻璃中一价金属离子被浸出造成 pH 值升高。

出现中性问题的主要原因是玻璃成分不当，一般与碱金属氧化物含量有密切的关系。碱金属含量越低，浸出度越小，玻璃中性越好。如果按照前述原则选择玻璃成分，基本上不会出现中性问题。如果由于技术上或原料方面的原因，不能生产出适当成分的玻璃，可在退火时用硫酸铵、硫黄或 SO_2 气体对玻璃表面进行处理，可以在一定程度上解决中性问题。

产生中性问题的另外一个原因是安瓿机火焰调节不当或燃烧器不合理。如火焰中使用的氧气过多，会造成火焰温度过高（可达 2000℃），会使玻璃中 B_2O_3 和 Na_2O 大量挥发，这些挥发物在瓶壁较冷处凝结。在灌注溶液后，这些挥发物溶解产生中性问题。若燃烧器设计不合理，火焰过分集中，或使用高热值的液化石油气而仍用焦炉煤气燃烧器时，都会造成火焰温度过高，引起 B_2O_3 和 Na_2O 挥发而产生中性问题。解决这个问题需要改变操作和设计，使火焰温度合理。

多次退火或退火温度高、时间长会引起玻璃分相，也会引发中性问题。

2.2.2.2 脱片问题

灌装药液的医用安瓿瓶经热压灭菌或长期存放，会受药液的化学侵蚀，可能有碎屑从玻璃上脱落，即形成脱片。典型的脱片是下述原因造成的：玻璃表面一价金属离子被溶液浸出后，在玻璃表面形成一层高硅氧层，同时溶液的碱性增强，这层高硅氧层在较强的碱性溶液作用下损坏速度加快。随着侵蚀作用进一步加强，玻璃表面的易溶组分逐渐减少，难溶组分相对地增多，表面结构逐渐发生变化，腐蚀层逐渐变厚。与此同时，硅胶膜与溶蚀出来的某些金属离子的氢氧化物相互吸附，富集成一个难溶的硅酸盐膜层。这个黏附于玻璃表面的膜层就是脱片的来源。脱片产物与玻璃的化学组成有着十分重要的关系。脱片产物不是侵蚀初期产生的低碱高硅薄层，往往是含有一定数量碱离子和较多其他多价金属氧化物的硅酸盐物质。一般认为除 SiO_2 以外的各种组分都是吸附富集的结果，不是原始玻璃表面的腐蚀残体。

一般来讲，影响脱片速率的因素是比较复杂的，除了玻璃化学组成以外，温度、盛装药液的原始碱度和以后碱度值的增大速率、溶蚀物的浓度等都是促使反应速率加快的重要因素。

脱片产物是一种肉眼可见的水解产物，脱片现象是玻璃被侵蚀后出现的一种特殊情况。如果侵蚀产物易溶解于药液，又不发生上述的吸附富集，则这样的玻璃并不脱片，但这种玻璃的化学稳定性仍是比较差的。因此，脱片是玻璃化学稳定性差的一种表现形式，除此之外，药液与玻璃其他形式的相互作用仍然是存在的。

若安瓿瓶中灌装的是碱性药液，上述作用更加明显，因而脱片问题越加严重。高硅氧层抗酸性溶液侵蚀性较好，而且酸性溶液可以中和被浸出的 Na^+，不会使溶液的碱性增强，这就使玻璃在酸性溶液侵蚀下的脱片产物比在碱性溶液侵蚀下的要少。

由上述分析可以看出，脱片前会有一价金属离子浸出，可以认为中性问题是脱片的前兆，所以玻璃成分不良、安瓿机燃烧器火焰不当及退火不好都会引起脱片。脱片的防止办法基本上与中性问题的防止办法相同。解决脱片问题，要设计合理的玻璃成分，成型时防止挥发的碱金属氧化物在表面生成薄层，退火时采用合适的工艺制度，用 SO_2 处理玻璃表面等。

另外，造成脱片的原因还有：拉管机自芯轴吹入的空气中含有粉尘；拉管机切割不良产生玻璃屑；灌注药液粘在安瓿瓶瓶口上被封口火焰烧焦以及灌注液中含有 Mg^{2+} 等。这些原因产生的脱片，采取对应措施可解决。

2.2.2.3　晕环问题

在成型后的安瓿瓶靠近底部的内侧壁上有一圈白色雾状物，称为晕环，基本是 Na_2O、K_2O、B_2O_3 等成分挥发后再凝结的产物。凡是出现晕环的安瓿瓶，化学稳定性就会下降，而且晕环愈清楚，化学稳定性愈差，灌装药液后，挥发物溶出，极易使药液的 pH 值增大，并污染药液。研究认为晕环问题是成型机封底时操作温度、时间、煤气与氧气比例等控制不当所造成的。在安瓿成型的加工过程中，有时为提高产量而采用高温加热，其底部温度可达 1400℃。底部玻璃过热使碱硼酸盐局部挥发，并附着在安瓿内表面，如将金属铝粉置入安瓿内摇动，可看见安瓿底部及肩部附近有 $1\sim2mm$ 的铝粉黏附环，即是挥发物附着的区域。因此严格控制成型机封底时的操作工艺参数是十分重要的，尤其应控制加热温度低于碱硼酸盐的挥发温度，以避免晕环产生。

项目 3　成品包装与贮存

3.1　瓶罐玻璃成品包装与贮存

选用适当的包装，如托盘热塑包装、纸箱包装，以减少因包装运输不当对玻璃瓶质量的影响。包装材料应使产品保持清洁，并不易破碎。包装有瓦楞纸板箱包装、塑料箱包装和托盘集装式包装，均已实现自动化。瓦楞纸板箱包装从空瓶包装开始直到灌装、销售都不换。包装使用的塑料箱可回收重复利用。托盘集装式包装是将检验合格的瓶子排列成矩形瓶阵，移至托盘上逐层堆放，到规定的层数即进行包装。一般还罩上塑料薄膜套，加热使其收缩，紧裹成结实的整体再捆扎，这种又称热塑包装。

贮存处应干燥、通风、无雨雪侵袭，防止受潮，应避免与油类、酸碱类物质混放。贮存时堆放高度应合适，不宜过高。

3.1.1 外包装要求

外包装必须用纸箱、麻包或托盘；麻包包装玻璃瓶时必须用塑料薄膜袋作为内包装袋，且内包装袋口必须用细绳捆紧。

必须保证外包装牢固，不得有包装破损、瓶口外露甚至瓶口破损的情况，要保持包装物清洁卫生，不得使用二次回收的装过其他物品的包装物。

3.1.2 贮存

产品贮存环境应通风、干燥，产品在贮存过程中，应远离有异味、腐蚀性和有毒物品。注意防雨、防蚁、防止堆码倾倒。

3.2 安瓿成品包装与贮存

3.2.1 包装

每件包装产品应附合格证或标签，注明制造厂、产品名称、商标、规格型号、数量、质量等级、制造日期、检验包装者姓名或代号。

安瓿内包装应采用不剥落纤维状颗粒的材料制成，并用热收缩膜封合；安瓿外包装采用纸箱，易折安瓿（包括非易折割丝圆口安瓿）必须采用纸箱内装纸盒的包装。纸箱采用五层双瓦楞开槽型纸箱（02 型），纸箱试验方法按 GB/T 6543 规定。

3.2.2 贮存

安瓿贮存时，纸箱的堆桩高度不得超过 3m；安瓿贮存场所不得露天，必须明亮、通风，保持一定的温度和相对湿度；包装件应贮存在清洁、通风、干燥、无污染的室内；贮存期不宜超过 12 个月。

安瓿运输时，要求运输工具有遮篷，要贯彻轻拿、轻放的原则。

项目 4 包装与贮存过程对环境的影响与防治

4.1 提高麻袋缝包质量，降低运输损耗

我国有些玻璃厂的玻璃瓶罐一般采用麻袋包装，麻袋对瓶子没有保护、支撑作用，在搬运中瓶子的破损率很大，因运输而损失的瓶子数量惊人。

若能在现有水平上加强管理，提高缝包质量，抓紧麻袋的四角，在搬运中又能做到轻拿轻放，则可以使瓶罐的运搬破碎率显著降低。

4.2　用托盘集装法取代麻袋包装

托盘（又称货盘）集装法对瓶子既有保护、支撑作用，又可重复使用隔板、托盘及盖板，是目前各国玻璃瓶厂广泛采用的一种较简单的包装方法。托盘集装法瓶垛垂直剖面图见图 6-3。

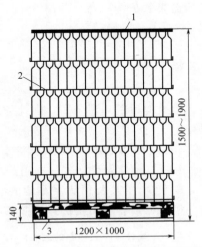

图 6-3　托盘（货盘）集装法瓶垛垂直剖面图

1—盖板；2—隔板；3—托盘（货盘）

注：货盘垛的纵向、横向绕有能自动收缩固紧的双拉伸聚丙烯膜，并分别用塑料带捆扎

某玻璃瓶厂曾对现在采用的麻袋包装和托盘集装两种方法进行了比较，结论表明：托盘集装较麻袋包装具有搬运损失小、包装费用低、运输效率高、易于机械化和自动化、操作人员少等突出优点，仅搬运损失一项，就相当于该厂每年多生产五百多万只瓶子，每年可节省 850t 重油和 650t 纯碱。表 6-49 列出了麻袋包装和托盘集装的主要经济指标。

表 6-49　麻袋包装和托盘集装的主要经济指标

项目		麻袋包装	托盘集装
产品		1000mL 农药瓶	1000mL 农药瓶
运搬损失	年产量/只	10000000	10000000
	破碎率/%	10	<5
包装费用	重复使用时间/次	10	3～5（塑料隔板）
	千只瓶包装费用/元	4	1.65
运输效率		装卸慢而笨重,每辆卡车仅能运 3500 只	专用集装车厢运输,快速方便。每辆卡车可装 4500 只
包装机械化和自动化		极低	高
生产人员定额/（人/天）		100	35

4.3 用回收箱的包装方式取代麻袋包装

运输距离近、与饮料厂供求关系较为固定的制瓶厂可以采用回收箱的包装方式。

回收包装箱一般用塑料制成。根据某玻璃厂的调查分析，箱式包装较麻袋包装具有操作简单、搬运破碎少、包装费用低、易于实现自动化、包装箱可以反复使用（约十年）以及操作人员少等优点。以该厂年产6万吨啤酒瓶计算，搬运破碎率大幅度降低，相当于每年至少多生产3000t啤酒瓶，可节省750t重油和540t纯碱。

由于回收箱的包装方式较托盘集装法费用高（约高28%）、回收体积大等，所以一般只推荐用于就近消费的饮料瓶包装。

4.4 采用专用集装车厢运输

为了能把装好的瓶子安全、迅速地运送到灌装厂，国外的玻璃瓶厂大都已采用集装车厢运输。集装车厢的两侧（或尾端）能打开，叉车可以从车两旁（或尾端）装卸，车的宽度是按装载两排标准货盘来设计的，长度约为10m，与标准货盘的尺寸相配合，装载高度约3m，可装1~2层货盘垛，整个车厢容积都能得到充分利用。车厢内采用新式的包捆固定方式，可满足高速运输要求。表6-50列出了某公司集装车厢的装载能力，从表中可看出，集装车厢的装载能力要比卡车高一倍以上，有利于提高运输效率、节省油耗。

表 6-50 某公司集装车厢的装载能力

名称		10t专用集装车厢	12t专用集装车厢
最大装载量/t		10	12
瓶子装载个数	可口可乐瓶(6.5oz)	20200	23500
	可口可乐瓶(500mL)	9000	10500
	可口可乐瓶(1L)	7200	8400
	牛乳瓶(圆形)	29400	33600

专用集装车厢是半拖车式的，由牵引车拉到目的地后，可以摘钩，留下卸货，而牵引车则可以把另一个已卸完的半拖车拉回，能减少牵引车的停车时间，也有助于提高运输效率。

思考题

1. 啤酒瓶的检测方法有哪些？
2. 白酒瓶的检测方法有哪些？
3. 安瓿的检测方法有哪些？
4. 酒瓶的贮存需注意哪些问题？
5. 包装对运输过程有哪些影响？

附录

日用玻璃行业规范条件（2017年本）

为进一步加强日用玻璃行业管理，规范日用玻璃行业生产经营和投资行为，推进节能减排清洁生产，引导日用玻璃行业向资源节约、环境友好型产业发展，根据国家有关法律、法规和产业政策，制定本规范条件。

一、生产企业和新建、改扩建项目布局

（一）新建生产企业和新建、改扩建项目选址必须符合本地区城乡规划、生态环境规划、土地利用总体规划要求和用地标准。在下述区域内不得建设日用玻璃生产企业：自然保护区、风景名胜区和饮用水水源地保护区等依法实行特殊保护的地区；城乡规划中确定的居住区、商业交通居民混合区、文化区；永久基本农田保护区。

（二）原则上控制东中部及产能较为集中且技术水平不高地区新建日用玻璃生产线项目，建设项目重点是对现有生产线进行技术改造和升级以及发展轻量化玻璃瓶罐、高档玻璃器皿和特殊品种的玻璃制品。鼓励日用玻璃生产企业进入工业生产园区。严格限制新建玻璃保温瓶胆项目，重点对现有生产线进行技术改造和升级。

二、生产工艺与装备

企业应拥有与生产日用玻璃相适应的技术文件和工艺文件，执行质量保证体系规定。

（三）燃料

应优先使用清洁能源。可选用优质煤制热煤气燃料，即用两段煤气发生炉气化含硫量小于0.5%、灰分含量小于10%的优质煤生产的热煤气，通过热煤气管道直接送至玻璃熔窑燃烧。

（四）原料及配合料制备系统

硅质原料采用直接袋装进厂或粉料进厂并建有大型硅质原料均化库。采用高精度电子称量系统（动态精度1/500）。岗位粉尘排放达到国家规定相应排放标准。采用优质配合料混合设备和加水、加蒸气过程的自动检测与控制。配合料制备系统应配置快速分析仪器（含在线水分测量、离线成分分析、均匀度测定等）和可追溯的记录系统。玻璃器皿、玻璃仪器及高档白料玻璃瓶项目的配合料制备系统应采用无铁生产工艺技术。使用的碎玻璃应经过清洁处理并达到一定的粒度要求。

（五）玻璃熔窑

熔窑设计应符合玻璃熔窑设计的相关标准和规范。以天然气、优质燃料油、优质煤制热

煤气为主要燃料的玻璃熔窑规模应达到《日用玻璃熔窑的规模》各项指标要求（见附表1）。熔窑要做到定期检查保养，确保达到《日用玻璃熔窑的玻璃熔制质量》和《日用玻璃熔窑能源消耗限额》所列的指标要求（见附表2和附表3）。

优化和配置计算机控制系统，控制熔窑温度、窑压、换向、液面及空燃比等参数，确保玻璃熔制过程中各类工艺参数的稳定性和精确性，使熔制温度控制精度达到±3℃，实现低空燃比燃烧。严禁新建燃煤和发生炉煤气的坩埚窑。

（六）供料道

采用天然气、液化石油气、电等清洁能源，禁止采用洗涤冷煤气和水煤气为加热热源。供料道温度参数采用智能仪表进行实时控制，鼓励采用分布式数字监测和控制系统。供料道均化段末端同一断面各点的玻璃液温度差应不大于9℃。应采用整体顶砖结构及纵向冷却的新型供料道或密闭式供料道并安装底泄料装置。

（七）成型机

大批量生产的玻璃瓶罐、玻璃器皿、玻璃保温瓶胆，应采用自动化程度高的多组（工位）、多滴成型机械。新建或改扩建小口径玻璃瓶罐生产项目，鼓励采用压吹法工艺生产轻量瓶的成型机械。

（八）退火窑

采用天然气、液化石油气、电等清洁加热能源，严格限制采用洗涤冷煤气和水煤气为加热热源。采用保温、热风循环、网带炉内返回、分区自动控温等节能技术。退火窑温度控制精度为±2℃。

（九）检验与包装

玻璃瓶罐生产线应配备在线自动检测设备，并采用托盘、纸箱等适当包装方式。淘汰麻袋及塑料编织袋包装。

（十）理化检验室

必须有设施完善的理化检验室，具备完成相应产品标准规定所要求的自检项目、玻璃生产工艺控制所必需的检测项目的能力。

（十一）其他

选用国家推荐的节能环保型风机、泵类等机电产品。采用变频、永磁等电机调速技术，改善风机及泵类电机系统调节方式，取代传统的闸板、阀门等机械节流调节方式。禁止选用国家已列入淘汰目录的设备。

三、产品质量与品种

（十二）产品质量

产品质量必须符合相应标准要求。企业应建立产品质量可追溯和责任追究体系，有健全的产品质量保证体系。

（十三）鼓励发展的产品品种

鼓励发展低消耗、低污染、高附加值以及采用新技术的产品，着重鼓励发展以下产品品种：

1. 轻量化度不超过1.0的轻量化玻璃瓶罐。（一次性瓶轻量化度按 $L=0.44×$瓶重/满口容重$^{(0.77)}$，回收瓶轻量化度按 $L=0.44×$瓶重/满口容重$^{(0.81)}$ ）

2. 三氧化二铁含量不超过0.03%，吨制品产值高于4000元的高档玻璃瓶罐。

3. 三氧化二铁含量不超过0.02%，吨制品产值高于6500元的高档玻璃器皿。

4. 抗水一级的模制瓶、玻管等产品。

四、资源能源消耗和资源综合利用

（十四）单位产品主要资源消耗应达到《日用玻璃生产资源消耗限额指标》（见附表 4）。日用玻璃单位产品综合能耗应达到《日用玻璃产品综合能耗限额指标》（见附表 5）。

（十五）日用玻璃生产项目资源能源综合利用水平应达到《日用玻璃生产项目资源能源综合利用指标》（见附表 6）。鼓励生产企业回收利用废旧玻璃，国家有明确规定的，按国家规定执行。

五、环境保护

（十六）清洁生产

日用玻璃生产企业应符合清洁生产要求，使用含硫量低的优质燃料，严格控制配合料质量、控制硫酸盐和硝酸盐原料的使用、禁止使用白砒、三氧化二锑、含铅、含镉、含氟（全电熔窑除外）、铬矿渣及其他有害原辅材料，产品后加工工序应使用环保型颜料和制剂；采用先进的工艺技术与设备、改善管理、综合利用等措施，从源头消减污染，提高资源利用效率。新建或改扩建项目应达到《日用玻璃行业清洁生产评价指标体系》中清洁生产先进企业水平。

1. 鼓励通过不断改进玻璃熔窑设计、选用低硫优质燃料、控制配合料质量、增加碎玻璃使用比例、优化窑炉运行控制、采用最佳清洁生产适用技术（如：降低空燃比、分段燃烧、降低助燃空气温度、使用低氮氧化物燃烧器等），降低玻璃熔化能耗，减少熔窑吨玻璃液烟气量，有效地降低熔窑吨玻璃液污染物的产生量。

2. 生产高附加值的高档日用玻璃产品和特殊品种玻璃产品，鼓励采用氮氧化物产生量较小的全电熔窑或全氧燃烧玻璃熔窑。

3. 鼓励企业定期实施清洁生产审核。鼓励企业实施 GB/T 24001 环境管理体系认证。

（十七）污染防治与污染物在线监测

生产企业对污染物排放应采取有效的环境保护措施，并依法取得排污许可；向城镇排水设施排放污水的，还应取得污水排入排水管网许可，污染物排放必须符合国家或地方相关标准要求。

企业应按有关规定安装污染物在线监测系统，自觉接受国家或地方环保部门的监督和检查。

（十八）新建、改扩建项目应严格执行《中华人民共和国环境影响评价法》，依法向有审批权的环境保护行政主管部门报批环境影响评价文件。按照环境保护"三同时"要求建设与项目相配套的环境保护措施，并按规定程序实施竣工环境保护验收。

六、安全生产和工业卫生

（十九）严格遵守《中华人民共和国安全生产法》《中华人民共和国消防法》等安全生产、消防方面的法律、法规、规章和标准。建立健全安全生产责任制度，推进安全生产标准化建设，落实安全生产风险管控和隐患排查治理制度，完善安全生产条件，确保安全生产。

（二十）严格遵守《中华人民共和国职业病防治法》等职业病防治方面的法律、法规和标准。建立健全职业病防治责任制，为员工配备岗位必需的劳动防护用品和职业病防护措施，工作场所的有害气体、粉尘浓度、噪声等指标符合国家要求。

（二十一）新建、改扩建项目的安全设施和职业病防护设施投资应纳入建设项目概算，安全设施和职业病防护设施要按照法律法规要求与主体工程同时设计、同时施工、同时投入生产和使用。

（二十二）有重大危险源监测、评估、监控措施和应急预案。严禁采用国家明令淘汰和限制的技术和设备；禁止在玻璃熔窑底部架设燃料输送管道和设置燃料加热、换向等装置。

七、劳动者权益保障

（二十三）企业应认真遵守劳动保障法律法规，切实保障劳动者合法权益。依法与劳动者签订劳动合同，严格遵守国家关于工资支付、工作时间和休息休假等规定，按时足额支付劳动者工资。依法为劳动者按时足额缴纳社会保险费和住房公积金。认真执行有关国家关于女职工和未成年工特殊劳动保护规定，禁止使用童工。

八、监督管理

（二十四）政府职能部门依据本规范条件，对新建、改扩建日用玻璃项目，从投资管理、土地供应、环境影响评价、职业病危害评价、安全生产评价、节能评估、信贷融资等各环节加强管理。依法加强对日用玻璃企业的监督检查，对于违反有关法律法规规定的，由有关部门要责令其限期整改，并依法进行处罚。

（二十五）各级工业和信息化主管部门要加强对日用玻璃行业的管理，企业参照本规范条件落实有关要求。

（二十六）有关行业协会要宣传国家产业政策，加强行业指导和行业自律，推进日用玻璃行业技术进步，协助政府有关部门做好行业监督、管理工作。

九、附则

（二十七）本规范条件适用于中华人民共和国境内（港澳台地区除外）日用玻璃制品（玻璃器皿）制造企业、玻璃包装容器（玻璃瓶罐）制造企业、玻璃保温瓶胆制造企业、玻璃仪器制造企业。

（二十八）本规范条件所涉及的规范性文件若被修订，则按修订后的最新版本执行。

（二十九）本规范条件由工业和信息化部负责解释。

（三十）本规范条件自 2018 年 4 月 1 日起实施。2010 年 12 月 30 日公布的《日用玻璃行业准入条件》（工产业政策〔2010〕第 3 号）同时废止。

附表 1

日用玻璃熔窑的规模

产品分类	玻璃熔窑规模（熔化面积：m^2）
玻璃瓶罐	≥60
	高档玻璃瓶罐 ≥30
玻璃器皿	≥40
玻璃保温瓶胆	≥40

注：高档玻璃瓶罐指 Fe_2O_3 含量不超过 0.03%，吨制品产值为 4000 元以上的产品。

附表 2

日用玻璃熔窑的玻璃熔制质量

产品分类	气泡	相对密度差	环切均匀度
玻璃瓶罐 玻璃器皿 玻璃保温瓶胆	＜40 个/30g	≤5×10⁻⁴	B⁻以上
玻璃仪器	＜5 个/100g	≤2×10⁻⁴	B 以上

附表 3

日用玻璃熔窑能源消耗限额

产品分类＼指标	玻璃熔化能耗 （kgce/t 玻璃液）		窑炉周期熔化率 （t 玻璃液/m²）	
玻璃瓶罐	①	③≤172	①	≥5000
		④≤200		≥4200
	②	③≤215	②	≥4000
		④≤250		≥3400
玻璃器皿	①≤200		①≥4200	
	②≤250		③≥3400	
玻璃保温瓶胆	≤255		≥3700	
玻璃仪器	①≤510		①≥1350	
	⑤≤440		⑤≥2680	

注：kgce＝千克标准煤。
① 是指项目采用天然气、优质燃料油等作为主要燃料的玻璃熔窑。
② 指项目采用优质煤制热煤气作为主要燃料的玻璃熔窑；计算能耗时，两段煤气发生炉的能源利用率按 80％计。
③ 指普通玻璃料。
④ 指 Fe_2O_3＜0.06％的无色玻璃。
⑤ 指全电熔窑，电力折标准煤系数按等价值计。
本表中未包括高档玻璃瓶罐和高档玻璃器皿玻璃熔窑的能源消耗限额；高硼硅耐热玻璃器皿参照玻璃仪器指标。

附表 4

日用玻璃生产主要资源消耗限额指标

产品分类	企业纯碱消耗 （kg/t 产品）	企业硝酸银消耗 （kg/t 产品）	企业吨产品耗新水 （m³/t 产品）
玻璃瓶罐	①≤116 ②≤204	—	≤0.62
玻璃器皿	机压≤225 吹制≤230	—	≤0.62
玻璃保温瓶胆	≤228	≤2.0	≤3.3
玻璃仪器	—	—	≤0.63

注：① 是指普通玻璃料；
② 指 Fe_2O_3＜0.06％的无色玻璃料。

附表 5

日用玻璃单位产品综合能耗限额指标

产品分类		单位产品综合能耗 （kgce/t 产品）	万元产值综合能耗 （kgce/万元）
玻璃瓶罐	①	③≤320	≤1100
		④≤350	
	②	③≤365	≤1200
		④≤390	
玻璃器皿	①	机压和压吹≤350	①≤950
		吹制≤420	
	②	机压和压吹≤390	②≤1000
		吹制≤470	
玻璃保温瓶胆		≤1000	≤1750
玻璃仪器	①	压、拉制≤720	① 压、拉制≤850
		吹制≤1280	吹制≤850
	⑤	压、拉制≤650	⑤ 压、拉制≤400
		吹制≤950	吹制≤590

注:高档玻璃瓶罐和高档玻璃器皿只考核万元产值综合能耗;其他类产品在两项指标中任选其一进行考核。

kgce＝千克标准煤。

① 是指项目采用天然气、优质燃料油等作为主要燃料的玻璃熔窑。
② 是指项目采用优质煤制热煤气作为主要燃料的玻璃熔窑。
③ 是指普通玻璃料。
④ 是指 Fe_2O_3＜0.06％的无色玻璃料。
⑤ 是指全电熔窑,电力折标准煤系数按等价值计。

附表 6

日用玻璃生产项目资源能源综合利用指标

产品分类	生产过程废玻璃 回收利用率(％)	硝酸银回 收率(％)	窑炉余热 利用率(％)	工业水重复 利用率(％)
玻璃瓶罐	100	—	≥3	≥90
玻璃器皿	100	—	≥3	≥90
玻璃保温瓶胆	100	100	≥3	≥90
玻璃仪器	100	—	≥3	≥90

参考文献

[1] 西北轻工业学院.玻璃工艺学.北京：轻工业出版社，1981.

[2] 王承遇，张梅梅，毕洁，等.日用玻璃制造技术.北京：化学工业出版社，2014.

[3] 赵万帮."十三五"日用玻璃行业节能减排形势分析.玻璃与搪瓷，2016（6）.

[4] 赵万帮."十三五"日用玻璃行业节能减排形势分析（续）.玻璃与搪瓷，2016（8）.

[5] 李宏洲.对玻璃包装容器行业发展的观察与思考（之一）.中国包装，2016（8）.

[6] 李宏洲.对玻璃包装容器行业发展的观察与思考（之二）.中国包装，2016（9）.

[7] 宋晓岚，叶昌，何小明.无机材料工厂工艺设计概论.北京：冶金工业出版社，2010.

[8] 刘晓存，邵明梁，李艳君.无机非金属材料工厂工艺设计概论.北京：中国建材工业出版社，2008.

[9] 杨保泉.玻璃厂工艺设计概论.武汉：武汉工业大学出版社，1989.

[10] 王宙.玻璃工厂设计概论.武汉：武汉理工大学出版社，2011.

[11] 梁德海.玻璃工厂节能技术.北京：轻工业出版社，1989.

[12] 梁德海，陈茂雄.玻璃生产技术.北京：轻工业出版社，1982.

[13] 刘晓勇.玻璃生产工艺技术.北京：化学工业出版社，2008.

[14] 王伟，胡骈，方久华.玻璃生产工艺技术.武汉：武汉理工大学出版社，2013.

[15] 田英良，孙诗兵.新编玻璃工艺学.北京：中国轻工业出版社，2009.

[16] 吴柏诚，巫羲琴.玻璃制造技术.北京：中国轻工业出版社，1993.

[17] 夏大全，赵从旭.玻璃工业节能技术.北京：中国建材工业出版社，1995.

[18] 丁志华.玻璃机械.武汉：武汉工业大学出版社，1994.

[19] 殷登皋.硅酸盐工业生产过程检测技术.武汉：武汉工业大学出版社，1999.

[20] 马彦平.玻璃生产工艺.西安：西北大学出版社，2008.

[21] 梁德海.玻璃池窑设计及运行实用指南.北京：中国轻工业出版社，1994.

[22] 赵恩录.玻璃熔窑全氧燃烧技术问答.北京：中国建材工业出版社，2015.

[23] 王建清，陈金周.包装材料学.第2版.北京：中国轻工业出版社，2017.

[24] 皇甫烈魁.玻璃工业节能途径.北京：中国建筑工业出版社，1986.

[25] 石景作.玻璃工业仪表和自动化.北京：轻工业出版社，1986.

[26] 陈国平，毕洁.玻璃工业热工设备.北京：化学工业出版社，2007.

[27] 《大气污染源控制手册》编写组.玻璃工业大气污染源控制手册.北京：中国环境科学出版社，2001.

[28] 郭宏伟，刘新年，韩方明.玻璃工业机械与设备.北京：化学工业出版社，2014.

[29] 孙承绪.玻璃工业热工设备.武汉：武汉工业大学出版社，1996.

[30] 岑超南，张秉旺.现代制瓶技术和质量检验.北京：轻工业出版社，1983.

[31] 王承遇，陶瑛.玻璃成分设计与调整.北京：化学工业出版社，2006.

[32] 王承遇，陶瑛.玻璃表面处理技术.北京：化学工业出版社，2004.

[33] 王承遇，陶瑛.玻璃材料手册.北京：化学工业出版社，2007.

[34] 张碧栋，玻璃配合料.北京：中国建材工业出版社，1992.

[35] 王伟.玻璃配合料制备.武汉：武汉理工大学出版社，2011.

[36] 齐齐哈尔轻工学院.玻璃机械设备.北京：中国轻工业出版社，1981.

[37] 武丽华, 陈福, 李慧勤. 玻璃熔窑耐火材料. 北京: 化学工业出版社, 2009.

[38] 张美杰, 程玉保. 无机非金属材料工业窑炉. 北京: 冶金工业出版社, 2008.

[39] 徐利华. 热工基础与工业窑炉. 北京: 冶金工业出版社, 2006.

[40] 徐长仁. 玻璃工业热工过程及设备. 北京: 中国轻工业出版社, 1993.

[41] 陈景华, 张长森, 蔡树元. 无机非金属材料热工过程及设备. 上海: 华东理工大学出版社, 2015.

[42] 王德琴. 玻璃工厂机械设备. 北京: 中国轻工业出版社, 1992.

[43] 周美茹. 玻璃成形退火操作与控制. 北京: 化学工业出版社, 2012.

[44] 吴柏诚. 玻璃制造工艺基础. 北京: 中国轻工业出版社, 1997.

[45] 杨裕国. 玻璃制品及模具设计. 北京: 化学工业出版社, 2003.

[46] 王承遇, 陈敏, 陈建华. 玻璃制造工艺. 北京: 化学工业出版社, 2006.

[47] 沈长治, 石家梁. 玻璃池炉工艺设计与冷修. 北京: 轻工业出版社, 1989.

[48] 南京玻璃纤维研究设计院. 玻璃测试技术. 北京: 中国建筑工业出版社, 1987.

[49] 范垂德, 汪士治. 玻璃模具与瓶型设计. 北京: 轻工业出版社, 1981.

[50] 刘新华, 刘静. 玻璃器皿生产技术. 北京: 化学工业出版社, 2007.

[51] 张丽霞. 玻璃窑炉砌筑与维修技术. 武汉: 武汉理工大学出版社, 2018.

[52] 王承遇, 陶瑛. 玻璃工业对环境的污染和防治. 玻璃与搪瓷, 2000 (2) ~ 2001 (5).

[53] 靳志芳, 王方. 玻璃工业粉尘的治理. 科技情报开发与经济, 2008 (29).

[54] 马英仁. 玻璃工业中砷的污染及治理. 环境保护科学, 1988 (3).

[55] 凌绍华, 景长勇, 晋利. 玻璃熔窑烟气脱硝技术现状及研究进展. 中国环境管理干部学院学报, 2018 (2).

[56] 尤振丰. 玻璃熔窑烟气治理一体化解决方案探讨. 广东建材, 2014 (4).

[57] 葛武军. 玻璃生产的节能减排和绿色环保. 玻璃, 2017 (6).

[58] 王文革. 玻璃生产的污染与防治. 玻璃, 2016 (2).

[59] 郭爱军, 郭纯波. 玻璃原料车间的防尘与收尘. 2010 (6).

[60] 贾力. 玻璃制品车间噪声对工人健康的影响. 卫生监督与监测, 2014 (5).

[61] 赵连臣. 降低日用玻璃厂空压站噪音的探讨. 西北轻工业学院学报, 1993 (2).

[62] 丛仁宝. 浅谈玻璃瓶罐制造过程中的职业危害因素. 玻璃与搪瓷, 2017 (3).

[63] 翁建忠. 瓶罐玻璃轻量化之思考. 玻璃与搪瓷, 2015 (3).

[64] 赵蕊. 试析脱硫、除尘、脱硝技术在玻璃熔窑烟气治理中的运用. 资源节约与环保, 2015 (7).

[65] 张克云, 褚建强, 张桂荣, 等. 玻璃瓶罐轻量化技术综述. 安徽电子信息职业技术学院学报, 2014 (2)

[66] 张勤学. 玻璃熔窑工程的耐火材料管理. 玻璃与搪瓷, 2017 (2).

[67] 彭志忠, 吴作军, 夏立鹏. 大型玻璃电熔窑节能熔化的几点思考. 玻璃与搪瓷, 2017 (4).

[68] 牛秋莲, 邵建亭. 复合澄清剂在普白料瓶罐玻璃生产中的应用. 西北轻工业学院, 1996 (3).

[69] 伦小羽, 王辉. 环切均匀性检测技术对于瓶罐玻璃质量的应用. 玻璃与搪瓷, 2017 (4).

[70] 王承遇, 柳鸣, 汤华娟. 节能瓶罐玻璃成分与配方的探讨. 硅酸盐通报, 2005 (6).

[71] 成胜蓝. 料房技术改造对提高瓶罐玻璃质量的促进作用. 中国搪瓷, 1998 (5).

[72] 江志利. 瓶罐玻璃生产中条纹缺陷的来源及预防. 玻璃与搪瓷, 2017 (5).

[73] 曹青山. 瓶罐玻璃主要工艺及配置发展之探讨. 中国包装报, 2011 (5).

[74] 杨小英, 李明坤. 日用玻璃工厂配料车间工艺设计要点. 玻璃与搪瓷, 2017 (4).

[75] 赵万帮. 中国日用玻璃产业现状与发展前景. 硅酸盐通报, 2015 (4).

[76] 王承遇, 卢琪, 陶瑛. 在低碳经济中玻璃瓶罐发展途径. 玻璃与搪瓷, 2010 (4).

[77] 段盛凤. 玻璃瓶罐的成型缺陷. 中国玻璃包装容器 (微信公众号), 2017 (10) ~ 2017 (12).

[78] 段盛凤. 玻璃瓶罐的裂纹分析. 中国玻璃包装容器 (微信公众号), 2018 (1) ~ 2018 (3).

[79] 李宏洲. 玻璃窑炉几种节能途径的探讨. 中国玻璃包装容器 (微信公众号), 2018 (3).

[80] 朱柏杨. 玻璃液供料机及料形调整培训课件. 中国玻璃包装容器 (微信公众号), 2018 (2) ~ 2018 (4).

[81] 毛利民. 新型玻璃熔窑的优化设计及其性能. 中国玻璃包装容器 (微信公众号), 2018 (8).

[82] 翁建忠. 料滴成型——制备务实. 中国玻璃包装容器 (微信公众号), 2018 (10) ~ 2018 (12).

[83] 杨文丰.玻璃容器（瓶罐）的制造.中国玻璃包装容器（微信公众号），2019（4）~2020（6）.

[84] 杨文丰，曹青山，等.玻璃容器（瓶罐）成型工艺操作指南.中国包装联合会玻璃容器委员会、中国日用玻璃协会瓶罐玻璃专业委员会，2013.

[85] 任强，嵇鹰，李启甲.绿色硅酸盐材料与清洁生产.北京：化学工业出版社，2004.